Ulrich Seiffert
Wolfgang Siebenpfeiffer (Hrsg.)

Who is who
in der Automobil- und
Motorentechnik 2000

Ulrich Seiffert
Wolfgang Siebenpfeiffer (Hrsg.)

Who is who in der Automobil- und Motorentechnik 2000

ATZ/MTZ-Taschenbuch

Die Deutsche Bibliothek – CIP-Einheitsaufnahme
Ein Titeldatensatz für diese Publikation ist bei
Der Deutschen Bibliothek erhältlich.

1. Auflage September 2000

Alle Rechte vorbehalten
© Friedr. Vieweg & Sohn Verlagsgesellschaft mbH, Braunschweig/Wiesbaden, 2000

Der Verlag Vieweg ist ein Unternehmen der Fachverlagsgruppe BertelsmannSpringer.

www.vieweg.de

Konzeption und Layout des Umschlags: Ulrike Weigel, www.CorporateDesignGroup.de

ISBN-13: 978-3-528-03904-2   e-ISBN-13: 978-3-322-89887-6
DOI: 10.1007/978-3-322-89887-6

VORWORT

Mit diesem Taschenbuch „Who is who in der Automobil- und Motorentechnik 2000" aus der Redaktion ATZ/MTZ wollen wir den technischen Führungskräften in der Automobil- und Zulieferindustrie sowie den Ingenieurdienstleistern und Hochschulen ein verlässliches Personenverzeichnis vorlegen, das die Kommunikation unter den Experten erleichtern soll.

Die Gliederung nach Personennamen und Fachgruppen folgt praktischen Gesichtspunkten und erlaubt eine rasche Kontaktaufnahme.

Der Verlag beabsichtigt, die Eintragungen jährlich zu aktualisieren und neue Personen in dieses Taschenbuch aufzunehmen. Für entsprechende Hinweise sind die Herausgeber dankbar.

Die sich als schwierig erwiesene Datenerfassung verdanken wir der engagierten Mitarbeit von Dagmar Knuth, Verena Waskow und Tamina Wagner.

Wenn dieses Nachschlagewerk dazu beitragen könnte, die Verbindung unter den Ingenieuren der Kraftfahrzeug- und Motorentechnik einfacher und effizienter zu gestalten, dann wäre das damit beabsichtigte Ziel erreicht.

Braunschweig/Wiesbaden, im Juli 2000

Ulrich Seiffert
Wolfgang Siebenpfeiffer

INHALTS-VERZEICHNIS

Teil A Fachgebietsindex

FACHGEBIETS- INDEX

ANTRIEB

BETRIEBSSTOFFE

Appel, Hermann Professor Dr.-Ing.
Bach, E. Professor
Bargende, Michael Professor Dr.-Ing.
Bartunek, Bernd Dr.-Ing.
Basshuysen, Richard van Dipl.-Ing.
Bouché, Thomas Dr.
Cartellieri, Wolfgang Dipl.-Ing.
Cartus, Thomas Dipl.-Ing.
Creutz, Bernd Dipl.-Ing.
Dittmar, Klaus
Endres, Helmut Dr.
Esch, Thomas Professor Dr.-Ing.
Frehland, Peter Dipl.-Ing.
Freistetter, Josef
Gairing, Max Dipl.-Ing.
Gauffrés, Ulrich J.
Graupner, Olaf
Heck, Edgar Dipl.-Ing.
Heine, Peter Dr.-Ing.
Heinrich, Wolfgang
Herrmann, Peter Dr.-Ing
Hesse, Andreas Dipl.-Ing.
Hitzler, Gerd Dipl.-Ing.
Huhn, Hartmut
Indra, Fritz Professor Dr.
Kampelmühler, Franz-Thomas Dr.
Karlstetter, Richard
Klein, Hans-Jürgen
Klinkner, Walter
Koch, Franz Dr.-Ing.
Kreuter, Peter Dr.
Krumm, Herbert Dr.
Krüger, Uwe
Krümmling, Norbert
Leipertz, Alfred Professor Dr.-Ing.
Lenz, H. P. Professor Dr.-Ing.
Lepperhoff, Gerhard Dr.-Ing.
Lutz, Claus Dipl.-Ing.

Merker, G. Professor Dr.-Ing.
Metz, Norbert Dr.-Ing.
Meyerdierks, Dietrich Dipl.-Ing.
Miersch, Wolfgang Dipl.-Ing.
Mikulic, Leopold Dr.
Mundorff, Frank Dipl.-Ing.
Nasch, Heribert
Nasch, Tono Dr.
Nierhauve, Bernd Dipl.-Ing.
Peal, Simon
Pischinger, Franz
Prescher, Karl-Heinz Professor Dr.-Ing.
Pucher, Holmut Professor Dr.-Ing.
Quarg, Joachim Dr.-Ing.
Quissek, Friedrich Dr.
Raab, Gottfried Dipl.-Ing.
Rauch, Gerhard Dipl.-Ing.
Sagerer, Rudolf Professor
Sams, Theodor Professor Dr.
Sänger, Stefan
Schilling, Sebastian Dr.-Ing.
Schittler, Michael Dipl.-Ing.
Schulte, Leif-Erik
Siegel, Ekkehard
Spicher, U. Professor Dr.-Ing.
Spies, Karl-Heinrich Professor Dr.-Ing.
Stanev, Audrey Dr.
Steiger, Wolfgang Dr.-Ing.
Strempel, Günter Dr.-Ing.
Sülzle, Horst
Thiele, Enno Dr.
Tschöke, Helmut Professor
Weber, Olaf Dr.-Ing.
Wiesner, Michael Dipl.-Ing.
Willand, Jürgen Dipl.-Ing.
Willmerding, Günter Professor Dr.-Ing.
Woschni, Gerhard Professor Dr.-Ing.
Wößner, Günter Prof. Dr.-Ing. Dr.

E I N S P R I T Z U N G / E L E K T R O N I K

Alberter, Günther Dipl.-Ing.
Andorfer, Andreas Dipl.-Ing.
Bach, E. Professor
Bäcker, Harald Dr.-Ing.
Bargende, Michael Professor Dr.-Ing.
Bartunek, Bernd Dr.-Ing.
Basshuysen, Richard van Dipl.-Ing.
Bertelshofer, Peter Dipl.-Ing.
Binder, Klaus Professor Dr.-Ing.
Bonse, Bernhard Dr.-Ing.
Bouché, Thomas Dr.
Boulouchos, K. Prof. Dr. sc. techn.
Brandt, Otto
Brinker, Manfred
Bürgler, Ludwig Dipl.-Ing.
Buschmann, Gerhard Dipl.-Ing.
Carstensen, Hartmut Dr.
Cartellieri, Wolfgang Dipl.-Ing.
Cartus, Thomas Dipl.-Ing.
Creutz, Bernd Dipl.-Ing.
Danckert, Bernd Dipl.-Ing.
Ebinger, Bernhard Dipl.-Ing.
Egger, Klaus Dr.
Eisenbacher, Egon
Eiser, Axel
Endres, Helmut Dr.
Ertl, Christian Dipl.-Ing.
Esch, Thomas Professor Dr.-Ing.
Fraenkle, Gerhard Dr.-Ing.
Fraidl, Günter-Karl Dr.
Freistetter, Josef
Frietsch, Klaus
Gauffrés, Ulrich J.
Geißler, Paul Dipl.-Phys.
Gerhardt, Jürgen Dipl.-Ing.
Geurts, Derk
Grebe, Uwe Dieter Dr.-Ing.
Greiner, Albrecht Dipl.-Ing.
Günther, Dieter Dipl.-Ing.
Gutbrod, Wolfgang Dipl.-Ing.
Haase, Walter Dipl.-Ing.
Hafner, Michael Dipl.-Ing.
Hanssen, Rolf A. Dr.
Hanula, Barna Dipl.-Ing.
Hartmann, Jörg
Heck, Edgar Dipl.-Ing.
Heine, Peter Dr.-Ing.
Heinrich, Wolfgang
Henninger, Helmut
Herden, Werner Dr.-Ing.
Herrmann, Hans-Otto Dr.-Ing.
Herrmann, Peter Dr.-Ing
Herzog, Peter L. Dr.
Heuser, Georg Dr.

Hitzler, Gerd Dipl.-Ing.
Horst, Stefan
Huhn, Hartmut
Hülser, Holger Dr. rer. nat.
Indra, Fritz Professor Dr.
Isermann, Rolf Professor Dr.-Ing.
Janach, Walter Professor Dr.-Ing.
Jaufmann, Alexander Dr.
Jorach, Rainer Werner Dr.-Ing.
Jost, Oliver Dipl.-Ing.
Jung, Wolfgang Dipl.-Ing. (FH)
Kahlstorf, Uwe Dipl.-Ing.
Kampelmühler, Franz-Thomas Dr.
Kehe, Dietrich
Kienzle, Stefan Dr.-Ing.
Kilger, Michael
Klenk, Martin Dipl.-Ing.
Klingebiel, Felix Dipl.-Ing.
Klinkner, Walter
Klotzsche, Karl-Heinz
Klumpers, Constantin Dipl.-Ing.
Knour, Christoph Dipl.-Ing.
Koch, Achim Dipl.-Ing.
Koegeler, Hans-Michael Dipl.-Ing.
Köhler, Thomas Dipl.-Ing.
Krell, Stefan Dr.
Kreuter, Peter Dr.
Krieger, Klaus Dipl.-Ing.
Krohm, Harald Dipl.-Ing.
Krümmling, Norbert
Kühne, Rainer
Landerl, Christian Dr. techn.
Lechner, Bernhard Dipl.-Ing.
Leipertz, Alfred Professor Dr.-Ing.
Lenz, H. P. Professor Dr.-Ing.
Leonhard, Rolf Dr.-Ing.
Lepperhoff, Gerhard Dr.-Ing.
Lühe, Peter Dr.-Ing.
Lutz, Claus Dipl.-Ing.
Mahr, Bernd Dr.-Ing.
Menne, Rudolf J. Prof. Dr.-Ing.
Mercz, Josef Dipl.-Ing.
Merker, G. Professor Dr.-Ing.
Metzner, F.-T. Dr.-Ing.
Meyer, Jörg Dr.-Ing.
Meyerdierks, Dietrich Dipl.-Ing.
Mikulic, Leopold Dr.
Moninger, Thomas Dipl.-Ing.
Moser, Franz X. Professor Dr.
Mundorff, Frank Dipl.-Ing.
Nietschke, Wilfried Dipl.-Ing.
Niggemeyer, Heinz Dipl.-Ing.
Osterwald, Henning Dipl.-Ing.
Otto, Erhard

Pagel, Ernst-Olav
Pfannschmidt, Heinz Dr.
Pischinger, Franz
Pischinger, Stefan Professor Dr.-Ing.
Posselt, Andreas Dipl.-Ing.
Potthoff-Sewing, Christian Dr.
Prescher, Karl-Heinz Professor Dr.-Ing.
Pucher, Helmut Professor Dr.-Ing.
Quarg, Joachim Dr.-Ing.
Quissek, Friedrich Dr.
Raab, Gottfried Dipl.-Ing.
Raup, Markus Dipl.-Ing.
Reuss, Hans-Christian Professor Dr.-Ing.
Rißling, Peter Dr.-Ing.
Rückauf, Jörg Dipl.-Ing.
Ruetz, Georg Ing.
Samenfink, Wolfgang Dr.
Sams, Theodor Professor Dr.
Sänger, Stefan
Schäpertöns, Herbert Dr.-Ing.
Scherer, Friedrich Dipl.-Ing.
Schilling, Ralf Dipl.-Ing.
Schilling, Sebastian Dr.-Ing.
Schillmann, Joachim
Schilly, Helmut
Schittler, Michael Dipl.-Ing.
Schmitfranz, Bernd Dipl.-Ing.
Schondelmaier, Andreas
Schreiner, Klaus Professor Dr.-Ing.

Schultalbers, Winfried
Schwarz, Volker Dr.-Ing.
Schwelberger, Walter Dr.
Siegel, Ekkehard
Simon, Ewald Dipl.-Ing.
Spicher, U. Professor Dr.-Ing.
Steiger, Wolfgang Dr.-Ing.
Stephan, Ulrich Dipl.-Ing.
Stocker, Herbert Dr.
Stutzenberger, Heinz Dr.-Ing.
Stütz, W. Dipl.-Ing.
Sülzle, Horst
Tesarek, Herbert Dr.-Ing.
Thoma, Frank Dipl.-Ing.
Tschöke, Helmut Professor
Uenver, Ralph Dipl.-Ing.
Vent, Guido Dipl.-Ing.
Walter, Thomas
Wiedemann, Werner
Wildemann, Roger Dipl.-Ing.
Willand, Jürgen Dipl.-Ing.
Willmerding, Günter Professor Dr.-Ing.
Wohnhaas, Achim Dr.-Ing.
Wolters, Peter Dr.-Ing.
Woschni, Gerhard Professor Dr.-Ing.
Wößner, Günter Prof. Dr.-Ing. Dr.
Zellbeck, Hans Professor Dr.-Ing.
Zimmer, Elmar
Zurawka, Thomas Dr.-Ing.

GEMISCHBILDUNG/VERBRENNUNG

Amsz, Markus Dipl.-Ing.
Andorfer, Andreas Dipl.-Ing.
Appel, Hermann Professor Dr.-Ing.
Bach, E. Professor
Bäcker, Harald Dr.-Ing.
Bargende, Michael Professor Dr.-Ing.
Bartunek, Bernd Dr.-Ing.
Basshuysen, Richard van Dipl.-Ing.
Baumhauer, Joachim Dr.-Ing.
Berner, Hans-Jürgen Dipl.-Ing.
Bertsch, Armin Dipl.-Ing.
Binder, Klaus Professor Dr.-Ing.
Bouché, Thomas Dr.
Boulouchos, K. Prof. Dr. sc. techn.
Brandstetter, Walter Professor Dr.
Briem, Martin Dr.-Ing.
Bürgler, Ludwig Dipl.-Ing.
Burkhardt, Christine Dipl.-Ing.
Buschmann, Gerhard Dipl.-Ing.
Carstensen, Hartmut Dr.
Cartellieri, Wolfgang Dipl.-Ing.
Cartus, Thomas Dipl.-Ing.

Chmela, Franz Dr.
Codan, Ennio Dr.
Creutz, Bernd Dipl.-Ing.
Danckert, Bernd Dipl.-Ing.
Dittmar, Klaus
Eberl, Günther Ing.
Egger, Klaus Dr.
Eickworth, Peter
Eiser, Axel
Endres, Helmut Dr.
Esch, Thomas Professor Dr.-Ing.
Faltermeier, Georg Dipl.-Ing.
Feldwisch-Drentrup, Ruppert
Förster, Arno
Fraenkle, Gerhard Dr.-Ing.
Fraidl, Günter-Karl Dr.
Freistetter, Josef
Friedel, Karl Heinz
Gastaldi, Patrick Dipl.-Ing.
Gauffrés, Ulrich J.
Geurts, Derk
Gindele, Jörg Dipl.-Ing.

Grebe, Uwe Dieter Dr.-Ing.
Günther, Dieter Dipl.-Ing.
Gutmann, Manfred Dr.-Ing.
Hadler, Jens Dr.
Hafner, Michael Dipl.-Ing.
Hanula, Barna Dipl.-Ing.
Happenhofer, Werner Dipl.-Ing.
Hartmann, Jörg
Haußner, Torsten Dipl.-Ing.
Heck, Edgar Dipl.-Ing.
Heine, Peter Dr.-Ing.
Heinrich, Wolfgang
Herden, Werner Dr.-Ing.
Herrmann, Hans-Otto Dr.-Ing.
Herrmann, Peter Dr.-Ing.
Hertweck, Gernot Dipl.-Ing.
Herzog, Peter L. Dr.
Hesselbacher, Karl-Heinz Dr. rer. nat.
Heuser, Georg Dr.
Heuser, Peter Dr.
Hitzler, Gerd Dipl.-Ing.
Huhn, Hartmut
Hutmacher, Rolf Dipl.-Ing.
Indra, Fritz Professor Dr.
Isermann, Rolf Professor Dr.-Ing.
Janach, Walter Professor Dr.-Ing.
Jorach, Rainer Werner Dr.-Ing.
Juretzka, Andreas Dipl.-Ing.
Kaiser, Thomas Dipl.-Ing.
Kampelmühler, Franz-Thomas Dr.
Kampmann, Stefan Dr.
Kapus, Paul Dr.
Kehe, Dietrich
Klawatsch, Dominikos Dr. techn.
Kleinehakenkamp, Norbert Dipl.-Ing.
Klinkner, Walter
Klumpers, Constantin Dipl.-Ing.
Knoll, Reinhard Ing.
Koch, Achim Dipl.-Ing.
Krell, Stefan Dr.
Kreuter, Peter Dr.
Kreuzer, Thomas Dr.-Ing.
Krüger, Michael Dr.-Ing.
Krümmling, Norbert
Kuhlmann, Peter Professor Dr.-Ing.
Kuhn, Michael
Kühn, Michael
Kühne, Rainer
Küsell, Matthias Dr.-Ing.
Landerl, Christian Dr. techn.
Leipertz, Alfred Professor Dr.-Ing.
Lenz, H. P. Professor Dr.-Ing.
Leonhard, Rolf Dr.-Ing.
Lepperhoff, Gerhard Dr.-Ing.
Lindl, Bruno Dr.
Lühe, Peter Dr.-Ing.
Lutz, Claus Dipl.-Ing.
Mahr, Bernd Dr.-Ing.
Maus, Wolfgang
Mayer, Thomas E. Dipl.-Ing.

Meder, Georg
Meinig, Uwe Dr.-Ing.
Mercz, Josef Dipl.-Ing.
Merker, G. Professor Dr.-Ing.
Metzner, F.-T. Dr.-Ing.
Meyer, Jörg Dr.-Ing.
Meyerdierks, Dietrich Dipl.-Ing.
Miersch, Wolfgang Dipl.-Ing.
Mikulic, Leopold Dr.
Mischker, Karsten
Morgillo, Ivano
Moser, Franz X. Professor Dr.
Müller, Werner Professor Dr.-Ing.
Müller, Wilfried
Müller, E. Professor Dr.-Ing.
Mundorff, Frank Dipl.-Ing.
Neuhäuser, Hans-Jochem Dr.
Niggemeyer, Heinz Dipl.-Ing.
Oberg, Hans-Joachim
Odendall, Bodo
Ortmann, Rainer Dr.-Ing.
Osterwald, Henning Dipl.-Ing.
Otto, Erhard
Pachler, Klaus Dipl.-Ing.
Pfeifer, Andreas-Christian Dipl.-Ing.
Pischinger, Franz
Pischinger, Martin Dr.-Ing.
Pischinger, Rudolf Professor Dr.
Pischinger, Stefan Professor Dr.-Ing.
Pittermann, Roland Dr.-Ing.
Prescher, Karl-Heinz Professor Dr.-Ing.
Pretzsch, Peter Dr.-Ing.
Pricken, Franc Dipl.-Ing.
Pucher, Helmut Professor Dr.-Ing.
Pungs, Andreas Dipl.-Ing.
Quarg, Joachim Dr.-Ing.
Quissek, Friedrich Dr.
Raab, Gottfried Dipl.-Ing.
Raup, Markus Dipl.-Ing.
Rechs, Manfred Dr.-Ing.
Regner, Gerhard Dr.
Remmels, Werner Dipl.-Ing.
Reuter, Wolfgang Dr.
Richter, Axel
Rößler, Klaus Dipl.-Ing.
Rückauf, Jörg Dipl.-Ing.
Sagerer, Rudolf Professor
Samenfink, Wolfgang Dr.
Sams, Theodor Professor Dr.
Sänger, Stefan
Schäfer, Horst Dipl.-Ing.
Schäpertöns, Herbert Dr.-Ing.
Schellmann, Klaus Professor
Scherer, Friedrich Dipl.-Ing.
Schilling, Sebastian Dr.-Ing.
Schilly, Helmut
Schittler, Michael Dipl.-Ing.
Schmitfranz, Bernd Dipl.-Ing.
Schmitt, Frank Dr.
Schreiner, Klaus Professor Dr.-Ing.

Schulte, Leif-Erik
Schwarz, Robert Dipl.-Ing. (FH)
Schwarz, Volker Dr.-Ing.
Schwelberger, Walter Dr.
Siegel, Ekkehard
Spicher, U. Professor Dr.-Ing.
Stanev, Audrey Dr.
Steiger, Wolfgang Dr.-Ing.
Straten, T. F.J.M.
Stroscher, Michael Dipl.-Ing.
Stütz, W. Dipl.-Ing.
Sülzle, Horst
Tatschl, Reinhard Dr.
Thiel, Wolfgang Dipl.-Ing.
Thoma, Frank Dipl.-Ing.
Tschöke, Helmut Professor
Velji, Amin Dr.-Ing.
Vent, Guido Dipl.-Ing.
Wagner, Christoph Dr.-Ing.

Weimar, Hans-Joachim Dipl.-Ing.
Weiss, Joachim Dr.-Ing.
Weissweiler, Werner Professor Dr.
Weller, Ralph Dr.-Ing.
Wildemann, Roger Dipl.-Ing.
Willand, Jürgen Dipl.-Ing.
Willimowski, Markus Dipl.-Ing.
Willmann, Michael Dipl.-Ing.
Willmerding, Günter Professor Dr.-Ing.
Winklhofer, Ernst Dr.
Wirbeleit, Friedrich Dr.
Wolters, Peter Dr.-Ing.
Woschni, Gerhard Professor Dr.-Ing.
Wößner, Günter Prof. Dr.-Ing. Dr.
Yamamoto, Kotaro Dipl.-Ing.
Zeilinger, Klaus Dr.-Ing.
Zellbeck, Hans Professor Dr.-Ing.
Zimmer, Elmar
Zimmermann, Frank

GETRIEBE/KUPPLUNG/ANTRIEBSSTRANG

Adamis, Panagiotis Professor Dr.-Ing.
Alt, N. Dr.-Ing.
Amsz, Markus Dipl.-Ing.
Appel, Hermann Professor Dr.-Ing.
Bach, E. Professor
Bargende, Michael Professor Dr.-Ing.
Bauknecht, Gert Dipl.-Ing.
Baumeister, Joachim Dipl.-Phys.
Becker, Klaus Professor Dr.-Ing.
Benda, Thomas Dr.
Bielaczek, Christian Dr.-Ing.
Blöcher, J.
Boley, Dieter Dr.
Bosse, Rolf Dr.-Ing.
Brandt, Otto
Brödler, Hilmar Dr.
Brunner, H. Professor Dr.-Ing.
Bubeck, Hans-Peter
Büchs, Hubert P. Dr.
Buschmann, Gerhard Dipl.-Ing.
Butsch, Michael Professor Dr.-Ing.
Creutz, Bernd Dipl.-Ing.
Deil, Michael
Delgado, M. Dipl.-Ing.
Drechsel, Eberhard R. Prof. Dr.-Ing. habil.
Eberl, Günther Ing.
Ebinger, Bernhard Dipl.-Ing.
Eickworth, Peter
Eikelberg, Wolfgang Dipl.-Ing.

Eisenbacher, Egon
Elfinger, Gerhard Dr.
Endres, Helmut Dr.
Faust, Hartmut Dr.-Ing.
Fischer, Peter Dr. Dipl.-Ing.
Foth, Joachim Dr.-Ing.
Freistetter, Josef
Frey, Gerhard Dipl.-Ing.
Furlkröger, J. Dipl.-Ing.
Gauffrés, Ulrich J.
Genuit, K. Dr.-Ing.
Goll, Siegfried
Gropp, Herbert Dr.-Ing. habil.
Haase, Walter Dipl.-Ing.
Hagenmeyer, Tobias
Hager, Josef Dipl.-Ing.
Halcour, Florian Dr.
Hanssen, Rolf A. Dr.
Hartmann, Jörg
Hartmann, Jürgen
Heinke, Joachim Dr.-Ing.
Heinrich, Wolfgang
Herfter, Dietmar Dr.
Herlan, Thomas Dr.-Ing.
Herrmann, Peter Dr.-Ing.
Herzog, Peter L. Dr.
Hierlwimmer, Peter
Hildebrandt, Martin Dr.-Ing.
Hof, Rainer

Hoffmann, Christian Dr.-Ing.
Huhn, Hartmut
Hülser, Holger Dr. rer. nat.
Indra, Fritz Professor Dr.
Isermann, Rolf Professor Dr.-Ing.
Jaeger, M. Dipl.-Ing.
Jankowski, Udo
Jaufmann, Alexander Dr.
Jung, Wolfgang Dipl.-Ing. (FH)
Karner, Josef
Käsler, Richard Dr.-Ing.
Kelly, P. Dr.-Ing.
Kerper, Daniel
Klein, Hans-Jürgen
Kliche, Ronald Dipl.-Ing.
Klinkner, Walter
Klumpers, Constantin Dipl.-Ing.
Koch, Achim Dipl.-Ing.
Kok, Daniel B. Dr.-Ing.
Körner, Christian Dipl.-Ing.
Krankenberg, Michael
Krappel, Alfred Dipl.-Ing.
Krell, Stefan Dr.
Krisper, Gerhard Dr.
Krohm, Harald Dipl.-Ing.
Kühne, Rainer
Kümmerer, Hans-Helmut
Laufs, Rolf Dipl.-Ing.
Lehna, Marius Dipl.-Ing.
Leitner, Erich
Lenz, H. P. Professor Dr.-Ing.
Lütkeduhme, Kurt
Lutz, Claus Dipl.-Ing.
Massa, Bruno
Maus, Karl-Heinz Dipl.-Ing.
Mercz, Josef Dipl.-Ing.
Meyerdierks, Dietrich Dipl.-Ing.
Miksch, Willy Dr.-Ing.
Mikulic, Leopold Dr.
Mödder, Ralf Dipl.-Ing.
Mohr, Carsten Dr.-Ing.
Mundorff, Frank Dipl.-Ing.
Nasch, Heribert
Nasch, Tono Dr.
Neuhaus, Klaus
Niggemeyer, Heinz Dipl.-Ing.
Noreikat, Karl-E. Dipl.-Ing.
Oppermann, Rainer
Ottenbruch, Peter Dr.
Pawelski, Zbigniew Professor Dr.-Ing.
Peuker, Karl
Pischinger, Stefan Professor Dr.-Ing.
Pohl, Markus Dr.
Quarg, Joachim Dr.-Ing.
Quissek, Friedrich Dr.
Rauschnabel, Eberhard Dr.-Ing.
Reif, Johann Peter Dr.

Reitz, A. Dipl.-Ing.
Renius, Karl Theodor Prof. Dr.-Ing. Dr. h.c.
Rißling, Peter Dr.-Ing.
Ruetz, Georg Ing.
Runge, Wolfgang
Sänger, Stefan
Schächtele, Klaus Dipl.-Ing.
Schanzlin, Horst
Schell, Andreas Dipl.-Ing.
Schilling, Sebastian Dr.-Ing.
Schilly, Helmut
Schmid, Ingobert Professor Dr.-Ing.
Schmitfranz, Bernd Dipl.-Ing.
Schmitz, P. Dipl.-Ing.
Schneider, Eckhard Dr.-Ing.
Schneider, Matthias Dr.-Ing.
Schoberth, Achim
Schondelmaier, Andreas
Schuff, Gerhard Dr.
Schultalbers, Winfried
Schwaderlapp, Markus Dr.-Ing.
Schwalbe, Mario
Schwenger, Andreas Dipl.-Ing.
Sedlmeier, Ralf Dipl.-Ing.
Siegel, Ekkehard
Spies, Karl-Heinrich Professor Dr.-Ing.
Spijker, Engbert Dr.
Stark, Wolfgang
Steiger, Wolfgang Dr.-Ing.
Stephan, Wolfgang Dipl.-Ing.
Stocker, Herbert Dr.
Strenkert, Jochen Dipl.-Ing.
Stroscher, Michael Dipl.-Ing.
Sudau, Jörg
Sudmanns, Hans Dipl.-Ing.
Sülzle, Horst
Tiemann, Rüdiger Professor Dr.-Ing.
Tschöp, Rainer
Uehla, Marc
Vogelsang, Klaus Dipl.-Ing.
Vollmer, Ewald
Vosteen, Klaus
Wagner, Gerhard Dr.-Ing.
Wallentowitz, Henning Professor Dr.
Walter, Thomas
Weber, Bernd Dr.
Wendt, Florian Dr.
Wienholt, Hans-Wilhelm Dr.-Ing.
Willand, Jürgen Dipl.-Ing.
Willmerding, Günter Professor Dr.-Ing.
Wohnhaas, Achim Dr.-Ing.
Woschni, Gerhard Professor Dr.-Ing.
Zellbeck, Hans Professor Dr.-Ing.
Zenner, Harald Professor Dr.-Ing.
Zloch, Norbert Dr.
Zobel, Werner

MOTORBAUTEILE UND -ZUBEHÖR

Adamis, Panagiotis Professor Dr.-Ing.
Alex, Matthias Dipl.-Ing.
Alt, N. Dr.-Ing.
Ambros, Peter Dr.-Ing.
Amsz, Markus Dipl.-Ing.
Bach, E. Professor
Bahrenberg, Volker
Bargende, Michael Professor Dr.-Ing.
Bartunek, Bernd Dr.-Ing.
Basshuysen, Richard van Dipl.-Ing.
Baumeister, Joachim Dipl.-Phys.
Berrens, Jochen M.
Bertsch, Armin Dipl.-Ing.
Beste, Frank Dipl.-Ing.
Bezeij, Nico van
Bick, Werner Dr.-Ing.
Blaindorfer, Gerd
Blöcher, J.
Bockenheimer, Alexander Dipl.-Ing.
Boley, Dieter Dr.
Borgmann, Klaus
Bouché, Thomas Dr.
Brandstetter, Walter Professor Dr.
Brandt, Otto
Breuer, Claus Dr.-Ing.
Brinker, Manfred
Brodesser, Kay Dipl.-Ing.
Brödler, Hilmar Dr.
Bubeck, Hans-Peter
Buschmann, Gerhard Dipl.-Ing.
Carstensen, Hartmut Dr.
Cartellieri, Wolfgang Dipl.-Ing.
Codan, Ennio Dr.
Creutz, Bernd Dipl.-Ing.
Danckert, Bernd Dipl.-Ing.
Deil, Michael
Delgado, M. Dipl.-Ing.
Dick, Jürgen Dipl.-Ing.
Dittmar, Klaus
Drespling, Hans-Peter Dipl.-Ing.
Eberl, Günther Ing.
Egger, Klaus Dr.
Eickworth, Peter
Eikelberg, Wolfgang Dipl.-Ing.
Einden, Antoon van den
Eisenbacher, Egon
Eisenhardt, Günter Dipl.-Ing.
Eiser, Axel
Elfinger, Gerhard Dr.
Endres, Helmut Dr.
Esch, Thomas Professor Dr.-Ing.
Esebeck, Götz von Dr.
Faria, Christof Dipl.-Ing.
Feldwisch-Drentrup, Ruppert
Fessl, Thomas Dr.
Feuser, Wilhelm Dipl.-Ing.
Fink, Thomas Dr.-Ing.
Fischer, Peter Dr. Dipl.-Ing.
Flierl, Rudolf Dr.-Ing.
Fraenkle, Gerhard Dr.-Ing.
Fraidl, Günter-Karl Dr.

Frehland, Peter Dipl.-Ing.
Freistetter, Josef
Friedel, Karl Heinz
Füssel, Roland
Gabele, Hugo Professor Dr.-Ing.
Garcia, Patrick
Gauffrés, Ulrich J.
Geisler, Ralf Dipl.-Ing.
Geißler, Paul Dipl.-Phys.
Genuit, K. Dr.-Ing.
Grebe, Uwe Dieter Dr.-Ing.
Greiner, Peter
Gropp, Herbert Dr.-Ing. habil.
Gulde, Franz Paul Dipl.-Ing.
Haase, Walter Dipl.-Ing.
Habighorst, Heinz Dipl.-Ing.
Hager, Josef Dipl.-Ing.
Hahn, Hermann Dipl.-Ing.
Hanisch, Wolfgang
Hanssen, Rolf A. Dr.
Hanula, Barna Dipl.-Ing.
Happenhofer, Werner Dipl.-Ing.
Harings, Roland
Hartmann, Jörg
Hartmann, Jürgen
Haug, Franz Dr.-Ing.
Hedtke, Holger
Heine, Peter Dr.-Ing.
Heinke, Joachim Dr.-Ing.
Heinrich, Wolfgang
Hendrix, Daniel Dipl.-Ing.
Herfter, Dietmar Dr.
Herlan, Thomas Dr.-Ing.
Hermanski, Manfred Dipl.-Ing.
Herrmann, Peter Dr.-Ing.
Hertweck, Gernot Dipl.-Ing.
Heuser, Georg Dr.
Heuser, Peter Dr.
Hildebrandt, Martin Dr.-Ing.
Himmelsbach, Johann Dr.-Ing.
Hitzler, Gerd Dipl.-Ing.
Hof, Rainer
Hoffmann, Werner Professor Dr.
Hora, Pavel
Houben, Hans Dipl.-Ing.
Huck, Josef
Huhn, Hartmut
Indra, Fritz Professor Dr.
Jacque, Etienne Dipl.-Ing.
Jakob, Andreas
Jankowski, Udo
Jorach, Rainer Werner Dr.-Ing.
Jörns, Jens
Jung, Wolfgang Dipl.-Ing. (FH)
Junker, Heinz Professor Dr.-Ing.
Kahlstorf, Uwe Dipl.-Ing.
Kampelmühler, Franz-Thomas Dr.
Känel, Andreas von Dipl.-Ing.
Karner, Josef
Kehe, Dietrich
Kerschbaum, Walter Ing.

Klaus, Benedikt Dr.
Klein, Hans-Jürgen
Kleinehakenkamp, Norbert Dipl.-Ing.
Kliche, Ronald Dipl.-Ing.
Klingebiel, Felix Dipl.-Ing.
Klinkner, Walter
Klotzbach, Peter Dipl.-Ing.
Klumpers, Constantin Dipl.-Ing.
Klumpp, Holger Dipl.-Ing.
Knoll, Reinhard Ing.
Knorz, Claus Dipl.-Ing. (FH)
Knour, Christoph Dipl.-Ing.
Koch, Achim Dipl.-Ing.
Köhler, Jürgen Professor Dr.-Ing.
Köhler, Thomas Dipl.-Ing.
Kok, Daniel B. Dr.-Ing.
Kossak, Rainer Dr.
Krankenberg, Michael
Krappel, Alfred Dipl.-Ing.
Kratochwill, Helmut Dr. techn.
Krause, Rüdiger Dipl.-Ing.
Krell, Stefan Dr.
Kreuter, Peter Dr.
Krings, Johannes Dipl.-Ing.
Krisper, Gerhard Dr.
Krümmling, Norbert
Kübler, Werner Dipl.-Ing.
Kugland, Peter Dipl.-Ing.
Kuhn, Michael
Kühne, Rainer
Kümmerer, Hans-Helmut
Kunkel, David Dipl.-Ing.
Kusebauch, Kurt
Landerl, Christian Dr. techn.
Laufs, Rolf Dipl.-Ing.
Leistner, Marian Dipl.-Phys.
Leitner, Erich
Lemberger, Heinz Dipl.-Ing.
Lenz, H. P. Professor Dr.-Ing.
Lepperhoff, Gerhard Dr.-Ing.
Lindl, Bruno Dr.
Ludwig, Josef
Lühe, Peter Dr.-Ing.
Lühr, Hartmut
Lutz, Claus Dipl.-Ing.
Maas, Gerhard Dr.
Martin, Hans Dipl.-Ing.
Massa, Bruno
Maus, Karl-Heinz Dipl.-Ing.
Meinig, Uwe Dr.-Ing.
Menne, Rudolf J. Prof. Dr.-Ing.
Mercz, Josef Dipl.-Ing.
Metzner, F.-T. Dr.-Ing.
Meyerdierks, Dietrich Dipl.-Ing.
Miersch, Wolfgang Dipl.-Ing.
Mikulic, Leopold Dr.
Mödder, Ralf Dipl.-Ing.
Mohr, Carsten Dr.-Ing.
Mohr, Uwe Dr.
Moser, Franz X. Professor Dr.
Müller, Ute Dipl.-Ing.
Müller, Wilfried
Mundorff, Frank Dipl.-Ing.
Nasch, Heribert
Nasch, Tono Dr.
Neuhaus, Klaus
Neuhäuser, Hans-Jochem Dr.

Neumann, Herrn
Niehues, Jürgen Dipl.-Ing.
Niemann, Hans-Hermann
Niggemeyer, Heinz Dipl.-Ing.
Noreikat, Karl-E. Dipl.-Ing.
Oppermann, Rainer
Pape, Rolf
Philipp, Ulrich Dr.-Ing.
Pischinger, Franz
Pischinger, Martin Dr.-Ing.
Pischinger, Stefan Professor Dr.-Ing.
Pleus, Peter Dr.
Podeswa, Rainer Dr.
Pohl, Markus Dr.
Post, Konrad U.
Prescher, Karl-Heinz Professor Dr.-Ing.
Pretzsch, Peter Dr.-Ing.
Pricken, Franc Dipl.-Ing.
Pucher, Helmut Professor Dr.-Ing.
Quarg, Joachim Dr.-Ing.
Quissek, Friedrich Dr.
Raab, Gottfried Dipl.-Ing.
Ragus, Dirk Dipl.-Ing.
Rammer, Franz Dipl.-Ing.
Rauenbusch, Ralf
Rechs, Manfred Dr.-Ing.
Reif, Johann Peter Dr.
Reuter, Wolfgang Dr.
Richter, Axel
Rieck, Kai
Riedl, Walter Dipl.-Ing. (FH)
Roos, Eberhard Professor Dr.-Ing.
Rückauf, Jörg Dipl.-Ing.
Ruetz, Georg Ing.
Sagerer, Rudolf Professor
Sams, Theodor Professor Dr.
Sänger, Stefan
Schächtele, Klaus Dipl.-Ing.
Schanzlin, Horst
Schäpertöns, Herbert Dr.-Ing.
Schausberger, Christoph Dipl.-Ing.
Schellmann, Klaus Professor
Schilling, Sebastian Dr.-Ing.
Schilly, Helmut
Schittler, Michael Dipl.-Ing.
Schmidt, Dieter
Schmidt-Troje, Dieter Dipl.-Ing.
Schmitt, Frank Dr.
Schneider, Eckhard Dr.-Ing.
Schneider, Matthias Dr.-Ing.
Schoberth, Achim
Schopp, Johann
Schöttle, Wolfgang
Schrittenloher, Gerald Dipl.-Ing.
Schrode, Jürgen
Schuff, Gerhard Dr.
Schwaderlapp, Markus Dr.-Ing.
Schwalbe, Mario
Schwelberger, Walter Dr.
Schwertfirm, Gerhard
Siegel, Ekkehard
Sierakowski, Mirko Dipl.-Ing.
Simon, Ewald Dipl.-Ing.
Simon, Lubens Dr.-Ing.
Sluka, Gerold Dipl.-Ing.
Solfrank, Peter Dr.-Ing.
Sorger, Helfried Dipl.-Ing.

Speil, Walter Dipl.-Ing.
Spicher, U. Professor Dr.-Ing.
Spies, Karl-Heinrich Professor Dr.-Ing.
Stamatelos, Anastassios Dr.
Stark, Wolfgang
Stehlig, Jürgen Dipl.-Ing.
Steiger, Wolfgang Dr.-Ing.
Stephan, Ulrich Dipl.-Ing.
Stephan, Wolfgang Dipl.-Ing.
Straßer, Klaus Dr.
Strauss, Andreas Dipl.-Ing.
Stroscher, Michael Dipl.-Ing.
Stütz, W. Dipl.-Ing.
Sudmanns, Hans Dipl.-Ing.
Sülzle, Horst
Thiele, Enno Dr.-Ing.
Tiemann, Rüdiger Professor Dr.-Ing.
Trapp, Egon
Tröster, Günther
Uhlirsch, Ulrich Dipl.-Ing.
Vogelsang, Klaus Dipl.-Ing.
Völkert, Thomas
Wacker, Hans Dieter Dipl.-Ing.

Walter, Thomas
Walzer, P. Professor Dr.-Ing.
Warnecke, Dirk Dipl.-Ing.
Weber, Olaf Dr.
Weltens, Hermann Dr.-Ing.
Wendt, Florian Dr.
Weyand, Peter Dr.
Wiese, Dietmar Dr.
Wildemann, Roger Dipl.-Ing.
Willand, Jürgen Dipl.-Ing.
Willmerding, Günter Professor Dr.-Ing.
Windisch, Herbert Professor
Wirbeleit, Friedrich Dr.
Wirth, Georg
Wolf, Franz-Josef
Wölfle, Martin Dr.-Ing.
Woschni, Gerhard Professor Dr.-Ing.
Wößner, Günter Prof. Dr.-Ing. Dr.
Zeilinger, Klaus Dr.-Ing.
Zenner, Harald Professor Dr.-Ing.
Zimmermann, Frank
Zobel, Werner

F A H R W E R K

A C H S E N

Balk, Axel Dipl.-Ing.
Baumeister, Joachim Dipl.-Phys.
Becker, Klaus Professor Dr.-Ing.
Bielaczek, Christian Dr.-Ing.
Bubeck, Hans-Peter
Chudzick, H. Dipl.-Ing.
Deil, Michael
Delgado, M. Dipl.-Ing.
Drewes, Ernst-Jürgen Dr.
Eikelberg, Wolfgang Dipl.-Ing.
Fischer, Peter Dr. Dipl.-Ing.
Foth, Joachim Dr.-Ing.
Freistetter, Josef
Gauffrés, Ulrich J.
Gehrmann, Jörg Dipl.-Ing.
Gies, Stefan Dr.-Ing.
Glocker, Axel Dipl.-Ing.
Gnadler, Rolf Professor Dr.-Ing.
Goll, Siegfried
Groffmann, Jens-Friedrich Dipl.-Ing.
Haken, Karl-Ludwig Dr.-Ing.
Halcour, Florian Dr.
Hartmann, Jörg
Heinrich, Wolfgang
Hellenkamp, Michael Dipl.-Ing.
Hennecke, Dieter Dr.-Ing.
Herlan, Thomas Dr.-Ing.
Herrmann, Peter Dr.-Ing.
Hippe, Marko

Holdmann, Peter Dipl.-Ing.
Huhn, Hartmut
Isermann, Rolf Professor Dr.-Ing.
Jaeger, M. Dipl.-Ing.
Jüllig, Karl
Käsler, Richard Dr.-Ing.
Kerper, Daniel
Killian, Friedrich Dipl.-Ing.
Kliche, Ronald Dipl.-Ing.
Klinkner, Walter
Klumpers, Constantin Dipl.-Ing.
Krisper, Gerhard Dr.
Krug, Paul Eberhard
Kücükay, Ferit Professor Dr.-Ing.
Kühne, Rainer
Kümmerer, Hans-Helmut
Kumpf, Bertram Dipl.-Ing.
Laufenberg, R.
Liebregts, Rene Ing.
Massa, Bruno
Muehlhausen, Werner
Neerpasch, Uwe Dr.-Ing.
Nitsche, Udo
Oberloher, Martin Dipl.-Ing.
Pisarek, Andreas Dipl.-Ing.
Potthoff-Sewing, Christian Dr.
Quissek, Friedrich Dr.
Rathmann, Norbert
Richter, Axel

Richter, Bernd Dr.
Rißling, Peter Dr.-Ing.
Ronge, Heinz
Rostek, Wilfried Professor Dr.
Runte, Michael
Rupa, R.
Sänger, Stefan
Sauter, Bernhard
Schäfer, Harald Dipl.-Ing. (FH)
Schanzlin, Horst
Scheck, Gisbert Dipl.-Ing.
Scherp, Markus Dipl.-Ing.
Schiehlen, Werner Professor Dr.-Ing.
Schilly, Helmut

Schmid, Ingobert Professor Dr.-Ing.
Schuff, Gerhard Dr.
Schulenburg, Christoph
Stroscher, Michael Dipl.-Ing.
Tiemann, Rüdiger Professor Dr.-Ing.
Vosteen, Klaus
Wallentowitz, Henning Professor Dr.
Weber, Bernd Dr.
Wiedemann, Jochen Professor Dr.-Ing.
Wille, Hans-Christian Dr.-Ing.
Wonka, Holger
Zech, Ulrich
Zenner, Harald Professor Dr.-Ing.

ACHSEN

Alberter, Günther Dipl.-Ing.
Balk, Axel Dipl.-Ing.
Baumeister, Joachim Dipl.-Phys.
Becker, Klaus Professor Dr.-Ing.
Bill, Karlheinz Dr.-Ing.
Brödler, Hilmar Dr.
Brunner, H. Professor Dr.-Ing.
Butsch, Michael Professor Dr.-Ing.
Dittmar, Klaus
Drechsel, Eberhard R. Prof. Dr.-Ing. habil.
Drewes, Ernst-Jürgen Dr.
Eikelberg, Wolfgang Dipl.-Ing.
Ervens, Ludwig
Freistetter, Josef
Gauffrés, Ulrich J.
Geißler, Paul Dipl.-Phys.
Genuit, K. Dr.-Ing.
Gnadler, Rolf Professor Dr.-Ing.
Groffmann, Jens-Friedrich Dipl.-Ing.
Gutiérrez, Carmelo
Haken, Karl-Ludwig Dr.-Ing.
Halcour, Florian Dr.
Hartmann, Jörg
Hartmann, Jürgen
Hedtke, Holger
Heinke, Joachim Dr.-Ing.
Heinrich, Wolfgang
Hennecke, Dieter Dr.-Ing.
Henninger, Helmut
Herlan, Thomas Dr.-Ing.
Herrmann, Peter Dr.-Ing.
Herzog, Rolf
Huhn, Hartmut
Isermann, Rolf Professor Dr.-Ing.

Jaeger, M. Dipl.-Ing.
Jüllig, Karl
Jung, Friedrich Dipl.-Ing.
Kamphausen, Rainer
Käsler, Richard Dr.-Ing.
Klinkner, Walter
Klumpers, Constantin Dipl.-Ing.
Krankenberg, Michael
Krisper, Gerhard Dr.
Kücükay, Ferit Professor Dr.-Ing.
Kühne, Rainer
Kümmerer, Hans-Helmut
Kumpf, Bertram Dipl.-Ing.
Kurz, Gerhard Dipl.-Ing.
Laufenberg, R.
Leffler, Heinz Dr.-Ing.
Massa, Bruno
Müller, Hans Walter Ing.
Müller, Rudi Dipl.-Ing.
Niemann, Hans-Hermann
Odenthal, Dirk Dipl.-Ing.
Oppermann, Rainer
Peuker, Karl
Post, Konrad U.
Quissek, Friedrich Dr.
Rathmann, Norbert
Reuter, Manfred Dipl.-Ing.
Richter, Axel
Richter, Bernd Dr.
Rißling, Peter Dr.-Ing.
Rompe, Klaus Professor Dr.-Ing. habil.
Ronge, Heinz
Röß, Karl-Heinz
Rostek, Wilfried Professor Dr.

Rupa, R.
Sailer, Ulrich Dr.-Ing.
Sänger, Stefan
Schanzlin, Horst
Scheck, Gisbert Dipl.-Ing.
Schiehlen, Werner Professor Dr.-Ing.
Schmid, Ingobert Professor Dr.-Ing.
Schnell, Erwin G. Dipl.-Ing.
Schrittenloher, Gerald Dipl.-Ing.
Schuff, Gerhard Dr.
Spichalsky, Carsten
Stark, Wolfgang
Stroscher, Michael Dipl.-Ing.

Sulzyc, Georg
Tiemann, Rüdiger Professor Dr.-Ing.
Tröster, Günther
Uehla, Marc
Volz, Peter Dr.
Vosteen, Klaus
Wallentowitz, Henning Professor Dr.
Walter, Thomas
Weber, Bernd Dr.
Wendt, Florian Dr.
Wiedemann, Jochen Professor Dr.-Ing.
Zenner, Harald Professor Dr.-Ing.

FEDERUNG / DÄMPFUNG

Balk, Axel Dipl.-Ing.
Baudoch, Detlef
Becker, Klaus Professor Dr.-Ing.
Bielaczek, Christian Dr.-Ing.
Brunner, H. Professor Dr.-Ing.
Chudzick, H. Dipl.-Ing.
Döhla, Werner
Drechsel, Eberhard R. Prof. Dr.-Ing. habil.
Drewes, Ernst-Jürgen Dr.
Eikelberg, Wolfgang Dipl.-Ing.
Fascher, Peter Dr.
Foth, Joachim Dr.-Ing.
Freistetter, Josef
Gärtner, P. Professor Dr.-Ing.
Gauffrés, Ulrich J.
Geißler, Paul Dipl.-Phys.
Gies, Stefan Dr.-Ing.
Gnadler, Rolf Professor Dr.-Ing.
Groffmann, Jens-Friedrich Dipl.-Ing.
Haase, Walter Dipl.-Ing.
Haken, Karl-Ludwig Dr.-Ing.
Halcour, Florian Dr.
Hartmann, Jörg
Hedtke, Holger
Heinke, Joachim Dr.-Ing.
Heinrich, Wolfgang
Helfer, Martin Dr.-Ing.
Hennecke, Dieter Dr.-Ing.
Henninger, Helmut
Herlan, Thomas Dr.-Ing.
Herrmann, Peter Dr.-Ing.
Holdmann, Peter Dipl.-Ing.
Hora, Pavel
Huhn, Hartmut
Isermann, Rolf Professor Dr.-Ing.

Jaeger, M. Dipl.-Ing.
Jüllig, Karl
Kamphausen, Rainer
Käsler, Richard Dr.-Ing.
Killian, Friedrich Dipl.-Ing
Kliche, Ronald Dipl.-Ing.
Klink, Hubertus
Klinkner, Walter
Klumpers, Constantin Dipl.-Ing.
Krankenberg, Michael
Krisper, Gerhard Dr.
Krug, Paul Eberhard
Kücükay, Ferit Professor Dr.-Ing.
Kühne, Rainer
Kümmerer, Hans-Helmut
Kumpf, Bertram Dipl.-Ing.
Kutzbach, Heinz Dieter Professor Dr.-Ing.
Laufenberg, R.
Liebregts, Rene Ing.
Massa, Bruno
Muehlhausen, Werner
Neerpasch, Uwe Dr.-Ing.
Niemann, Hans-Hermann
Ottl, Dieter Prof. Dr.-Ing. habil.
Pisarek, Andreas Dipl.-Ing.
Preukschat, Alfred Dipl.-Ing.
Prinzler, Hubertus
Quissek, Friedrich Dr.
Rathmann, Norbert
Rauenbusch, Ralf
Rauschnabel, Eberhard Dr.-Ing.
Richter, Axel
Rißling, Peter Dr.-Ing.
Röß, Karl-Heinz
Rostek, Wilfried Professor Dr.

Runte, Michael
Rupa, R.
Sänger, Stefan
Schäfer, Harald Dipl.-Ing. (FH)
Scheck, Gisbert Dipl.-Ing.
Schiehlen, Werner Professor Dr.-Ing.
Schilly, Helmut
Schmid, Ingobert Professor Dr.-Ing.
Schneider, Eckhard Dr.-Ing.
Schneider, Matthias Dr.-Ing.
Schulenburg, Christoph
Schwalbe, Mario
Spichalsky, Carsten

Spies, Karl-Heinrich Professor Dr.-Ing.
Tiemann, Rüdiger Professor Dr.-Ing.
Tröster, Günther
Vollmer, Ewald
Vosteen, Klaus
Wallentowitz, Henning Professor Dr.
Weber, Bernd Dr.
Webers, Klaus Dr.
Wiedemann, Jochen Professor Dr.-Ing.
Wolf, Franz-Josef
Wonka, Holger
Zenner, Harald Professor Dr.-Ing.

LENKUNG

Altmann, Thomas
Balk, Axel Dipl.-Ing.
Becker, Klaus Professor Dr.-Ing.
Bielaczek, Christian Dr.-Ing.
Brunner, H. Professor Dr.-Ing.
Chudzick, H. Dipl.-Ing.
Deil, Michael
Döhla, Werner
Drewes, Ernst-Jürgen Dr.
Fascher, Peter Dr.
Foth, Joachim Dr.-Ing.
Freistetter, Josef
Gauffrés, Ulrich J.
Gies, Stefan Dr.-Ing.
Gnadler, Rolf Professor Dr.-Ing.
Goll, Siegfried
Groffmann, Jens-Friedrich Dipl.-Ing.
Haase, Walter Dipl.-Ing.
Haken, Karl-Ludwig Dr.-Ing.
Halcour, Florian Dr.
Hartmann, Jörg
Heinke, Joachim Dr.-Ing.
Heinrich, Wolfgang
Hennecke, Dieter Dr.-Ing.
Herfter, Dietmar Dr.
Herlan, Thomas Dr.-Ing.
Herrmann, Hans
Herrmann, Peter Dr.-Ing.
Herzog, Rolf
Holdmann, Peter Dipl.-Ing.
Huhn, Hartmut

Huttner, Hans Dipl.-Ing. (FH)
Jaeger, M. Dipl.-Ing.
Jüllig, Karl
Käsler, Richard Dr.-Ing.
Killian, Friedrich Dipl.-Ing.
Klinkner, Walter
Klumpers, Constantin Dipl.-Ing.
Krug, Paul Eberhard
Kücükay, Ferit Professor Dr.-Ing.
Kühne, Rainer
Kümmerer, Hans-Helmut
Kumpf, Bertram Dipl.-Ing.
Kutzbach, Heinz Dieter Professor Dr.-Ing.
Laufenberg, R.
Liebregts, Rene Ing.
Massa, Bruno
Maus, Karl-Heinz Dipl.-Ing.
Neerpasch, Uwe Dr.-Ing.
Odenthal, Dirk Dipl.-Ing.
Potthoff-Sewing, Christian Dr.
Quissek, Friedrich Dr.
Rauschnabel, Eberhard Dr.-Ing.
Rieger, Wolfgang
Rißling, Peter Dr.-Ing.
Rompe, Klaus Professor Dr.-Ing. habil.
Röß, Karl-Heinz
Rostek, Wilfried Professor Dr.
Runte, Michael
Rupa, R.
Sänger, Stefan
Schäfer, Harald Dipl.-Ing. (FH)

Schanzlin, Horst
Scheck, Gisbert Dipl.-Ing.
Schiehlen, Werner Professor Dr.-Ing.
Schmid, Ingobert Professor Dr.-Ing.
Schulenburg, Christoph
Spichalsky, Carsten
Spies, Karl-Heinrich Professor Dr.-Ing.
Uehla, Marc
Uenver, Ralph Dipl.-Ing.

Vieth, K. Dipl.-Ing.
Vollmer, Ewald
Vosteen, Klaus
Wallentowitz, Henning Professor Dr.
Weber, Bernd Dr.
Wendt, Florian Dr.
Wiedemann, Jochen Professor Dr.-Ing.
Wohnhaas, Achim Dr.-Ing.
Zenner, Harald Professor Dr.-Ing.

RADAUFHÄNGUNG

Balk, Axel Dipl.-Ing.
Baumeister, Joachim Dipl.-Phys.
Becker, Klaus Professor Dr.-Ing.
Bielaczck, Christian Dr. Ing.
Brunner, H. Professor Dr.-Ing.
Chudzick, H. Dipl.-Ing.
Deil, Michael
Delgado, M. Dipl.-Ing.
Drechsel, Eberhard R. Prof. Dr.-Ing. habil.
Drewes, Ernst-Jürgen Dr.
Eikelberg, Wolfgang Dipl.-Ing.
Fascher, Peter Dr.
Fischer, Peter Dr. Dipl.-Ing.
Freistetter, Josef
Gauffrés, Ulrich J.
Gehrmann, Jörg Dipl.-Ing.
Genuit, K. Dr.-Ing.
Gies, Stefan Dr.-Ing.
Gnadler, Rolf Professor Dr.-Ing.
Groffmann, Jens-Friedrich Dipl.-Ing.
Haken, Karl-Ludwig Dr.-Ing.
Halcour, Florian Dr.
Hanisch, Wolfgang
Hartmann, Jörg
Hedtke, Holger
Heinrich, Wolfgang
Helfer, Martin Dr.-Ing.
Hennecke, Dieter Dr.-Ing.
Herfter, Dietmar Dr.
Herlan, Thomas Dr.-Ing.
Herrmann, Hans
Herrmann, Peter Dr.-Ing.
Holdmann, Peter Dipl.-Ing.
Huhn, Hartmut

Isermann, Rolf Professor Dr.-Ing.
Jaeger, M. Dipl.-Ing.
Jüllig, Karl
Käsler, Richard Dr.-Ing.
Killian, Friedrich Dipl.-Ing.
Kliche, Ronald Dipl.-Ing.
Klinkner, Walter
Klumpers, Constantin Dipl.-Ing.
Krisper, Gerhard Dr.
Krug, Paul Eberhard
Kücükay, Ferit Professor Dr.-Ing.
Küffel, Günther
Kühne, Rainer
Kümmerer, Hans-Helmut
Kumpf, Bertram Dipl.-Ing.
Laufenberg, R.
Liebregts, Rene Ing.
Massa, Bruno
Muehlhausen, Werner
Neerpasch, Uwe Dr.-Ing.
Nitsche, Udo
Oberloher, Martin Dipl.-Ing.
Ottl, Dieter Prof. Dr.-Ing. habil.
Pisarek, Andreas Dipl.-Ing.
Preukschat, Alfred Dipl.-Ing.
Prinzler, Hubertus
Quissek, Friedrich Dr.
Rauschnabel, Eberhard Dr.-Ing.
Richter, Axel
Rißling, Peter Dr.-Ing.
Rompe, Klaus Professor Dr.-Ing. habil.
Roos, Eberhard Professor Dr.-Ing.
Rostek, Wilfried Professor Dr.
Rupa, R.

Sänger, Stefan
Schanzlin, Horst
Scheck, Gisbert Dipl.-Ing.
Scherp, Markus Dipl.-Ing.
Schiehlen, Werner Professor Dr.-Ing.
Schilly, Helmut
Schmid, Ingobert Professor Dr.-Ing.
Schneider, Matthias Dr.-Ing.
Schuff, Gerhard Dr.
Schulenburg, Christoph
Spies, Karl-Heinrich Professor Dr.-Ing.

Tiemann, Rüdiger Professor Dr.-Ing.
Vollmer, Ewald
Vosteen, Klaus
Wallentowitz, Henning Professor Dr.
Walter, Thomas
Weber, Bernd Dr.
Wendt, Florian Dr.
Wiedemann, Jochen Professor Dr.-Ing.
Wille, Hans-Christian Dr.-Ing.
Zech, Ulrich
Zenner, Harald Professor Dr.-Ing.

RÄDER/REIFEN

Balk, Axel Dipl.-Ing.
Becker, Klaus Professor Dr.-Ing.
Brunner, H. Professor Dr.-Ing.
Chudzick, H. Dipl.-Ing.
Dehm, Siegbert
Dittmar, Klaus
Drechsel, Eberhard R. Prof. Dr.-Ing. habil.
Drewes, Ernst-Jürgen Dr.
Freistetter, Josef
Gauffrés, Ulrich J.
Geißler, Paul Dipl.-Phys.
Genuit, K. Dr.-Ing.
Gies, Stefan Dr.-Ing.
Gnadler, Rolf Professor Dr.-Ing.
Groffmann, Jens-Friedrich Dipl.-Ing.
Gröticke, Sven
Haken, Karl-Ludwig Dr.-Ing.
Halcour, Florian Dr.
Hartmann, Jörg
Hedtke, Holger
Heinke, Joachim Dr.-Ing.
Heinrich, Wolfgang
Helfer, Martin Dr.-Ing.
Hennecke, Dieter Dr.-Ing.
Herrmann, Hans
Herrmann, Peter Dr.-Ing.
Holdmann, Peter Dipl.-Ing.
Huhn, Hartmut
Huinink, Heinrich Dipl.-Ing.
Jacksties, Harald
Jaeger, M. Dipl.-Ing.
Jüllig, Karl
Kachel, Uwe
Kamphausen, Rainer

Käsler, Richard Dr.-Ing.
Klinkner, Walter
Klumpers, Constantin Dipl.-Ing.
Krankenberg, Michael
Kücükay, Ferit Professor Dr.-Ing.
Kühne, Rainer
Kumpf, Bertram Dipl.-Ing.
Kutzbach, Heinz Dieter Professor Dr.-Ing.
Laufenberg, R.
Massa, Bruno
Olms, Hans Dipl.-Ing.
Ottl, Dieter Prof. Dr.-Ing. habil.
Quissek, Friedrich Dr.
Rathmann, Norbert
Reinhardt, Rolf
Richter, Axel
Richter, Bernd Dr.
Ronge, Heinz
Röß, Karl-Heinz
Rostek, Wilfried Professor Dr.
Rupa, R.
Sänger, Stefan
Scheck, Gisbert Dipl.-Ing.
Schiehlen, Werner Professor Dr.-Ing.
Schmid, Ingobert Professor Dr.-Ing.
Schröder, Carsten Dipl.-Ing.
Stroscher, Michael Dipl.-Ing.
Vollmer, Christian Dipl.-Ing.
Vosteen, Klaus
Wallentowitz, Henning Professor Dr.
Weber, Bernd Dr.
Wiedemann, Jochen Professor Dr.-Ing.
Wiese, Dietmar Dr.
Zenner, Harald Professor Dr.-Ing.

RAHMEN

Bachmann, H. Dipl.-Ing.
Balk, Axel Dipl.-Ing.
Baumeister, Joachim Dipl.-Phys.
Becker, Klaus Professor Dr.-Ing.
Bielaczek, Christian Dr.-Ing.
Brinker, Manfred
Chudzick, H. Dipl.-Ing.
Delgado, M. Dipl.-Ing.
Drewes, Ernst-Jürgen Dr.
Eikelberg, Wolfgang Dipl.-Ing.
Fascher, Peter Dr.
Fischer, Peter Dr. Dipl.-Ing.
Franz, Carl
Freistetter, Josef
Gärtner, P. Professor Dr.-Ing.
Gauffrès, Ulrich J.
Gehrmann, Jörg Dipl.-Ing.
Groffmann, Jens-Friedrich Dipl.-Ing.
Härter, Wilfried
Heinrich, Wolfgang
Hellenkamp, Michael Dipl.-Ing.
Herfter, Dietmar Dr.
Herlan, Thomas Dr.-Ing.
Hermanski, Manfred Dipl. Ing.
Herrmann, Peter Dr.-Ing.
Huhn, Hartmut
Jüllig, Karl
Käsler, Richard Dr.-Ing.
Kerper, Daniel
Klein, Bernd Professor Dr.-Ing.
Kliche, Ronald Dipl.-Ing.
Klinkner, Walter
Klumpers, Constantin Dipl.-Ing.
Knapp, Wolf Dieter

Krisper, Gerhard Dr.
Kücükay, Ferit Professor Dr.-Ing.
Kühne, Rainer
Kümmerer, Hans-Helmut
Kumpf, Bertram Dipl.-Ing.
Laufenberg, R.
Liebregts, Rene Ing.
Massa, Bruno
Muehlhausen, Werner
Nitsche, Udo
Oppermann, Rainer
Quissek, Friedrich Dr.
Rathmann, Norbert
Rostek, Wilfried Professor Dr.
Runte, Michael
Rupa, R.
Sänger, Stefan
Schanzlin, Horst
Scheck, Gisbert Dipl.-Ing.
Scherp, Markus Dipl.-Ing.
Schiehlen, Werner Professor Dr.-Ing.
Schilly, Helmut
Schmid, Ingobert Professor Dr. Ing.
Schuff, Gerhard Dr.
Schwalbe, Mario
Tiemann, Rüdiger Professor Dr.-Ing.
Vollmer, Christian Dipl.-Ing.
Vollmer, Ewald
Vosteen, Klaus
Wallentowitz, Henning Professor Dr.
Wendt, Florian Dr.
Wiedemann, Jochen Professor Dr.-Ing.
Zenner, Harald Professor Dr.-Ing.

KAROSSERIE

AERODYNAMIK

Biewendt, Marcus Dipl.-Ing.
Bruhnke, Ulrich
Danzl, Martin Dipl.-Ing.
Delgado, M. Dipl.-Ing.
Dietz, Stefan Dr.
Drewes, Ernst-Jürgen Dr.
Eickworth, Peter
Freistetter, Josef
Freymann, Raymond Dr.-Ing.
Fuchs, Helmut V. Professor Dr.
Geib, Willi
Geißler, Paul Dipl.-Phys.
Gröticke, Sven
Halcour, Florian Dr.
Härter, Wilfried
Haslbeck, Peter Dr.-Ing.
Hedtke, Holger
Herrmann, Peter Dr.-Ing.
Hieronimus, Klaus Dr.-Ing.
Huettel, Hartmut Gerhard
Huhn, Hartmut
Jüllig, Karl
Kerschbaum, Hans Dipl.-Ing.
Kiefer, Thomas Dipl.-Ing.
Knorr, Günther Dipl.-Ing.
Krankenberg, Michael
Kronast, Michael Dr.-Ing.

Kümmerer, Hans-Helmut
Laufenberg, R.
Lechner, Dr.
Lindener, Norbert Dipl.-Ing.
Mankau, Heinz Dr.-Ing.
Marquardt, Matthias Dipl.-Ing.
Michelbach, Armin Dipl.-Ing.
Potthoff, Jürgen Dipl.-Ing.
Quissek, Friedrich Dr.
Rathmann, Norbert
Reinhardt, Jürgen Dipl.-Ing.
Richter, Bernd Dr.
Rostek, Wilfried Professor Dr.
Runte, Michael
Rupa, R.
Schaaf, Klaus Dr.
Scheible, Karl Dipl.-Ing.
Schnell, Erwin G. Dipl.-Ing.
Tröster, Günther
Vollmer, Ewald
Wallentowitz, Henning Professor Dr.
Walter, Thomas
Weidemann, Reiner Dipl.-Ing.
Wickern, Gerhard Dr.-Ing.
Wiedemann, Jochen Professor Dr.-Ing.
Wollesen, Axel Dipl.-Ing.
Wößner, Günter Prof. Dr.-Ing. Dr.

FAHRZEUGINNENRAUM

Balk, Axel Dipl.-Ing.
Baule, Rolf-Peter
Benda, Thomas Dr.
Biewendt, Marcus Dipl.-Ing.
Blöcher, J.
Bolanz, M. Dipl.-Ing.
Brinker, Manfred
Brödler, Hilmar Dr.
Bruhnke, Ulrich
Christmayr, Robert
Dangelmaier, Manfred Dipl.-Ing.
Danzl, Martin Dipl.-Ing.
Delgado, M. Dipl.-Ing.
Diermayr, M.
Drewes, Ernst-Jürgen Dr.
Eickworth, Peter
Einden, Antoon van den
Exner-Ewarten, Detlev Dr.
Finkbeiner, A. Dipl.-Ing.
Fischer, Sven-Onnen
Förster, Egon
Freistetter, Josef
Fuchs, Jörg Dipl.-Ing.
Geißler, Paul Dipl.-Phys.
Gierej, J. Dipl.-Ing.
Gohrbandt, Uwe Dr.-Ing.
Gröne, Rolf
Gutiérrez, Carmelo
Härter, Wilfried
Heber, Michael Dr.-Ing.
Heinke, Joachim Dr.-Ing.
Henning, Hermann Professor Dr.-Ing.
Hoge, R.
Herrmann, Hans
Herrmann, Peter Dr.-Ing.
Hollenbach, Werner
Huettel, Hartmut Gerhard
Jaeger, M. Dipl.-Ing.
Jakob, Andreas
Jankowski, Udo
Jüllig, Karl
Jung, Peter Dr.
Käsler, Richard Dr.-Ing.
Kellner, K.
Kerper, Daniel
Klages, Ulrich
Klein, Bernd Professor Dr.-Ing.
Kliche, Ronald Dipl.-Ing.
Klumpers, Constantin Dipl.-Ing.
Knapp, Wolf Dieter
Knorr, Günther Dipl.-Ing.
Köhler, Jürgen Professor Dr.-Ing.

Krämer, Bernd Dipl.-Ing.
Kühne, Rainer
Kümmerer, Hans-Helmut
Kuonath, Klaus Dipl.-Ing.
Laufenberg, H.-J.
Laufenberg, R.
Lehniger, Peter
Ludewig, Thilo
Ludwig-Passarge, Manfred
Maier, Jens
Mattheis, Fritz Dr.-Ing.
Meier, Robert
Menke, Klaus
Mieth, Holger
Niemann, Hans-Hermann
Noack, Kurt-Michael
Pälmer, R.
Pfister, Hans
Pflug, Hans-Christian Dr.
Potthoff-Sewing, Christian Dr.
Poweleit, Udo
Quissok, Friedrich Dr.
Reinhardt, Jürgen Dipl.-Ing.
Rostek, Wilfried Professor Dr.
Runte, Michael
Rupa, R.
Rüttener, Herrn
Salzer, Werner Dipl.-Ing.
Schaaf, Klaus Dr.
Scheible, Karl Dipl.-Ing.
Schmid, Ingobert Professor Dr.-Ing.
Schneider, Arnold
Schneider, Matthias Dr.-Ing.
Schnell, Erwin G. Dipl.-Ing.
Schweißgut, Klaus
Simon, Lubens Dr.-Ing.
Solf, Bernd Dipl.-Ing.
Stemmler, Jürgen Dipl.-Ing.
Straßer, Klaus Dr.
Stroscher, Michael Dipl.-Ing.
Taxis-Reischl, Brigitte Dr.-Ing.
Tiemann, Rüdiger Professor Dr.-Ing.
Trapp, Egon
Tröster, Günther
Vieth, K. Dipl.-Ing.
Vollmer, Ewald
Wallentowitz, Henning Professor Dr.
Weiß, Andreas Dipl.-Ing.
Weißhappel, Helmut Michael Ing.
Wollesen, Axel Dipl.-Ing.
Wößner, Günter Prof. Dr.-Ing. Dr.
Ziegahn, Karl-Friedrich Dr.-Ing.

FAHRZEUGSICHERHEIT

Adomeit, Heinz-Dieter Dr.-Ing.
Appel, Hermann Professor Dr.-Ing.
Bachmann, H. Dipl.-Ing.
Balk, Axel Dipl.-Ing.
Baumeister, Joachim Dipl.-Phys.
Behr, F. Professor Dr.
Biewendt, Marcus Dipl.-Ing.
Bolanz, M. Dipl.-Ing.
Boley, Dieter Dr.
Brinker, Manfred
Bruhnke, Ulrich
Brunner, H. Professor Dr.-Ing.
Danzl, Martin Dipl.-Ing.
Delgado, M. Dipl.-Ing.
Drewes, Ernst-Jürgen Dr.
Eichinger, Siegfried Dipl.-Ing.
Eickworth, Peter
Fascher, Peter Dr.
Freistetter, Josef
Gärtner, P. Professor Dr.-Ing.
Gehrmann, Jörg Dipl.-Ing.
Gierej, J. Dipl.-Ing.
Gohrbandt, Uwe Dr.-Ing.
Grandel, Jürgen Dipl.-Ing.
Groffmann, Jens-Friedrich Dipl.-Ing.
Gruseck, Meinrad
Haberl, Josef
Halcour, Florian Dr.
Härter, Wilfried
Hartlieb, Markus
Heer, Martin Dipl.-Ing.
Heinke, Joachim Dr.-Ing.
Henning, Hermann Professor Dr.-Ing.
Herrmann, Hans-Georg Dr.
Herrmann, Peter Dr.-Ing.
Heuser, Gerd Dr.-Ing.
Hieronimus, Klaus Dr.-Ing.
Howard, Mark Dipl.-Ing.
Jaeger, M. Dipl.-Ing.
Jandritza, Daniel Dr.-Ing.
Jankowski, Udo
Jüllig, Karl
Kalliske, I. Dipl.-Ing.
Kiefer, Thomas Dipl.-Ing.
Klein, Bernd Professor Dr.-Ing.
Kliche, Ronald Dipl.-Ing.

Klumpers, Constantin Dipl.-Ing.
Knapp, Wolf Dieter
Knorr, Günther Dipl.-Ing.
Körner, Wolfgang Dipl.-Ing.
Krämer, Bernd Dipl.-Ing.
Kücükay, Ferit Professor Dr.-Ing.
Kühne, Rainer
Kümmerer, Hans-Helmut
Kuonath, Klaus Dipl.-Ing.
Larsson, J. Dipl.-Ing.
Laufenberg, R.
Lehniger, Peter
Liebregts, Rene Ing.
McKellip, Spencer Dipl.-Ing.
Müller, Carl-Friedrich Dipl.-Phys.
Niemann, Hans-Hermann
Nitsche, Udo
Noack, Kurt-Michael
Pfister, Hans
Potthoff-Sewing, Christian Dr.
Quissek, Friedrich Dr.
Rauenbusch, Ralf
Reinhardt, Jürgen Dipl.-Ing.
Richter, Axel
Richter, Bernd Dr.
Rompe, Klaus Professor Dr.-Ing. habil.
Roos, Eberhard Professor Dr.-Ing.
Rostek, Wilfried Professor Dr.
Runte, Michael
Rupa, R.
Rüter, Gert Professor
Sänger, Stefan
Schmid, Ingobert Professor Dr.-Ing.
Schwalbe, Mario
Stroscher, Michael Dipl.-Ing.
Tröster, Günther
Vollmer, Christian Dipl.-Ing.
Vollmer, Ewald
Wallentowitz, Henning Professor Dr.
Wartzack, Sandro Dipl.-Ing.
Weber, Christof M. Dr.-Ing.
Weißhappel, Helmut Michael Ing.
Wollesen, Axel Dipl.-Ing.
Zenner, Harald Professor Dr.-Ing.
Zeyen, M. Dipl.-Ing.
Ziegahn, Karl-Friedrich Dr.-Ing.

OBERFLÄCHENSCHUTZ

Arndt, Wolfram Dipl.-Ing.
Balk, Axel Dipl.-Ing.
Berrens, Jochen M.
Biewendt, Marcus Dipl.-Ing.
Bolanz, M. Dipl.-Ing.
Bruhnke, Ulrich
Bubeck, Hans-Peter
Christmayr, Robert
Danzl, Martin Dipl.-Ing.
Delgado, M. Dipl.-Ing.
Drewes, Ernst-Jürgen Dr.
Eickworth, Peter
Einden, Antoon van den
Finkbeiner, A. Dipl.-Ing.
Freistetter, Josef
Gierej, J. Dipl.-Ing.
Haindl, Wolfgang
Halbritter, J.
Härter, Wilfried
Hennemann, Otto-Diedrich Professor Dr.
Henning, Hermann Professor Dr.-Ing.
Herrmann, Peter Dr.-Ing.
Hesse, Andreas Dipl.-Ing.
Huettel, Hartmut Gerhard
Huhn, Hartmut
Ina, Stefan Dipl.-Ing.
Jüllig, Karl

Kiefer, Thomas Dipl.-Ing.
Klages, Ulrich
Klumpers, Constantin Dipl.-Ing.
Knapp, Wolf Dieter
Knorr, Günther Dipl.-Ing.
König, Max
Laufenberg, H.-J.
Laufenberg, R.
Leitermann, Wulf Dipl.-Ing.
Leuchten, Thomas
Maier, Jens
Müschenborn, Wolfgang Dr.
Pothoven, Alexander
Quissek, Friedrich Dr.
Rathmann, Norbert
Reinhardt, Jürgen Dipl.-Ing.
Ronge, Heinz
Rostek, Wilfried Professor Dr.
Runte, Michael
Rupa, R.
Schulte, M.
Tröster, Günther
Vollmer, Ewald
Wartzack, Sandro Dipl.-Ing.
Weißhappel, Helmut Michael Ing.
Wollesen, Axel Dipl.-Ing.

VERGLASUNG

Alpen, U. Dr.
Balk, Axel Dipl.-Ing.
Bruhnke, Ulrich
Danzl, Martin Dipl.-Ing.
Drewes, Ernst-Jürgen Dr.
Eickworth, Peter
Freistetter, Josef
Geißler, Paul Dipl.-Phys.
Härter, Wilfried
Herrmann, Peter Dr.-Ing.
Hesse, Andreas Dipl.-Ing.
Huettel, Hartmut Gerhard
Jüllig, Karl
Kiefer, Thomas Dipl.-Ing.
Knapp, Wolf Dieter
Knorr, Günther Dipl.-Ing.

Kühne, Rainer
Laufenberg, R.
Maurer, Marc Dr.
Quissek, Friedrich Dr.
Reinhardt, Jürgen Dipl.-Ing.
Rostek, Wilfried Professor Dr.
Runte, Michael
Rupa, R.
Scheible, Karl Dipl.-Ing.
Schulte, M.
Tröster, Günther
Vollmer, Ewald
Wallentowitz, Henning Professor Dr.
Weißhappel, Helmut Michael Ing.
Wollesen, Axel Dipl.-Ing.

ELEKTRIK/ ELEKTRONIK

BELEUCHTUNG

Benda, Thomas Dr.
Berrens, Jochen M.
Dittmar, Klaus
Einden, Antoon van den
Freistetter, Josef
Frickenstein, Elmar Dipl.-Ing.
Henneberger, G. Prof. Dr.-Ing. Dr. h.c.
Henninger, Helmut
Herrmann, Peter Dr.-Ing.
Huhn, Hartmut
Jaschkowitz, Peter
Jendritza, Daniel Dr.-Ing.
Jüllig, Karl
Klinkner, Walter
Klumpers, Constantin Dipl.-Ing.

Knapp, Wolf Dieter
Kühne, Rainer
Kümmerer, Hans-Helmut
Laufenberg, R.
Matterne, Rainer
Pensl, Karl
Pfannschmidt, Heinz Dr.
Quendt, Peer Dr.
Quissek, Friedrich Dr.
Rupa, R.
Schnell, Erwin G. Dipl.-Ing.
Vollmer, Ewald
Wallentowitz, Henning Professor Dr.
Witt, Ulrich Dipl.-Ing.
Wollesen, Axel Dipl.-Ing.

KOMMUNIKATION/NAVIGATION

Bachmann, Ulf
Bielaczek, Christian Dr.-Ing.
Bisping, Rudolf Professor Dr.
Brinker, Manfred
Dangelmaier, Manfred Dipl.-Ing.
Dittmar, Klaus
Freistetter, Josef
Frey, Gerhard Dipl.-Ing.
Frickenstein, Elmar Dipl.-Ing.
Gaus, Hermann Dipl.-Ing.
Glesner, Manfred Professor Dr. Dr. h. c.
Hartnagel, Hans Ludwig Professor Dr. Dr.
Heise, Michael
Henninger, Helmut
Herrmann, Peter Dr.-Ing.
Hudi, Ricky Tony Dipl.-Ing.

Jendritza, Daniel Dipl.-Ing.
Jüllig, Karl
Klinkner, Walter
Kühne, Rainer
Kümmerer, Hans-Helmut
Kutzbach, Heinz Dieter Professor Dr.-Ing.
Laufenberg, R.
Leipold, Kurt
Ludmann, J. Dr.-Ing.
Miksch, Willy Dr.-Ing.
Müller-Bagehl, Christian Dipl.-Ing.
Pagel, Ernst-Olav
Pfannschmidt, Heinz Dr.
Quissek, Friedrich Dr.
Reuss, Hans-Christian Professor Dr.-Ing.
Richter, Axel

Rupa, R.
Schaaf, Klaus Dr.
Schmid, Ingobert Professor Dr.-Ing.
Schneider, Herbert Dipl.-Ing.
Schneider, Matthias Dr.-Ing.
Schondelmaier, Andreas
Stein, Matthias Dr.-Ing.

Tiemann, Rüdiger Professor Dr.-Ing.
Wallentowitz, Henning Professor Dr.
Weisser, Matthias Dr.-Ing.
Willmerding, Günter Professor Dr.-Ing.
Wohnhaas, Achim Dr.-Ing.
Wollesen, Axel Dipl.-Ing.

SENSORIK/AKTUATORIK

Andorfer, Andreas Dipl.-Ing.
Bargende, Michael Professor Dr.-Ing.
Benda, Thomas Dr.
Berrens, Jochen M.
Bielaczek, Christian Dr.-Ing.
Brinker, Manfred
Buck, Wilhelm Christoph Dr.-Ing.
Butsch, Michael Professor Dr.-Ing.
Deil, Michael
Dittmar, Klaus
Feltgen, Christian
Freistetter, Josef
Frey, Gerhard Dipl.-Ing.
Frickenstein, Elmar Dipl.-Ing.
Frietsch, Klaus
Geißler, Paul Dipl.-Phys.
Glesner, Manfred Professor Dr. Dr. h. c.
Greis, Achim
Hartnagel, Hans Ludwig Professor Dr. Dr.
Heine, Peter Dr.-Ing.
Henneberger, G. Prof. Dr.-Ing. Dr. h.c.
Henninger, Helmut
Herrmann, Peter Dr.-Ing.
Isermann, Rolf Professor Dr.-Ing.
Jakob, Andreas
Janocha, H. Professor
Jaufmann, Alexander Dr.
Jendritza, Daniel Dr.-Ing.
Jüllig, Karl
Jung, Peter Dr.
Kistner, Arnold Professor Dr.-Ing.
Klinkner, Walter
Klumpers, Constantin Dipl.-Ing.
Kühne, Rainer
Kümmerer, Hans-Helmut
Laufenberg, R.
Leonhard, Rolf Dr.-Ing.
Lindl, Bruno Dr.
Ludmann, J. Dr.-Ing.
Mercz, Josef Dipl.-Ing.
Metzner, F.-T. Dr.-Ing.
Miksch, Willy Dr.-Ing.
Moritz, Werner Dipl.-Ing.

Müller, Rudi Dipl.-Ing.
Pfannschmidt, Heinz Dr.
Pischinger, Franz
Pischinger, Martin Dr.-Ing.
Pischinger, Stefan Professor Dr.-Ing.
Pucher, Helmut Professor Dr.-Ing.
Quendt, Peer Dr.
Quissek, Friedrich Dr.
Reuss, Hans-Christian Professor Dr.-Ing.
Reuter, Wolfgang Dr.
Rißling, Peter Dr.-Ing.
Rottstock, Rainer
Runge, Wolfgang
Rupa, R.
Sänger, Stefan
Schaefer, Roland Dr.
Schilly, Helmut
Schmitfranz, Bernd Dipl.-Ing.
Schneider, Eckhard Dr.-Ing.
Schöner, H.-Peter Dr.
Schoester, Ludger Dr.
Schuff, Gerhard Dr.
Schultalbers, Winfried
Schulte, Thomas Dipl.-Ing.
Schwaderlapp, Markus Dr.-Ing.
Schwelberger, Walter Dr.
Spichalsky, Carsten
Spies, Karl-Heinrich Professor Dr.-Ing.
Tommack, Paul
Tröster, Günther
Uenver, Ralph Dipl.-Ing.
Vetter, Bernhard
Vollmer, Ewald
Wahl, Thomas Dr.
Wallentowitz, Henning Professor Dr.
Walter, Thomas
Weber, Olaf Dr.
Weimert, Klaus
Weisser, Matthias Dr.-Ing.
Weyand, Peter Dr.
Willmerding, Günter Professor Dr.-Ing.
Witt, Ulrich Dipl.-Ing.
Wollesen, Axel Dipl.-Ing.

BESCHAFFUNG UND PRODUKTION

EINKAUF

Boley, Dieter Dr.
Eickworth, Peter
Fenk, Anton F.
Fenners, Roman Dipl.-Ing.
Freistetter, Josef
Gauffrés, Ulrich J.
Gröticke, Sven
Hanula, Barna Dipl.-Ing.
Herrmann, Peter Dr.-Ing.
Huhn, Hartmut

Kienzle, Stefan Dr.-Ing.
Krankenberg, Michael
Laufenberg, R.
Ludmann, J. Dr.-Ing.
Marx, Heinz-Werner Dipl.-Ing.
Rupa, R.
Tröster, Günther
Wildemann, Roger Dipl.-Ing.
Wollesen, Axel Dipl.-Ing.

FABRIKAUSRÜSTUNG

Berrens, Jochen M.
Boley, Dieter Dr.
Fenk, Anton F.
Förster, Egon
Freistetter, Josef
Gauffrés, Ulrich J.
Herrmann, Peter Dr.-Ing.
Klumpers, Constantin Dipl.-Ing.

Laufenberg, R.
Lindlahr, Jürgen
Rupa, R.
Schrittenloher, Gerald Dipl.-Ing.
Schrode, Jürgen
Schwelberger, Walter Dr.
Wollesen, Axel Dipl.-Ing.

FERTIGUNG

Altmann, Josef
Behr, F. Professor Dr.
Boley, Dieter Dr.
Brandt, Otto
Dearing, Malcolm
Eickworth, Peter
Fischer, Sven-Onnen
Fleißner, Thomas Dipl.-Ing.
Freistetter, Josef
Frietsch, Klaus
Gauffrés, Ulrich J.
Gröne, Rolf
Hanula, Barna Dipl.-Ing.
Hartmann, Jörg
Hennemann, Otto-Diedrich Professor Dr.
Herlan, Thomas Dr.-Ing.
Herrmann, Peter Dr.-Ing.
Huhn, Hartmut
Jakob, Andreas
Keiderling, Udo

Kerper, Daniel
Klink, Ulrich
Klumpers, Constantin Dipl.-Ing.
Krack, Winfried
Lindlahr, Jürgen
Marx, Heinz-Werner Dipl.-Ing.
Mattheis, Fritz Dr.-Ing.
Menne, Rudolph J. Prof. Dr.-Ing.
Mertz, A. Dr.-Ing.
Schanzlin, Horst
Schilling, Sebastian Dr.-Ing.
Schmid, Peter Professor
Schuff, Gerhard Dr.
Spies, Karl-Heinrich Professor Dr.-Ing.
Tikel, Franz Professor Dr.
Vollmer, Christian Dipl.-Ing.
Wallentowitz, Henning Professor Dr.
Wartzack, Sandro Dipl.-Ing.
Wildemann, Roger Dipl.-Ing.
Wollesen, Axel Dipl.-Ing.

PRODUKTIONSPLANUNG UND -STEUERUNG

Boley, Dieter Dr.
Brandt, Otto
Dearing, Malcolm
Eickworth, Peter
Fischer, Sven-Onnen
Fleißner, Thomas Dipl.-Ing.
Freistetter, Josef
Gauffrés, Ulrich J.
Hartmann, Jörg
Herlan, Thomas Dr.-Ing.
Herrmann, Peter Dr.-Ing.
Knapp, Wolf Dieter
Kühne, Rainer

Laufenberg, H.-J.
Laufenberg, R.
Lindlahr, Jürgen
Marx, Heinz-Werner Dipl.-Ing.
Mundorff, Frank Dipl.-Ing.
Rupa, R.
Schächtele, Klaus Dipl.-Ing.
Schmid, Peter Professor
Schuff, Gerhard Dr.
Tiemann, Rüdiger Professor Dr.-Ing.
Wartzack, Sandro Dipl.-Ing.
Wiese, Dietmar Dr.
Wollesen, Axel Dipl.-Ing.

MESS- UND PRÜFTECHNIK, QUALITÄTSMANAGEMENT

MESSTECHNIK

Bachmann, Ulf
Bargende, Michael Professor Dr.-Ing.
Becker, Klaus Professor Dr.-Ing.
Beyersdorf, Jörg Dr. rer. nat.
Bezeij, Nico van
Bisping, Rudolf Professor Dr.
Boesl, Ulrich Professor Dr.
Boley, Dieter Dr.
Briem, Martin Dr.-Ing.
Bruhnke, Ulrich
Bubeck, Hans-Peter
Buck, Wilhelm Christoph Dr.-Ing.
Burkhardt, Christine Dipl.-Ing.
Damme, Sylvain van
Dittmar, Klaus
Drewes, Ernst-Jürgen Dr.
Drews, Reinhard Dr.-Ing.
Ebner, Heinz W. Dipl.-Ing.
Eickworth, Peter
Essers, Ulf Professor Dr.-Ing.
Ettemeyer, Andreas Dr.-Ing.
Fischer, Stefan Dr.
Freistetter, Josef
Fuchs, Helmut V. Professor Dr.
Gauffrés, Ulrich J.
Geißler, Paul Dipl.-Phys.
Genuit, K. Dr.-Ing.
Glesner, Manfred Professor Dr. Dr. h. c.
Hafner, Michael Dipl.-Ing.
Halcour, Florian Dr.
Hanula, Barna Dipl.-Ing.
Härter, Wilfried
Hartmann, Jörg
Haslbeck, Peter Dr.-Ing.
Heine, Peter Dr.-Ing.
Helfer, Martin Dr.-Ing.
Herrmann, Peter Dr.-Ing.
Hildebrandt, Martin Dr.-Ing.
Hirschberger, Rainer, Dr. rer. nat.
Hobelsberger, Josef Dipl.-Ing.

Hoppen, Lothar
Horlebein, Eberhard Dipl.-Ing.
Huhn, Hartmut
Hutmacher, Rolf Dipl.-Ing.
Isermann, Rolf Professor Dr.-Ing.
Jacobi, W. Dr.
Jaufmann, Alexander Dr.
Jendritza, Daniel Dipl.-Ing.
Kampelmühler, Franz-Thomas Dr.
Käsler, Richard Dr.-Ing.
Kliche, Ronald Dipl.-Ing.
Klingenberg, Horst Professor Dr.
Klumpers, Constantin Dipl.-Ing.
Koegeler, Hans-Michael Dipl.-Ing.
Köhler, Thomas Dipl.-Ing.
Körner, Christian Dipl.-Ing.
Kornprobst, Heinz Dr.-Ing.
Kramer, Florian Dr.
Krenn, Martin Dipl.-Ing.
Kreuter, Peter Dr.
Krisper, Gerhard Dr.
Krohm, Harald Dipl.-Ing.
Kücükay, Ferit Professor Dr.-Ing.
Kuhlmann, Peter Professor Dr.-Ing.
Kühne, Rainer
Laufenberg, R.
Leipertz, Alfred Professor Dr.-Ing.
Lenz, H. P. Professor Dr.-Ing.
Lindener, Norbert Dipl.-Ing.
Maaßen, Günter
Massa, Bruno
Mercz, Josef Dipl.-Ing.
Meyer, Jörg Dr.-Ing.
Miksch, Willy Dr.-Ing.
Mühlögger, Michael Dipl.-Ing.
Mundorff, Frank Dipl.-Ing.
Niemann, Hans-Hermann
Ortmann, Rainer Dr.-Ing.
Pawelski, Zbigniew Professor Dr.-Ing.
Pichler, Kurt Ing.

Pischinger, Franz
Pischinger, Stefan Professor Dr.-Ing.
Potthoff, Jürgen Dipl.-Ing.
Prescher, Karl-Heinz Professor Dr.-Ing.
Pretzsch, Peter Dr.-Ing.
Rauch, Gerhard Dipl.-Ing.
Ries, Herrn
Rißling, Peter Dr.-Ing.
Rocco, Joseph
Rottstock, Rainer
Rupa, R.
Samenfink, Wolfgang Dr.
Sänger, Stefan
Schaaf, Klaus Dr.
Schaefer, Roland Dr.
Schilling, Sebastian Dr.-Ing.
Schilly, Helmut
Schmeisser, Herrn
Schmitz, Jürgen
Schneider, Walter Dipl.-Ing.
Schrode, Jürgen
Schultalbers, Winfried
Schulte, Leif-Erik
Schwelberger, Walter Dr.
Speth, Leander

Spicher, U. Professor Dr.-Ing.
Spies, Karl-Heinrich Professor Dr.-Ing.
Stamatelos, Anastassios Dr.
Stanev, Audrey Dr.
Straßer, Klaus Dr.
Sülzle, Horst
Tambosi, Joachim
Tiemann, Rüdiger Professor Dr.-Ing.
Tschöke, Helmut Professor
Wagner, Christoph Dr.-Ing.
Wagner, Herbert Ing.
Wallentowitz, Henning Professor Dr.
Weber, Olaf Dr.
Wegner, Ronny Dipl.-Phys.
Weidinger, Christoph Richard Dipl.-Ing.
Weimar, Hans-Joachim Dipl.-Ing.
Weimert, Klaus
Wiese, Dietmar Dr.
Wildemann, Roger Dipl.-Ing.
Willmerding, Günter Professor Dr.-Ing.
Winklhofer, Ernst Dr.
Wößner, Günter Prof. Dr.-Ing. Dr.
Zollner, Manfred Professor Dr.-Ing.
Zuschke, Tilman Dipl.-Ing.

PRÜFTECHNIK

Bachmann, Ulf
Bargende, Michael Professor Dr.-Ing.
Bezeij, Nico van
Bisping, Rudolf Professor Dr.
Boley, Dieter Dr.
Boller, Holger
Brecht, Jürgen Dipl.-Ing.
Briem, Martin Dr.-Ing.
Bruhnke, Ulrich
Damme, Sylvain van
Dittmar, Klaus
Donner, Herrn
Drewes, Ernst-Jürgen Dr.
Drews, Reinhard Dr.-Ing.
Ebinger, Bernhard Dipl.-Ing.
Eickworth, Peter
Einden, Antoon van den
Freistetter, Josef
Gauffrés, Ulrich J.
Geißler, Paul Dipl.-Phys.
Gohrbandt, Uwe Dr.-Ing.
Greiner, Peter
Grund-Bauer, Claudia Dipl.-Ing.
Halcour, Florian Dr.
Hanula, Barna Dipl.-Ing.
Hartmann, Jörg
Heine, Peter Dr.-Ing.

Herrmann, Peter Dr.-Ing.
Hobelsberger, Josef Dipl.-Ing.
Hoppen, Lothar
Horlebein, Eberhard Dipl.-Ing.
Huhn, Hartmut
Hülsen, Wolfram von Dr.
Isermann, Rolf Professor Dr.-Ing.
Jacobi, W. Dr.
Jaufmann, Alexander Dr.
Jorach, Rainer Werner Dr.-Ing.
Kappey, Hans-Heinrich Dipl.-Ing.
Karlstetter, Richard
Kliche, Ronald Dipl.-Ing.
Klumpers, Constantin Dipl.-Ing.
Köhler, Thomas Dipl.-Ing.
Kornprobst, Heinz Dr.-Ing.
Kraft, Günther Dipl.-Ing.
Kramer, Florian Dr.
Kreuter, Peter Dr.
Krisper, Gerhard Dr.
Laufenberg, R.
Leipertz, Alfred Professor Dr.-Ing.
Lenz, H. P. Professor Dr.-Ing.
Mäurer, Hans-Jürgen Dipl.-Ing. (FH)
Matthias, K. Prof. Dipl.-Ing.
Mercz, Josef Dipl.-Ing.
Meyer, Jörg Dr.-Ing.

Miersch, Wolfgang Dipl.-Ing.
Miksch, Willy Dr.-Ing.
Mundorff, Frank Dipl.-Ing.
Müschenborn, Wolfgang Dr.
Naundorf, Detlef
Niemann, Hans-Hermann
Pawelski, Zbigniew Professor Dr.-Ing.
Pichler, Kurt Ing.
Pischinger, Stefan Professor Dr.-Ing.
Pischinger, Franz
Platen, Axel
Potthoff, Jürgen Dipl.-Ing.
Pretzsch, Peter Dr.-Ing.
Rißling, Peter Dr.-Ing.
Rocco, Joseph
Rompe, Klaus Professor Dr.-Ing. habil.
Rupa, R.
Sänger, Stefan
Schausberger, Christoph Dipl.-Ing.

Schilling, Sebastian Dr.-Ing.
Schilly, Helmut
Schmeisser, Herrn
Schmid, Ingobert Professor Dr.-Ing.
Schmitz, Jürgen
Schneider, Walter Dipl.-Ing.
Schrode, Jürgen
Schweißgut, Klaus
Schwelberger, Walter Dr.
Spies, Karl-Heinrich Professor Dr.-Ing.
Stolze, Franz-Josef Dipl.-Ing.
Wallentowitz, Henning Professor Dr.
Weber, Olaf Dr.
Weidinger, Christoph Richard Dipl.-Ing.
Wildemann, Roger Dipl.-Ing.
Wößner, Günter Prof. Dr.-Ing. Dr.
Zenner, Harald Professor Dr.-Ing.
Ziegahn, Karl-Friedrich Dr.-Ing.

QUALITÄTSMANAGEMENT

Bargende, Michael Professor Dr.-Ing.
Boley, Dieter Dr.
Boye, Jan Dr.
Briem, Martin Dr.-Ing.
Bruhnke, Ulrich
Büchs, Hubert P. Dr.
Damme, Sylvain van
Deil, Michael
Dittmar, Klaus
Drewes, Ernst-Jürgen Dr.
Eickworth, Peter
Essers, Ulf Professor Dr.-Ing.
Fleißner, Thomas Dipl.-Ing.
Freistetter, Josef
Fuchs, Jörg Dipl.-Ing.
Gauffrés, Ulrich J.
Geißler, Paul Dipl.-Phys.
Gohrbandt, Uwe Dr.-Ing.
Härter, Wilfried
Hartmann, Jörg
Haslbeck, Peter Dr.-Ing.
Hennemann, Otto-Diedrich Professor Dr.
Herlan, Thomas Dr.-Ing.
Herrmann, Peter Dr.-Ing.
Matthias, K. Prof. Dipl.-Ing.
Hora, Pavel
Huhn, Hartmut
Jaufmann, Alexander Dr.
Klumpers, Constantin Dipl.-Ing.
Krankenberg, Michael
Kreuter, Peter Dr.

Krüger, Uwe
Kühne, Rainer
Laufenberg, H.-J.
Laufenberg, R.
Löschner, Wolfgang
Ludmann, J. Dr.-Ing.
Mattheis, Fritz Dr.-Ing.
Metzner, Viola
Meyer, Jörg Dr.-Ing.
Miersch, Wolfgang Dipl.-Ing.
Miksch, Willy Dr.-Ing.
Mikulic, Leopold Dr.
Mundorff, Frank Dipl.-Ing.
Müschenborn, Wolfgang Dr.
Orth, Hans-Josef
Pichler, Kurt Ing.
Pischinger, Franz
Prescher, Volker
Rüttener, Herrn
Rupa, R.
Schilling, Sebastian Dr.-Ing.
Schillmann, Joachim
Schmid, Peter Professor
Schrode, Jürgen
Schuff, Gerhard Dr.
Schwelberger, Walter Dr.
Spies, Karl-Heinrich Professor Dr.-Ing.
Wallentowitz, Henning Professor Dr.
Weber, Olaf Dr.
Wegner, Ronny Dipl.-Phys.
Wohnhaas, Achim Dr.-Ing.

PERSONEN-
INDEX

Adamis, Panagiotis Professor Dr.-Ing.

Geburtsdatum | 05.05.1946

Position

Abteilungsleiter/Team-Leiter

Firmenadresse

Volkswagen AG
Entwicklung
Berliner Ring 2

38436 Wolfsburg

Tel.: 05361/9-24942
Fax: 05361/9-28923

Privatadresse

Theodor-Rehn-Str. 43
38442 Wolfsburg

Tel.: 05362/63039
Fax: 05362/63039

Geschäftsbereich

Forschung/Vorentwicklung

Aufgabengebiet

Motorbauteile- und zubehör;
Getriebe/Kupplung/Antriebs-
strang; Aggregateforschung,
Getriebesysteme

e-mail Firma: panagiotis-adamis@volkswagen.de

Adomeit, Heinz-Dieter Dr.-Ing.

Geburtsdatum | 10.06.1947

Position

Leiter Ingenieurzentrum

Firmenadresse

PETRI AG
Ingenieurzentrum für
Fahrzeugsicherheit
Hadlichstr. 19

13187 Berlin

Tel.: 030/474074191
Funk: 0172 3011006
Fax: 030/474074181

Privatadresse

Grolmanstr. 16
10623 Berlin

Tel.: 030/3123031
Fax: 030/3135957

Geschäftsbereich

Forschung/Vorentwicklung

Aufgabengebiet

Fahrzeugsicherheit;
Geschäftsführung, F + E
Strategie, F + E Management

e-mail Firma: dadomeit@petriag.com

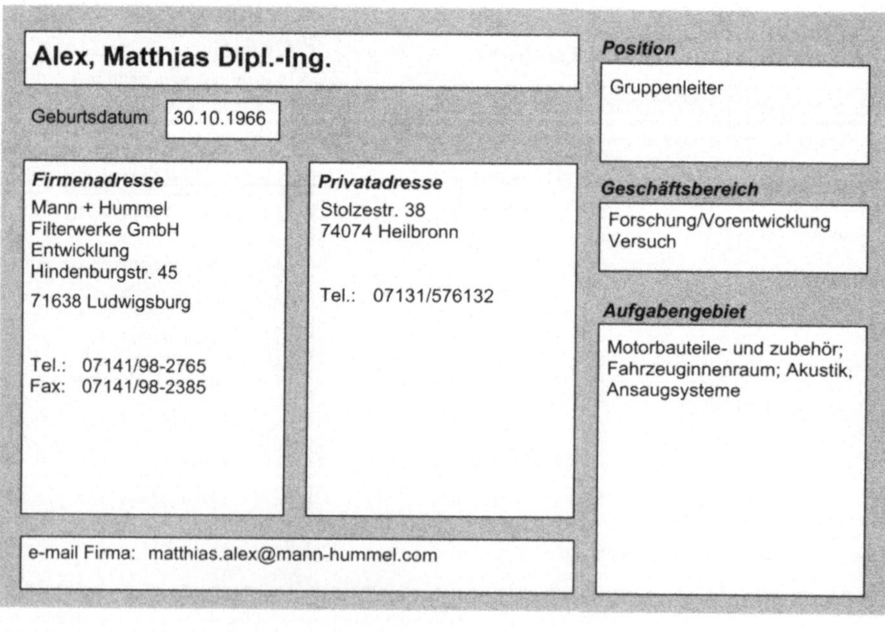

Alberter, Günther Dipl.-Ing.

Geburtsdatum

Position

Entwicklungsleiter

Firmenadresse

TEMIC
Telefunken Microelektronik
GmbH
Entwicklung
Sieboldstr. 19

90411 Nürnberg

Tel.: 0911/9526-2159
Fax: 0911/9526-2532

Privatadresse

Geschäftsbereich

Forschung/Vorentwicklung

Aufgabengebiet

Einspritzung/Elektronik;
Bremsen

e-mail Firma: Günther.Alberter@Temic.de

Alex, Matthias Dipl.-Ing.

Geburtsdatum 30.10.1966

Position

Gruppenleiter

Firmenadresse

Mann + Hummel
Filterwerke GmbH
Entwicklung
Hindenburgstr. 45

71638 Ludwigsburg

Tel.: 07141/98-2765
Fax: 07141/98-2385

Privatadresse

Stolzestr. 38
74074 Heilbronn

Tel.: 07131/576132

Geschäftsbereich

Forschung/Vorentwicklung
Versuch

Aufgabengebiet

Motorbauteile- und zubehör;
Fahrzeuginnenraum; Akustik,
Ansaugsysteme

e-mail Firma: matthias.alex@mann-hummel.com

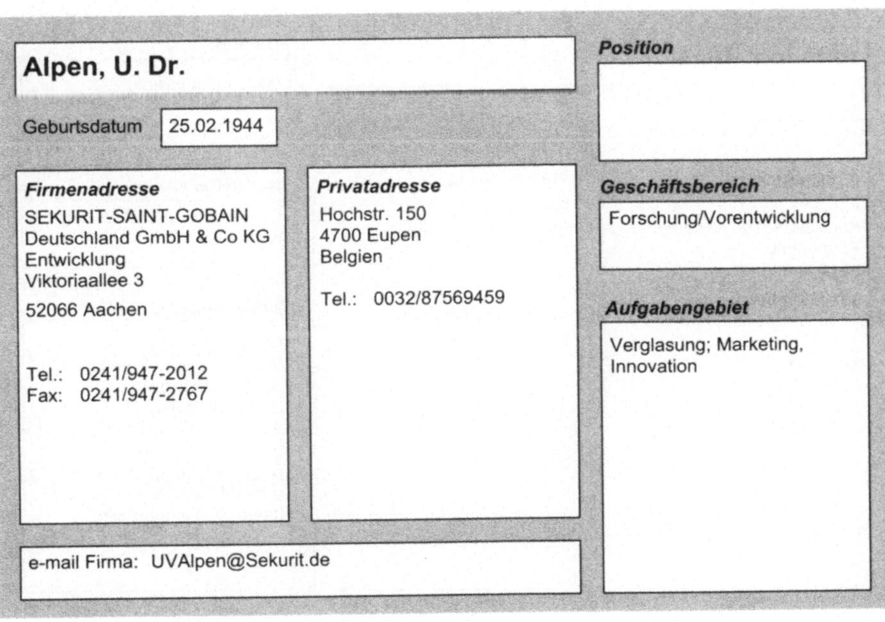

Alker, Hans-Theo

Geburtsdatum 19.05.1947

Position
Geschäftsführer

Geschäftsbereich

Aufgabengebiet
Teiletransport, Autotransport

Firmenadresse
AHSA
Spedition und Logistik GmbH
Industriestr. 44
30900 Wedemark

Tel.: 05130/39964
Fax: 05130/39963

Privatadresse
Fasanenweg 10
31655 Stadthagen

Tel.: 05721/76474

e-mail Firma: www.infoad.Ahsade

Alpen, U. Dr.

Geburtsdatum 25.02.1944

Position

Geschäftsbereich
Forschung/Vorentwicklung

Aufgabengebiet
Verglasung; Marketing,
Innovation

Firmenadresse
SEKURIT-SAINT-GOBAIN
Deutschland GmbH & Co KG
Entwicklung
Viktoriaallee 3
52066 Aachen

Tel.: 0241/947-2012
Fax: 0241/947-2767

Privatadresse
Hochstr. 150
4700 Eupen
Belgien

Tel.: 0032/87569459

e-mail Firma: UVAlpen@Sekurit.de

Alt, N. Dr.-Ing.

Geburtsdatum 31.12.1961

Firmenadresse

FEV Motorentechnik GmbH
Abteilungsleiter
Fahrzeugakustik
Neuenhofstr. 181

52078 Aachen

Tel.: 0241/5689-419
Funk: 0172 2465801
Fax: 0241/5689-429

Privatadresse

Purweider Winkel 30
52070 Aachen

Tel.: 0241/151127

e-mail Firma: ALT@FEV.DE

Position

Abteilungsleiter/Team-Leiter

Geschäftsbereich

Forschung/Vorentwicklung
Berechnung

Aufgabengebiet

Motorbauteile- und zubehör;
Getriebe/Kupplung/Antriebs-
strang; Fahrzeugakustik,
Versuch und Berechnung

Altmann, Josef

Geburtsdatum

Firmenadresse

Altmann
Kunststofftechnologie und
Formenbau
Bayernstr. 3

90765 Fürth

Tel.: 0911/765080
Funk: 0172 8192025
Fax: 0911/764958

Privatadresse

Bayernstr. 3
90765 Fürth-Stadeln

Tel.: 0911/765080+761330
Funk: 0172 8192025
Fax: 0911/764958

Position

Geschäftsführer

Geschäftsbereich

Forschung/Vorentwicklung
Konstruktion

Aufgabengebiet

Fertigungs- bzw.
Vorserienwerkzeuge für:
Spritzgießformen,
Presswerkzeug,
Aludruckgusswerkzeuge,
Blech-, Stanz- und
Biegewerkzeuge n. Zeichnung
oder CAD-Daten, Automobil
Innen- und Außenteile

Altmann, Thomas

Geburtsdatum | 29.05.1966

Firmenadresse
Adam Opel AG
Int. Techn.
Entwicklungszentrum
PE Chassis-Entwicklung
PKZ 81-54

65423 Rüsselsheim

Tel.:   06142/7-64172
Fax: 06142/7-78030

Privatadresse

e-mail Firma: Thomas.Altmann@de.opel.com

Position
Entwicklungsingenieur

Geschäftsbereich
Versuch

Aufgabengebiet
Lenkung; Entwicklung
elektrischer Lenksysteme

Ambros, Peter Dr.-Ing.

Geburtsdatum | 16.05.1963

Firmenadresse
BEHR GmbH & Co KG
Systemhaus Kühlung
Mauserstr. 3

70469 Stuttgart

Tel.:   0711/896-2413
Fax: 0711/896-3941

Privatadresse
Baurstr. 35
70806 Kornwestheim

Tel.:   07154/181859

e-mail Firma: peter,ambros@behrgroup.com

Position
Leiter Systemhaus

Geschäftsbereich
Forschung/Vorentwicklung

Aufgabengebiet
Motorbauteile- und zubehör;
Regelbares Kühlsystem

Amsz, Markus Dipl.-Ing.

Geburtsdatum | 13.12.1968

Firmenadresse

AVL List GmbH
Konstruktion
Hans-List-Platz 1

8020 Graz
Österreich

Tel.: +43 316/787-1720
Fax: +43 316/787-136

Privatadresse

e-mail Firma: markus.amsz@avl.com

Position

Konstrukteur

Geschäftsbereich

Konstruktion

Aufgabengebiet

Motorbauteile- und zubehör;
Getriebe/Kupplung/Antriebs-
strang;
Gemischbildung/Verbrennung;
(PKW-)Otto- und Dieselmotor

Andorfer, Andreas Dipl.-Ing.

Geburtsdatum

Firmenadresse

Robert Bosch GmbH
Entwicklung Abgassensoren
Postfach 30 02 20

70442 Stuttgart

Tel.: 0711/811-33327
Funk: 0171 7391487
Fax: 0711/811-33398

Privatadresse

e-mail Firma: andreas.andorfer@de.bosch.com

Position

Gruppenleiter

Geschäftsbereich

Versuch

Aufgabengebiet

Gemischbildung/Verbrennung;
Sensorik - Aktuatorik;
Einspritzung/Elektronik;
Applikation, Abgassensoren

Appel, Hermann Professor Dr.-Ing.

Position

Professor Emeritus

Geburtsdatum   21.12.1932

Geschäftsbereich

Forschung/Vorentwicklung
Konstruktion

Firmenadresse

TU Berlin
Institut für Fahrzeugtechnik
Gustav-Meyer-Allee 25

13355 Berlin

Tel.:   030/31472-970
Fax: 030/31472-505

Privatadresse

Richard-Strauss-Str. 24
14193 Berlin

Tel.:   030/8261158
Fax: 030/8261158

Aufgabengebiet

Gemischbildung/Verbrennung;
Getriebe/Kupplung/Antriebs-
strang; Betriebsstoffe;
Fahrzeugsicherheit; Lehre und
Forschung in
Kraftfahrzeugtechnik, speziell
Unfallforschung, Biomechanik,
Passive Sicherheit,
Antriebstechnik,
Schadstoffemissionen,
Entwurfsmethodik,
Fahrzeugkonzepte

e-mail Firma: appel@kfz.-tu-berlin.de

Armbruster, Franz-Josef Dr.

Position

Vice-President

Geburtsdatum

Geschäftsbereich

Forschung/Vorentwicklung

Firmenadresse

BTR Automotive
Sealing Systems Europe
Marketing/Entwicklung

88129 Lindau

Tel.:   08382/707-0
Fax: 08382/707-300

Privatadresse

Aufgabengebiet

Dichtungssysteme Karosserie,
Marketing und Development
Sealing Systems Europe

Arndt, Wolfram Dipl.-Ing.

Geburtsdatum | 19.01.1961

Firmenadresse
IAV GmbH
FZK1
Nordhoffstr. 5

38518 Gifhorn

Tel.:   05371/805-1514
Funk: 0173 2319060
Fax: 05371/805-1990

Privatadresse
Hohe Worth 2
38179 Bortfeld

Tel.:   05302/70466

Position

Abteilungsleiter/Team-Leiter

Geschäftsbereich

Forschung/Vorentwicklung
Konstruktion

Aufgabengebiet

Karosserie, Exterieur,
Stoßfänger, Anbauteile

e-mail Firma: Wolfram.arndt@IAV.de

Bach, E. Professor

Geburtsdatum | 02.12.1941

Firmenadresse
Hochschule Dresden
Friedrich-List-Platz 1

01069 Dresden

Tel.:   0351/4623344
Fax: 0351/4623476

Privatadresse

Position

Institutsdirektor

Geschäftsbereich

Forschung/Vorentwicklung

Aufgabengebiet

Motorbauteile- und zubehör;
Betriebsstoffe;
Gemischbildung/Verbrennung;
Einspritzung/Elektronik;
Getriebe/Kupplung/Antriebs-
strang; Verbrennungsmotoren
und KFZ-Antriebstechnik,
Berechnung und Simulation,
Messtechnik und techn.
Diagnostik

e-mail Firma: ernstwendelin.bach@fif.mw.htw-dresden.de

Bachmann, G. Dr.

Geburtsdatum 21.09.1942

Firmenadresse
SCHOTT DESAG AG
Postfach 20 32
31074 Grünenplan

Tel.:   05187/771-340
Fax: 05187/771-568

Privatadresse

e-mail Firma: sche@desag.schott.de

Position
Vorstandsvorsitzender

Geschäftsbereich
Forschung/Vorentwicklung

Aufgabengebiet
Spiegel

Bachmann, H. Dipl.-Ing.

Geburtsdatum 05.06.1972

Firmenadresse
Schade GmbH & Co KG
DURA Automotive
Body & Class Systems
58815 Plettenberg

Tel.:   02391/62-400
Fax: 02391/6290-400

Privatadresse
Erzstr. 31
44793 Bochum

Tel.:   0234/17664

e-mail Firma: hbachmann@schade-online.de

Position

Geschäftsbereich
Forschung/Vorentwicklung
Versuch

Aufgabengebiet
Rahmen; Fahrzeugsicherheit;
Vorausentwicklung,
Produkt/Prozess

Bachmann, Ulf

Geburtsdatum   11.04.1965

Firmenadresse

IVM
Automotive Stuttgart GmbH
Automobilelektronik
Blumenstr. 29

70736 Fellbach

Tel.: 0711/9514-231
Funk: 0171 4062924
Fax: 0711/9514-202

Privatadresse

Zeppelinstr. 25
74321 Bietigheim-Bissingen

Tel.: 07142/51754
Fax: 07142/51704

e-mail Firma: Ulf.bachmann@IVM-AUTOMOTIVE.COM

Position

Fachabteilungsleiter

Geschäftsbereich

Forschung/Vorentwicklung

Aufgabengebiet

Kommunikation - Navigation;
Prüftechnik; Messtechnik;
Diagnose, Telematik,
Software Entwicklung, Tool-
und Systementwicklung

Bäcker, Harald Dr.-Ing.

Geburtsdatum

Firmenadresse

RWTH Aachen
Lehrstuhl für
Verbrennungskraft-
maschinen
Schinkelstr. 8

52062 Aachen

Tel.: 0241/80-5370
Fax: 0241/8888-630

Privatadresse

Zeisigweg 1
52134 Herzogenrath

Tel.: 02407/917000
Fax: 02407/917001

e-mail Firma: Baecker@VKA.RWTH-Aachen.de
e-mail Privat: Harald.Baecker@T-Online.de

Position

Oberingenieur

Geschäftsbereich

Forschung/Vorentwicklung

Aufgabengebiet

Gemischbildung/Verbrennung;
Einspritzung/Elektronik;
Messtechnikentwicklung an
Verbrennungsmotoren

Bahrenberg, Volker

Geburtsdatum **17.08.1951**

Firmenadresse
BAHRENBERG
Technisches Zubehör
Postfach 17 66

58407 Witten

Tel.:   02302/53777
Fax: 02302/50713

Privatadresse
Wittener Str. 42
58456 Witten

Tel.:   02302-75876

Position

Geschäftsbereich

Aufgabengebiet
Motorbauteile- und zubehör;
Bypass-Filter, Cobalt-MG
Batteriezusatz

Balk, Axel Dipl.-Ing.

Geburtsdatum **21.07.1942**

Firmenadresse
Volkswagen AG
Nutzfahrzeuge Entwicklung
Abt. 1737
Postfach 1735

38401 Wolfsburg

Tel.:   05361/92-4186
Fax: 05361/92-4708

Privatadresse
Unterer Kamp 1
38444 Wolfsburg

Position
Leiter Nutzfahrzeug-
Entwicklung, Plattformen und
Baukasten

Geschäftsbereich
Forschung/Vorentwicklung
Konstruktion

Aufgabengebiet
Radaufhängung; Räder,
Reifen; Achsen; Lenkung;
Federung und Dämpfung;
Bremsen; Rahmen;
Oberflächenschutz;
Verglasung;
Fahrzeuginnenraum;
Fahrzeugsicherheit

Bargende, Michael Professor Dr.-Ing.

Geburtsdatum   26.07.1956

Position

Ordinarius für
Verbrennungsmotoren

Firmenadresse
Universität Stuttgart
FKFS und IVK Stuttgart
Pfaffenwaldring 12
70569 Stuttgart

Tel.:   0711/685-5645
Fax: 0711/685-5744

Privatadresse
Geißlerstr. 8
70435 Stuttgart

Geschäftsbereich

Forschung/Vorentwicklung
Konstruktion

Aufgabengebiet

Motorbauteile- und zubehör;
Betriebsstoffe;
Gemischbildung/Verbrennung;
Einspritzung/Elektronik;
Getriebe/Kupplung/Antriebs-
strang; Sensorik - Aktuatorik;
Messtechnik; Prüftechnik;
Qualitätsmanagement

e-mail Firma: bargende@ivk.uni-stuttgart.de

Bartsch, Christian Dipl.-Ing.

Geburtsdatum   01.12.1928

Position

Firmenadresse
Ulmenweg 6
64807 Dieburg

Tel.:   06071/24557
Fax: 06071/81794

Privatadresse
Ulmenweg 6
64807 Dieburg

Tel.:   06071/24557
Fax: 06071/81794

Geschäftsbereich

Aufgabengebiet

Journalist für Technik,
Motorentechnik,
Fahrwerktechnik, Antrieb,
Karosserie

Bartunek, Bernd Dr.-Ing.

Geburtsdatum 29.10.1959

Firmenadresse

GVH mbH
Entwicklung
Brößweg 34

45897 Gelsenkirchen

Tel.:   0209/590100-0
Fax: 0209/590-100-19

Privatadresse

Salzburger Str. 4
40789 Monheim

Tel.:   02173/967735
Fax: 02173/967736

e-mail Firma: bartunek.gvh@t-online.de

Position

Geschäftsführer

Geschäftsbereich

Forschung/Vorentwicklung

Aufgabengebiet

Motorbauteile- und zubehör;
Betriebsstoffe;
Gemischbildung/Verbrennung;
Einspritzung/Elektronik

Basshuysen, van, Richard Dipl.-Ing.

Geburtsdatum 29.02.1932

Firmenadresse

Pfarrer-Roßkopf-Str. 3

74306 Bad Wimpfen

Tel.:   07063-333
Fax: 07063-7556

Privatadresse

Pfarrer-Roßkopf-Str. 3
74306 Bad Wimpfen

Tel.:   07063-333
Fax: 07063-7556

Position

Herausgeber ATZ/MTZ, Leiter
Ingenieurbüro

Geschäftsbereich

Forschung/Vorentwicklung

Aufgabengebiet

Motorbauteile- und zubehör;
Betriebsstoffe;
Gemischbildung/Verbrennung;
Einspritzung/Elektronik;
Gesamtes Kraftfahrzeug mit
Antriebsstrang

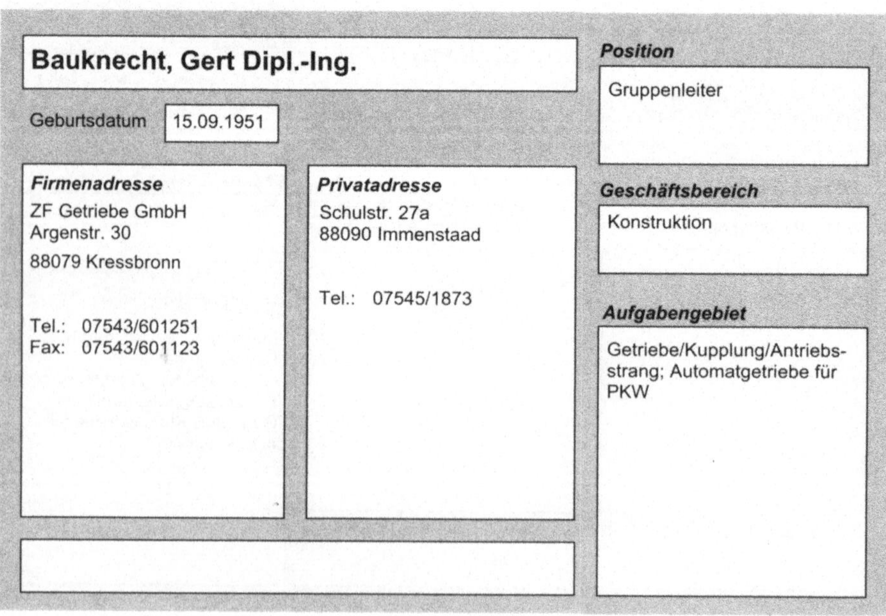

Baudach, Detlev

Geburtsdatum | 21.07.1958

Firmenadresse
Vorwerk & Sohn
GmbH&CoKG
Fahrwerkstechnik
Obere Lichtenplatzer
Str. 336

42287 Wuppertal

Tel.:   0202/560-310
Funk: 0173 2534011
Fax: 0202/560-576

Privatadresse
Rotkäppchenweg 20
50259 Pulheim

Tel.:   02238/842116

e-mail Firma: d.baudach@vorwerk-automotive.de

Position
Abteilungsleiter/Team-Leiter
Spartenleiter

Geschäftsbereich
Forschung/Vorentwicklung

Aufgabengebiet
Entwicklung, Vertrieb,
Beschaffung, Fertigung,
Disposition

Bauknecht, Gert Dipl.-Ing.

Geburtsdatum | 15.09.1951

Firmenadresse
ZF Getriebe GmbH
Argenstr. 30
88079 Kressbronn

Tel.:   07543/601251
Fax: 07543/601123

Privatadresse
Schulstr. 27a
88090 Immenstaad

Tel.:   07545/1873

Position
Gruppenleiter

Geschäftsbereich
Konstruktion

Aufgabengebiet
Getriebe/Kupplung/Antriebs-
strang; Automatgetriebe für
PKW

Baule, Rolf-Peter

Geburtsdatum   11.05.1951

Position
Leiter F + E

Firmenadresse
RECARO GmbH & Co
Forschung/Technik
Stuttgarter Str. 73
73230 Kirchheim/Teck

Tel.:   07021/93-5000
Funk: 0172 9711282
Fax: 07021/93-5339

Privatadresse
Im Bannholz 16
74249 Jagsthausen

Tel.:   07943/8287

Geschäftsbereich
Forschung/Vorentwicklung
Konstruktion

Aufgabengebiet
Fahrzeuginnenraum; Design

e-mail Firma: info@recaro.de

Baumann, Gerd Dipl.-Ing.

Geburtsdatum   08.10.1963

Position
Bereichsleiter Kfz-Systemtechnik

Firmenadresse
FKFS
Bereich Kfz-Systemtechnik
Pfaffenwaldring 12
70569 Stuttgart

Tel.:   0711/685-7629
Fax: 0711/685-5710

Privatadresse
Laurentiusstr. 37
71069 Sindelfingen

Tel.:   07031/381361

Geschäftsbereich
Forschung/Vorentwicklung

Aufgabengebiet
Steuergeräte/Software,
Softwareentwicklung,
Simulation, Kfz-Elektronik

e-mail Firma: baumann@fkfs.uni-stuttgart.de

Baumeister, Joachim Dipl.-Phys.

Geburtsdatum　14.01.1959

Position

Projektleiter

Firmenadresse

Fraunhofer Institut für
Fertigungstechnik und
Angewandte
Materialforschung
Wiener Str. 12

28359 Bremen

Tel.:　0421/2246-181
Fax:　0421/2246-300

Privatadresse

Geschäftsbereich

Forschung/Vorentwicklung

Aufgabengebiet

Motorbauteile- und zubehör;
Radaufhängung;
Getriebe/Kupplung/Antriebs-
strang; Achsen; Bremsen;
Rahmen; Fahrzeugsicherheit;
geschäumte Metalle

e-mail Firma:　bt@ifam.fhg.de

Baumhauer, Joachim Dr.-Ing.

Geburtsdatum　28.11.1959

Position

Referent

Firmenadresse

Andreas Stihl AG & Co
Stuttgarter Str. 80

71332 Waiblingen

Tel.:　07151/26-3370
Fax:　07151/26-1906

Privatadresse

Hintere Gärten 25
73527 Schwäbisch Gmünd

Tel.:　07171/72515
Funk: 0171 5065271
Fax:　07171/72515

Geschäftsbereich

Versuch

Aufgabengebiet

Gemischbildung/Verbrennung;
Vergaserentwicklung

e-mail Firma:　joachim.baumhauer@stihl.de

Baur, Ulrich A. Dr.

Geburtsdatum 17.07.1945

Firmenadresse
AMP Deutschland GmbH
Ampèrestr. 12 - 14

64625 Bensheim

Tel.: 06251/133-757
Fax: 06251/133-548

Privatadresse

e-mail Firma: ubaur@amp.com

Position
Vorstand

Geschäftsbereich
Forschung/Vorentwicklung

Aufgabengebiet
Geschäftsführung, Global Automotive Division und EMEA (Europe, Middle East and Africa), gesamt Automotive

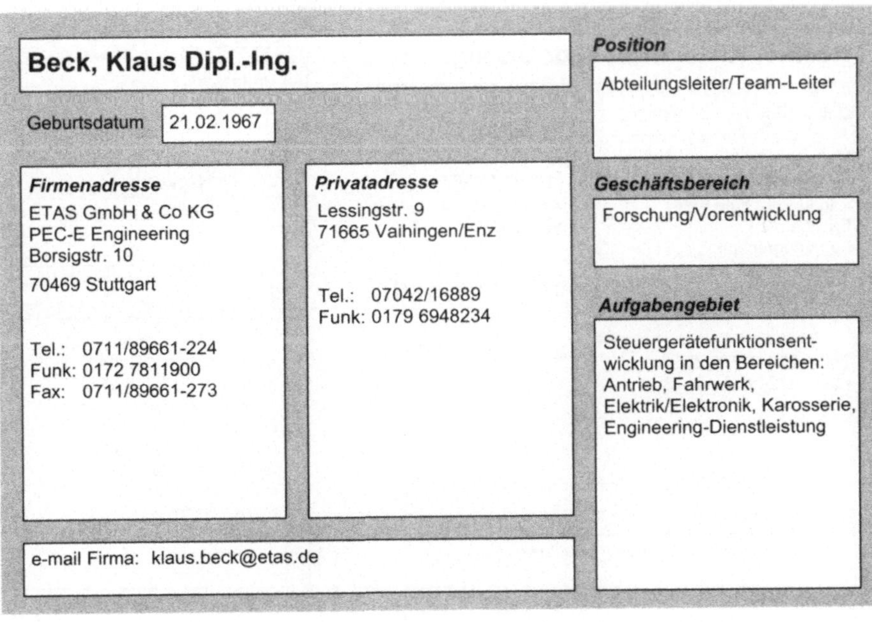

Beck, Klaus Dipl.-Ing.

Geburtsdatum 21.02.1967

Firmenadresse
ETAS GmbH & Co KG
PEC-E Engineering
Borsigstr. 10

70469 Stuttgart

Tel.: 0711/89661-224
Funk: 0172 7811900
Fax: 0711/89661-273

Privatadresse
Lessingstr. 9
71665 Vaihingen/Enz

Tel.: 07042/16889
Funk: 0179 6948234

e-mail Firma: klaus.beck@etas.de

Position
Abteilungsleiter/Team-Leiter

Geschäftsbereich
Forschung/Vorentwicklung

Aufgabengebiet
Steuergerätefunktionsentwicklung in den Bereichen: Antrieb, Fahrwerk, Elektrik/Elektronik, Karosserie, Engineering-Dienstleistung

Beck, Peter

Geburtsdatum   22.04.1960

Position

Geschäftsführer

Firmenadresse

ECOS
Gesellschaft für Entwicklung und
Consulting mbH
Westerbreite 7

49084 Osnabrück

Tel.:   0541/9778-200
Fax: 0541/9778-202

Privatadresse

Geschäftsbereich

Forschung/Vorentwicklung

Aufgabengebiet

alternative Antriebe

e-mail Firma: ecos@ino.de

Becker, Klaus Professor Dr.-Ing.

Geburtsdatum   19.04.1960

Position

Professor

Firmenadresse

Fachhochschule Köln
Fachbereich
Fahrzeugtechnik
Betzdorfer Str. 2

50679 Köln

Tel.:   0221/8275-2304
Fax: 0221/8275-2913

Privatadresse

Arenzhofstr. 38
50769 Köln

Tel.:   0221/7002314

Geschäftsbereich

Forschung/Vorentwicklung
Berechnung

Aufgabengebiet

Getriebe/Kupplung/Antriebs-
strang; Achsen; Radauf-
hängung; Räder, Reifen;
Lenkung; Federung und
Dämpfung; Bremsen;
Rahmen; Messtechnik;
Gesamtfahrzeug, Mechanik
insb. Schwingungen/Akustik
(NVH), Sachverständigen-
wesen

e-mail Firma: Klaus.becker@fh-koeln.de

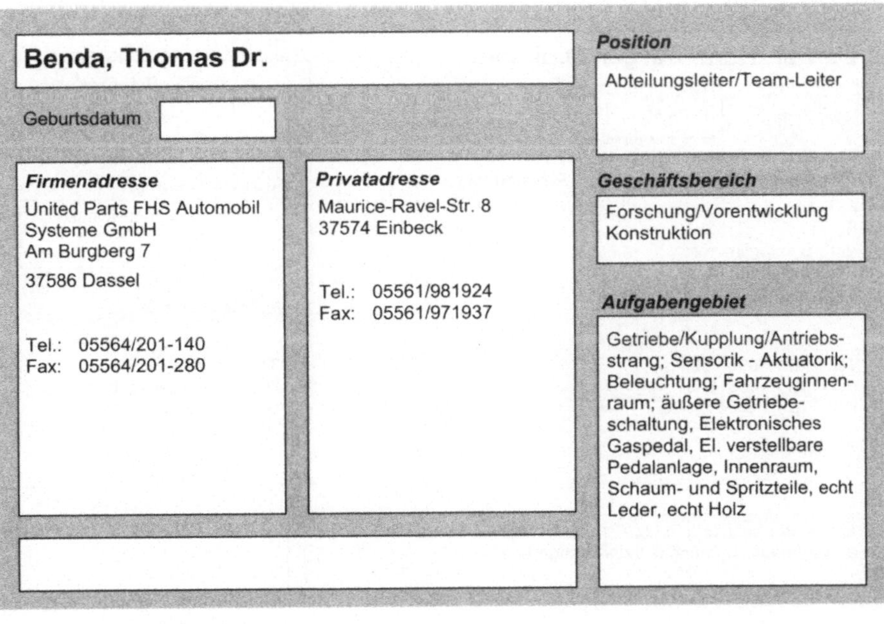

Behr, F. Professor Dr.

Position

Geschäftsführer

Geburtsdatum 21.11.1944

Firmenadresse

Thyssen Laser Technik
GmbH

52074 Aachen

Tel.:   0241/8906-435
Fax: 0241/8906-550

Privatadresse

Geschäftsbereich

Forschung/Vorentwicklung

Aufgabengebiet

Fahrzeugsicherheit; Fertigung;
Entwicklung Karosseriebau, -
konstruktion, -fertigung mit
Lasertechnik; Verfahrens-
entwicklung

e-mail Firma: behr@tlt.ilt.fhg.de

Benda, Thomas Dr.

Position

Abteilungsleiter/Team-Leiter

Geburtsdatum

Firmenadresse

United Parts FHS Automobil
Systeme GmbH
Am Burgberg 7

37586 Dassel

Tel.:   05564/201-140
Fax: 05564/201-280

Privatadresse

Maurice-Ravel-Str. 8
37574 Einbeck

Tel.:   05561/981924
Fax: 05561/971937

Geschäftsbereich

Forschung/Vorentwicklung
Konstruktion

Aufgabengebiet

Getriebe/Kupplung/Antriebs-
strang; Sensorik - Aktuatorik;
Beleuchtung; Fahrzeuginnen-
raum; äußere Getriebe-
schaltung, Elektronisches
Gaspedal, El. verstellbare
Pedalanlage, Innenraum,
Schaum- und Spritzteile, echt
Leder, echt Holz

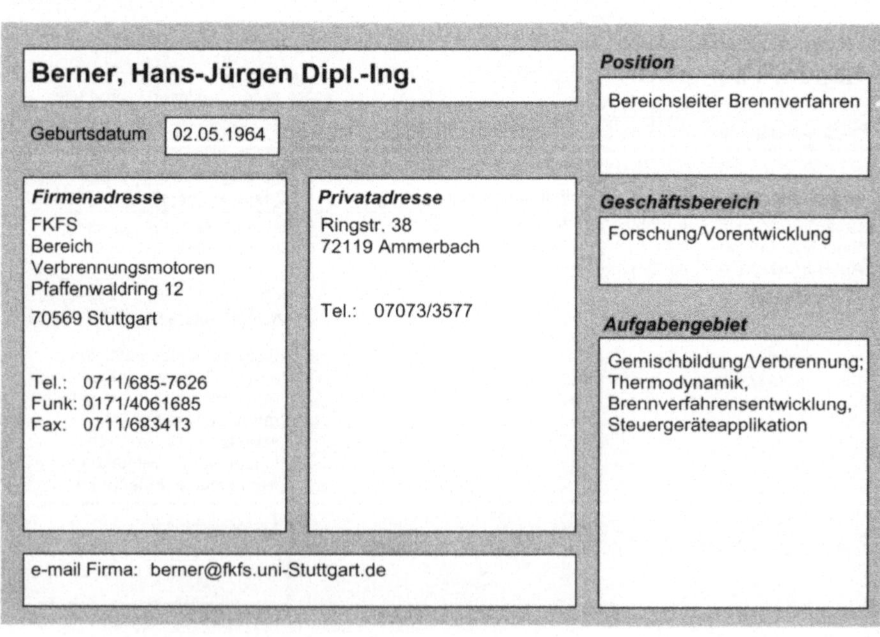

Berger, Karl-Friedrich

Geburtsdatum

Position
Geschäftsführer

Firmenadresse
Gummi-Berger GmbH
Postfach 10 13 30
68013 Mannheim

Tel.: 0621/41003-0
Fax: 0621/41003-33

Privatadresse
Funk: 0172 6237146
Fax: 0172 6210935

Geschäftsbereich
Konstruktion

Aufgabengebiet
Dichtungstechnik

e-mail Firma: gummi-berger@t-online.de

Berner, Hans-Jürgen Dipl.-Ing.

Geburtsdatum 02.05.1964

Position
Bereichsleiter Brennverfahren

Firmenadresse
FKFS
Bereich
Verbrennungsmotoren
Pfaffenwaldring 12
70569 Stuttgart

Tel.: 0711/685-7626
Funk: 0171/4061685
Fax: 0711/683413

Privatadresse
Ringstr. 38
72119 Ammerbach

Tel.: 07073/3577

Geschäftsbereich
Forschung/Vorentwicklung

Aufgabengebiet
Gemischbildung/Verbrennung;
Thermodynamik,
Brennverfahrensentwicklung,
Steuergeräteapplikation

e-mail Firma: berner@fkfs.uni-Stuttgart.de

Berrens, Jochen M.

Geburtsdatum 02.11.1954

Position

Leiter Marketing & Vertrieb

Firmenadresse

Du Pont de Nemours GmbH
(Deutschland)
Du-Pont-Str. 1

61343 Bad Homburg v. d. H.

Tel.: 06172/87-2702
Fax: 06172/87-2701

Privatadresse

Geschäftsbereich

Forschung/Vorentwicklung

Aufgabengebiet

Motorbauteile- und zubehör;
Sensorik - Aktuatorik;
Beleuchtung;
Oberflächenschutz;
Fabrikausrüstung;
Entwicklung Komponenten,
Technische Kunststoffe
Automobilindustrie

e-mail Firma: JOCHEN.BERRENS@DEU.DUPONT.COM

Bertelshofer, Peter Dipl.-Ing.

Geburtsdatum 24.03.1962

Position

Abteilungsleiter/Team-Leiter

Firmenadresse

TEMIC
Telefunken Microelektronik
GmbH
Entwicklung
Sieboldstr. 19

90411 Nürnberg

Tel.: 0911/9526-2338
Fax: 0911/9526-2532

Privatadresse

Geschäftsbereich

Forschung/Vorentwicklung

Aufgabengebiet

Einspritzung/Elektronik;
Entwicklung von
Motorsteuergeräten,
Serienentwicklung

e-mail Firma: Peter.Bertelshofer@Temic.de

Bertsch, Armin Dipl.-Ing.

Geburtsdatum 23.02.1964

Position

Leiter Motorenentwicklung

Firmenadresse
KORO GmbH
Entwicklung
Heilbronner Str. 8

74172 Neckarsulm

Tel.: 07132/922282
Funk: 0171 4023032
Fax: 07132/922285

Privatadresse
Mutbrunnengasse 9
74196 Neuenstadt

Tel.: 07139/18405
Funk: 0171 4023032

Geschäftsbereich

Forschung/Vorentwicklung
Konstruktion

Aufgabengebiet

Motorbauteile- und zubehör;
Gemischbildung/Verbrennung;
Projektleitung,
Konzeptentwicklungen,
Motormechanik, Ventiltriebe,
Diesel- und Ottomotoren

e-mail Firma: armin.bertsch@koro.de

Beste, Frank Dipl.-Ing.

Geburtsdatum 07.03.1968

Position

Projektleiter

Firmenadresse
AVL List GmbH
Konstruktion
Antriebssysteme PKW
Hans-List-Platz 1

8020 Graz
Österreich

Tel.: +43 316/787-794
Fax: +43 316/787-136

Privatadresse
Andritzer Reichsstr. 62c - 64
8045 Graz
Österreich

Geschäftsbereich

Konstruktion

Aufgabengebiet

Motorbauteile- und zubehör;
F&E Leichtbau, Ventiltrieb,
modulare Motorkonzepte

e-mail Firma: frank.beste@avl.com
e-mail Privat: beste.steinert@uta1002.at

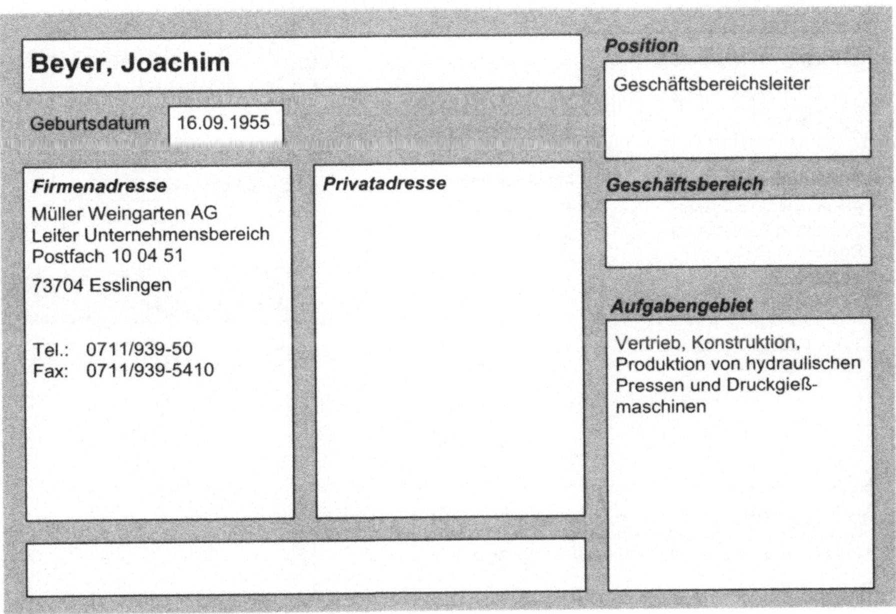

Beutel, Tilman Dr.

Geburtsdatum   26.05.1963

Position

Staff Chemist

Firmenadresse
Engelhard Corporation
101 Wood Avenue

30173 IBELIN,
NJ 08830-0770
USA

Fax: 001-732-205-5300

Privatadresse

Geschäftsbereich

Forschung/Vorentwicklung

Aufgabengebiet

Abgasnachbehandlung,
Materialforschung,
Dieselkatalysatoren

e-mail Firma: Tilman.Beutel@Engelhard.com

Beyer, Joachim

Geburtsdatum   16.09.1955

Position

Geschäftsbereichsleiter

Firmenadresse
Müller Weingarten AG
Leiter Unternehmensbereich
Postfach 10 04 51

73704 Esslingen

Tel.:   0711/939-50
Fax: 0711/939-5410

Privatadresse

Geschäftsbereich

Aufgabengebiet

Vertrieb, Konstruktion,
Produktion von hydraulischen
Pressen und Druckgieß-
maschinen

Beyersdorf, Jörg Dr. rer. nat.

Geburtsdatum | 17.06.1961

Firmenadresse
Volkswagen AG
EZM/I
Brieffach 1714
38436 Wolfsburg

Tel.:   05361/925334
Fax: 05361/926228

Privatadresse
Oststr. 12d
38122 Braunschweig

Position
Unterabteilungsleiter

Geschäftsbereich
Forschung/Vorentwicklung

Aufgabengebiet
Messtechnik; Chemisch-physik. Analytik, Dieselpartikelanalytik, Nili-Analytik, Kraftstoffanalytik, Ölanalytik, Fahrzeuginnenraumanalytik

e-mail Firma: joerg.beyersdorf@volkswagen.de

Bezeij, van, Nico

Geburtsdatum | 01.10.1942

Firmenadresse
Eisenwerk Brühl GmbH
Forschung/Entwicklung
Postfach 12 60
50302 Brühl

Tel.:   02232/75-123
Fax: 02232/75-161

Privatadresse
Koninglaan 6
5708 ED Stiphont/Helmond
Niederlande

Tel.:   +31 492/534501

Position
Leiter R&D

Geschäftsbereich
Forschung/Vorentwicklung
Konstruktion

Aufgabengebiet
Motorbauteile- und zubehör; Prüftechnik; Messtechnik

e-mail Firma: Nico-van.Bezeij@eb-bruehl.de

Bick, Werner Dr.-Ing.

Geburtsdatum 07.01.1960

Firmenadresse
FEV
Motorentechnik GmbH
Neuenhofstr. 181

52078 Aachen

Tel.:   0241/5689310
Fax: 0241/5689950

Privatadresse
Zeisigweg 41
52146 Würselen

Tel.:   02405/81132

e-mail Firma: bick@FEV.de

Position
Projektmanager

Geschäftsbereich
Konstruktion

Aufgabengebiet
Motorbauteile- und zubehör;
Konstruktion
Verbrennungsmotoren

Bielaczek, Christian Dr.-Ing.

Geburtsdatum 20.08.1961

Firmenadresse
Adam Opel AG
Int. Techn. Development
Center
IPC 80-12, Advanced
Engineering C.

65423 Rüsselsheim

Tel.:   06142/768310
Fax: 06142/777551

Privatadresse
Heinrich-Fulda-Weg 19
64289 Darmstadt

Tel.:   06161/710340

e-mail Firma: christian.dr.bielaczek@.de.opel.com

Position
Projektingenieur

Geschäftsbereich
Forschung/Vorentwicklung
Konstruktion

Aufgabengebiet
Getriebe/Kupplung/Antriebs-
strang; Achsen; Radauf-
hängung; Lenkung; Federung
und Dämpfung; Rahmen;
Sensorik - Aktuatorik;
Kommunikation - Navigation;
Entwicklung neuer Chassis-
Systeme, Verbindung konv.
Chassis-Systeme mit
Elektronik-Support

Biewendt, Marcus Dipl.-Ing.

Geburtsdatum 19.04.1964

Position

Geschäftsfeldleiter Fahrzeug

Firmenadresse

IAV GmbH
Rockwellstr. 3

38518 Gifhorn

Tel.: 05371/805-1124
Fax: 05371/805-1175

Privatadresse

Geschäftsbereich

Forschung/Vorentwicklung
Berechnung

Aufgabengebiet

Oberflächenschutz;
Fahrzeuginnenraum;
Aerodynamik;
Fahrzeugsicherheit

e-mail Firma: marcus.biewendt@iav.de

Bill, Karlheinz Dr.-Ing.

Geburtsdatum 07.11.1954

Position

Oberingenieur

Firmenadresse

TU Darmstadt
Fachgebiet Fahrzeugtechnik
Petersenstr. 30

64287 Darmstadt

Tel.: 06151/163098
Fax: 06151/165192

Privatadresse

Am Spitzenpfad 26
63303 Dreieich

Tel.: 06103/82793
Fax: 06103/82793

Geschäftsbereich

Forschung/Vorentwicklung

Aufgabengebiet

Bremsen; Lehre Fahrdynamik,
Bremsentechnik,
Man/Machine Interface,
Mechatronik

e-mail Firma: bill@fzd.tu-darmstadt.de

Binder, Klaus Professor Dr.-Ing.

Geburtsdatum 12.10.1941

Firmenadresse
DaimlerChrysler AG
Entwicklung Nutzfahrzeuge
Abt. M/EGT HPC:C207
Postfach
70546 Stuttgart

Tel.:   0711/17-22894
Fax: 0711/17-54356

Privatadresse
Schurwaldblick 7
73779 Deizisau

Tel.:   07153/24604

Position
Abteilungsleiter/Team-Leiter

Geschäftsbereich

Aufgabengebiet
Gemischbildung/Verbrennung;
Einspritzung/Elektronik;
Dieselmotor, Einspritzung,
Verbrennung, Aufladung,
Nachbehandlung

e-mail Firma: klaus.binder@daimlerchrysler.com

Bisping, Rudolf Professor Dr.

Geburtsdatum 24.06.1944

Firmenadresse
SASS
acoustic research & design
GmbH
Hagelkreuz 46
45134 Essen

Tel.:   0201/440963/65
Funk: 0171 8341618
Fax: 0201/443164

Privatadresse
Hagelkreuz 46
45134 Essen

Tel.:   0201/473215
Fax: 0201/440249

Position
wiss. Leiter

Geschäftsbereich
Forschung/Vorentwicklung
Berechnung

Aufgabengebiet
Kommunikation - Navigation;
Prüftechnik; Messtechnik;
Akustische Analyse,
Psychometrische Forschung,
Digitale Signalverarbeitung,
Optimierung von
Innengeräuschqualität

e-mail Firma: SASS.consult@t-online.de

Blaindorfer, Gerd

Geburtsdatum 20.01.1964

Position

Designer

Firmenadresse

AVL List GmbH
Entwicklung
Hans-List-Platz 1

8020 Graz
Österreich

Tel.: +43 316/787-1716
Fax: +43 316/787-136

Privatadresse

Bahnhofstr. 32 A
8401 Kalsdorf
Österreich

Tel.: +43 3135/55660

Geschäftsbereich

Konstruktion

Aufgabengebiet

Motorbauteile- und zubehör;
PKW-Motor und
Antriebstechnik

e-mail Firma: gerd.blaindorfer@avl.co.at

Blöcher, J.

Geburtsdatum

Position

Geschäftsführer

Firmenadresse

FKM
Sintertechnik GmbH
Entwicklung
Goldbergstr. 12

35216 Biedenkopf

Tel.: 06461/89887
Funk: 0171 4062990
Fax: 06461/98065

Privatadresse

Geschäftsbereich

Forschung/Vorentwicklung
Versuch

Aufgabengebiet

Motorbauteile- und zubehör;
Fahrzeuginnenraum;
Getriebe/Kupplung/Antriebs-
strang; Vertrieb

e-mail Firma: fkm.gmbh@t-online.de

Bockelmann, Wilfried Professor

Position

Leiter techn. Entwicklung,
Mitglied des Vorstands

Geburtsdatum 09.02.1942

Geschäftsbereich

Forschung/Vorentwicklung

Firmenadresse

SKODA AUTO a. s.
Technische Entwicklung
Václava Klementa 869

29360 Mladá Boleslav
Tschechoslowakei

Tel.: 0042 0326/815401
Fax: 0042 0326/815010

Privatadresse

Meegblick 25
38527 Meine

Tel.: 05304/1703
Fax: 05304/1703

Aufgabengebiet

Techn. Entwicklung,
Produktmanagement

e-mail Firma: WILFRIED.BOCKELMANN@SKODA-AUTO.CZ

Bockenheimer, Alexander Dipl.-Ing.

Position

Leiter Technik

Geburtsdatum 27.06.1956

Geschäftsbereich

Forschung/Vorentwicklung

Firmenadresse

Rasmussen GmbH
Entwicklung
Edisonstr. 4

63477 Maintal

Tel.: 06181/403-310
Fax: 06181/403-1310

Privatadresse

Dresdener Ring 60
61130 Nidderau

Tel.: 06187/292945
Fax: 06187/292945

Aufgabengebiet

Motorbauteile- und zubehör;
Entwicklung, Produktion

e-mail Firma: Alexander.Bockenheimer@norma.de

Boemak, Herbert

Geburtsdatum 29.06.1952

Position

Fachreferent

Geschäftsbereich

Forschung/Vorentwicklung

Firmenadresse

DaimlerChrysler AG
Forschung und Technologie
FT1/FA
Daimlerstr. 143

12274 Berlin

Tel.: 030/74913223
Fax: 030/74913048

Privatadresse

Imbrosweg 70 d
12109 Berlin

Tel.: 030/7040386

Aufgabengebiet

Akzeptanz- und
Verhaltensforschung,
Psychoakustik,
Fahrzeugakzeptanz,
Forschungsmethodik

e-mail Firma: herbert.boemak@daimlerchrysler.com

Boesl, Ulrich Professor Dr.

Geburtsdatum 30.08.1948

Position

Geschäftsbereich

Forschung/Vorentwicklung

Firmenadresse

Techn. Universität München
Institut für Physikalische und
Theoretische Chemie
Lichtenbergstr. 4

85748 Garching

Tel.: 089/289-13397
Fax: 089/289-14430

Privatadresse

Tal-Josaphat-Weg 38
84036 Landshut

Aufgabengebiet

Messtechnik; Gasanalytik,
Emissionen von
Verbrennungsmotoren

e-mail Firma: ulrich.boesl@ch.tum.de

Bolanz, M. Dipl.-Ing.

Geburtsdatum	09.01.1971

Position

Projektleiter

Firmenadresse

Peguform GmbH
Vorentwicklung
Schlossmattenstr. 18

79264 Bötzingen

Tel.:	07663/61-467
Fax:	07663/61-475

Privatadresse

Geschäftsbereich

Forschung/Vorentwicklung

Aufgabengebiet

Oberflächenschutz;
Fahrzeugsicherheit;
Fahrzeuginnenraum;
Kunststoffbauteileentwicklung,
Karosserie

e-mail Firma:	M.Bolanz@peguform.de

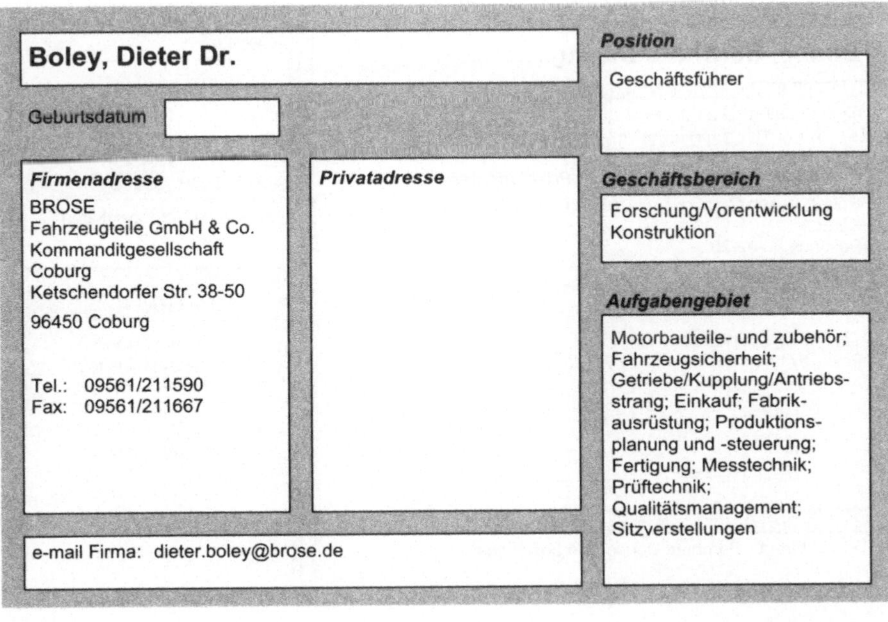

Boley, Dieter Dr.

Geburtsdatum

Position

Geschäftsführer

Firmenadresse

BROSE
Fahrzeugteile GmbH & Co.
Kommanditgesellschaft
Coburg
Ketschendorfer Str. 38-50

96450 Coburg

Tel.:	09561/211590
Fax:	09561/211667

Privatadresse

Geschäftsbereich

Forschung/Vorentwicklung
Konstruktion

Aufgabengebiet

Motorbauteile- und zubehör;
Fahrzeugsicherheit;
Getriebe/Kupplung/Antriebs-
strang; Einkauf; Fabrik-
ausrüstung; Produktions-
planung und -steuerung;
Fertigung; Messtechnik;
Prüftechnik;
Qualitätsmanagement;
Sitzverstellungen

e-mail Firma:	dieter.boley@brose.de

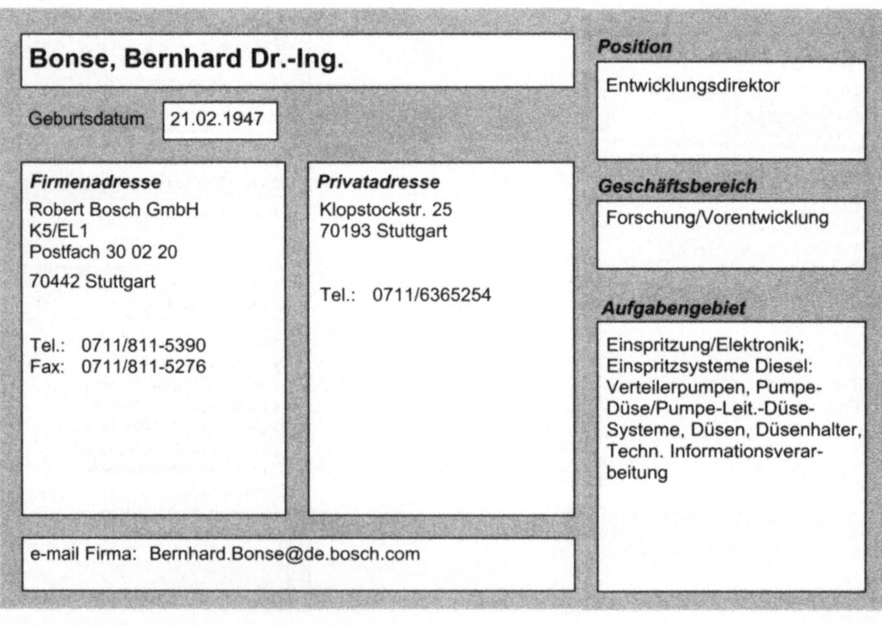

Boller, Holger

Geburtsdatum

Position

Firmenadresse
LING
Dynamic Systems GmbH
Technik
Freisinger Str. 32
85737 Ismaning

Tel.: 089/96989180
Fax: 089/96989189

Privatadresse

Geschäftsbereich
Forschung/Vorentwicklung

Aufgabengebiet
Prüftechnik

Bonse, Bernhard Dr.-Ing.

Geburtsdatum 21.02.1947

Position
Entwicklungsdirektor

Firmenadresse
Robert Bosch GmbH
K5/EL1
Postfach 30 02 20
70442 Stuttgart

Tel.: 0711/811-5390
Fax: 0711/811-5276

Privatadresse
Klopstockstr. 25
70193 Stuttgart

Tel.: 0711/6365254

Geschäftsbereich
Forschung/Vorentwicklung

Aufgabengebiet
Einspritzung/Elektronik;
Einspritzsysteme Diesel:
Verteilerpumpen, Pumpe-
Düse/Pumpe-Leit.-Düse-
Systeme, Düsen, Düsenhalter,
Techn. Informationsverar-
beitung

e-mail Firma: Bernhard.Bonse@de.bosch.com

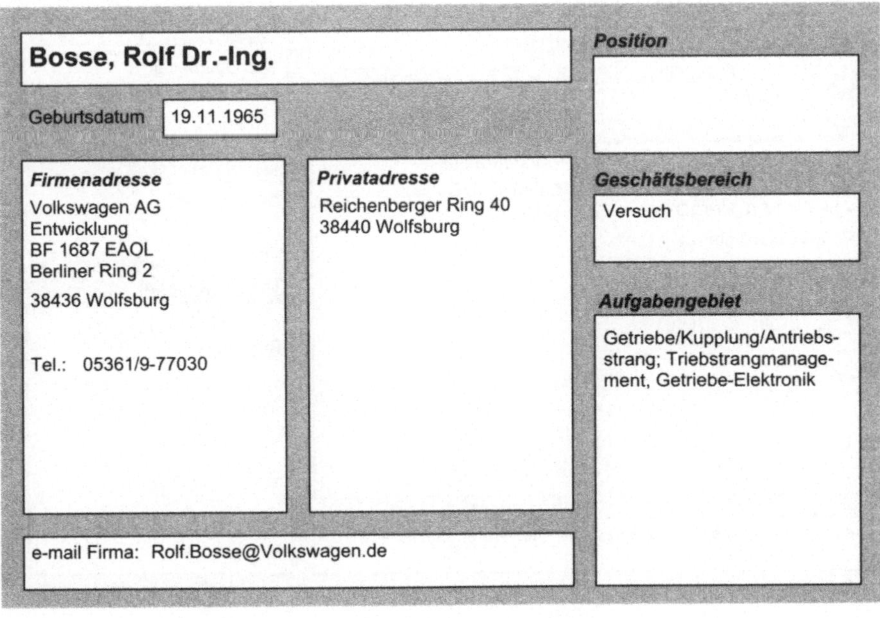

Borgmann, Klaus

Position
Entwicklungsleiter Diesel

Geburtsdatum

Geschäftsbereich
Forschung/Vorentwicklung

Firmenadresse
BMW Motoren GmbH
Hinterbergerstr. 2

4400 Steyr
Österreich

Tel.:   0043 7252/888-48
Fax: 0043 7252/888-718

Privatadresse

Aufgabengebiet
Motorbauteile- und zubehör;
Dieselmotor

e-mail Firma: KBORGMANN@BMW.CO.AT

Bosse, Rolf Dr.-Ing.

Position

Geburtsdatum   19.11.1965

Geschäftsbereich
Versuch

Firmenadresse
Volkswagen AG
Entwicklung
BF 1687 EAOL
Berliner Ring 2

38436 Wolfsburg

Tel.:   05361/9-77030

Privatadresse
Reichenberger Ring 40
38440 Wolfsburg

Aufgabengebiet
Getriebe/Kupplung/Antriebs-
strang; Triebstrangmanage-
ment, Getriebe-Elektronik

e-mail Firma: Rolf.Bosse@Volkswagen.de

Bouché, Thomas Dr.

Geburtsdatum 16.09.1963

Firmenadresse

WTZ für Motoren- und
Maschinenforschung Roßlau
GmbH
Postfach 240
06855 Roßlau

Tel.: 034901/883-235
Fax: 034901/883-120

Privatadresse

e-mail Firma: bouche@wtz.de

Position

Leiter Systemlösungen

Geschäftsbereich

Forschung/Vorentwicklung
Versuch

Aufgabengebiet

Motorbauteile- und zubehör;
Betriebsstoffe;
Gemischbildung/Verbrennung;
Einspritzung/Elektronik;
Motorenentwicklung,
Alternative Kraftstoffe,
Gasmotoren, Dieselmotoren

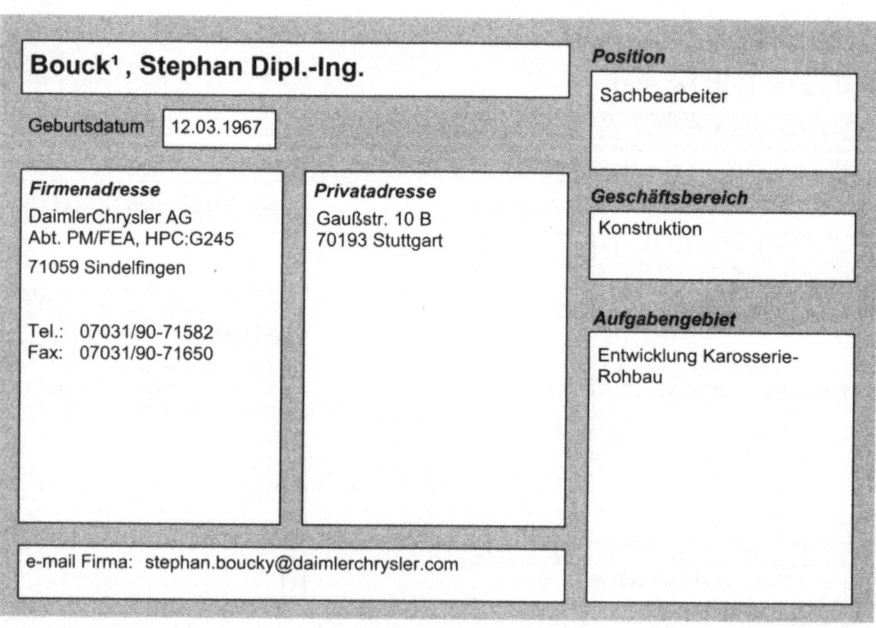

Bouck[1], Stephan Dipl.-Ing.

Geburtsdatum 12.03.1967

Firmenadresse

DaimlerChrysler AG
Abt. PM/FEA, HPC:G245
71059 Sindelfingen

Tel.: 07031/90-71582
Fax: 07031/90-71650

Privatadresse

Gaußstr. 10 B
70193 Stuttgart

e-mail Firma: stephan.boucky@daimlerchrysler.com

Position

Sachbearbeiter

Geschäftsbereich

Konstruktion

Aufgabengebiet

Entwicklung Karosserie-
Rohbau

Boulouchos, K. Prof. Dr. sc. techn.

Position

Titularprofessor

Geburtsdatum 21.11.1955

Geschäftsbereich

Forschung/Vorentwicklung

Firmenadresse

ETH Zürich
Institut für
Energietechnik/LVV
ETH-Zentrum/MLK21

8092 Zürich
Schweiz

Tel.:   41-1-632/5648
Fax: 41-1-632/1102

Privatadresse

Ottikestr. 25
8006 Zürich
Schweiz

Aufgabengebiet

Gemischbildung/Verbrennung;
Einspritzung/Elektronik;
Gemischaufbereitung,
Verbrennungsverfahren,
Schadstoffemissionen,
Numerische Berechnungen,
Optische Messtechnik

e-mail Firma: boulouchos@lvv.zet.mart.ethz.ch

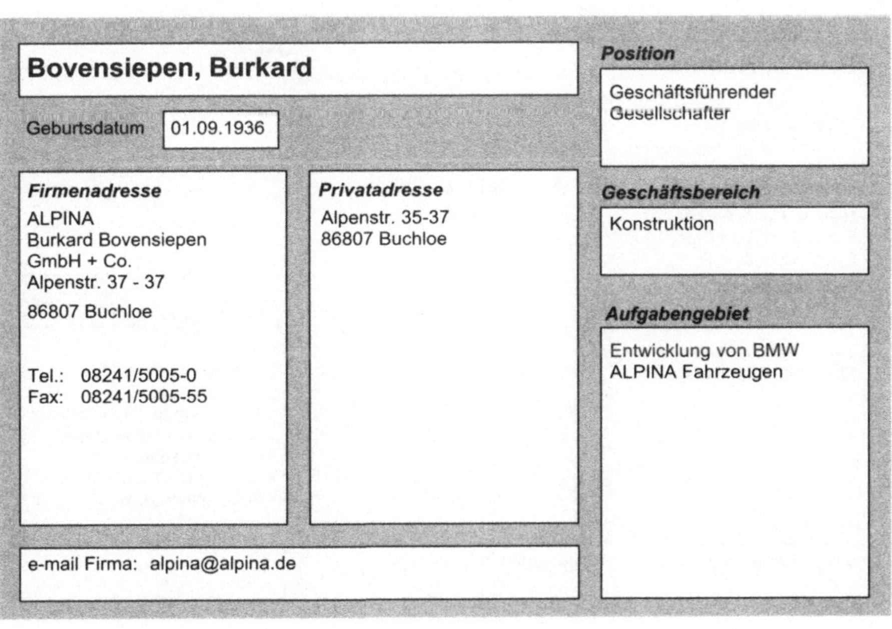

Bovensiepen, Burkard

Position

Geschäftsführender
Gesellschafter

Geburtsdatum 01.09.1936

Geschäftsbereich

Konstruktion

Firmenadresse

ALPINA
Burkard Bovensiepen
GmbH + Co.
Alpenstr. 37 - 37

86807 Buchloe

Tel.:   08241/5005-0
Fax: 08241/5005-55

Privatadresse

Alpenstr. 35-37
86807 Buchloe

Aufgabengebiet

Entwicklung von BMW
ALPINA Fahrzeugen

e-mail Firma: alpina@alpina.de

Boye, Jan Dr.

Geburtsdatum 21.06.1939

Position

Leiter Technik / QM

Geschäftsbereich

Forschung/Vorentwicklung
Konstruktion

Firmenadresse

Schwelm Anlagenbau GmbH
Technik
Postfach 5 53

58318 Schwelm

Tel.: 02336/809-494
Fax: 02336/809-222

Privatadresse

Krummacher Str. 36
42115 Wuppertal

Tel.: 0202/712284
Funk: 0171 6918499
Fax: 0202/7168469

Aufgabengebiet

Qualitätsmanagement;
Aufbauten/Tankfahrzeuge,
Nutzfahrzeuge,
Gastankfahrzeuge,
Flugfeldbetankungsfahrzeuge,
Wassertechnik,
Funovation/Entwicklung

e-mail Firma: sab@schwelm-gruppe.de
e-mail Privat: jan.boye@wtal.de

Brandl, Helmut

Geburtsdatum

Position

Geschäftsführer

Geschäftsbereich

Konstruktion

Firmenadresse

Helmut Brandl GmbH
Entwicklung und Produktion
Siemensstr. 4

85521 Ottobrunn

Tel.: 089/6086540
Fax: 089/60865444

Privatadresse

Aufgabengebiet

CAD Konstruktion,
Modellbau/Cubing,
Designmodellbau,
Gußmodellbau, Urmodellbau,
Formenbau/Werkzeugbau,
Vorrichtungsbau,
Kuststoffbau, CNC-Fräsen,
Kunststoffspritzerei

e-mail Firma: management@brandl-gmbh.de

Brandstetter, Walter Professor Dr.

Geburtsdatum 30.04.1939

Firmenadresse

Privatadresse

Weizenweg 15
50933 Köln

Tel.: 0221/9473766
Funk: 0171/8259507
Fax: 0221/9473767

e-mail Privat: wbrandtst@t-online.de

Position

Inhaber

Geschäftsbereich

Forschung/Vorentwicklung

Aufgabengebiet

Motorbauteile- und zubehör;
Gemischbildung/Verbrennung;
Umweltschutz,
Motorenforschung -
Entwicklung, Recycling,
Umweltschutz-Lehre

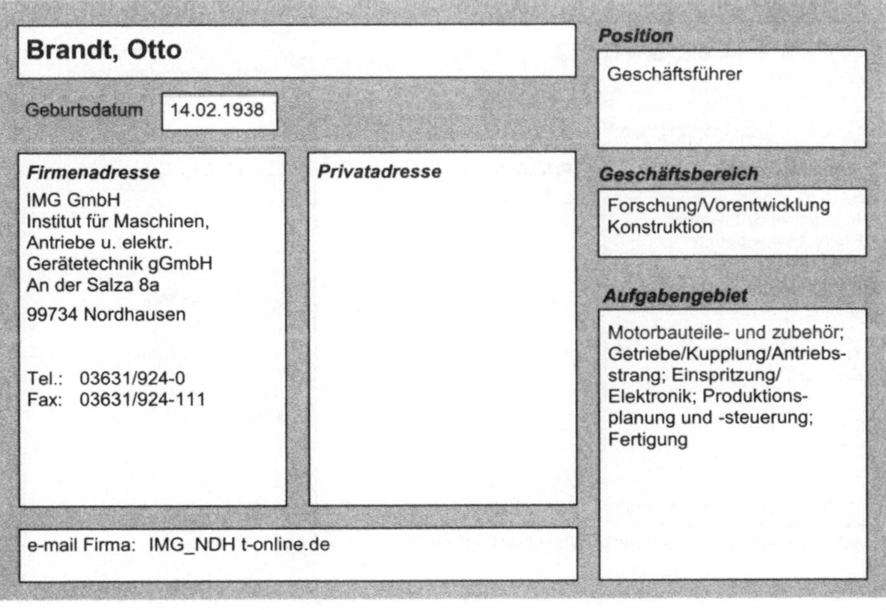

Brandt, Otto

Geburtsdatum 14.02.1938

Firmenadresse

IMG GmbH
Institut für Maschinen,
Antriebe u. elektr.
Gerätetechnik gGmbH
An der Salza 8a

99734 Nordhausen

Tel.: 03631/924-0
Fax: 03631/924-111

Privatadresse

e-mail Firma: IMG_NDH t-online.de

Position

Geschäftsführer

Geschäftsbereich

Forschung/Vorentwicklung
Konstruktion

Aufgabengebiet

Motorbauteile- und zubehör;
Getriebe/Kupplung/Antriebs-
strang; Einspritzung/
Elektronik; Produktions-
planung und -steuerung;
Fertigung

Brandt, Stefan Dipl.-Oec.

Geburtsdatum 20.05.1963

Position
Projektleiter

Firmenadresse
Engelhard Technologies
GmbH
Entwicklung
Freundallee 23

30173 Hannover

Tel.: 0511/2886-60
Fax: 0511/28866-52

Privatadresse
Allerstr. 14
38106 Braunschweig

Geschäftsbereich
Forschung/Vorentwicklung

Aufgabengebiet
Abgasnachbehandlung, Otto-DI

e-mail Firma: stefan.brandt@engelhard.com

Braun, Wolfgang Dr.-Ing.

Geburtsdatum 10.11.1965

Position
Leiter Produktentwicklung

Firmenadresse
SAI
Automotive SAL GmbH
Product Engineering
Postfach 10 13 63

76732 Wörth

Tel.: 07271/130-370
Fax: 07271/130-411

Privatadresse
Scheffelstr. 57
76307 Karlsbad

Geschäftsbereich
Konstruktion

Aufgabengebiet
Entwicklung von
Instrumententafeln,
Mittelkonsolen,
Säulenverkleidungen,
Stoßfänger

e-mail Firma: wolfgang.braun@sommer-allibert.com

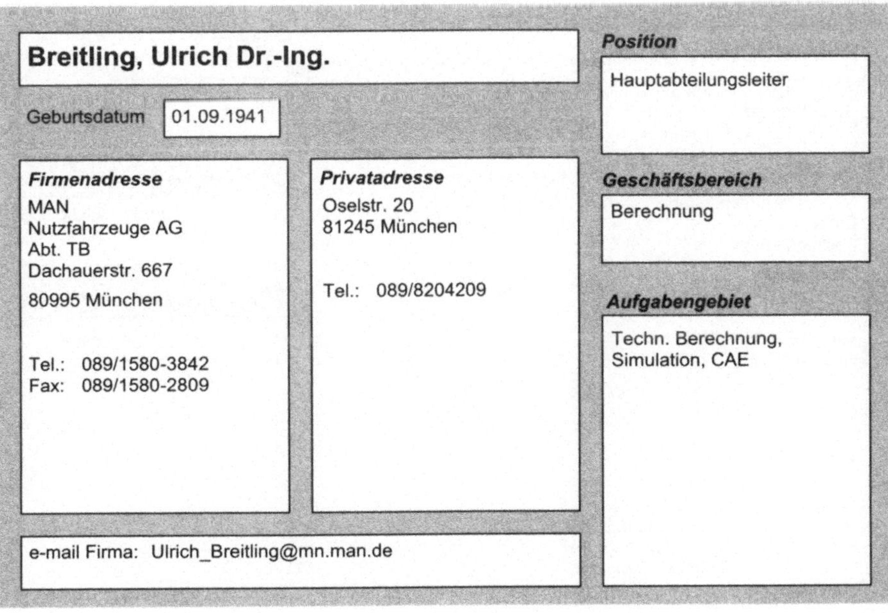

Brecht, Jürgen Dipl.-Ing.

Position

Abteilungsleiter

Geburtsdatum   03.04.1950

Firmenadresse

BMW AG
TZ-6
Knorrstr. 147

80788 München

Tel.:   089/382-44838
Fax: 089/382-46700

Privatadresse

Zeisiggasse 1
85551 Heimstetten

Tel.:   089/9030187

Geschäftsbereich

Forschung/Vorentwicklung

Aufgabengebiet

Prüftechnik; Gebäude- und
Einrichtungsplanung
Prüfstände

e-mail Firma: JUERGEN.BRECHT@BMW.DE

Breitling, Ulrich Dr.-Ing.

Position

Hauptabteilungsleiter

Geburtsdatum   01.09.1941

Firmenadresse

MAN
Nutzfahrzeuge AG
Abt. TB
Dachauerstr. 667

80995 München

Tel.:   089/1580-3842
Fax: 089/1580-2809

Privatadresse

Oselstr. 20
81245 München

Tel.:   089/8204209

Geschäftsbereich

Berechnung

Aufgabengebiet

Techn. Berechnung,
Simulation, CAE

e-mail Firma: Ulrich_Breitling@mn.man.de

Breuer, Bert Professor Dr.-Ing.

Geburtsdatum 07.04.1936

Position
Institutsleiter

Firmenadresse
Technische Universität
Darmstadt
Fahrzeugtechnik
Petersenstr. 30

64287 Darmstadt

Tel.: 06151/163796
Funk: 0171 6324114
Fax: 06151/163734

Privatadresse

Geschäftsbereich
Forschung/Vorentwicklung

Aufgabengebiet
Lehre und Forschung
Kraftfahrzeugtechnik

e-mail Firma: bbreuer@fzd.tu-darmstadt.de

Breuer, Claus Dr.-Ing.

Geburtsdatum 06.08.1965

Position
Leiter Entwicklung

Firmenadresse
Märkisches Werk GmbH
Entwicklung
Postfach 15 53

58543 Halver

Tel.: 02353/917-202
Fax: 02353/917-225

Privatadresse
Tente 64
42929 Wermelskirchen

Tel.: 02196/974454

Geschäftsbereich
Forschung/Vorentwicklung
Konstruktion

Aufgabengebiet
Motorbauteile- und zubehör;
Dieselmotoren, Zylinderköpfe,
Gaswechselkomponenten

e-mail Firma: C.Breuer@MWH.de
e-mail Privat: HCBreuer@aol.com

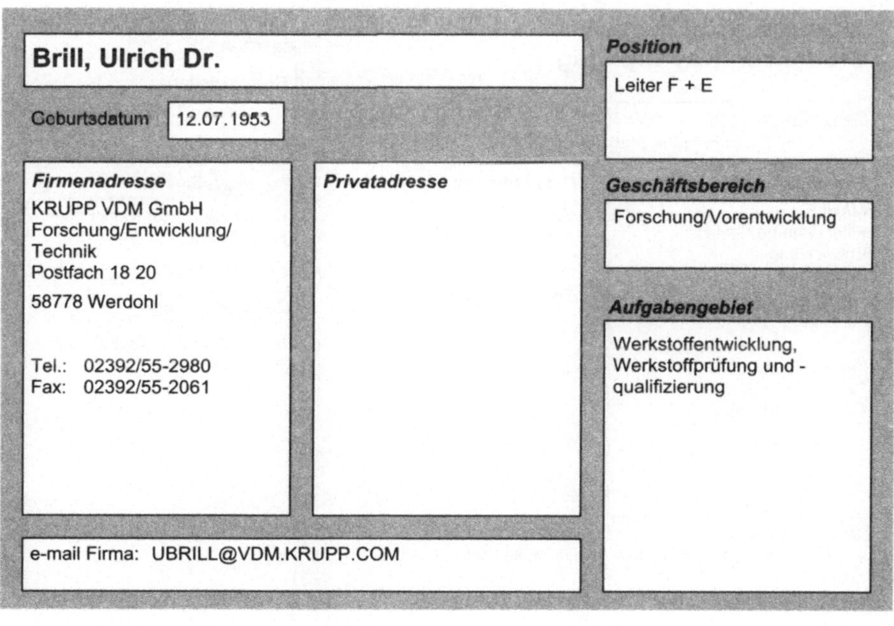

Briem, Martin Dr.-Ing.

Geburtsdatum 18.08.1964

Position
Leiter Prüfstandstechnik

Firmenadresse
Universität Stuttgart
FKFS
Pfaffenwaldring 12
70569 Stuttgart

Tel.:   0711/685-5717
Fax: 0711/683413

Privatadresse
Mühlhaldenweg 4
73207 Plochingen

Tel.:   07153/24395

Geschäftsbereich
Forschung/Vorentwicklung
Versuch

Aufgabengebiet
Gemischbildung/Verbrennung;
Prüftechnik; Messtechnik;
Qualitätsmanagement;
Prüfstandstechnik,
Motorenprüfstände

e-mail Firma: briem@fkfs.uni-Stuttgart.de

Brill, Ulrich Dr.

Geburtsdatum 12.07.1953

Position
Leiter F + E

Firmenadresse
KRUPP VDM GmbH
Forschung/Entwicklung/
Technik
Postfach 18 20
58778 Werdohl

Tel.:   02392/55-2980
Fax: 02392/55-2061

Privatadresse

Geschäftsbereich
Forschung/Vorentwicklung

Aufgabengebiet
Werkstoffentwicklung,
Werkstoffprüfung und -
qualifizierung

e-mail Firma: UBRILL@VDM.KRUPP.COM

Brinker, Manfred

Geburtsdatum 28.05.1954

Firmenadresse
Rücker GmbH
Entwicklung
Lise-Meitner-Str. 15

89081 Ulm

Tel.: 0731/95441-0
Funk: 0172 7300293
Fax: 0731/9544191

Privatadresse
Traubenweg 15/1
89233 Neu-Ulm

Tel.: 0731/78768

e-mail Firma: manfred.brinker@ruecker.de

Position
Niederlassungsleiter

Geschäftsbereich
Forschung/Vorentwicklung
Konstruktion

Aufgabengebiet
Motorbauteile- und zubehör;
Rahmen; Einspritzung/
Elektronik; Sensorik -
Aktuatorik; Flugzeugbau,
Hard- und Software-
entwicklung; Kommunikation -
Navigation; Fahrzeuginnen-
raum; Fahrzeugsicherheit

Brodesser, Kay Dipl.-Ing.

Geburtsdatum 28.11.1956

Firmenadresse
MAHLE
Filtersysteme GmbH
Entwicklung
Pragstr. 54

70376 Stuttgart

Tel.: 0711/5063-570
Funk: 0172 9328280
Fax: 0711/5063-247

Privatadresse
Daimlerstr. 19
71277 Rutesheim

Tel.: 07152/56229

e-mail Firma: Kay_Brodesser@KnechtFilter.com

Position
Bereichsleiter

Geschäftsbereich
Forschung/Vorentwicklung
Berechnung

Aufgabengebiet
Motorbauteile- und zubehör;
Werkstofflabor

Brödler, Hilmar Dr.

Geburtsdatum 06.08.1961

Position
Geschäftsführer

Firmenadresse
Sigmund Scherdel GmbH
Scherdelstr. 2
95615 Marktdrewitz

Tel.: 09231/603-228
Fax: 09231/603-518

Privatadresse

Geschäftsbereich
Forschung/Vorentwicklung
Konstruktion

Aufgabengebiet
Motorbauteile- und zubehör;
Bremsen; Getriebe/Kupplung/
Antriebsstrang; Fahrzeug-
innenraum

e-mail Firma: Hilmar.Broedler@Scherdel.de

Brüdgam, Siegfried Dr.-Ing.

Geburtsdatum 14.05.1943

Position
Abteilungsleiter

Firmenadresse
Volkswagen AG
Brieffach 1777
Fahrzeugforschung
Werkstoffe
38401 Wolfsburg

Tel.: 05361/9-23926
Fax: 05361/9-36627

Privatadresse
Steinpilzweg 11
38518 Gifhorn

Tel.: 05871/17894
Funk: 0170 4717112

Geschäftsbereich
Forschung/Vorentwicklung

Aufgabengebiet
Werkstoff-Forschung,
Werkstoffe und Verfahren,
Leichtbau, Fügetechnik,
Sonderwerkstoffe

e-mail Firma: siegfried.bruedgam@volkswagen.de

Bruhnke, Ulrich

Geburtsdatum		28.01.1954

Position

Direktor

Firmenadresse

DaimlerChrysler AG
EP/C HPC:X960

71059 Sindelfingen

Tel.:	07031/90-77740
Fax:	07031/90-77747

Privatadresse

Lindenstr. 28
71139 Ehningen

Tel.:	07034/993346
Fax:	07034/993347

Geschäftsbereich

Konstruktion
Berechnung

Aufgabengebiet

Oberflächenschutz;
Verglasung; Aerodynamik;
Fahrzeuginnenraum;
Fahrzeugsicherheit;
Messtechnik; Prüftechnik;
Qualitätsmanagement;
Gesamtfahrzeugabstimmung,
Gesamtfahrzeugentwicklung,
Karosserieentwicklung,
Unfallsicherheit

e-mail Firma:	ulrich.bruhnke@daimlerchrysler.com

Brunner, H. Professor Dr.-Ing.

Geburtsdatum		14.04.1940

Position

Lehrstuhlleiter

Firmenadresse

TU Dresden
Institut für
Verbrennungsmotoren
und Kraftfahrzeuge (IVK)
George-Bähr-Str. 1 c

01069 Dresden

Tel.:	0351/463-4529
Fax:	0351/463-7066

Privatadresse

Lockwitzer Str. 21
01809 Borthen

Tel.:	0351/2845228

Geschäftsbereich

Forschung/Vorentwicklung

Aufgabengebiet

Getriebe/Kupplung/Antriebs-
strang; Räder, Reifen;
Radaufhängung; Lenkung;
Federung und Dämpfung;
Bremsen; Fahrzeugsicherheit;
Antrieb, Fahrwerk,
Fahrzeugsicherheit

e-mail Firma:	brunner@vvkno1.vkw.tu-dresden.de

Bubeck, Hans-Peter

Geburtsdatum

Position

Firmenadresse

Hermann Bubeck
GmbH&CoKG
Entwicklung
Motorstr. 56

70499 Stuttgart

Tel.: 0711/1357900
Fax: 0711/1357902

Privatadresse

Geschäftsbereich

Konstruktion

Aufgabengebiet

Motorbauteile- und zubehör;
Achsen; Getriebe/Kupplung/
Antriebsstrang; Oberflächen-
schutz; Rapid Prototyping;
Messtechnik

e-mail Firma: MIIIB@bubeck-modellbau.de

Büchs, Hubert P. Dr.

Geburtsdatum

Position

Geschäftsführer

Firmenadresse

Jopp GmbH
Entwicklung/Technik
Kastanienallee 11

97616 Bad Neustadt

Tel.: 09771/9105-110
Fax: 09771/9105-130

Privatadresse

Geschäftsbereich

Forschung/Vorentwicklung

Aufgabengebiet

Getriebe/Kupplung/Antriebs-
strang; Qualitätsmanagement

e-mail Firma: contact@jopp.com

Buck, Alfred

Geburtsdatum 04.08.1961

Position

Geschäftsleitung

Firmenadresse

Buck
Maschinenbau GmbH & Co KG
Techn. Strickerei Produkte
Benzstr. 1

71149 Bondorf

Tel.: 07457/9457-0
Fax: 07457/9457-27

Privatadresse

Benzstr. 1 a
71149 Bondorf

Geschäftsbereich

Forschung/Vorentwicklung

Aufgabengebiet

Abgasnachbehandlung,
Dieselrußfilter, Katalysator,
Feinstpartikelabscheidung,
Dämpfungselemente,
Lagerwerkstoffe,
Verbundwerkstoffe

e-mail Firma: buck.tsp@t-online.de

Buck, Wilhelm Christoph Dr.-Ing.

Geburtsdatum

Position

Geschäftsführer

Firmenadresse

Ingenieurbüro Buck
Sankt Hülfe 32

49356 Diepholz

Tel.: 05441/1717
Fax: 05441/7171

Privatadresse

Sankt Hülfe 32
49356 Diepholz

Tel.: 05441/1717
Fax: 05441/7171

Geschäftsbereich

Forschung/Vorentwicklung

Aufgabengebiet

Sensorik - Aktuatorik;
Messtechnik; Mess- und
Regelungstechnik,
Klimaanlagen

e-mail Firma: ib.buck@t-online.de

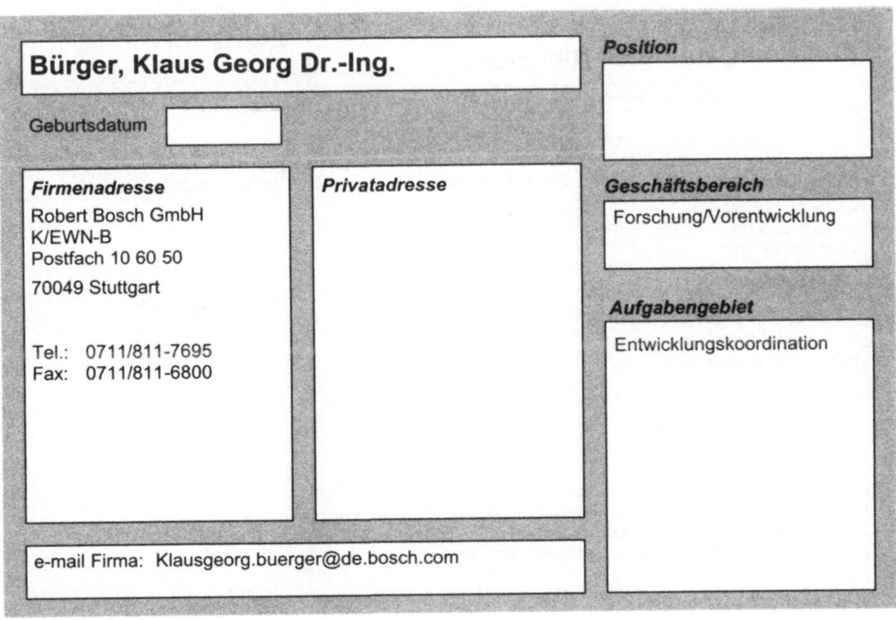

Bunsmann, W. Dipl.-Ing.

Position
Abteilungsleiter/Team-Leiter

Geburtsdatum 09.07.1957

Firmenadresse
Wilhelm Karmann GmbH
Vorentwicklung
Karmannstr. 1

49084 Osnabrück

Tel.: 0541/581-8151
Funk: 0170 2903690
Fax: 0541/581-8150

Privatadresse
Stiegteweg 5
49143 Bissendorf

Tel.: 05402/8989

Geschäftsbereich
Forschung/Vorentwicklung

Aufgabengebiet
Vorentwicklung neue
Verfahren und Systeme, neue
Fahrzeugkonzepte,
Projektvorentwicklung

e-mail Firma: wbunsmann@karmann.com

Bürger, Klaus Georg Dr.-Ing.

Position

Geburtsdatum

Firmenadresse
Robert Bosch GmbH
K/EWN-B
Postfach 10 60 50

70049 Stuttgart

Tel.: 0711/811-7695
Fax: 0711/811-6800

Privatadresse

Geschäftsbereich
Forschung/Vorentwicklung

Aufgabengebiet
Entwicklungskoordination

e-mail Firma: Klausgeorg.buerger@de.bosch.com

Bürgler, Ludwig Dipl.-Ing.

Position

Senior-Ingenieur

Geburtsdatum 16.10.1958

Firmenadresse

AVL List GmbH
Entwicklung
Hans-List -Platz 1

8020 Graz
Österreich

Tel.: +43 316/787-676
Fax: +43 316/787-134

Privatadresse

Hauptstr. 72
8061 St. Radegund
Österreich

Tel.: +43 3132/4245

Geschäftsbereich

Forschung/Vorentwicklung
Versuch

Aufgabengebiet

Gemischbildung/Verbrennung;
Einspritzung/Elektronik;
Einspritztechnik DI-
Dieselmotor,
Abgasnachbehandlung

e-mail Firma: ludwig.buergler@avl.com

Burkhardt, Christine Dipl.-Ing.

Position

Leiter Verbrennungsanalayse

Geburtsdatum 15.08.1962

Firmenadresse

DaimlerChrysler AG
Entwicklung PKW
ED/MPM D604

70546 Stuttgart

Tel.: 0711/17-58016
Fax: 0711/17-34078

Privatadresse

Feldbergstr. 14
73760 Ostfildern

Geschäftsbereich

Versuch

Aufgabengebiet

Gemischbildung/Verbrennung;
Messtechnik; Verbrennungs-
analyse

e-mail Firma: Christine.Burkhardt@DaimlerChrysler.com

Burst, Hermann

Geburtsdatum   01.10.1940

Position

Vorstand

Firmenadresse

Rücker AG
Vorstand
Kreuzberger Ring 40

65205 Wiesbaden

Tel.:   0611/7375-145
Funk: 0172 7104208
Fax: 0611/7375-3

Privatadresse

Telemannstr. 4
71277 Rutesheim

Tel.:   07152/51854
Funk: 0172 7104208
Fax: 07152/55950

Geschäftsbereich

Forschung/Vorentwicklung
Konstruktion

Aufgabengebiet

e-mail Firma: hermann.burst@ruecker.de

Burst, Hermann

Geburtsdatum   01.10.1940

Position

Vorstand

Firmenadresse

Rücker AG
Vorstand
Kreuzberger Ring 40

65205 Wiesbaden

Tel.:   0611/7375-145
Funk: 0172 7104208
Fax: 0611/7375-3

Privatadresse

Telemannstr. 4
71277 Rutesheim

Tel.:   07152/51854
Funk: 0172 7104208
Fax: 07152/55950

Geschäftsbereich

Forschung/Vorentwicklung
Konstruktion

Aufgabengebiet

e-mail Firma: hermann.burst@ruecker.de

Butsch, Michael Professor Dr.-Ing.

Geburtsdatum 21.10.1960

Position

Leiter Kfz-Technik

Firmenadresse

Fachhochschule Konstanz
Entwicklung
Brauneggerstr. 55

78462 Konstanz

Tel.: 07531/206-390
Fax: 07531/206-400

Privatadresse

Geschäftsbereich

Forschung/Vorentwicklung

Aufgabengebiet

Getriebe/Kupplung/Antriebs-
strang; Sensorik - Aktuatorik;
Bremsen;

e-mail Firma: butsch@fh-konstanz.de

Carstensen, Hartmut Dr.

Geburtsdatum 06.10.1958

Position

Leiter Key Account
Management

Firmenadresse

AVL List GmbH
Antriebssysteme PKW
Hans-List-Platz 1

8020 Graz
Österreich

Tel.: +43 316/787-308
Fax: +43 316/787-135

Privatadresse

Forstweg 96
8046 Graz
Österreich

Tel.: +43 316/693767

Geschäftsbereich

Forschung/Vorentwicklung

Aufgabengebiet

Motorbauteile- und zubehör;
Einspritzung/Elektronik;
Gemischbildung/Verbrennung;
Vertriebskoordination,
Marketing, Strategie

e-mail Firma: hartmut.carstensen@avl.com

Cartellieri, Wolfgang Dipl.-Ing.

Geburtsdatum 11.06.1939

Position

Fachteamleiter

Firmenadresse

AVL List GmbH
Entwicklung
Hans-List-Platz 1

8020 Graz
Österreich

Tel.: +43 316/787-259
Fax: +43 316/787-1517

Privatadresse

Wilhelm-Gösser-Gasse 11
8020 Graz
Österreich

Tel.: +43 316/301771

Geschäftsbereich

Forschung/Vorentwicklung
Versuch

Aufgabengebiet

Motorbauteile- und zubehör;
Betriebsstoffe;
Gemischbildung/Verbrennung;
Einspritzung/Elektronik;
Dieselmotorenentwicklung
und Abgasnachbehandlung

e-mail Firma: wolfgang.cartellieri@avl.com

Cartus, Thomas Dipl.-Ing.

Geburtsdatum 25.03.1959

Position

Senioringenieur

Firmenadresse

AVL List GmbH
Hans-List-Platz 1

8020 Graz
Österreich

Tel.: +43 316/787-0
Fax: +43 316/787-134

Privatadresse

Geschäftsbereich

Forschung/Vorentwicklung

Aufgabengebiet

Gemischbildung/Verbrennung;
Einspritzung/Elektronik;
Betriebsstoffe;
Abgasnachbehandlung, PKW-
Antriebssysteme

e-mail Firma: Thomas.Cartus@AVL.COM

Chmela, Franz Dr.

Geburtsdatum 19.12.1944

Position

Abteilungsleiter/Team-Leiter

Firmenadresse

AVL List GmbH
Verbrennungstechnologie
Hans-List-Platz 1

8020 Graz
Österreich

Tel.: +43 316/787-1017
Fax: +43 316/787-1517

Privatadresse

Geschäftsbereich

Forschung/Vorentwicklung

Aufgabengebiet

Gemischbildung/Verbrennung;
Dieselverbrennung, Nulldim.
Modellierung, Gasmotoren

e-mail Firma: franz.chmela@avl.com

Christmayr, Robert

Geburtsdatum 19.10.1957

Position

Geschäftsbereichsleiter

Firmenadresse

Dr. Franz Schneider
Kunststoffwerke GmbH & Co
KG
Engineering
Postfach 40

96313 Kronach-Neuser

Tel.: 09261/968-238
Funk: 0171 8971215
Fax: 09261/968-475

Privatadresse

Geschäftsbereich

Forschung/Vorentwicklung
Konstruktion

Aufgabengebiet

Oberflächenschutz;
Fahrzeuginnenraum;
Kunststoffprodukte

e-mail Firma: Robert.Christmayr@Dr-Schneider.com

Chudzick, H. Dipl.-Ing.

Geburtsdatum 04.01.1970

Position

Projektingenieur

Firmenadresse
ika - Institut für
Kraftfahrwesen
Aachen
RWTH Aachen

52056 Aachen

Tel.:   0241/80-5607
Funk: 0172 6988668
Fax: 0241/8888-147

Privatadresse
Vaalser Str. 150
52074 Aachen

Tel.:   0241/83471
Funk: 0172 6988668

Geschäftsbereich

Forschung/Vorentwicklung
Versuch

Aufgabengebiet

Radaufhängung; Räder,
Reifen; Achsen; Lenkung;
Federung und Dämpfung;
Rahmen

e-mail Firma: chudzick@ika.rwth-aachen.de
e-mail Privat: chudzick@mailcity.com

Codan, Ennio Dr.

Geburtsdatum 30.01.1954

Position

Abteilungsleiter/Team-Leiter

Firmenadresse
ABB Turbo Systems AG
Abt. ZTA-Aufladetechnik
Haselstr. 16

5401 Baden
Schweiz

Tel.:   +41 56/2054064
Fax: +41 56/2054213

Privatadresse
Mülacherstr. 7
5212 Hausen bei Brugg
Schweiz

Tel.:   +41 56/4416209

Geschäftsbereich

Forschung/Vorentwicklung

Aufgabengebiet

Motorbauteile- und zubehör;
Gemischbildung/Verbrennung;
Aufladung Turbolader,
Kreisprozesssimulation

e-mail Firma: ennio.codan@ch.abb.com

Creutz, Bernd Dipl.-Ing.

Geburtsdatum 18.09.1958

Firmenadresse
AVL Deutschland GmbH
Techn. Büro Köln
Morsestr. 9 A
50769 Köln-Feldkassel

Tel.: 0221/70934-44
Funk: 0172 6139255
Fax: 0221/70934-34

Privatadresse
Broichmühlenstr. 79
50171 Kerpen

Tel.: 02237/922534
Funk: 0172 6139255
Fax: 0221/922535

e-mail Firma: bernd.creutz@avl.com
e-mail Privat: bernd.creutz@avl.com

Position
Key Account Manager

Geschäftsbereich
Forschung/Vorentwicklung
Konstruktion

Aufgabengebiet
Motorbauteile- und zubehör;
Betriebsstoffe;
Gemischbildung/Verbrennung;
Einspritzung/Elektronik;
Getriebe/Kupplung/Antriebs-
strang; Entwicklung
Personenwagen-Antriebe;
Akustik

Cucuz, Stojan Dr.-Ing.

Geburtsdatum 01.05.1963

Firmenadresse
Ford Werke AG
Visteon Climate Control
Systems
Visteon Technologie
Zentrum
Weinsbergstr. 195
50825 Köln

Tel.: 0221/5406-350
Fax: 0221/5406-549

Privatadresse
Am Scheidweg 68
50765 Köln

Tel.: 0221/5904369

e-mail Firma: SCUCUZ@VISTEON.COM

Position
Leiter NVH u. Strukturanalyse

Geschäftsbereich
Berechnung
Versuch

Aufgabengebiet
NVH, Strukturanalyse

Dahle, Uwe Dipl.-Ing.

Geburtsdatum 24.01.1961

Firmenadresse

Engelhard
Technologies GmbH
Entwicklung
Freundallee 23

30173 Hannover

Tel.: 0511/2886-60
Fax: 0511/2886-652

Privatadresse

Osterwalder Str. 191
30826 Garbsen

e-mail Firma: uwe.dahle@engelhard.com

Position

Gruppenleiter

Geschäftsbereich

Forschung/Vorentwicklung

Aufgabengebiet

Abgasnachbehandlung, Otto-DI

Damme, Sylvain van

Geburtsdatum 28.11.1946

Firmenadresse

EMAS GmbH
Bruchweg 61

76187 Karlsruhe

Tel.: 0721/5683040
Funk: 0172 7228534
Fax: 0721/9569202

Privatadresse

Bruchweg 61
76187 Karlsruhe

e-mail Firma: infoemas@plannet.de

Position

Geschäftsführer

Geschäftsbereich

Versuch

Aufgabengebiet

Messtechnik;
Qualitätsmanagement;
Prüftechnik; Analysatoren,
Emissionsmessung,
Analysensysteme,
Partikelmessung

Danckert, Bernd Dipl.-Ing.

Geburtsdatum   08.09.1966

Firmenadresse
MTU Friedrichshafen GmbH
Vorentwicklung
Olgastr. 75

88045 Friedrichshafen

Tel.:   07541/90-3157
Funk: 0171 9933330
Fax: 07541/90-5836

Privatadresse
Leimäckerstr. 19
88074 Meckenbeuren

Tel.:   07542/21742
Funk: 0171 9933330

e-mail Firma: danckert@mtu-friedrichshafen.com

Position
Projektleiter

Geschäftsbereich
Forschung/Vorentwicklung

Aufgabengebiet
Motorbauteile- und zubehör;
Einspritzung/Elektronik;
Gemischbildung/Verbrennung;
Vorentwicklung: Neue
Brennverfahren (CR-Syst.),
Neue Einspritzsysteme (u. a.
Common-Rail.)

Dangelmaier, Manfred Dipl.-Ing.

Geburtsdatum   31.05.1960

Firmenadresse
Fraunhofer IAO
Nobelstr. 12

70569 Stuttgart

Tel.:   0711/970-2107
Fax: 0711/970-2299

Privatadresse
Kaiserstr. 27
71384 Weinstadt

Tel.:   07151/690557

e-mail Firma: Manfred.Dangelmaier@iao.fhg.de

Position
Projektleiter Fahrforschung

Geschäftsbereich
Forschung/Vorentwicklung

Aufgabengebiet
Kommunikation - Navigation;
Fahrzeuginnenraum; Mensch-
Maschine-Interaktion,
Telematik, Virtual Prototyping,
Simulation

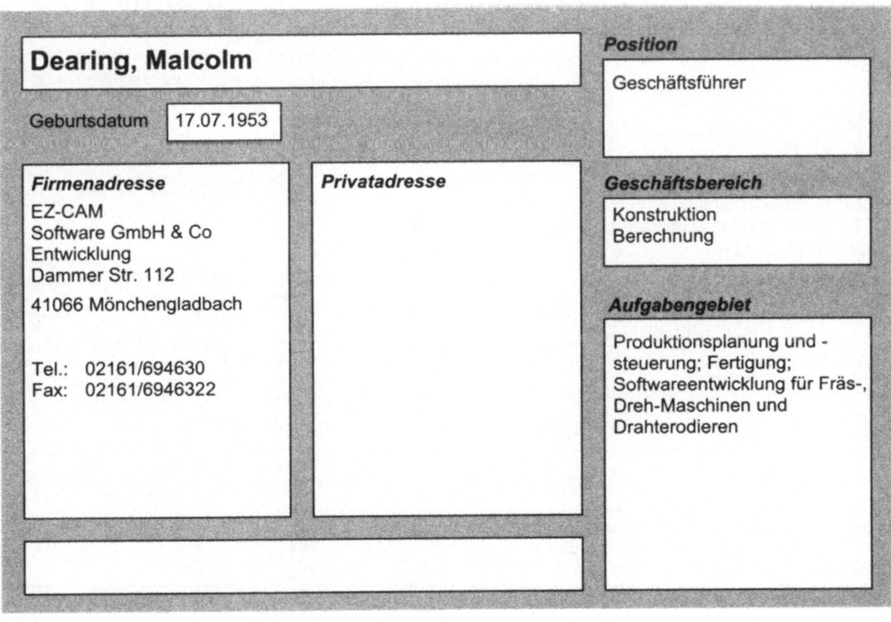

Danzl, Martin Dipl. Ing.

Geburtsdatum | 05.03.1962

Firmenadresse
AUDI AG
Entwicklung
Klappen/Dachsysteme

85045 Ingolstadt

Tel.: 0841/89-90876
Funk: 0172 9958399
Fax: 0841/89-37345

Privatadresse
Plättenweg 3
83115 Neubeuern

Tel.: 08035/1348

e-mail Firma: martin.danzl@audi.de

Position
Leiter

Geschäftsbereich
Konstruktion
Versuch

Aufgabengebiet
Karosserie Rohbau,
Konstruktion + Versuch -
Frontklappen, Heckklappen,
Dachsysteme

Dearing, Malcolm

Geburtsdatum | 17.07.1953

Firmenadresse
EZ-CAM
Software GmbH & Co
Entwicklung
Dammer Str. 112

41066 Mönchengladbach

Tel.: 02161/694630
Fax: 02161/6946322

Privatadresse

Position
Geschäftsführer

Geschäftsbereich
Konstruktion
Berechnung

Aufgabengebiet
Produktionsplanung und -
steuerung; Fertigung;
Softwareentwicklung für Fräs-,
Dreh-Maschinen und
Drahterodieren

Dehm, Siegbert

Geburtsdatum 18.07.1955

Position
Bereichsleiter

Firmenadresse
Südrad GmbH Radtechnik
Technik
Postfach 13 69
73057 Ebersbach/Fils

Tel.: 07163/164-221
Funk: 0171 4111298
Fax: 07163/164-72221

Privatadresse
Lerchenweg 24/2
73035 Göppingen

Tel.: 07161/43748
Funk: 0171 4111298

Geschäftsbereich
Forschung/Vorentwicklung

Aufgabengebiet
Räder, Reifen

e-mail Firma: Siegbert.Dehm@suedrad.de
e-mail Privat: Siegbert.Dehm@t-online.de

Deil, Michael

Geburtsdatum 20.04.1950

Position
Geschäftsbereichsleiter,Direkt
Direktor

Firmenadresse
KOYO Deutschland GmbH
Engineering-Service Division
Bergkoppelweg 4
22145 Hamburg

Tel.: 040/679090-52
Funk: 0172 4540520
Fax: 040/67909098

Privatadresse
Waldweg 5
22941 Bargteheide

Tel.: 04532/22219
Funk: 0172 4540520

Geschäftsbereich
Forschung/Vorentwicklung

Aufgabengebiet
Motorbauteile- und zubehör;
Radaufhängung; Getriebe/
Kupplung/Antriebsstrang;
Achsen; Lenkung; Sensorik -
Aktuatorik; Qualitäts-
management; Engineering-
Service Division

e-mail Firma: michael.deil@koyo.de
e-mail Privat: familie.deil@t-online.de

Deister, Jürgen Dipl.-Ing.

Geburtsdatum | 24.01.1957

Firmenadresse

Volkswagen AG
EGZ
Berliner Ring 2
38440 Wolfsburg

Tel.:   05361/925650
Fax: 05361/978867

Privatadresse

Große Weide 4
38518 Gifhorn

Position

Abteilungsleiter/Team-Leiter

Geschäftsbereich

Versuch

Aufgabengebiet

Techn. Typbegleitung,
Gesamtfahrzeug

Delgado, M. Dipl.-Ing.

Geburtsdatum

Firmenadresse

SimTec GmbH Gesellschaft
f. angewandte
Simulationstechnik
Geschäftsführung

70563 Stuttgart

Tel.:   0711/9016413
Fax: 0711/9016440

Privatadresse

e-mail Firma: m.Delgado@Simtec.de

Position

Geschäftsführer

Geschäftsbereich

Forschung/Vorentwicklung
Konstruktion

Aufgabengebiet

Motorbauteile- und zubehör;
Radaufhängung; Getriebe/
Kupplung/Antriebsstrang;
Achsen; Rahmen; Ober-
flächenschutz; Aerodynamik;
Fahrzeuginnenraum;
Fahrzeugsicherheit

Dick, Jürgen Dipl.-Ing.

Geburtsdatum   08.03.1958

Position

Technical Specialist

Firmenadresse

FEV
Motorentechnik GmbH
Abt. TKD
Neuenhofstr. 181

52078 Aachen

Tel.:   0241/5689-0
Fax: 0241/5689-119

Privatadresse

Richtericher Str. 8
52072 Aachen

Tel.:   0241/13800

Geschäftsbereich

Konstruktion

Aufgabengebiet

Motorbauteile- und zubehör;
Motorkonzepte,
Motorkonstruktion,
Dieselmotor

e-mail Firma: dick-j@fev.de

Diermayr, M.

Geburtsdatum   13.07.1961

Position

Vertriebsleiter

Firmenadresse

LEAR Corporation
Premium Car Interior
Division
Dieselstr. 24

85080 Gaimersheim

Tel.:   08458/3229-110
Funk: 0171 2259188
Fax: 08458/3229-120

Privatadresse

Schlehenweg 12
91795 Dollnstein

Tel.:   08422/1576

Geschäftsbereich

Konstruktion

Aufgabengebiet

Fahrzeuginnenraum; Vertrieb,
Verkleidungsteile

e-mail Firma: mDiermayr@lear.de

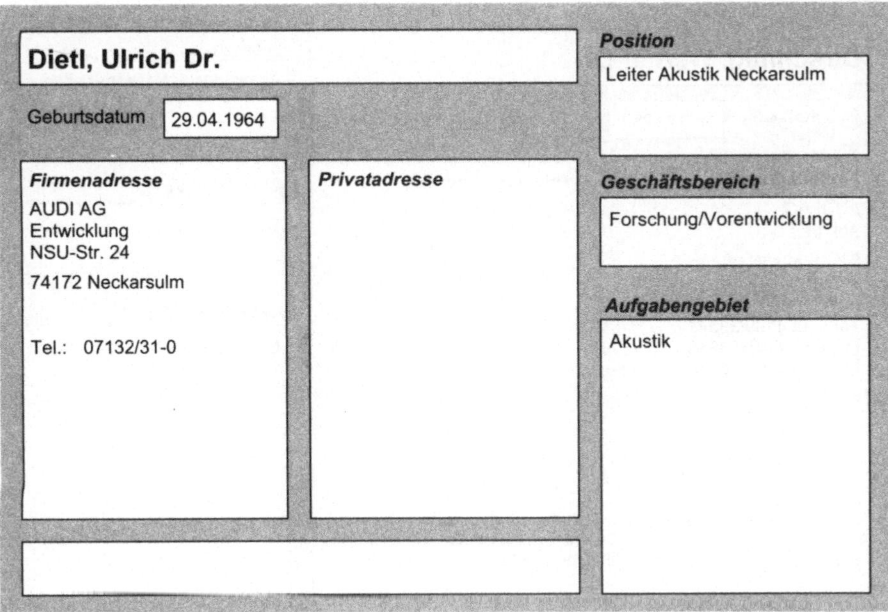

Dietl, Ulrich Dr.

Geburtsdatum   29.04.1964

Position
Leiter Akustik Neckarsulm

Geschäftsbereich
Forschung/Vorentwicklung

Aufgabengebiet
Akustik

Firmenadresse
AUDI AG
Entwicklung
NSU-Str. 24
74172 Neckarsulm

Tel.:   07132/31-0

Privatadresse

Dietz, Stefan Dr.

Geburtsdatum   23.05.1961

Position
Sachbearbeiter

Geschäftsbereich
Versuch

Aufgabengebiet
Aerodynamik;
Fahrzeugprojekte

Firmenadresse
AUDI AG
Entwicklung
Abt. I/EK-44
Auto-Union-Str.
85057 Ingolstadt

Tel.:   0841/89-0
Fax: 0841/89-38814

Privatadresse
Am Schlossberg 20
93343 Essing

Tel.:   09447/732

e-mail Firma: stefan.dietz@audi.de

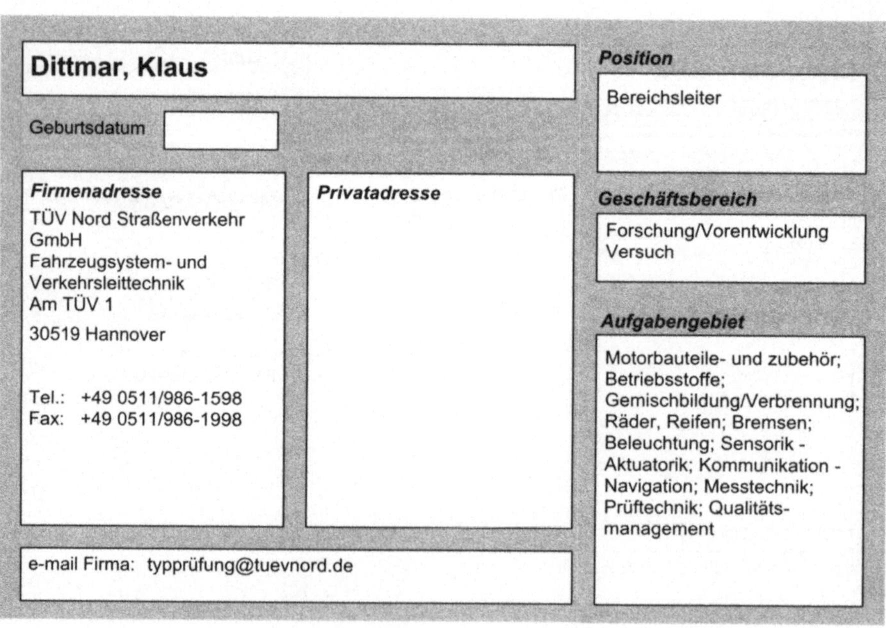

Dirschmid, Werner Dr.

Geburtsdatum 16.01.1939

Position
Abteilungsleiter/Team-Leiter

Firmenadresse
AUDI AG
Abt. I/ET-11

85045 Ingolstadt

Tel.:   084189/33541
Funk: 0172 9193810
Fax: 084189/35018

Privatadresse
Sustrisstr. 9
85049 Ingolstadt

Tel.:   0841/87332

Geschäftsbereich
Berechnung

Aufgabengebiet
Computerunterstützte
Verfahren

e-mail Firma: werner.dirschmid@audi.de

Dittmar, Klaus

Geburtsdatum

Position
Bereichsleiter

Firmenadresse
TÜV Nord Straßenverkehr
GmbH
Fahrzeugsystem- und
Verkehrsleittechnik
Am TÜV 1

30519 Hannover

Tel.:   +49 0511/986-1598
Fax: +49 0511/986-1998

Privatadresse

Geschäftsbereich
Forschung/Vorentwicklung
Versuch

Aufgabengebiet
Motorbauteile- und zubehör;
Betriebsstoffe;
Gemischbildung/Verbrennung;
Räder, Reifen; Bremsen;
Beleuchtung; Sensorik -
Aktuatorik; Kommunikation -
Navigation; Messtechnik;
Prüftechnik; Qualitäts-
management

e-mail Firma: typprüfung@tuevnord.de

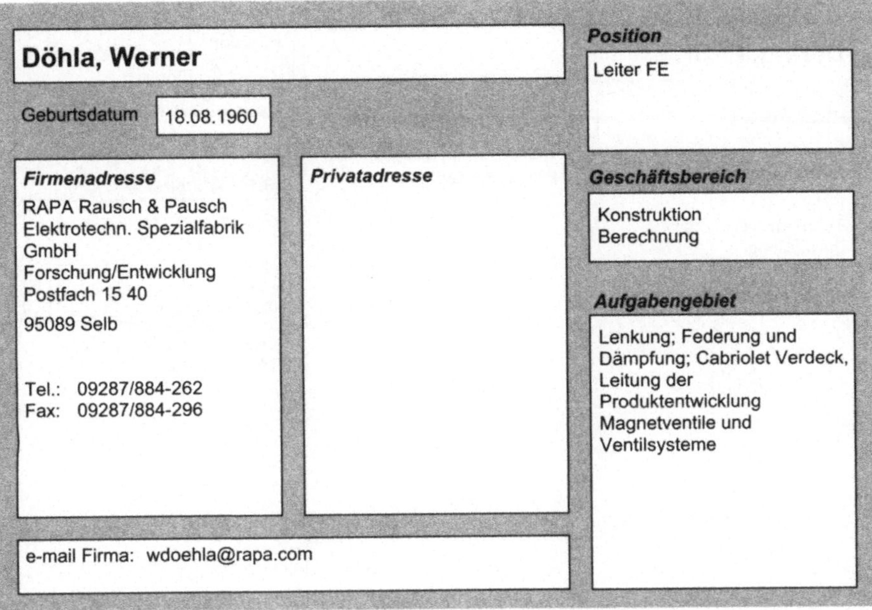

Döhla, Werner

Geburtsdatum   18.08.1960

Firmenadresse

RAPA Rausch & Pausch
Elektrotechn. Spezialfabrik
GmbH
Forschung/Entwicklung
Postfach 15 40

95089 Selb

Tel.:   09287/884-262
Fax: 09287/884-296

Privatadresse

e-mail Firma: wdoehla@rapa.com

Position

Leiter FE

Geschäftsbereich

Konstruktion
Berechnung

Aufgabengebiet

Lenkung; Federung und
Dämpfung; Cabriolet Verdeck,
Leitung der
Produktentwicklung
Magnetventile und
Ventilsysteme

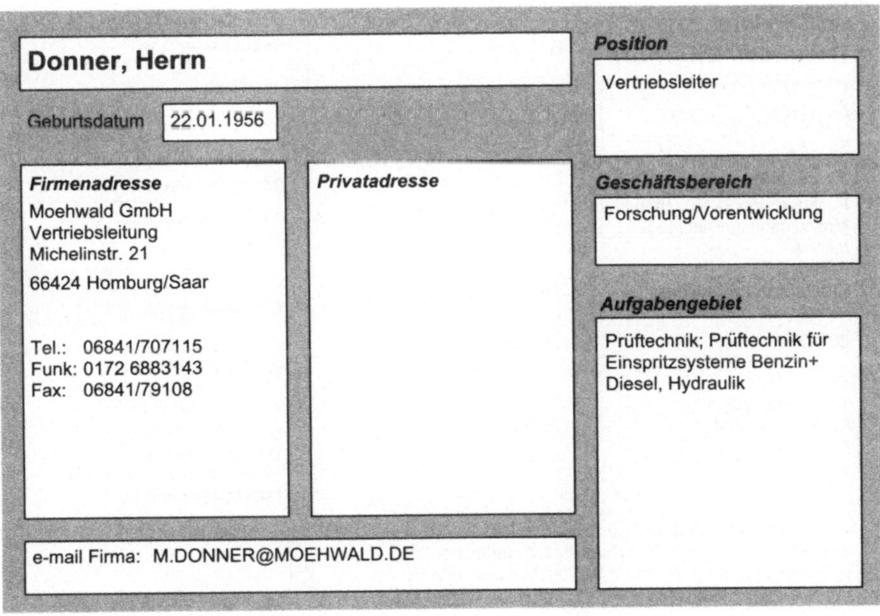

Donner, Herrn

Geburtsdatum   22.01.1956

Firmenadresse

Moehwald GmbH
Vertriebsleitung
Michelinstr. 21

66424 Homburg/Saar

Tel.:   06841/707115
Funk: 0172 6883143
Fax: 06841/79108

Privatadresse

e-mail Firma: M.DONNER@MOEHWALD.DE

Position

Vertriebsleiter

Geschäftsbereich

Forschung/Vorentwicklung

Aufgabengebiet

Prüftechnik; Prüftechnik für
Einspritzsysteme Benzin+
Diesel, Hydraulik

Döring, E. Dr.

Geburtsdatum

Position
Geschäftsführer

Firmenadresse
ETM
European Technology
Entwicklung
Postfach 11 06 11

60041 Frankfurt/M.

Tel.: 069/234331
Fax: 069/253071

Privatadresse

Geschäftsbereich
Forschung/Vorentwicklung

Aufgabengebiet
Dienstleitung Technology
Management

Drechsel, Eberhard R. Prof. Dr. Ing. habil.

Geburtsdatum 23.09.1941

Position
Professor

Firmenadresse
Fachhochschule München
Maschinenbau/Fahrzeug-
technik
Fachgeb.
Straßenfahrzeugtechnik
Lothstr. 34

80335 München

Tel.: 089/1265-1256
Funk: 0172 8644332
Fax: 089/1265-1392

Privatadresse
Mitterfeldring 62
85586 Poing

Tel.: 08121/73864
Funk: 0172 8644332
Fax: 08121/73864

Geschäftsbereich
Forschung/Vorentwicklung
Versuch

Aufgabengebiet
Getriebe/Kupplung/Antriebs-
strang; Räder, Reifen;
Radaufhängung; Federung
und Dämpfung; Bremsen;
Gesamtfahrzeug,
Antriebssysteme,
Antriebsstrang, Fahrwerke,
Fahrzeugbauelemente

e-mail Firma: eberhard.drechsel@lrz.fh-muenchen.de
e-mail Privat: eberhard.drechsel@lrz.fh-muenchen.de

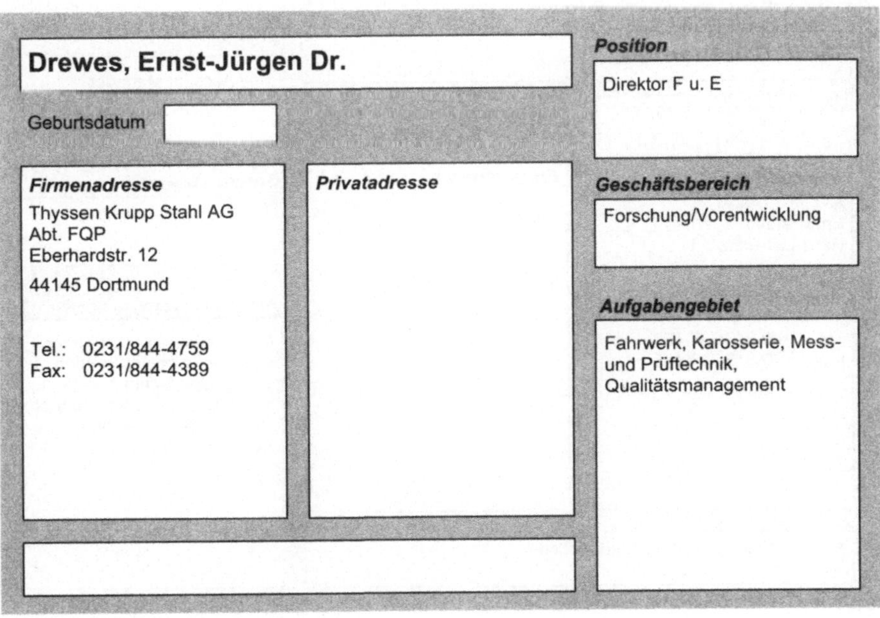

Drespling, Hans-Peter Dipl.-Ing.

Geburtsdatum 26.02.1955

Position

Gruppenleiter

Firmenadresse

Mahle Filtersysteme GmbH
Entwicklung
Pragstr. 54

70376 Stuttgart

Tel.: 0711/5063-0
Funk: 0172 7852028

Privatadresse

Flamenweg 44
89522 Heidenheim

Tel.: 07321/26414

Geschäftsbereich

Konstruktion

Aufgabengebiet

Motorbauteile- und zubehör;
Ansaugmodule,
Luftführungsmodule für
Verbr.-Motoren

e-mail Firma: Hans-Peter_Drespling@Mahle.com

Drewes, Ernst-Jürgen Dr.

Geburtsdatum

Position

Direktor F u. E

Firmenadresse

Thyssen Krupp Stahl AG
Abt. FQP
Eberhardstr. 12

44145 Dortmund

Tel.: 0231/844-4759
Fax: 0231/844-4389

Privatadresse

Geschäftsbereich

Forschung/Vorentwicklung

Aufgabengebiet

Fahrwerk, Karosserie, Mess-
und Prüftechnik,
Qualitätsmanagement

Drews, Reinhard Dr.-Ing.

Position

Gruppenleiter

Geburtsdatum   16.08.1943

Geschäftsbereich

Forschung/Vorentwicklung

Firmenadresse

BMW AG
Abt. EG-531

80788 München

Tel.:   089/382-48465
Fax: 089/382-43750

Privatadresse

Piccolominirstr. 1
80807 München

Tel.:   089/3591158

Aufgabengebiet

Leiter Prüfstands- und
Fahrzeugmesstechnik

e-mail Firma: Reinhard.Drews@BMW.DE

Eberl, Günther Ing.

Position

Key Account Manager

Geburtsdatum   15.10.1957

Geschäftsbereich

Forschung/Vorentwicklung

Firmenadresse

AVL List GmbH
Entwicklung
Hans-List-Platz 1

8020 Graz
Österreich

Tel.:   +43 316/787-796
Fax: +43 316/787-135

Privatadresse

Kurzweg 17
8502 Lannach
Österreich

Tel.:   +43 3136/83049
Fax: +43 3136/83049

Aufgabengebiet

Motorbauteile- und zubehör;
Getriebe/Kupplung/Antriebs-
strang; Gemischbildung/
Verbrennung; Techn. Vertrieb;
Commercial Powertrain
Systems

e-mail Firma: guenther.Eberl@avl.com

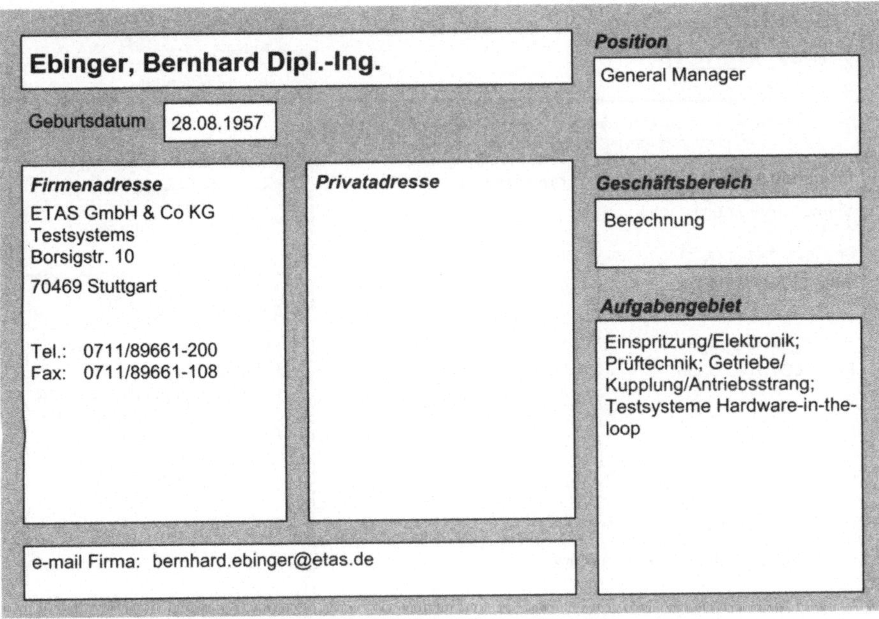

Ebinger, Bernhard Dipl.-Ing.

Geburtsdatum 28.08.1957

Firmenadresse
ETAS GmbH & Co KG
Testsystems
Borsigstr. 10

70469 Stuttgart

Tel.: 0711/89661-200
Fax: 0711/89661-108

Privatadresse

Position
General Manager

Geschäftsbereich
Berechnung

Aufgabengebiet
Einspritzung/Elektronik;
Prüftechnik; Getriebe/
Kupplung/Antriebsstrang;
Testsysteme Hardware-in-the-
loop

e-mail Firma: bernhard.ebinger@etas.de

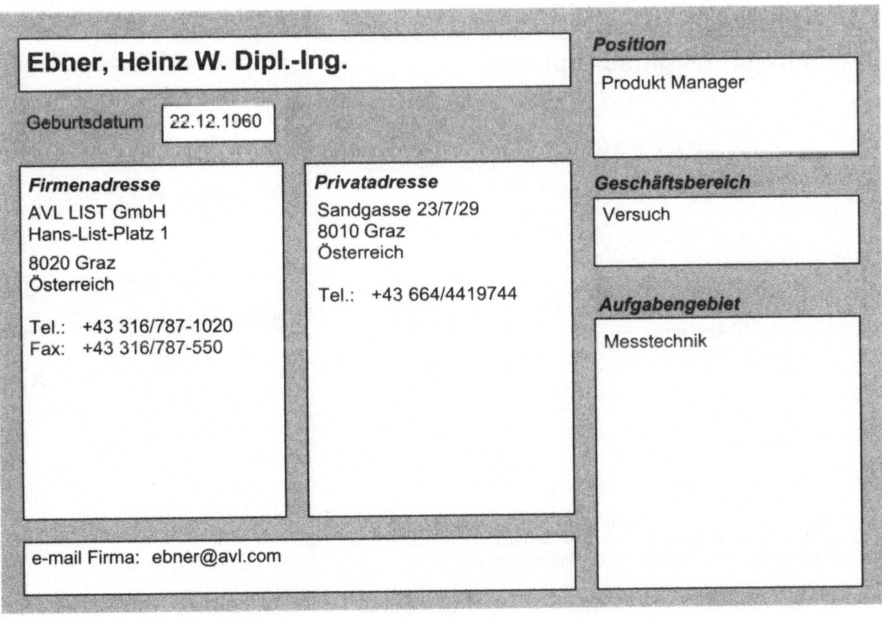

Ebner, Heinz W. Dipl.-Ing.

Geburtsdatum 22.12.1960

Firmenadresse
AVL LIST GmbH
Hans-List-Platz 1

8020 Graz
Österreich

Tel.: +43 316/787-1020
Fax: +43 316/787-550

Privatadresse
Sandgasse 23/7/29
8010 Graz
Österreich

Tel.: +43 664/4419744

Position
Produkt Manager

Geschäftsbereich
Versuch

Aufgabengebiet
Messtechnik

e-mail Firma: ebner@avl.com

Egger, Klaus Dr.

Geburtsdatum 22.06.1951

Position

General Manager

Firmenadresse

Siemens Automobiltechnik
AT PT
Im Gewerbepark C27

93059 Regensburg

Tel.: 0941/790-5350
Fax: 0941/790-5356

Privatadresse

Geschäftsbereich

Forschung/Vorentwicklung

Aufgabengebiet

Motorbauteile- und zubehör;
Einspritzung/Elektronik;
Gemischbildung/Verbrennung;
Leiter des Geschäftsgebietes
Powertrain bei Siemens
Automobiltechnik

e-mail Firma: Klaus.egger@at.siemens.de

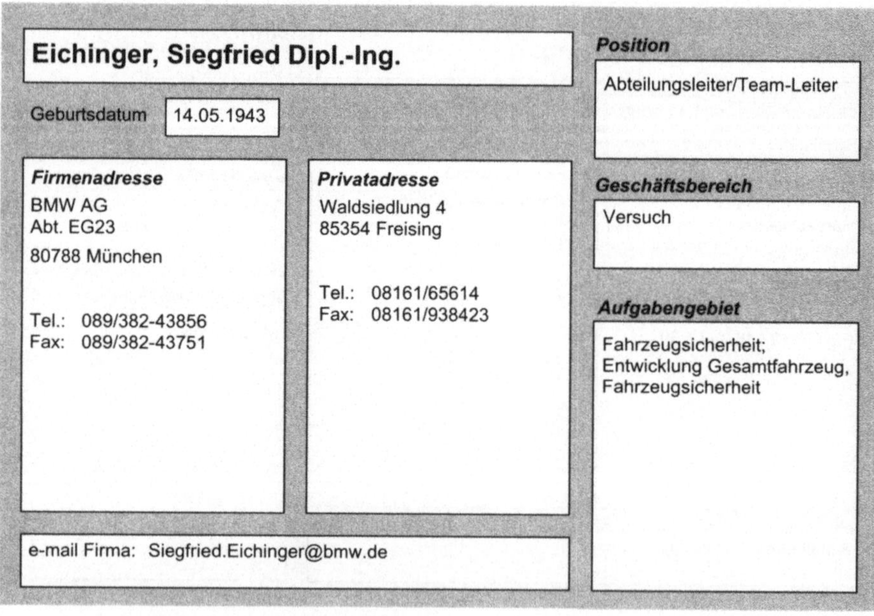

Eichinger, Siegfried Dipl.-Ing.

Geburtsdatum 14.05.1943

Position

Abteilungsleiter/Team-Leiter

Firmenadresse

BMW AG
Abt. EG23

80788 München

Tel.: 089/382-43856
Fax: 089/382-43751

Privatadresse

Waldsiedlung 4
85354 Freising

Tel.: 08161/65614
Fax: 08161/938423

Geschäftsbereich

Versuch

Aufgabengebiet

Fahrzeugsicherheit;
Entwicklung Gesamtfahrzeug,
Fahrzeugsicherheit

e-mail Firma: Siegfried.Eichinger@bmw.de

Eickworth, Peter

Geburtsdatum 25.08.1947

Position

Geschäftsführer

Firmenadresse

Eickworth Modellbau GmbH
Entwicklung
Carsten-Dressler-Str. 19

28279 Bremen

Tel.:   0421/829015
Funk: 0172 4302690
Fax: 0421/826024

Privatadresse

Bollener Dorfstr. 10
28832 Achim

Tel.:   04202/63242
Funk: 0172 4302690
Fax: 04202/63242

Geschäftsbereich

Forschung/Vorentwicklung
Konstruktion

Aufgabengebiet

Motorbauteile- und zubehör;
Getriebe/Kupplung/Antriebs-
strang; Gemischbildung/
Verbrennung; Oberflächen-
schutz; Aerodynamik;
Verglasung; Fahrzeuginnen-
raum; Fahrzeugsicherheit;
Einkauf; Produktionsplanung
und -steuerung; Fertigung;
Messtechnik; Prüftechnik;
Qualitätsmanagement;
Modellbau; Prototyping

Eifler, Gerald Dr.-Ing.

Geburtsdatum 13.02.1957

Position

Geschäftsführer

Firmenadresse

Elring Klinger
Motortechnik GmbH
Entwicklung
Richard-Klinger-Str. 8

65510 Idstein

Tel.:   06126/22-0
Funk: 0172 7327987
Fax: 06126/22-342

Privatadresse

Mühlfeldstr. 29
65232 Taunusstein

Tel.:   06128/935666
Funk: 0172 7327987

Geschäftsbereich

Forschung/Vorentwicklung
Versuch

Aufgabengebiet

Motorentwicklung und
Erprobung,
Motormanagementapplikation

e-mail Firma: Eifler.EKM@T-online.de

Eikelberg, Wolfgang Dipl.-Ing.

Geburtsdatum 06.05.1938

Position

Beratungsingenieur
Automobilindustrie

Firmenadresse

CONTITECH FORMTEILE
GmbH
-Werk Clouth Köln -
Büro Wolfsburg
Querbrakenring 24
38442 Wolfsburg

Tel.: 05361/74100
Fax: 05361/74100

Privatadresse

Querbrakenring 24
38442 Wolfsburg

Tel.: 05361/74100
Fax: 05361/74100

Geschäftsbereich

Forschung/Vorentwicklung
Konstruktion

Aufgabengebiet

Motorbauteile- und zubehör;
Radaufhängung; Getriebe/
Kupplung/Antriebsstrang;
Achsen; Federung und
Dämpfung; Bremsen;
Rahmen; Fahrzeugakustik

Einden, van den, Antoon

Geburtsdatum 24.04.1954

Position

Senior Material Engineer

Firmenadresse

DAF Trucks N.V.
Entwicklung

5600PT Eindhoven
Niederlande

Tel.: +31 40/214-2014
Fax: +31 40/214-4382

Privatadresse

Reusel 1
5751WL Deume
Niederlande

Tel.: +31 493319915

Geschäftsbereich

Forschung/Vorentwicklung
Konstruktion

Aufgabengebiet

Motorbauteile- und zubehör;
Oberflächenschutz;
Beleuchtung;
Fahrzeuginnenraum;
Prüftechnik; Thermoplasten,
Werkzeuge, Spezifikationen,
Prozesse

e-mail Firma: toon.van.den.einden@DAFtrucks.com
e-mail Privat: einden@intraweb.nl

Eisenbacher, Egon

Geburtsdatum | 21.12.1954

Firmenadresse

Mannesmann-Rexroth
GmbH
Entwicklung Antriebstechnik
Jahnstr. 3

97816 Lohr

Tel.: 09352/18-2966
Fax: 09352/18-3710

Privatadresse

Martin-Luther-Str. 14
97753 Karlstadt

Tel.: 09353/90416
Fax: 09353/90417

e-mail Firma: egon.eisenbacher@rexroth.de
e-mail Privat: egon.eisenbacher@msp.baynet.de

Position

Abteilungsleiter/Team-Leiter
Abteilungsleiter Entwicklung

Geschäftsbereich

Forschung/Vorentwicklung

Aufgabengebiet

Motorbauteile- und zubehör;
Getriebe/Kupplung/Antriebs-
strang; Einspritzung/Elek-
tronik; Entwicklung CVT-
Pumpen und Pumpen für
Common Rail Diesel u.
Benzin-Einspritzung

Eisenhardt, Günter Dipl.-Ing.

Geburtsdatum | 30.01.1956

Firmenadresse

INA Motorenelemente
Schaeffler KG
Entwicklung
Industriestr. 1

96114 Hirschaid

Tel.: 09543/68-416
Fax: 09543/68-391

Privatadresse

e-mail Firma: eisengen@ina.de

Position

Referent

Geschäftsbereich

Konstruktion

Aufgabengebiet

Motorbauteile- und zubehör;
Auslegung von Ventiltrieben
mit hydr. Ventilspielaus-
gleichselementen

Eiser, Axel

Geburtsdatum 09.04.1961

Position

Abteilungsleiter/Team-Leiter

Firmenadresse

AUDI AG
Entwicklung V6-Ottomotoren
J/EA-17
Auto-Union-Str.
85045 Ingolstadt

Tel.: 0841/89-35201
Fax: 0841/89-91979

Privatadresse

Am Gwendt 28a
85049 Ingolstadt

Tel.: 0841/46855

Geschäftsbereich

Konstruktion
Versuch

Aufgabengebiet

Motorbauteile- und zubehör;
Einspritzung/Elektronik;
Gemischbildung/Verbrennung;
Leiter Entwicklung V6-
Ottomotoren, Konstruktion,
Applikation u.
Thermodynamik,
Projektsteuerung

e-mail Firma: axel.Eiser@audi.de

Elfinger, Gerhard Dr.

Geburtsdatum 10.12.1958

Position

Abteilungsleiter/Team-Leiter

Firmenadresse

Zeuna Stärker GmbH & Co
KG
Entwicklung
Biberbachstr. 9
86154 Augsburg

Tel.: 0821/4103-0
Funk: 0171/8829706
Fax: 0821/4103-557

Privatadresse

Starzenbachstr. 18
85304 Ilmmünster

Tel.: 08441/72342

Geschäftsbereich

Forschung/Vorentwicklung
Berechnung

Aufgabengebiet

Motorbauteile- und zubehör;
Getriebe/Kupplung/Antriebs-
strang; Vorentwicklung,
Akustik, Abgasreinigung,
Abgasanlage

e-mail Firma: gelfinger@zeunastaerker.de

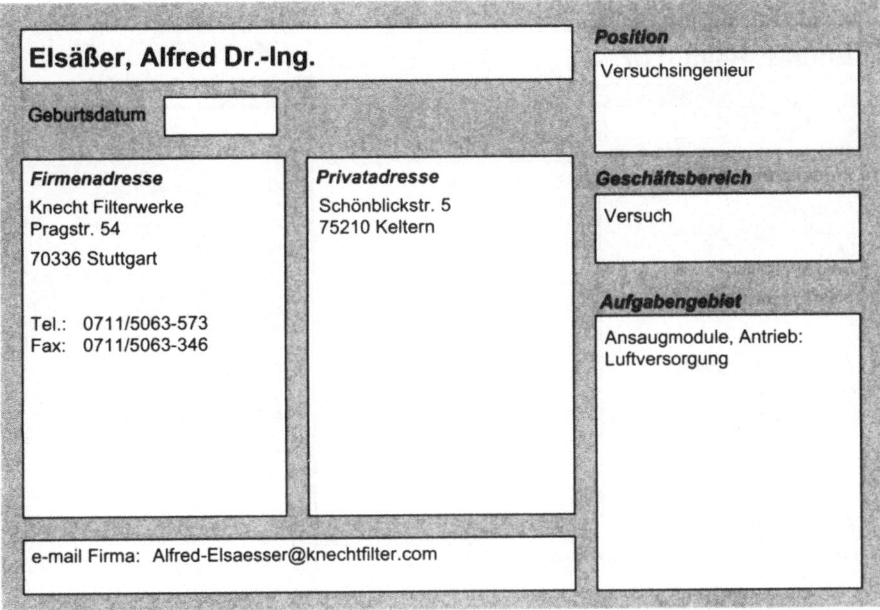

Elsäßer, Alfred Dr.-Ing.

Geburtsdatum

Position
Versuchsingenieur

Firmenadresse
Knecht Filterwerke
Pragstr. 54
70336 Stuttgart

Tel.: 0711/5063-573
Fax: 0711/5063-346

Privatadresse
Schönblickstr. 5
75210 Keltern

Geschäftsbereich
Versuch

Aufgabengebiet
Ansaugmodule, Antrieb:
Luftversorgung

e-mail Firma: Alfred-Elsaesser@knechtfilter.com

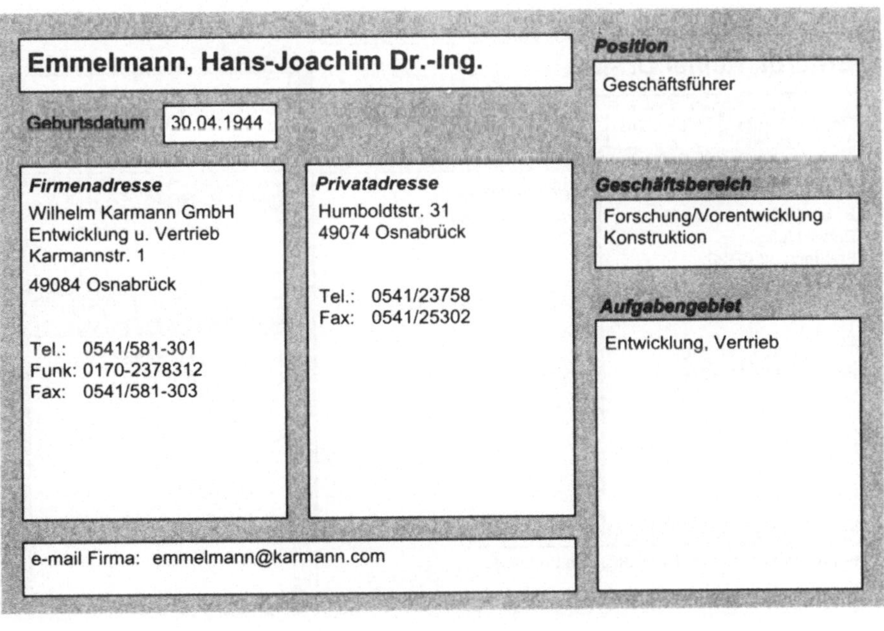

Emmelmann, Hans-Joachim Dr.-Ing.

Geburtsdatum 30.04.1944

Position
Geschäftsführer

Firmenadresse
Wilhelm Karmann GmbH
Entwicklung u. Vertrieb
Karmannstr. 1
49084 Osnabrück

Tel.: 0541/581-301
Funk: 0170-2378312
Fax: 0541/581-303

Privatadresse
Humboldtstr. 31
49074 Osnabrück

Tel.: 0541/23758
Fax: 0541/25302

Geschäftsbereich
Forschung/Vorentwicklung
Konstruktion

Aufgabengebiet
Entwicklung, Vertrieb

e-mail Firma: emmelmann@karmann.com

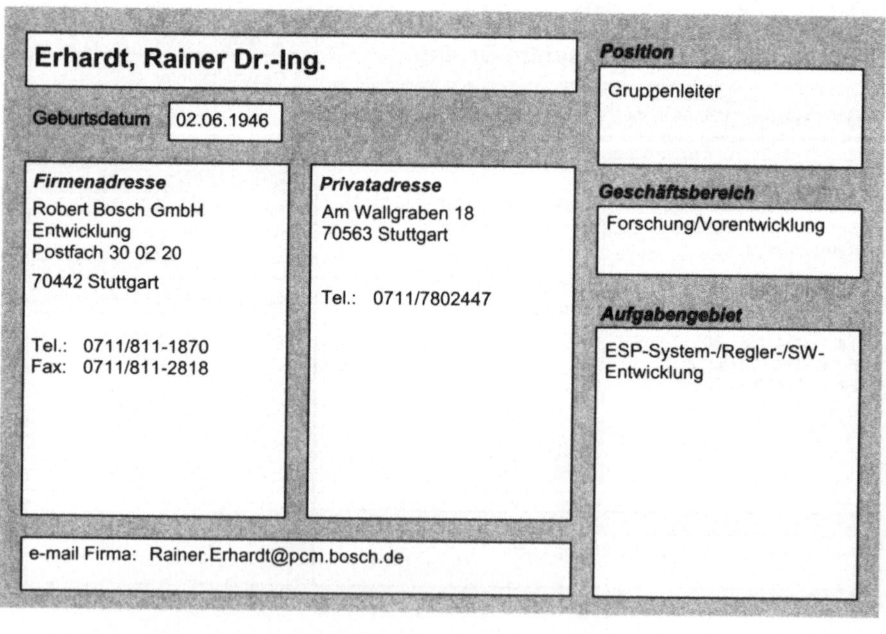

Endres, Helmut Dr.

Geburtsdatum 17.10.1955

Firmenadresse
AUDI AG
Entwicklung Aggregate
I/EA
Auto-Union-Str.
85057 Ingolstadt

Tel.: 0841/89-38808
Fax: 0841/89-38810

Privatadresse

e-mail Firma: HELMUT.ENDRES@AUDI.DE

Position
Geschäftsbereichsleiter, Direktor

Geschäftsbereich
Forschung/Vorentwicklung
Konstruktion

Aufgabengebiet
Motorbauteile- und zubehör;
Betriebsstoffe;
Gemischbildung/Verbrennung;
Einspritzung/Elektronik;
Getriebe - Kupplung -
Antriebsstrang, Aggregate-
Entwicklung

Erhardt, Rainer Dr.-Ing.

Geburtsdatum 02.06.1946

Firmenadresse
Robert Bosch GmbH
Entwicklung
Postfach 30 02 20
70442 Stuttgart

Tel.: 0711/811-1870
Fax: 0711/811-2818

Privatadresse
Am Wallgraben 18
70563 Stuttgart

Tel.: 0711/7802447

e-mail Firma: Rainer.Erhardt@pcm.bosch.de

Position
Gruppenleiter

Geschäftsbereich
Forschung/Vorentwicklung

Aufgabengebiet
ESP-System-/Regler-/SW-
Entwicklung

Ertl, Christian Dipl.-Ing.

Geburtsdatum 13.06.1957

Position
Abteilungsleiter/Team-Leiter

Firmenadresse
BMW Motoren GmbH Steyr
Hinterbergerstr. 2

4400 Steyr
Österreich

Tel.:　0043/7252/888-2298
Fax:　00437252/888-62298

Privatadresse
Reithofferstr. 4d
4451 Garsten
Österreich

Tel.:　0043/7252/46912

Geschäftsbereich
Versuch

Aufgabengebiet
Einspritzung/Elektronik;
Elektronische
Dieseleinspritzsystem und
Applikation, Motorelektrik

e-mail Firma:　certl@bmw.co.at

Ervens, Ludwig

Geburtsdatum 19.04.1948

Position
Direktor

Firmenadresse
BBA Friction GmbH
Postfach 22 01 44

51322 Leverkusen

Tel.:　0214/540-300
Fax:　0214/540-594

Privatadresse

Geschäftsbereich
Forschung/Vorentwicklung

Aufgabengebiet
Bremsen; R + D und OE-
Vertrieb

e-mail Firma:　lervens@bbafriction.de

Esch, Thomas Professor Dr.-Ing.

Geburtsdatum 06.08.1958

Position

Leiter Lehr- und Forschungsgebiet

Firmenadresse

Fachhochschule Aachen
Lehr- und Forschungsgebiet
Thermodynamik,
Verbrennungstechnik
Hohenstaufenallee 6

52064 Aachen

Tel.:   0241/6009-2369
Fax: 0241/6009-2680

Privatadresse

Soerser Winkel 35
52070 Aachen

Tel.:   0241/153274
Fax: 0241/153275

Geschäftsbereich

Forschung/Vorentwicklung
Berechnung

Aufgabengebiet

Motorbauteile- und zubehör;
Betriebsstoffe;
Gemischbildung/Verbrennung;
Einspritzung/Elektronik;
Ausbildung Motorentechnik,
Vollvariabler Ventilantrieb,
Drosselfreie Laststeuerung,
Simulation/Echtzeit

e-mail Firma: ESCH@FH-AACHEN.DE
e-mail Privat: T.ESCH@T-ONLINE.DE

Esebeck, von, Götz Dr.

Geburtsdatum 29.05.1965

Position

Leitung Vorentwicklung

Firmenadresse

DaimlerChrysler AG
Werk Berlin
Vorentwicklung/ K/EV
Daimlerstr. 143

12274 Berlin

Tel.:   030/7491-2048
Fax: 030/7491-3579

Privatadresse

Geschäftsbereich

Forschung/Vorentwicklung

Aufgabengebiet

Motorbauteile- und zubehör;
Innovationen, Aufladung
Verbrennungsmotoren,
Aufladung Brennstoffzelle

e-mail Firma: goetz.esebeck@daimlerchrysler.com

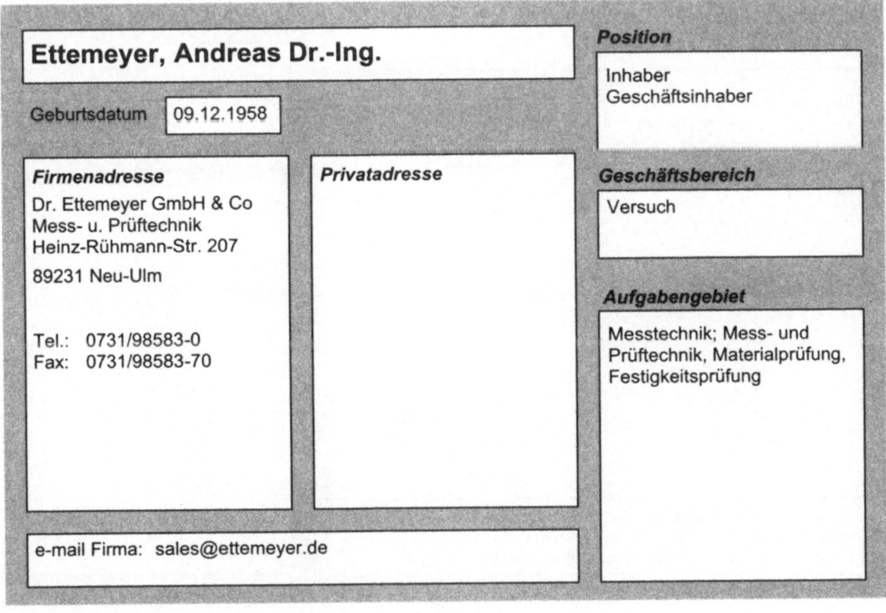

Essers, Ulf Professor Dr.-Ing.

Geburtsdatum   04.03.1930

Position

emeritierter Professor

Firmenadresse

Institut für
Verbrennungsmotoren und
Kraftfahrwesen
Pfaffenwaldring 12

70569 Stuttgart

Tel.:   0711/6855633
Fax: 0711/6855625

Privatadresse

Brestlingweg 29
70619 Stuttgart

Tel.:   0711/473185

Geschäftsbereich

Forschung/Vorentwicklung

Aufgabengebiet

Messtechnik;
Qualitätsmanagement;
Verbrennungsmotoren- und
Kraftfahrwesen

Ettemeyer, Andreas Dr.-Ing.

Geburtsdatum   09.12.1958

Position

Inhaber
Geschäftsinhaber

Firmenadresse

Dr. Ettemeyer GmbH & Co
Mess- u. Prüftechnik
Heinz-Rühmann-Str. 207

89231 Neu-Ulm

Tel.:   0731/98583-0
Fax: 0731/98583-70

Privatadresse

Geschäftsbereich

Versuch

Aufgabengebiet

Messtechnik; Mess- und
Prüftechnik, Materialprüfung,
Festigkeitsprüfung

e-mail Firma: sales@ettemeyer.de

Exner-Ewarten, Detlev Dr.

Geburtsdatum 09.02.1944

Position
Techn. Leitung R + D / member of the board

Firmenadresse
SCHAEFFLER
Teppichboden GmbH
Forschung/Entwicklung/
Technik
Postfach 25 60
96016 Bamberg

Tel.: 0951/78-0
Funk: 0171/2318388
Fax: 0951/78-400

Privatadresse

Geschäftsbereich
Forschung/Vorentwicklung

Aufgabengebiet
Fahrzeuginnenraum; Techn. Leitung, Division Auto, R + D / Prod. Technik

---

Faltermeier, Georg Dipl.-Ing.

Geburtsdatum 09.04.1939

Position

Firmenadresse
Audi AG
85045 Ingolstadt

Tel.: 08418934922

Privatadresse
Ahornallee 59
85283 Wolnzach

Tel.: 08442/2107
Fax: 08442/2107

Geschäftsbereich
Versuch

Aufgabengebiet
Gemischbildung/Verbrennung; Brennverfahren

e-mail Firma: georg.Faltermeier@audi.de
e-mail Privat: Georg.Faltermeier@t-online.de

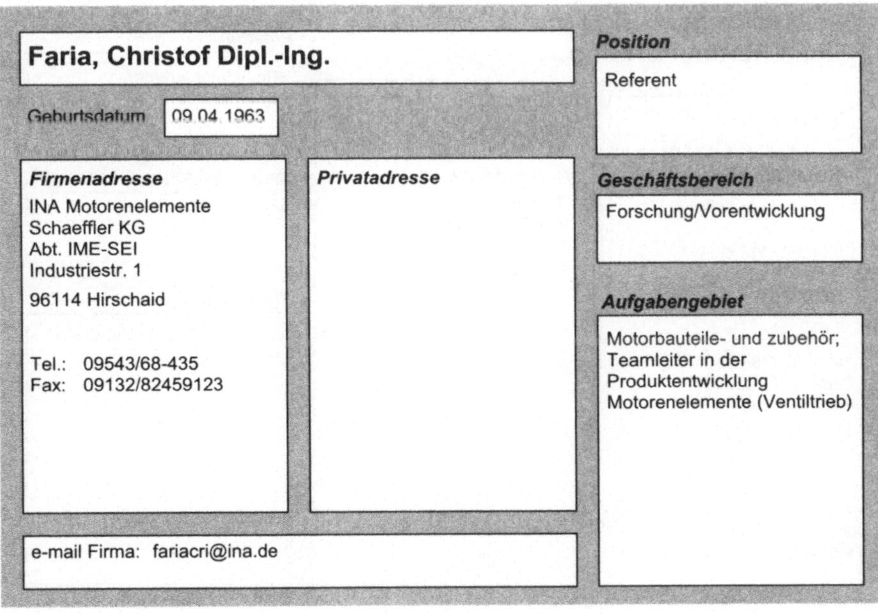

Farber, Yanir

Geburtsdatum

Firmenadresse

Cubital GmbH
Entwicklung
Ringstr. 132

55543 Bad Kreuznach

Tel.: 0671/61071
Funk: 0171/6847218
Fax: 0671/69028

Privatadresse

e-mail Firma: cubital@t-online.de

Position

Geschäftsführer

Geschäftsbereich

Forschung/Vorentwicklung
Konstruktion

Aufgabengebiet

Verkauf und Vertrieb von
Rapid Prototyping Anlagen,
Service

Faria, Christof Dipl.-Ing.

Geburtsdatum 09.04.1963

Firmenadresse

INA Motorenelemente
Schaeffler KG
Abt. IME-SEI
Industriestr. 1

96114 Hirschaid

Tel.: 09543/68-435
Fax: 09132/82459123

Privatadresse

e-mail Firma: fariacri@ina.de

Position

Referent

Geschäftsbereich

Forschung/Vorentwicklung

Aufgabengebiet

Motorbauteile- und zubehör;
Teamleiter in der
Produktentwicklung
Motorenelemente (Ventiltrieb)

Fascher, Peter Dr.

Geburtsdatum 26.04.1949

Position

Geschäftsbereich

Forschung/Vorentwicklung
Konstruktion

Aufgabengebiet

Radaufhängung; Federung
und Dämpfung; Lenkung;
Rahmen; Fahrzeugsicherheit,
Leitung, F + E

Firmenadresse

Carl Froh GmbH
Forschung/Entwicklung
Postfach 20 40

59837 Sundern

Tel.: 02935/81-0
Fax: 02935/81-120

Privatadresse

Faust, Hartmut Dr.-Ing.

Geburtsdatum 08.01.1962

Position

Projektmanagement

Geschäftsbereich

Konstruktion

Aufgabengebiet

Getriebe/Kupplung/Antriebs-
strang; LVT

Firmenadresse

LuK Getriebe-Systeme
GmbH
Projektmanagement LVT
Postfach 1455

77805 Bühl

Tel.: 07228/941-9511
Funk: 0171/6370577
Fax: 07228/941-9703

Privatadresse

Feldstr. 3
77185 Bühl-Moos

e-mail Firma: Faust@LuK.de

Fegert, Hartmut

Geburtsdatum   28.06.1941

Firmenadresse

WOCO
Industrietechnik GmbH
Sulzgrieser Str. 114

73733 Esslingen

Tel.: 0711/9375803
Funk: 0171/7366903
Fax: 0711/9375805

Privatadresse

e-mail Firma: hfegert@woco.de

Position

Key Account Manager

Geschäftsbereich

Forschung/Vorentwicklung

Aufgabengebiet

DaimlerChrysler, weltweit.
Technischer Vertrieb

Fehrecke, Herbert Dr.

Geburtsdatum

Firmenadresse

Freudenberg
Dichtungs- und
Schwingungstechnik KG
Geschäftsleitung

69465 Weinheim

Tel.: 06201/80-2560
Fax: 06201/88-4546

Privatadresse

e-mail Firma: Isolde.Grabenauer@Freudenberg.de

Position

Geschäftsführer

Geschäftsbereich

Forschung/Vorentwicklung

Aufgabengebiet

Feldwisch-Drentrup, Rupert

Geburtsdatum 14.10.1962

Position
Abteilungsleiter/Team-Leiter

Firmenadresse

Engelhard
Technologies GmbH
Anwendungstechnik
Freundallee 23
30173 Hannover

Tel.: 0511/2886-647
Fax: 0511/2886-652

Privatadresse

Auf dem Stehen 14A
30459 Hannover

Tel.: 0511/2330477

Geschäftsbereich
Forschung/Vorentwicklung

Aufgabengebiet
Motorbauteile- und zubehör;
Gemischbildung/Verbrennung;
Anwendungstechnik,
Abgasnachbehandlung

e-mail Firma: RUPERT.FELDWISCH-DRENTRUP@ENGELHARD.COM

Feltgen, Christian

Geburtsdatum 20.03.1966

Position
Abteilungsleiter/Team-Leiter

Firmenadresse

Visteon
Technologie Zentrum
VPV- E 3
Weinbergstr. 195
50825 Köln

Tel.: 0221/5406-264
Funk: 0171/8662304
Fax: 0221/5406-260

Privatadresse

Koniferenstr. 30A
41542 Dormagen

Tel.: 02133/3534

Geschäftsbereich
Konstruktion

Aufgabengebiet
Sensorik - Aktuatorik;
Airbagelektronik

e-mail Firma: cfeltgen@visteon.com

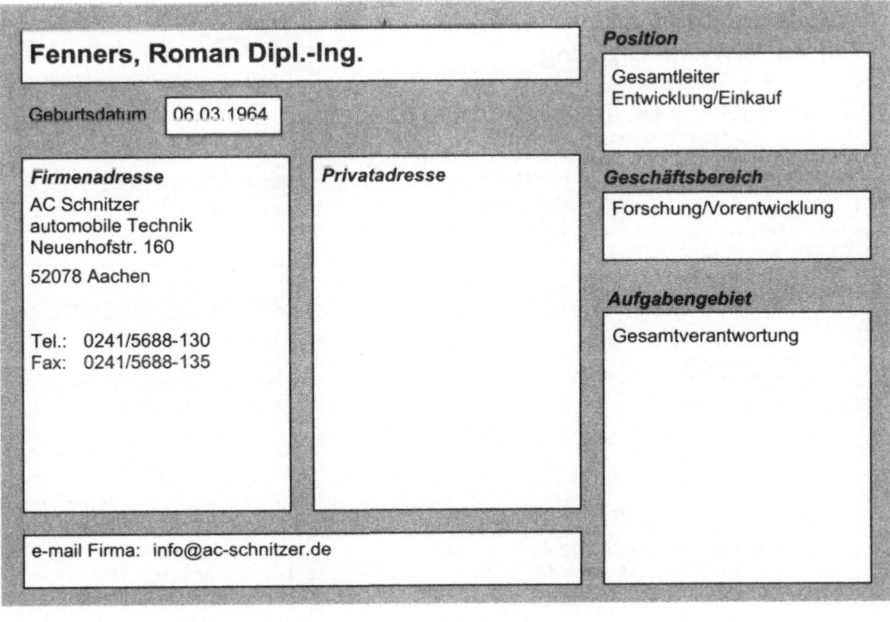

Fenk, Anton F.

Geburtsdatum

Position
Ltg. Vertrieb, Key Account

Firmenadresse
Moeller GmbH
Vertrieb Key Account
Hein-Moeller-Str. 7 - 11

53115 Bonn

Tel.:   0228/602-1283
Fax: 0028/602-1882

Privatadresse
Bernhard-Falk-Str. 51
50787 Köln

Geschäftsbereich
Forschung/Vorentwicklung

Aufgabengebiet
Einkauf; Fabrikausrüstung;
Vertriebskoordinierung
national + international der
Key-Kunden, Auto-Industrie,
Chemie

e-mail Firma: s.sassenbach@moeller.net

Fenners, Roman Dipl.-Ing.

Geburtsdatum   06.03.1964

Position
Gesamtleiter
Entwicklung/Einkauf

Firmenadresse
AC Schnitzer
automobile Technik
Neuenhofstr. 160

52078 Aachen

Tel.:   0241/5688-130
Fax: 0241/5688-135

Privatadresse

Geschäftsbereich
Forschung/Vorentwicklung

Aufgabengebiet
Gesamtverantwortung

e-mail Firma: info@ac-schnitzer.de

Fessl, Thomas Dr.

Geburtsdatum 27.02.1965

Position

Key Account Manager

Firmenadresse

Zeuna Stärker GmbH & Co
KG
Biberbachstr. 9
86154 Augsburg

Tel.: 0821/4103-546
Fax: 0821/4103-591

Privatadresse

Geschäftsbereich

Forschung/Vorentwicklung

Aufgabengebiet

Motorbauteile- und zubehör;
Vertrieb und
Anwendungstechnik

Feuser, Wilhelm Dipl.-Ing.

Geburtsdatum 24.12.1954

Position

Abteilungsleiter/Team-Leiter

Firmenadresse

DEUTZ AG
Entwicklung
Abt. EK-A
Ottostr. 1
51147 Köln

Tel.: 0221/822-4225
Funk: 0172/5961150
Fax: 0221/822-1954

Privatadresse

Galaeerweg 13
53332 Bornheim

Tel.: 02227/80067
Funk: 0172/5961150

Geschäftsbereich

Konstruktion

Aufgabengebiet

Motorbauteile- und zubehör;
Motorapplikation, Neu-
/Serienentwicklung NFZ- u.
Industrie-Dieselmotoren

e-mail Firma: FEUSER.W@DEUTZ.de
e-mail Privat: PW.Feuser@t-online.de

Findling, Andreas Dr.

Geburtsdatum

Firmenadresse	Privatadresse
NEC Deutschland GmbH EHPCTC Heßbrühlstr. 21 70565 Stuttgart Tel.: 0711/78055-0 Fax: 0711/78055-25	Rathausstr. 26 72649 Wolfschlugen Tel.: 07022/502733

e-mail Firma: afindling@ess.nec.de

Position
Abteilungsleiter

Geschäftsbereich
Berechnung

Aufgabengebiet
Simulationssoftware, Struktur, Crash, CSD

Fingerhut, Horst-Peter Dipl.-Ing.

Geburtsdatum 07.08.1948

Firmenadresse	Privatadresse
MAN Nutzfahrzeuge AG Abt. TEG Dachauerstr. 667 80995 München Tel.: 089/1580-3583 Fax: 089/1580-4037	Weiherweg 32 85229 Markt Indersdorf Tel.: 08136/1692

e-mail Firma: Horst-Peter_Fingerhut@mn.man.de

Position
Abteilungsleiter/Team-Leiter

Geschäftsbereich
Versuch

Aufgabengebiet
Akustik Gesamtfahrzeug

Fink, Thomas Dr.-Ing.

Geburtsdatum   20.02.1961

Firmenadresse

IWIS-Ketten
Joh. Winklhofer & Söhne
GmbH
& Co.KG - Forschung +
Entwicklung
Albert-Roßhaupter-Str. 53

81369 München

Tel.:   089/76909-262
Funk: 0172/8221579
Fax: 089/76909-280

Privatadresse

Ulmenweg 17
85221 Dachau

Tel.:   08131/52026

Position

Leiter F + E, Prokurist

Geschäftsbereich

Forschung/Vorentwicklung
Konstruktion

Aufgabengebiet

Motorbauteile- und zubehör;
Kettentrieb, Steuertrieb, NW-
Antrieb, Steuerkette

e-mail Firma: THOMAS.FINK@IWIS.COM

Finkbeiner, Albert Dipl.-Ing.

Geburtsdatum   11.03.1955

Firmenadresse

Volkswagen AG
Design Brieffach 1701

38436 Wolfsburg

Tel.:   05361/971966
Fax: 05361/935418

Privatadresse

Anne-Frank-Str. 3
38518 Gifhorn

Position

Leiter Design-Technik

Geschäftsbereich

Forschung/Vorentwicklung

Aufgabengebiet

Oberflächenschutz;
Fahrzeuginnenraum; Design,
Sicherstellen von technischen
u. produktionsrelevanten
Dingen an Design-Modellen
(Fahrzeugen)

e-mail Firma: albert.finkbeiner@volkswagen.de

Fischer, Hermann Dr.

Geburtsdatum

Position

Geschäftsführer

Firmenadresse

Engelhard
Technologies GmbH
Freundallee 23

30173 Hannover

Tel.:   0511/28866-0
Fax: 0511/28866-52

Privatadresse

Geschäftsbereich

Forschung/Vorentwicklung

Aufgabengebiet

Entwicklung, Produktion und
Verkauf von Katalysatoren

e-mail Firma: ENGELHARD.GERMANY@ENGELHARD.COM

Fischer, Peter Dr. Dipl.-Ing.

Geburtsdatum   03.11.1963

Position

Projektleiter

Firmenadresse

Steyr Daimler Puch
Engineering Center Steyr
TZS-Strukturmechanik
Schönauer Str. 5

4400 Steyr
Österreich

Tel.:   +43/07252/580-2403
Fax: +43/07252/580-761

Privatadresse

Stelzhamerstr. 28B/30
4400 Steyr
Österreich

Geschäftsbereich

Forschung/Vorentwicklung
Berechnung

Aufgabengebiet

Motorbauteile- und zubehör;
Radaufhängung; Rahmen;
Getriebe/ Kupplung/Antriebs-
strang; Achsen; Dynamik &
Akustik, Lebensdauer, Finite
Elemente, Mehrkörper
Simulation, Berechnungs-
dienstleistungen, Methoden-
entwicklung

e-mail Firma: peter.fischer@ecs.steyr.com

Fischer, Stefan Dr.

Geburtsdatum 03.09.1966

Position

Projektleiter

Firmenadresse

Siemens AG
Entwicklung
Bahnhofstr. 43

96257 Redwitz

Tel.: 09574/81-584
Fax: 09574/81-605

Privatadresse

Schlesier Str. 30
96215 Lichtenfels

Tel.: 09571/73172

Geschäftsbereich

Forschung/Vorentwicklung
Versuch

Aufgabengebiet

Messtechnik;
Abgastechnik/Katalysator-
systeme, Entwicklung und
Applikation von Katalysator-
systemen zur Emissions-
minderung

e-mail Firma: stefan.fischer@red1.siemens.de

Fischer, Sven-Onnen

Geburtsdatum 15.04.1964

Position

Leiter F + E

Firmenadresse

Jumbo Fischer
Hamburg GmbH
Forschung/Entwicklung/
Technik
Postfach 12 46

21625 Wulmstorf

Tel.: 040/700170-0
Funk: 0172 5264162
Fax: 040/700170-10

Privatadresse

Robert-Bosch-Str. 16
21629 Neuwulmstorf

Tel.: 040/700170-66
Funk: 0172 5264162
Fax: 040/700170-10

Geschäftsbereich

Forschung/Vorentwicklung
Konstruktion

Aufgabengebiet

Fahrzeuginnenraum;
Fertigung; Produktions-
planung und -steuerung;
LKW-Zubehör aus poliertem
Edelstahl, Entwicklung neuer
Produkte, LKW-Zubehör
einschließlich Produktions-
verfahren

e-mail Firma: JUMBO-FISCHER@t-online.de
e-mail Privat: SOFISCHER@COMPUSERVE.COM

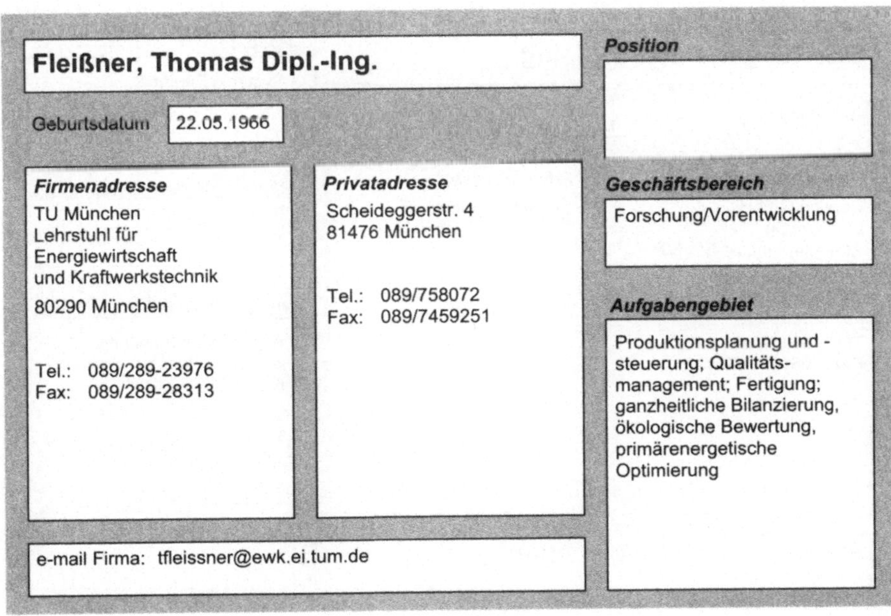

Flatau, Guido Dipl.-Ing.

Geburtsdatum 22.02.1968

Position

Firmenadresse

Meteor Gummiwerke
K. H. Bädje GmbH & Co
Entwicklung

31164 Bockenem

Tel.: 05067/25-240
Funk: 0172 5132902
Fax: 05067/25-368

Privatadresse

Westpreußenstr. 2
31139 Hildesheim

Tel.: 05121/268020

Geschäftsbereich

Forschung/Vorentwicklung
Konstruktion

Aufgabengebiet

Karosserieabdichtungen,
Anwendungstechnik und CAD

e-mail Firma: Guido.Flatau@Meteor.de

Fleißner, Thomas Dipl.-Ing.

Geburtsdatum 22.05.1966

Position

Firmenadresse

TU München
Lehrstuhl für
Energiewirtschaft
und Kraftwerkstechnik

80290 München

Tel.: 089/289-23976
Fax: 089/289-28313

Privatadresse

Scheideggerstr. 4
81476 München

Tel.: 089/758072
Fax: 089/7459251

Geschäftsbereich

Forschung/Vorentwicklung

Aufgabengebiet

Produktionsplanung und -
steuerung; Qualitäts-
management; Fertigung;
ganzheitliche Bilanzierung,
ökologische Bewertung,
primärenergetische
Optimierung

e-mail Firma: tfleissner@ewk.ei.tum.de

Flierl, Rudolf Dr.-Ing.

Geburtsdatum 21.06.1951

Firmenadresse
BMW AG
EA-21
Hufelandstr.
80788 München

Tel.: 089/382-32050
Fax: 089/382-32513

Privatadresse
Balanstr. 14
81669 München

Tel.: 089/4482579
Fax: 089/4488515

e-mail Firma: rudolf.flierl@bmw.de

Position
Abteilungsleiter/Team-Leiter

Geschäftsbereich
Konstruktion
Versuch

Aufgabengebiet
Motorbauteile- und zubehör;
Mechanikversuch,
Reihengrundmotoren,
Ottomotoren

Flörchinger, Peter Dipl.-Ing.

Geburtsdatum 14.04.1971

Firmenadresse
Corning GmbH
Entwicklung
Abraham-Lincoln-Str. 30
65189 Wiesbaden

Tel.: 0611/7366-115
Fax: 0611/7366-112

Privatadresse
Wandersmannstr. 26
65205 Wiesbaden

e-mail Firma: FLOERCHIP@Corning.COM

Position
Systems Engineer

Geschäftsbereich
Berechnung
Versuch

Aufgabengebiet
Abgasnachbehandlung,
Systemauslegung, 3-Wege-
Kat und Dieselfilter

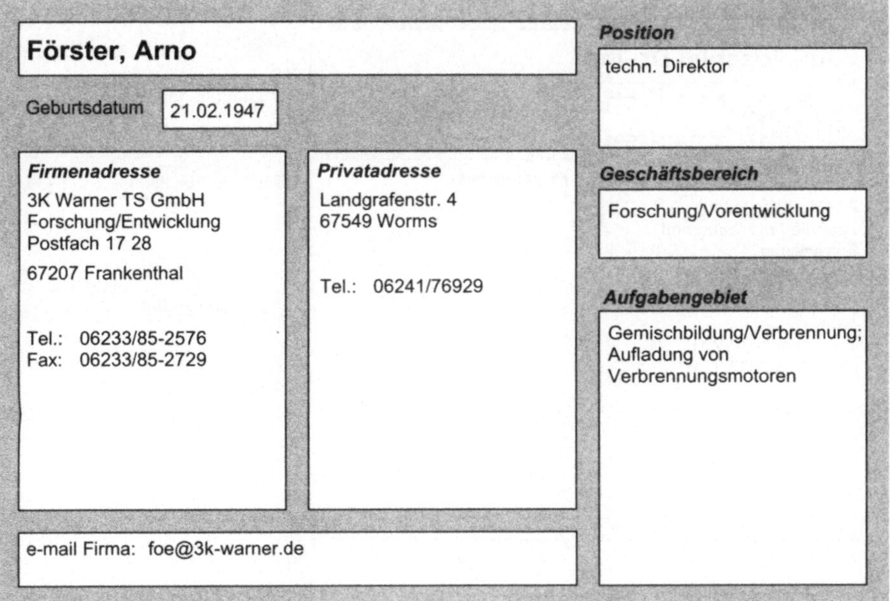

Förster, Arno

Geburtsdatum 21.02.1947

Firmenadresse

3K Warner TS GmbH
Forschung/Entwicklung
Postfach 17 28

67207 Frankenthal

Tel.: 06233/85-2576
Fax: 06233/85-2729

Privatadresse

Landgrafenstr. 4
67549 Worms

Tel.: 06241/76929

Position

techn. Direktor

Geschäftsbereich

Forschung/Vorentwicklung

Aufgabengebiet

Gemischbildung/Verbrennung;
Aufladung von
Verbrennungsmotoren

e-mail Firma: foe@3k-warner.de

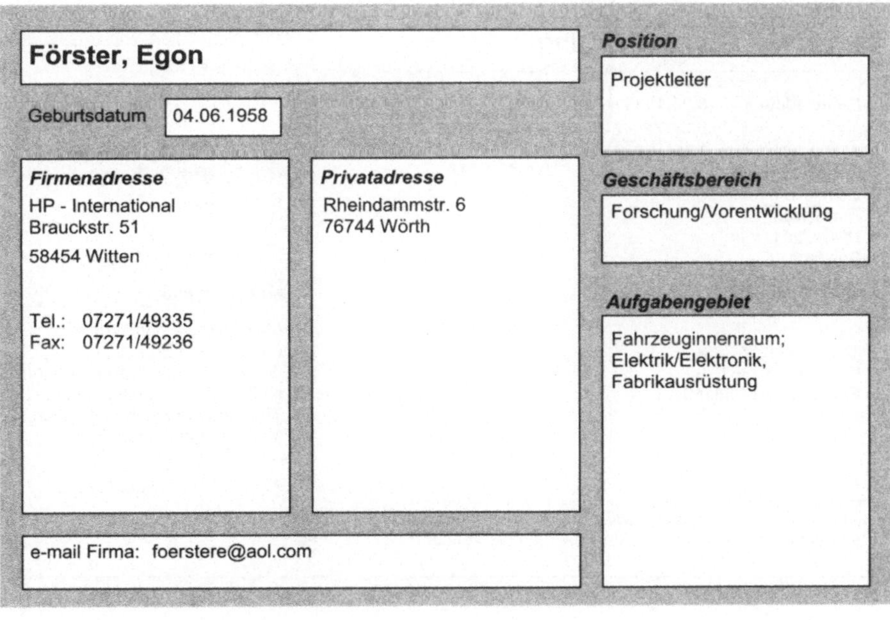

Förster, Egon

Geburtsdatum 04.06.1958

Firmenadresse

HP - International
Brauckstr. 51

58454 Witten

Tel.: 07271/49335
Fax: 07271/49236

Privatadresse

Rheindammstr. 6
76744 Wörth

Position

Projektleiter

Geschäftsbereich

Forschung/Vorentwicklung

Aufgabengebiet

Fahrzeuginnenraum;
Elektrik/Elektronik,
Fabrikausrüstung

e-mail Firma: foerstere@aol.com

Foth, Joachim Dr.-Ing.

Geburtsdatum

Position

Leiter Vorentwicklung, Aggregate und Systeme

Firmenadresse

ZF Friedrichshafen AG
Zentrale Forschung und
Entwicklung

88038 Friedrichshafen

Tel.: 07541/77-7311
Fax: 07541/77-7110

Privatadresse

Geschäftsbereich

Forschung/Vorentwicklung

Aufgabengebiet

Getriebe/Kupplung/Antriebs-
strang; Lenkung; Achsen;
Federung und Dämpfung

Fraenkle, Gerhard Dr.-Ing.

Geburtsdatum 18.04.1939

Position

Leiter M/EG

Firmenadresse

DaimlerChrysler AG
Entwicklung
HPC C201
Postfach

70546 Stuttgart

Tel.: 0711/17-23641
Funk: 0172 7362314
Fax: 0711/17-53169

Privatadresse

Geschäftsbereich

Konstruktion

Aufgabengebiet

Motorbauteile- und zubehör;
Einspritzung/Elektronik;
Gemischbildung/Verbrennung;
NFZ-Motoren, Einspritzung,
Thermodynamik, Konstruktion,
Mechanik, Aufladung

e-mail Firma: gerhard.fraenkle@daimlerchrysler.com

Fraidl, Günter-Karl Dr.

Geburtsdatum   07.07.1957

Position

Leiter Produktlinie Otto

Firmenadresse

AVL LIST GmbH
Ottomotorenentwicklung
Hans-List-Platz 1

8020 Graz
Österreich

Tel.:   +43 316/787-1057
Funk: +43 6643442149
Fax: +43 316/787-750

Privatadresse

Am Grabenwald 18
8020 Graz
Österreich

Tel.:   +43 316/572792
Funk: +43 6643442149
Fax: +43 316/787-750

Geschäftsbereich

Forschung/Vorentwicklung
Versuch

Aufgabengebiet

Motorbauteile- und zubehör;
Einspritzung/Elektronik;
Gemischbildung/Verbrennung;
Forschung/Entwicklung
Ottomotor

e-mail Firma: Guenter.Fraidl@avl.com
e-mail Privat: Guenter.Fraidl@avl.com

Frank, Detlef Dipl.-Ing.

Geburtsdatum   04.03.1941

Position

Bereichsleiter

Firmenadresse

BMW AG
Wissenschaft und Forschung
Petuelring 130

80788 München

Tel.:   089/382-44300
Fax: 089/382-43139

Privatadresse

Geschäftsbereich

Forschung/Vorentwicklung

Aufgabengebiet

Wissenschaft und
Forschungsprojekte, Mobilität
und Verkehr, Energie und
Antrieb, Fahrer und Fahrzeug,
Methoden und Systeme

e-mail Firma: Detlef.Frank@BMW.DE

Franz, Carl

Geburtsdatum | 21.09.1940

Firmenadresse

SOMMER
Fahrzeugbau GmbH & Co
KG
- Entwicklung -
Rembrandtstr. 1 - 3

33649 Bielefeld

Tel.: 0521/4598-0
Fax: 0521/4598-290

Privatadresse

e-mail Firma: info@sommer-online.de

Position

techn. Gesamtleitung

Geschäftsbereich

Konstruktion

Aufgabengebiet

Rahmen;
Entwicklung/Konstruktion von
Nutzfahrzeugen

Frehland, Peter Dipl.-Ing.

Geburtsdatum | 22.02.1971

Firmenadresse

Filterwerk
Mann + Hummel GmbH
Abt. AT-VT
Hindenburgstr. 45

71638 Ludwigsburg

Tel.: 07141/98-2732
Fax: 07141/98-2385

Privatadresse

Beutenfeldstr. 11
71254 Ditzingen

Tel.: 07156/33186
Fax: 07156/33186

e-mail Firma: Peter.Frehland@mann-hummel.com
e-mail Privat: PFrehland@aol.com

Position

Projektleiter

Geschäftsbereich

Forschung/Vorentwicklung

Aufgabengebiet

Motorbauteile- und zubehör;
Betriebsstoffe;
Schmierölreinigung,
Zentrifugen

Freistetter, Josef

Geburtsdatum

Position

Geschäftsführer
Geschäftsführer

Firmenadresse

IVM Automotive
Bad Friedrichshall GmbH
Bergrat-Bilfinger-Str. 5

74177 Bad Friedrichshall

Tel.: 07136/999-0
Fax: 07136/999-299

Privatadresse

Geschäftsbereich

Forschung/Vorentwicklung
Konstruktion

Aufgabengebiet

Motorbauteile- und zubehör;
Betriebsstoffe; Gemisch-
bildung/Verbrennung;
Einspritzung/Elektronik;
Getriebe/Kupplung/Antriebs-
strang; Radaufhängung;
Achsen; Räder, Reifen;
Lenkung; Federung und
Dämpfung; Bremsen;
Rahmen; Beleuchtung;
Sensorik - Aktuatorik;
Kommunikation - Navigation

Frey, Gerhard Dipl.-Ing.

Geburtsdatum 23.09.1957

Position

WIMA

Firmenadresse

DaimlerChrysler AG
HPC:T721
FT2/EA
Postfach

70546 Stuttgart

Tel.: 0711/17-41164
Fax: 0711/17-41815

Privatadresse

Hertfelderstr. 12
73733 Esslingen

Tel.: 0711/3703639

Geschäftsbereich

Forschung/Vorentwicklung

Aufgabengebiet

Getriebe/Kupplung/Antriebs-
strang; Kommunikation -
Navigation; Sensorik -
Aktuatorik; Technologie-
management Antrieb

e-mail Firma: Gerhard.Frey@daimlerchrysler.com

Freymann, Raymond Dr.-Ing.

Position

Hauptabteilungsleiter

Geburtsdatum   30.05.1952

Firmenadresse

BMW AG
Entwicklung
FIZ/EG-3

80788 München

Tel.:   089/382-45326
Fax: 089/382-40979

Privatadresse

Berberitzenstr.71 b
80935 München

Geschäftsbereich

Forschung/Vorentwicklung
Versuch

Aufgabengebiet

Fahrzeugphysik: Akustik,
Schwingungskomfort,
Aerodynamik, Wärmetechnik

e-mail Firma: raymond.freymann@bmw.de

Frickenstein, Elmar Dipl.-Ing.

Position

Fachgebietsleiter

Geburtsdatum   17.08.1954

Firmenadresse

BMW Technik GmbH
Honauer Str. 46

80788 München

Tel.:   089/14983-189
Fax: 089/14983-221

Privatadresse

Rosenweg 10
82266 Inning a. A.

Tel.:   08143/959369

Geschäftsbereich

Forschung/Vorentwicklung

Aufgabengebiet

Beleuchtung;
Kommunikation - Navigation;
Sensorik - Aktuatorik

e-mail Firma: elmar.Frickenstein@BMW.de
e-mail Privat: EFricken@AOL.de

Friedel, Karl Heinz

Geburtsdatum

Firmenadresse

Adam Opel AG
Dieselmotoren Konstr. +
Freigabe
PKZ 81-70

65423 Rüsselsheim

Tel.:   06142/7-77386
Fax: 06142/7-78009

e-mail Firma: karl.heinz.friedel@de.opel.com

Privatadresse

Position

Chefingenieur

Geschäftsbereich

Konstruktion

Aufgabengebiet

Motorbauteile- und zubehör;
Gemischbildung/Verbrennung

Friedrich, Achim

Geburtsdatum   28.12.1967

Firmenadresse

Siemens AG
Automobiltechnik
HZ C 35
Im Gewerbepark C35

93059 Regensburg

Tel.:   0941/790-5240
Fax: 0941/790-6027

Privatadresse

Position

Management Berater

Geschäftsbereich

Forschung/Vorentwicklung

Aufgabengebiet

Strategische, Operative
Management Beratung,
Prozessoptimierung
(Bereichsübergreifend)

Frietsch, Klaus

Geburtsdatum 20.02.1945

Position

Abteilungsleiter

Firmenadresse

H. Kern und Liebers
GmbH&Co
Platinen- und Federnfabrik
Forschung/Entwicklung/
Technik
Postfach 5 68

78707 Schramberg

Tel.: 07422/511-164
Fax: 07422/511-7164

Privatadresse

Tel.: 07422/7462

Geschäftsbereich

Forschung/Vorentwicklung

Aufgabengebiet

Einspritzung/Elektronik;
Fertigung; Sensorik -
Aktuatorik; Baugruppen für
Weg- und Winkelsensoren

e-mail Firma: Klaus.Frietsch@kern-liebers.de

Fritsch, Jürgen Dipl.-Ing.

Geburtsdatum 09.05.1936

Position

Firmenadresse

Adam Opel AG
International Technical
Development Center - IPC
85-91

65423 Rüsselsheim

Tel.: 06142/7-76422/23
Funk: 0171/2215589
Fax: 06142/7-78935

Privatadresse

Ohlystr. 1a
64342 Seeheim-Jugenheim

Tel.: 06257-85343
Funk: 0171/2215589

Geschäftsbereich

Forschung/Vorentwicklung

Aufgabengebiet

Fahrzeug Projektleitung,
Regional Vehicle Line
Executive Europe
(Projektleitung), Epsilon
Platform (Vectra / Omega)

Fuchs, Helmut V. Professor Dr.

Geburtsdatum 30.01.1940

Position

stellv. Institutsleiter

Firmenadresse

Fraunhofer-Institut für
Bauphysik
Nobelstr. 12

70569 Stuttgart

Tel.: 0711/970-3316/3320
Fax: 0711/970-3395

Privatadresse

Mühlweg 39
71093 Weil im Schönbuch

Geschäftsbereich

Forschung/Vorentwicklung

Aufgabengebiet

Aerodynamik; Messtechnik;
Akustik, Lärmschutz,
Schallabsorber

e-mail Firma: hh@ibp.fhg.de

Fuchs, Jörg Dipl.-Ing.

Geburtsdatum

Position

Projekt Ingenieur

Firmenadresse

Adam Opel AG
ITEZ-PE Innenausstattung
83-50

65407 Rüsselsheim

Tel.: 06142/766340

Privatadresse

Geschäftsbereich

Konstruktion

Aufgabengebiet

Qualitätsmanagement;
Fahrzeuginnenraum;
Dimensional Management,
ISO 9000, Auditor

e-mail Firma: Joerg.fuchs@de.opel.com

Furlkröger, J. Dipl.-Ing.

Geburtsdatum 01.05.1948

Position
Bereichsleiter

Firmenadresse
GIF Gesellschaft für
Industrieforschung mbH
Fahrzeugversuch
Konrad-Zuse-Str. 3

52477 Alsdorf

Tel.: 02404/9870-225
Funk: 0170/3319943
Fax: 02404/9870-220

Privatadresse
An Gut Forensberg 17
52134 Herzogenrath

Tel.: 02407/17094

Geschäftsbereich
Versuch

Aufgabengebiet
Getriebe/Kupplung/Antriebs-
strang; PBN-Messungen nach
DIN ISO 362, Fahrdynamik-
und Fahrzeuggeräusch- und
Schwingungsuntersuchungen

e-mail Firma: furlkroeger@gif-ac.com

Füssel, Roland

Geburtsdatum 04.10.1942

Position
Hauptabteilungsleiter

Firmenadresse
Zeuna Stärker GmbH &
CoKG
Abt. VA
Biberbachstr. 9

86154 Augsburg

Tel.: 0821/4103-225
Funk: 0171/3043172
Fax: 0821/4103-217

Privatadresse
Ilmmünsterstr. 36
80686 München

Tel.: 089/564516

Geschäftsbereich
Konstruktion

Aufgabengebiet
Motorbauteile- und zubehör;
Vertrieb und
Anwendungstechnik,
Abgasanlagen

e-mail Firma: rfuessel@zeunastaerker.de

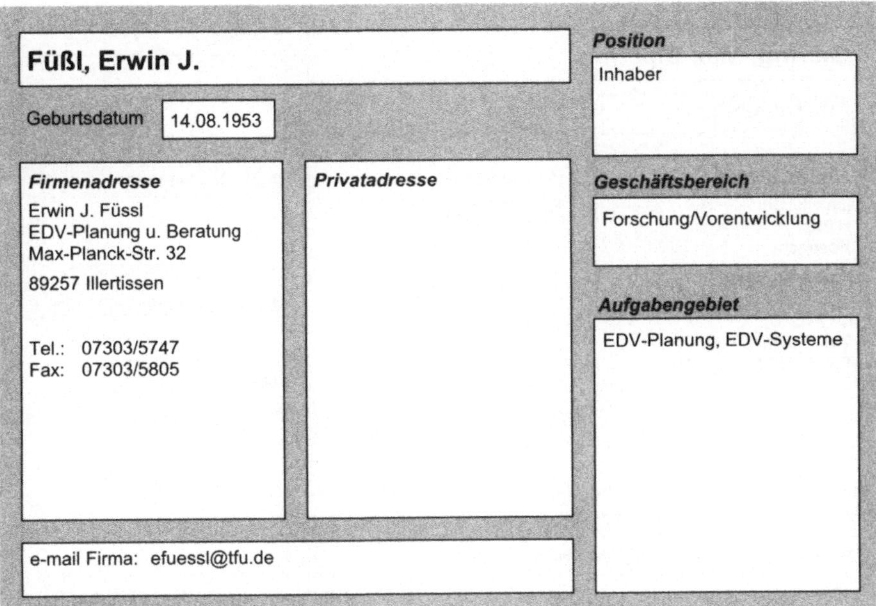

Füßl, Erwin J.

Geburtsdatum 14.08.1953

Firmenadresse

Erwin J. Füssl
EDV-Planung u. Beratung
Max-Planck-Str. 32

89257 Illertissen

Tel.: 07303/5747
Fax: 07303/5805

Privatadresse

e-mail Firma: efuessl@tfu.de

Position

Inhaber

Geschäftsbereich

Forschung/Vorentwicklung

Aufgabengebiet

EDV-Planung, EDV-Systeme

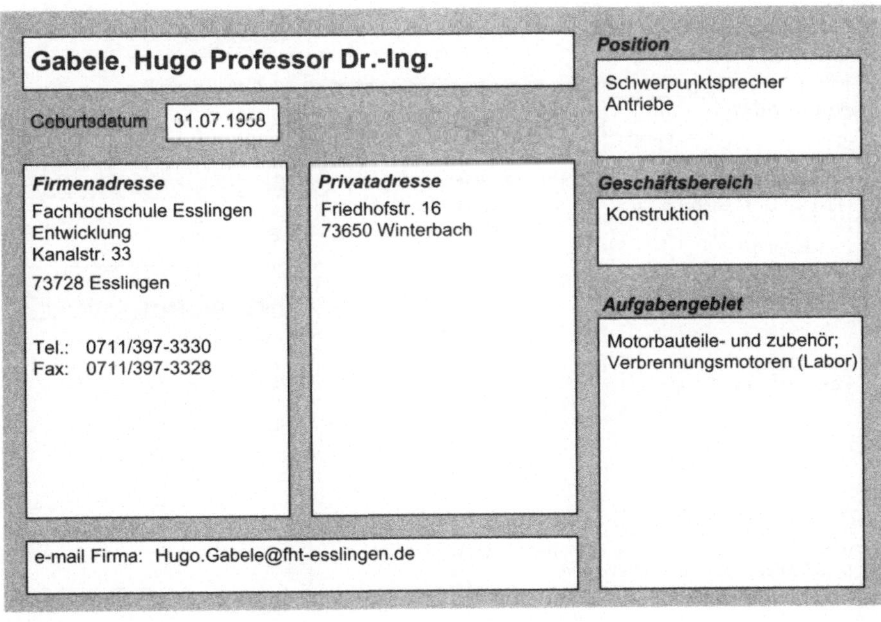

Gabele, Hugo Professor Dr.-Ing.

Geburtsdatum 31.07.1958

Firmenadresse

Fachhochschule Esslingen
Entwicklung
Kanalstr. 33

73728 Esslingen

Tel.: 0711/397-3330
Fax: 0711/397-3328

Privatadresse

Friedhofstr. 16
73650 Winterbach

e-mail Firma: Hugo.Gabele@fht-esslingen.de

Position

Schwerpunktsprecher
Antriebe

Geschäftsbereich

Konstruktion

Aufgabengebiet

Motorbauteile- und zubehör;
Verbrennungsmotoren (Labor)

Gairing, Max Dipl.-Ing.

Position

E 3

Geburtsdatum 21.07.1938

Firmenadresse

DaimlerChrysler AG
H120
Postfach

70546 Stuttgart

Tel.: 0711/17-22462
Fax: 0711/17-56315

Privatadresse

Ringstr. 29
73666 Baltmannsweiler

Tel.: 07153/42258

Geschäftsbereich

Versuch

Aufgabengebiet

Betriebsstoffe; Kraftstoffe,
Motorenöle, Prüfverfahren,
Normung

e-mail Firma: max.gairing@daimlerchrysler.com

Garcia, Patrick

Position

Forschungsleiter

Geburtsdatum

Firmenadresse

Heinrich Gillet GmbH & Co
KG
Entwicklung
Luitpoldstr. 83

67480 Edenkoben

Tel.: 06323/47-2223
Fax: 06323/47-2794

Privatadresse

12,rue de Niederlauterbach
67630 Neewiller

Tel.: 03.88.54.65.69
Funk: 06.86.41.61.09
Fax: 03.88.94.86.71

Geschäftsbereich

Forschung/Vorentwicklung
Berechnung

Aufgabengebiet

Motorbauteile- und zubehör;
Abgasanlage,
Fahrzeugakustik,
Abgasreinigung,
Dauerfestigkeit

e-mail Firma: patrick.garciaeu@tenneco-automotive.com
e-mail Privat: garciapatr@aol.com

Gärtner, Peter Professor Dr.-Ing.

Geburtsdatum 31.07.1943

Position
Hochschullehrer

Firmenadresse
Westsächsische Hochschule
Zwickau FB Maschinenbau
und
Kraftfahrzeugtechnik
Dr.-Friedrichs-Ring 2A

08056 Zwickau

Tel.:   0375/536-1774
Fax: 0375/536-1692

Privatadresse
Müldensiedlung 10
08112 Wilkau-Haßlau

Tel.:   0375/661827

Geschäftsbereich
Forschung/Vorentwicklung
Konstruktion

Aufgabengebiet
Federung und Dämpfung;
Fahrzeugsicherheit; Rahmen;
Konstruktionstechnik,
Rechnergestützte
Konstruktion,
Betriebsfestigkeit, FEM-
Anwendung

e-mail Firma: peter.gaertner@fh-zwickau.de

Gastaldi, Patrick Dipl.-Ing.

Geburtsdatum 18.03.1960

Position
Abteilungsleiter

Firmenadresse
Renault S. A.
Direction de la Mécanique
67 rue des Bons Raisins

92508 Rueil Malmaison
Frankreich

Tel.:   1.47.77.93.93
Funk: 6.10.78.62.69
Fax: 1.47.77.90.88

Privatadresse
2 Residence Guillaume da
Voisin
91190 Gif sur Yvette
Frankreich

Tel.:   1.60.12.55.49

Geschäftsbereich
Forschung/Vorentwicklung

Aufgabengebiet
Gemischbildung/Verbrennung;
Einspritztechnik, Berechnung,
Optik Motoren, Otto DE.
Motoren, Diesel Motoren

e-mail Firma: patrick.gastaldi@renault.com

Gauffrés, Ulrich J.

Geburtsdatum 05.09.1955

Position

Geschäftsleitung Technik

Firmenadresse

BRABUS GmbH
Technik
Brabus Allee

46240 Bottrop

Tel.: 02041/777-0
Fax: 02041/777-111

Privatadresse

Geschäftsbereich

Forschung/Vorentwicklung
Konstruktion

Aufgabengebiet

Motorbauteile- und zubehör;
Betriebsstoffe; Gemisch-
bildung/Verbrennung;
Einspritzung/Elektronik;
Getriebe/Kupplung/Antriebs-
strang; Radaufhängung;
Achsen; Räder, Reifen;
Lenkung; Federung und
Dämpfung; Bremsen;
Rahmen; Einkauf;
Fabrikausrüstung;
Produktionsplanung

e-mail Firma: brabus@aol.com

Gauger, Ulrich Dipl.-Ing.

Geburtsdatum 25.08.1944

Position

Vertreter des Institutsleiters

Firmenadresse

Institut für
Verbrennungsmotoren un
Kraftfahrwesen
Universität Stuttgart
Pfaffenwaldring 12

70569 Stuttgart

Tel.: 0711/685-5604
Fax: 0711/685-5710

Privatadresse

Geschäftsbereich

Forschung/Vorentwicklung

Aufgabengebiet

e-mail Firma: gauger@ivk.uni-stuttgart.de

Gaus, Hermann Dipl.-Ing.

Geburtsdatum

Position

Direktor

Firmenadresse
DaimlerChrysler AG
Abteilung PM
HPC 6550

71059 Sindelfingen

Tel.:   07031/90-71400
Fax: 07031/90-71417

Privatadresse
Dehmelweg 3
70619 Stuttgart

Geschäftsbereich

Konstruktion

Aufgabengebiet

Kommunikation - Navigation;
Gesamtfahrzeugentwicklung,
Fahrzeugkonzeption,
Serienentwicklung,
Fahrzeugkomponenten,
Elektrik/Elektronik, Telematik

e-mail Firma: hermann.gaus@daimlerchrysler.com

Gehrmann, Jörg Dipl.-Ing.

Geburtsdatum   18.07.1970

Position

Projektleiter

Firmenadresse
VAW aluminium AG
Fahrzeugtechnik
Postfach 2468

53014 Bonn

Tel.:   0228/552-2851
Fax: 0228/552-1951

Privatadresse
Zollstocksweg 1
50969 Köln

Tel.:   0221/362470
Funk: 0172/2029170

Geschäftsbereich

Forschung/Vorentwicklung
Berechnung

Aufgabengebiet

Radaufhängung; Rahmen;
Achsen; Fahrzeugsicherheit;
Umformsimulation, Space-
frame, Projektmanagement,
Leichtbau, Fahrwerk,
Karroserie, Simulation

e-mail Firma: gehrmann.joerg@vaw.de
e-mail Privat: gehrmann.joerg@gmx.de

Geib, Willi

Geburtsdatum 12.03.1943

Position

Leiter Techn. Physik, Berechnung

Firmenadresse

BMW Technik GmbH
ZT-5
80788 München

Tel.: 089/14983-150
Fax: 089/14983-221

Privatadresse

Ringhofferstr. 5
85716 Unterschleißheim

Tel.: 089/3103241

Geschäftsbereich

Forschung/Vorentwicklung

Aufgabengebiet

Aerodynamik;
Fahrzeugakustik,
Fahrzeugschwingungen,
Aeroakustik/-dynamik,
Thermomanagement,
Berechnung

e-mail Firma: willi.geib@bmw.de

Geimer, Joachim

Geburtsdatum 23.06.1961

Position

Bereichsleiter
Systementwicklung
Fluidtechnik

Firmenadresse

Veritas AG
Postfach 1863
63558 Gelnhausen

Tel.: 06051/821-247
Funk: 0172/6994059
Fax: 06051/821-224

Privatadresse

Oberer Weinberg 3
63579 Freigericht-Altenmittlau

Tel.: 06055/909983

Geschäftsbereich

Forschung/Vorentwicklung
Konstruktion

Aufgabengebiet

Kraftstoffversorgungsanlage,
Kraftstoffsysteme,
Hydrauliksysteme,
Ladeluftsysteme

e-mail Firma: Joachim.Geimer@veritas-ag.de

Geisler, Ralf Dipl.-Ing.

Geburtsdatum   11.10.1965

Position
Projektleiter

Firmenadresse
Gratz Engineering GmbH
Entwicklung
Linsenbergstr. 9

74189 Weinsberg

Tel.:   07132/31-6481
Fax: 07132/31-6547

Privatadresse
Mönchhofgasse 1
74821 Mosbach

Tel.:   06261/61426

Geschäftsbereich
Konstruktion

Aufgabengebiet
Motorbauteile- und zubehör;
Gussgerechte Konstruktion
aller Motorenteile

Geißler, Paul Dipl.-Phys.

Geburtsdatum

Position
Abteilungsleiter

Firmenadresse
Müller-BBM
Fahrzeugakustik
Robert-Koch-Str. 11

82152 Planegg

Tel.:   089/85602-0
Fax: 089/85602-111

Privatadresse

e-mail Firma: gs@mbbm.de

Geschäftsbereich
Forschung/Vorentwicklung
Konstruktion

Aufgabengebiet
Motorbauteile- und zubehör;
Räder, Reifen; Einspritzung/Elektronik; Federung
und Dämpfung; Bremsen;
Sensorik - Aktuatorik;
Aerodynamik; Verglasung;
Fahrzeuginnenraum;
Meßtechnik; Prüftechnik;
Qualitätsmanagement;
Fahrzeugakustik,
Schwingungskomfort

Genuit, K. Dr.-Ing.

Geburtsdatum

Position

Geschäftsführer

Firmenadresse

HEAD acoustics GmbH
Bereich HEAD consult NVM
Ebertstr. 30 a

52134 Herzogenrath

Tel.: 02407/577-0
Fax: 02407/577-99

Privatadresse

Geschäftsbereich

Versuch

Aufgabengebiet

Motorbauteile- und zubehör;
Radaufhängung;
Getriebe/Kupplung/Antriebs-
strang; Räder, Reifen;
Bremsen; Meßtechnik; Akustik
und Schwingungstechnik

e-mail Firma: consult@head-acoustics.de

Gerdon, Dirk Dipl.-Ing.

Geburtsdatum

Position

Firmenadresse

APL GmbH
Entwicklung

76829 Landau

Tel.: 06341/991-0
Funk: 0170 3114354
Fax: 06341/991-199

Privatadresse

Geschäftsbereich

Versuch

Aufgabengebiet

e-mail Firma: gerdon@apl.landau.de

Gerhardt, Jürgen Dipl.-Ing.

Geburtsdatum | 06.08.1959

Position

Firmenadresse
Robert Bosch GmbH
Abt. K3/ESK
Postfach 30 02 20

70442 Stuttgart

Tel.: 0711/811-8328
Fax: 0711/811-33789

Privatadresse
Gerd-Gaiser-Str. 23
71739 Oberriexingen

Tel.: 07042/92012

Geschäftsbereich

Konstruktion
Versuch

Aufgabengebiet

Einspritzung/Elektronik

e-mail Firma: Juergen.Gerhardt@de.bosch.com

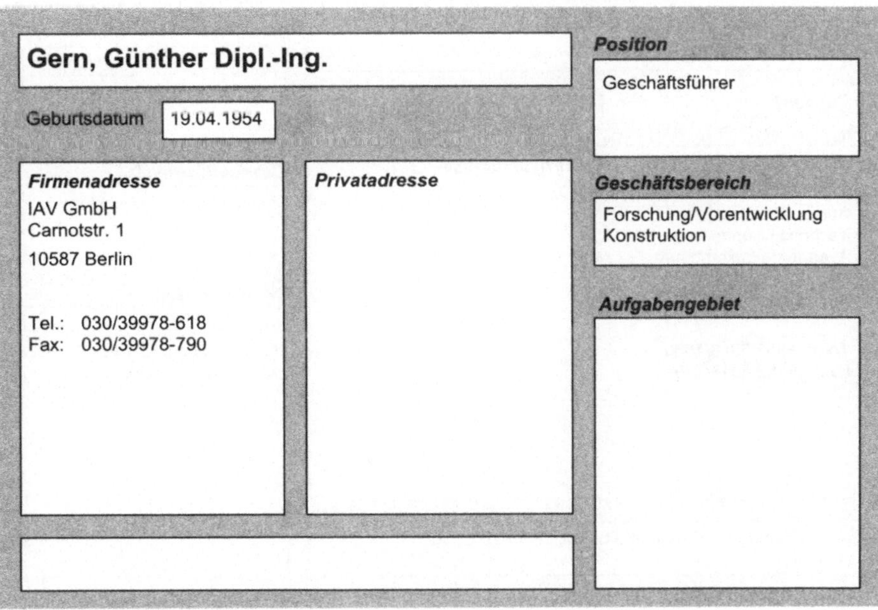

Gern, Günther Dipl.-Ing.

Geburtsdatum | 19.04.1954

Position

Geschäftsführer

Firmenadresse
IAV GmbH
Carnotstr. 1

10587 Berlin

Tel.: 030/39978-618
Fax: 030/39978-790

Privatadresse

Geschäftsbereich

Forschung/Vorentwicklung
Konstruktion

Aufgabengebiet

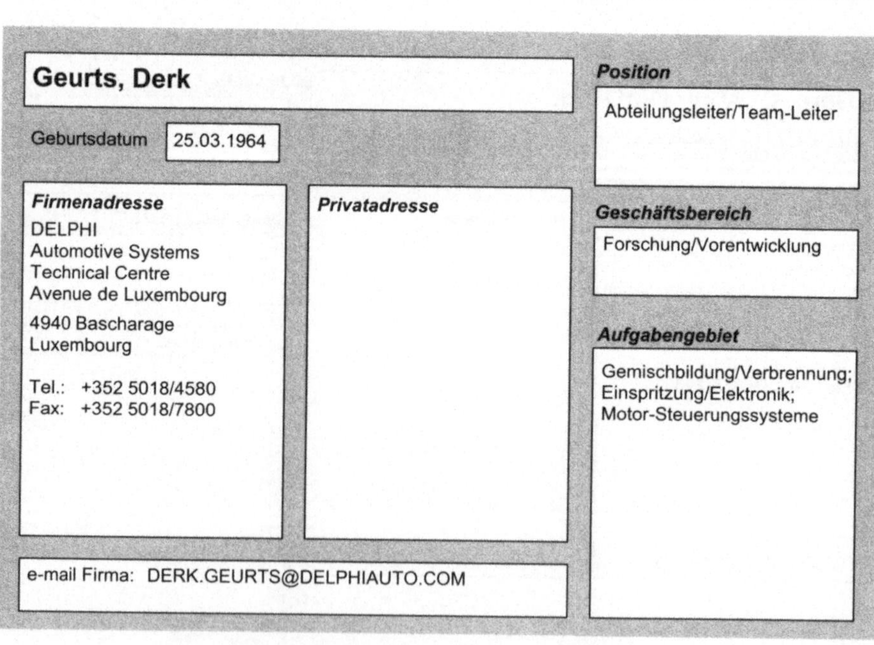

Gerst, Klaus

Geburtsdatum 25.07.1963

Position
Abteilungsleiter/Team-Leiter

Firmenadresse
Bertrandt
Ingenieurbüro GmbH
Entwicklung
Ferdinand-Stuttmann-Str. 15

65428 Rüsselsheim

Tel.: 06142/6906-600
Funk: 0171 3029851
Fax: 06142/6906-110

Privatadresse
Wilhelm-Leuschner-Str. 21
64569 Nauheim

Geschäftsbereich
Forschung/Vorentwicklung
Konstruktion

Aufgabengebiet
Rohbaukonstruktion
Stahl/Aluminium, neue
Konzepte in der Karosserie
und Gesamtfahrzeug

e-mail Firma: klaus.gerst@ruesselsheim.bertrandt.com

Geurts, Derk

Geburtsdatum 25.03.1964

Position
Abteilungsleiter/Team-Leiter

Firmenadresse
DELPHI
Automotive Systems
Technical Centre
Avenue de Luxembourg

4940 Bascharage
Luxembourg

Tel.: +352 5018/4580
Fax: +352 5018/7800

Privatadresse

Geschäftsbereich
Forschung/Vorentwicklung

Aufgabengebiet
Gemischbildung/Verbrennung;
Einspritzung/Elektronik;
Motor-Steuerungssysteme

e-mail Firma: DERK.GEURTS@DELPHIAUTO.COM

Giere, Horst-Henning Dr.

Geburtsdatum 31.12.1942

Position

Bereichsleiter/Direktor

Firmenadresse

ARAL AG
Forschung
44789 Bochum

Tel.:   0234/315-4222
Funk: 0171 3502507
Fax: 0234/315-4350

Privatadresse

Krockhausstr. 145
44797 Bochum

Tel.:   0234/9472015
Fax: 0234/9472016

Geschäftsbereich

Forschung/Vorentwicklung

Aufgabengebiet

Betriebsstoffe (Kraftstoffe,
Schmierstoffe), Forschung

e-mail Firma: horst-henning.giere@aral.de

Gierej, J. Dipl.-Ing.

Geburtsdatum 01.09.1953

Position

Senior Lecturer

Firmenadresse

Warszawa University
Technology
ul. Narbutta 84

02524 Warszawa
Polen

Tel.:   (+48 22) 6608478
Fax: (+48 22) 8490303

Privatadresse

ul. Akcent 6
01-937 Warszawa
Polen

Tel.:   (+48) 601 320088
Fax: (+48 22) 6421587

Geschäftsbereich

Konstruktion

Aufgabengebiet

Oberflächenschutz;
Fahrzeugsicherheit;
Fahrzeuginnenraum;
Karosseriekonstr. sowohl als
Universitätslehrer als auch als
Techn. Direktor im
Konstruktionsbüro Ruecker
Polska

e-mail Firma: jgi@simr.pw.edu.pl

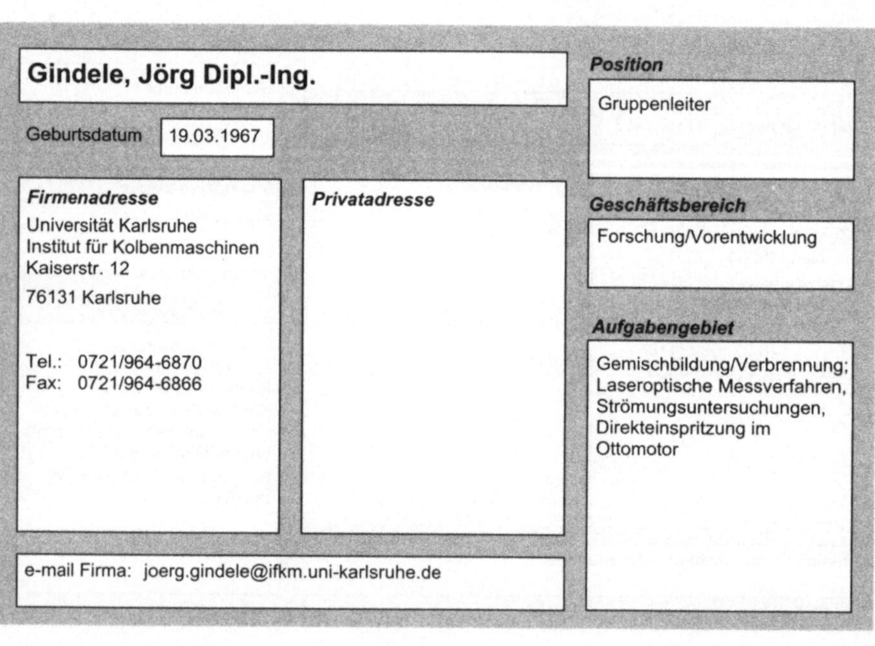

Gies, Stefan Dr.-Ing.

Geburtsdatum | 04.07.1963

Firmenadresse
Ford Werke AG
Entwicklung
Spessartstr.
50725 Köln

Tel.:   0221/903-3439
Funk: 0179 4981135
Fax: 0221/903-7673

Privatadresse
Balgheimer Str. 67 a
41542 Dormagen

Tel.:   02133/70045

e-mail Firma: SGIES@ford.com

Position
Leiter

Geschäftsbereich
Forschung/Vorentwicklung
Versuch

Aufgabengebiet
Radaufhängung; Räder,
Reifen; Achsen; Lenkung;
Federung und Dämpfung;
Fahrdynamik und Fahrwerk

Gindele, Jörg Dipl.-Ing.

Geburtsdatum | 19.03.1967

Firmenadresse
Universität Karlsruhe
Institut für Kolbenmaschinen
Kaiserstr. 12
76131 Karlsruhe

Tel.:   0721/964-6870
Fax: 0721/964-6866

Privatadresse

e-mail Firma: joerg.gindele@ifkm.uni-karlsruhe.de

Position
Gruppenleiter

Geschäftsbereich
Forschung/Vorentwicklung

Aufgabengebiet
Gemischbildung/Verbrennung;
Laseroptische Messverfahren,
Strömungsuntersuchungen,
Direkteinspritzung im
Ottomotor

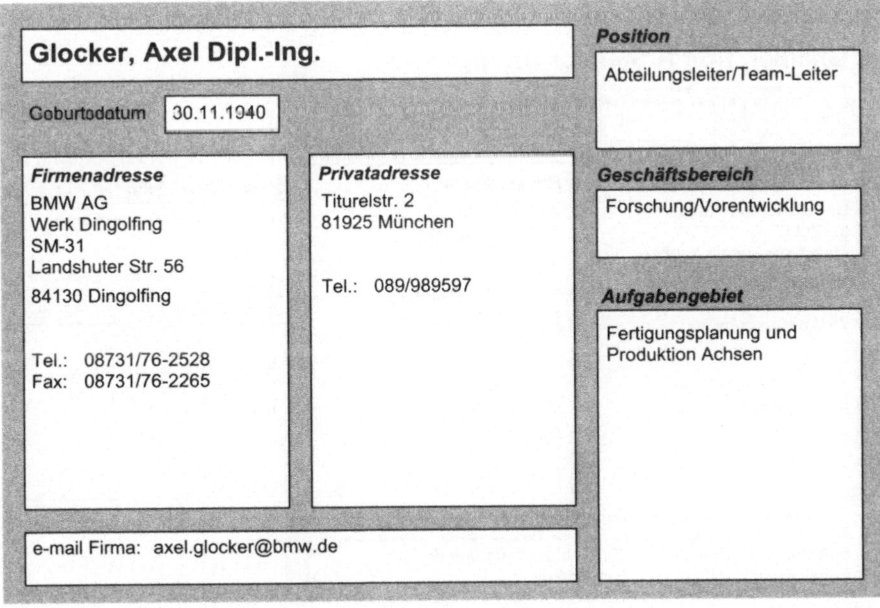

Glesner, Manfred Professor Dr. Dr. h. c.

Geburtsdatum

Position

Leiter Lehrstuhl
Mikroelektronische Systeme

Geschäftsbereich

Forschung/Vorentwicklung

Firmenadresse

TU Darmstadt
Institut für Datentechnik
FG Mikroelektronische
Systeme
Karlstr. 15

64283 Darmstadt

Privatadresse

Rhönstr. 8
64354 Reinheim

Aufgabengebiet

Sensorik - Aktuatorik;
Messtechnik;
Kommunikation - Navigation;
Entwurf mikroelektrische
Systeme, Hardware/Software
Codesign, Mechatronik

e-mail Firma: glesner@mes.tu-darmstadt.de

Glocker, Axel Dipl.-Ing.

Geburtsdatum 30.11.1940

Position

Abteilungsleiter/Team-Leiter

Geschäftsbereich

Forschung/Vorentwicklung

Firmenadresse

BMW AG
Werk Dingolfing
SM-31
Landshuter Str. 56

84130 Dingolfing

Tel.: 08731/76-2528
Fax: 08731/76-2265

Privatadresse

Titurelstr. 2
81925 München

Tel.: 089/989597

Aufgabengebiet

Fertigungsplanung und
Produktion Achsen

e-mail Firma: axel.glocker@bmw.de

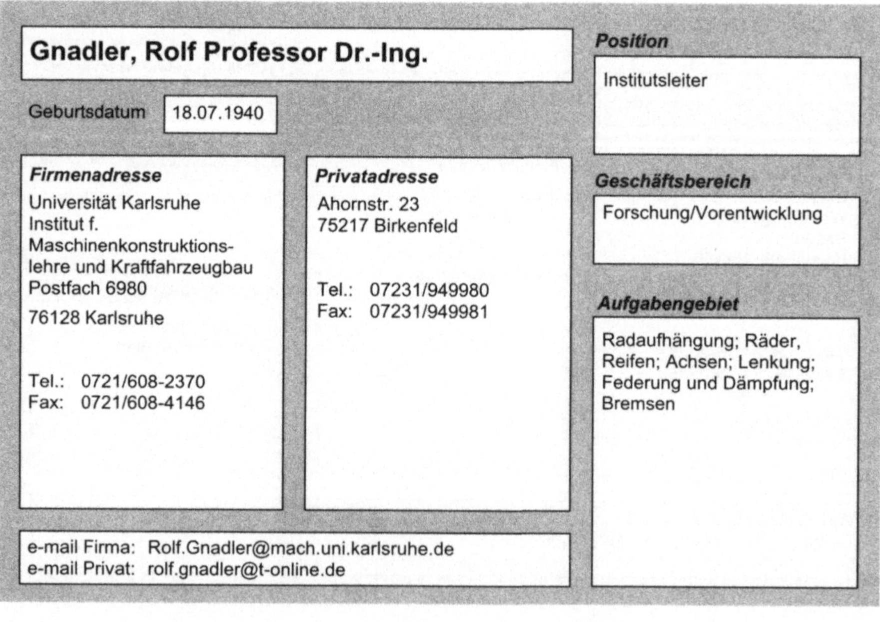

Gloe, Karl-Heinz

Geburtsdatum

Position

Geschäftsführer

Firmenadresse

Erich Jaeger GmbH + Co KG
Elektrotechnische
Spezialfabrik
Glückensteinweg 5 a - 9

61350 Bad Homburg v. d. H.

Tel.:   06172/8008-0
Fax: 06172/8008-49

Privatadresse

Geschäftsbereich

Forschung/Vorentwicklung

Aufgabengebiet

e-mail Firma: Erich Jaeger@t-online.de

Gnadler, Rolf Professor Dr.-Ing.

Geburtsdatum   18.07.1940

Position

Institutsleiter

Firmenadresse

Universität Karlsruhe
Institut f.
Maschinenkonstruktions-
lehre und Kraftfahrzeugbau
Postfach 6980

76128 Karlsruhe

Tel.:   0721/608-2370
Fax: 0721/608-4146

Privatadresse

Ahornstr. 23
75217 Birkenfeld

Tel.:   07231/949980
Fax: 07231/949981

Geschäftsbereich

Forschung/Vorentwicklung

Aufgabengebiet

Radaufhängung; Räder,
Reifen; Achsen; Lenkung;
Federung und Dämpfung;
Bremsen

e-mail Firma: Rolf.Gnadler@mach.uni.karlsruhe.de
e-mail Privat: rolf.gnadler@t-online.de

Gohrbandt, Uwe Dr.-Ing.

Position

Vorstand

Geburtsdatum 17.03.1954

Firmenadresse

Edscha AG
Entwicklung/Qualitäts-
sicherung
Hohenhagener Str. 26 - 28

42809 Remscheid

Tel.:   02191/363-902
Fax: 02191/363-545

Privatadresse

Geschäftsbereich

Forschung/Vorentwicklung
Konstruktion

Aufgabengebiet

Fahrzeuginnenraum;
Prüftechnik;
Fahrzeugsicherheit;
Qualitätsmanagement

e-mail Firma: UGohrbandt@edscha.com

Goll, Siegfried

Position

Stellv. Vorstandsvorsitzender

Geburtsdatum

Firmenadresse

ZF Friedrichshafen AG
Mitglied des Vorstands
Forschung u. Entwicklung
Allmannsweilerstr. 25

88046 Friedrichshafen

Tel.:   07541/777333
Fax: 07541/777411

Privatadresse

Geschäftsbereich

Forschung/Vorentwicklung

Aufgabengebiet

Getriebe/Kupplung/Antriebs-
strang; Lenkung; Achsen;
Fahrwerkkomponenten

e-mail Firma: SIEGFRIEDGOLL@ZF-GROUP.DE

Görg, Jürgen

Geburtsdatum 29.11.1953

Position
Abteilungsleiter/Team-Leiter

Firmenadresse
DETA
Akkumulatorenwerk GmbH
Techn. Entwicklung
Odertal 35

37431 Bad Lauterberg im Harz

Tel.: 05524/82-432
Fax: 05524/82-434

Privatadresse

Geschäftsbereich
Forschung/Vorentwicklung
Konstruktion

Aufgabengebiet
Elektrik, Batterien
(Starterbatterien,
Bordnetzbatterien,
Antriebsbatterien)

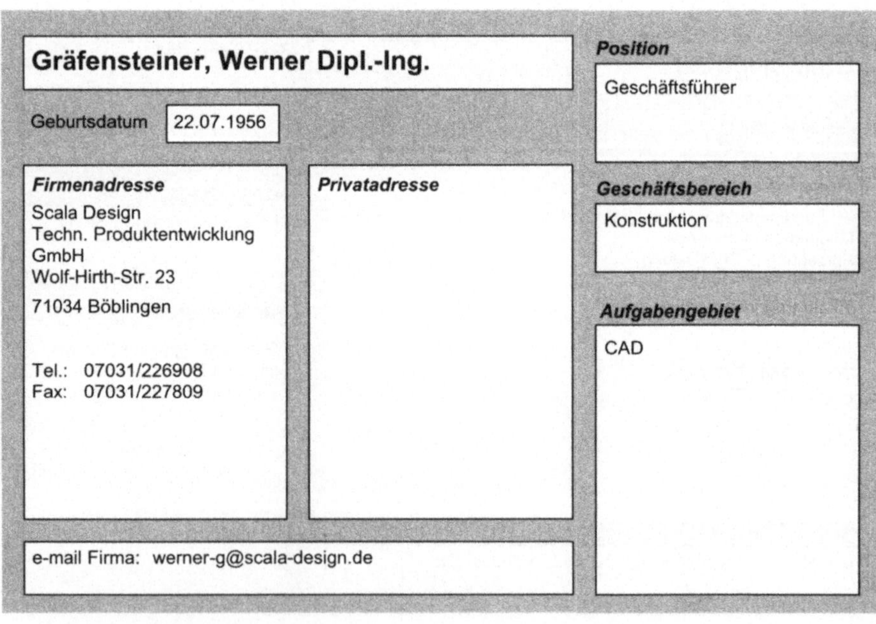

Gräfensteiner, Werner Dipl.-Ing.

Geburtsdatum 22.07.1956

Position
Geschäftsführer

Firmenadresse
Scala Design
Techn. Produktentwicklung
GmbH
Wolf-Hirth-Str. 23

71034 Böblingen

Tel.: 07031/226908
Fax: 07031/227809

Privatadresse

Geschäftsbereich
Konstruktion

Aufgabengebiet
CAD

e-mail Firma: werner-g@scala-design.de

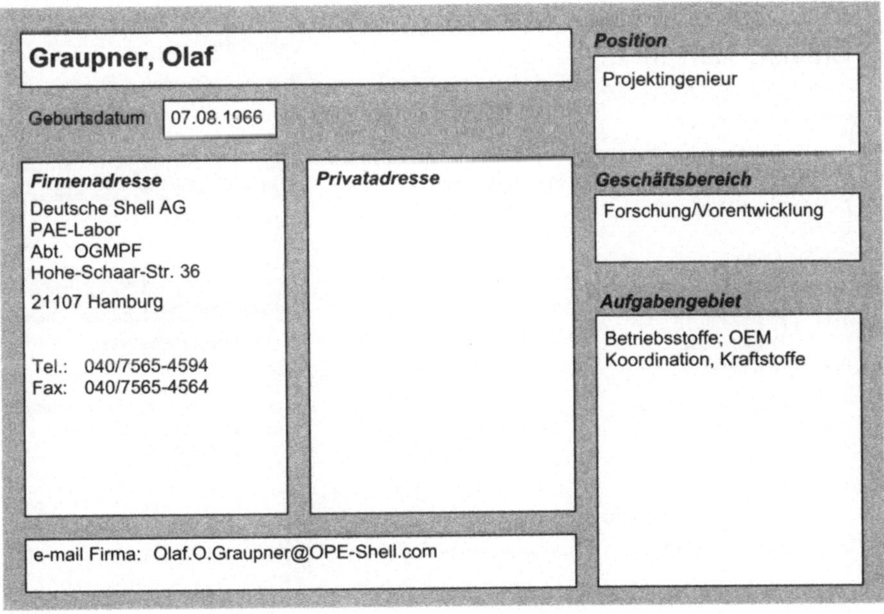

Grandel, Jürgen Dipl.-Ing.

Geburtsdatum 09.09.1946

Position

Geschäftsführer

Firmenadresse

Kraftfahrzeugtechnisches
Institut & Karosseriewerk-
stätte GmbH & Co KG
Wildbader Str. 28

72213 Altensteig

Tel.: 07458/9990-0
Fax: 07458/9990-51

Privatadresse

Mittlerer Bauernwaldweg
29A
70195 Stuttgart

Tel.: 0711/690789
Funk: 0171 2295638
Fax: 0711/696142

Geschäftsbereich

Forschung/Vorentwicklung

Aufgabengebiet

Fahrzeugsicherheit; Schaden-
und Reparaturforschung,
Techn. Dokumentation

e-mail Firma: jgrandel@k-t-i.de
e-mail Privat: jgrandel@k-t-i.de

Graupner, Olaf

Geburtsdatum 07.08.1966

Position

Projektingenieur

Firmenadresse

Deutsche Shell AG
PAE-Labor
Abt. OGMPF
Hohe-Schaar-Str. 36

21107 Hamburg

Tel.: 040/7565-4594
Fax: 040/7565-4564

Privatadresse

Geschäftsbereich

Forschung/Vorentwicklung

Aufgabengebiet

Betriebsstoffe; OEM
Koordination, Kraftstoffe

e-mail Firma: Olaf.O.Graupner@OPE-Shell.com

Grebe, Uwe Dieter Dr.-Ing.

Geburtsdatum 29.04.1965

Position
Gruppeningenieur

Firmenadresse
Adam Opel AG
Int. Techn.
Entwicklungszentrum
PKZ 81-40
65428 Rüsselsheim

Tel.: 06142/7-72158
Funk: 0171 5792345
Fax: 06142/778380

Privatadresse
Gutenbergstr. 5
65468 Trebur

Tel.: 06147/3551

Geschäftsbereich
Forschung/Vorentwicklung

Aufgabengebiet
Motorbauteile- und zubehör;
Einspritzung/Elektronik;
Gemischbildung/Verbrennung;
Vorausentwicklung Otto- und
Dieselmotoren

e-mail Firma: UWE-DIETER.GREBE@de.opel.com

Greiner, Albrecht Dipl.-Ing.

Geburtsdatum 17.01.1955

Position
Senior Manager

Firmenadresse
DaimlerChrysler AG
D 654
70546 Stuttgart

Tel.: 0711/17-58075
Funk: 0171 4310592
Fax: 0711/17-53680

Privatadresse
Schwanfeld 10
73655 Plüderhausen

Geschäftsbereich
Konstruktion
Versuch

Aufgabengebiet
Einspritzung/Elektronik;
powertrain electronics -
gasoline, -diesel, -
transmission, -starter systems,
-sensors, -actuators, -ETC, -
cruise control

e-mail Firma: albrecht.greiner@daimlerchrysler.com

Greiner, Peter

Geburtsdatum

Position

Geschäftsführer

Firmenadresse

Motoren GmbH Greiner
Ziegelstr. 69

88267 Vogt

Tel.: 07529/97-350
Fax: 07529/97-3525

Privatadresse

Geschäftsbereich

Forschung/Vorentwicklung
Versuch

Aufgabengebiet

Motorbauteile- und zubehör;
Prüftechnik; Motorentests,
C-Kolbenfertigung; Neue
Motorensysteme: Kolben aus
modifiziertem Kohlenstoff für
sämtliche Verbrennungs-
motoren; Dienstleistung für
Automobilindustrie: Prüfläufe
mit Otto- und Dieselmotoren

e-mail Firma: Motoren_GmbH_Greiner@t-online.de

Greis, Achim

Geburtsdatum

Position

Bereichsleitung

Firmenadresse

Thomas Magnete GmbH
Vertrieb und Entwicklung
Aktorik
San Fernando 35

57562 Herdorf

Tel.: 02744/929-0
Fax: 02744/929-215

Privatadresse

Geschäftsbereich

Forschung/Vorentwicklung

Aufgabengebiet

Sensorik - Aktuatorik; Vertrieb
und Entwicklung Aktorik

e-mail Firma: achim.greis@thomas-magnete.com

Gremlin, Gunnar

Geburtsdatum 20.05.1945

Position
Vorsitzender der
Geschäftsführung

Firmenadresse
SKF GmbH
Gunnar-Wester-Str. 12

97419 Schweinfurt

Tel.:   09721/56-0
Fax: 09721/56-6000

Privatadresse

Geschäftsbereich
Forschung/Vorentwicklung

Aufgabengebiet
metallverarb. Industrie,
Wälzlagerbranche

Groffmann, Jens-Friedrich Dipl.-Ing.

Geburtsdatum 14.08.1964

Position
Ingenieur

Firmenadresse
HONDA R&D Europe GmbH
Automobile Engineering
Carl-Legien-Str. 30

63073 Offenbach/Main

Tel.:   069/890-11501
Fax: 069/890-11499

Privatadresse
Kleestädter Str. 6
64832 Babenhausen

Tel.:   06073/890055

Geschäftsbereich
Forschung/Vorentwicklung
Versuch

Aufgabengebiet
Radaufhängung; Räder,
Reifen; Achsen; Lenkung;
Federung und Dämpfung;
Bremsen; Rahmen;
Fahrzeugsicherheit;
Fahrzeugversuch,
Fahrzeugbeurteilung,
Evaluation von neuen
Konzepten im
Fahrwerksbereich einschl.
Erprobung

e-mail Firma:
Jens-Friedrich_Groffmann@N.T.RD.HANDA.CO.JP

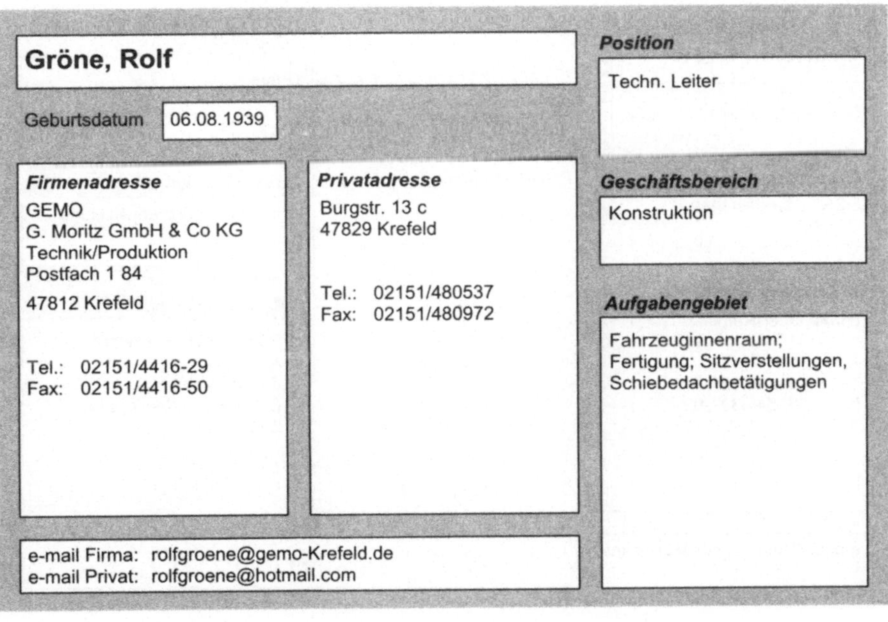

Grolms, Peter

Geburtsdatum 15.09.1965

Firmenadresse
AUDI AG
Entwicklung
NSU-Str. 24
74172 Neckarsulm

Tel.:   07132/31-3665
Fax: 07132/31-1995

Privatadresse
Hölderlinstr. 4
74831 Gundelsheim

Tel.:   06269/8303

Position
Sachbearbeiter

Geschäftsbereich
Versuch

Aufgabengebiet
Gesamtfahrzeug Akustik

e-mail Firma: peter.grolms@audi.de

Gröne, Rolf

Geburtsdatum 06.08.1939

Firmenadresse
GEMO
G. Moritz GmbH & Co KG
Technik/Produktion
Postfach 1 84
47812 Krefeld

Tel.:   02151/4416-29
Fax: 02151/4416-50

Privatadresse
Burgstr. 13 c
47829 Krefeld

Tel.:   02151/480537
Fax: 02151/480972

Position
Techn. Leiter

Geschäftsbereich
Konstruktion

Aufgabengebiet
Fahrzeuginnenraum;
Fertigung; Sitzverstellungen,
Schiebedachbetätigungen

e-mail Firma: rolfgroene@gemo-Krefeld.de
e-mail Privat: rolfgroene@hotmail.com

Gropp, Herbert Dr. Ing. habil.

Geburtsdatum

Position

wissenschaftlicher Mitarbeiter

Firmenadresse

TU Chemnitz - Institut für
Konstruktions- und
Antriebstechnik
Professur
Maschinenelemente
Straße der Nationen 62

09111 Chemnitz

Tel.: 0371/531-1354
Fax: 0371/531-1849

Privatadresse

Geschäftsbereich

Versuch
Forschung/Vorentwicklung

Aufgabengebiet

Motorbauteile- und zubehör;
Getriebe/Kupplung/Antriebs-
strang; Welle-Nabe-
Verbindungen,
Pressverbindungen, gebaute
Nockenwellen, Tribokorrosion
und ihre Verhinderung

Gröticke, Sven

Geburtsdatum 12.11.1958

Position

Inhaber

Firmenadresse

SGS Geländewagen-
Zubehör
Forschung/Entwicklung/
Technik
Im Seesengrund 19

64372 Ober-Ramstadt

Tel.: 06154/6321-0
Fax: 06154/6321-99

Privatadresse

Geschäftsbereich

Forschung/Vorentwicklung

Aufgabengebiet

Räder, Reifen; Einkauf;
Aerodynamik;
Geschäftsleitung,
Entwicklung, Marketing,
Einkauf

e-mail Firma: sgs4x4@t-online.de

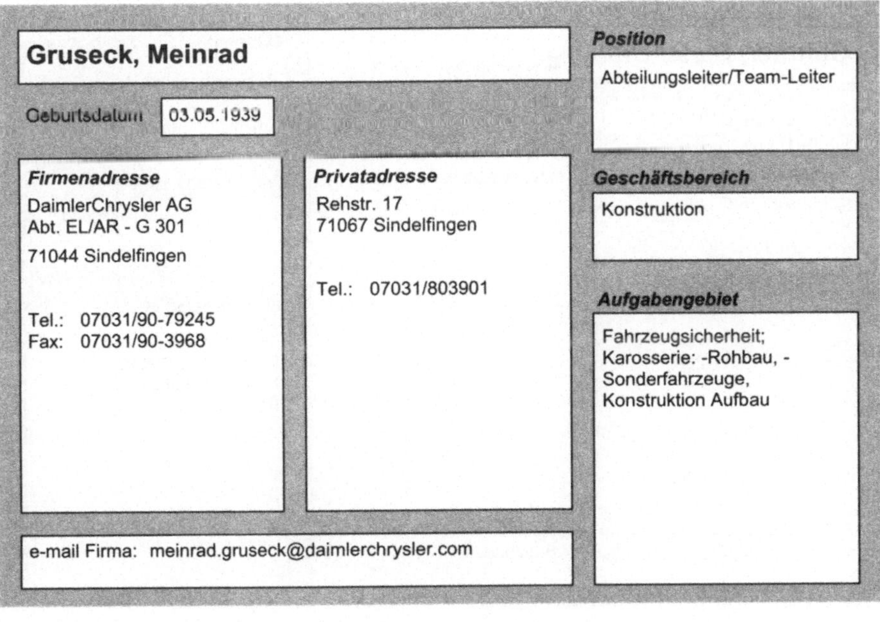

Grund-Bauer, Claudia Dipl.-Ing.

Geburtsdatum **03.02.1966**

Position

Versuchssachbearbeiterin

Firmenadresse

AUDI AG
Entwicklung
I/EE-3
Auto-Union-Str.

85045 Ingolstadt

Tel.:   0841/89-36140

Privatadresse

Geschäftsbereich

Versuch

Aufgabengebiet

Prüftechnik; Hardware-in-the-loop Simulation als systematische Testmöglichkeit v. Steuergeräten im Gleichfahrwerk

e-mail Firma: Claudia.Grund@audi.de

Gruseck, Meinrad

Geburtsdatum **03.05.1939**

Position

Abteilungsleiter/Team-Leiter

Firmenadresse

DaimlerChrysler AG
Abt. EL/AR - G 301

71044 Sindelfingen

Tel.:   07031/90-79245
Fax: 07031/90-3968

Privatadresse

Rehstr. 17
71067 Sindelfingen

Tel.:   07031/803901

Geschäftsbereich

Konstruktion

Aufgabengebiet

Fahrzeugsicherheit; Karosserie: -Rohbau, -Sonderfahrzeuge, Konstruktion Aufbau

e-mail Firma: meinrad.gruseck@daimlerchrysler.com

Gulde, Franz Paul Dipl.-Ing.

Geburtsdatum 13.02.1964

Position

Abteilungsleiter/Team-Leiter

Firmenadresse

DaimlerChrysler AG
Entwicklung EP/ MDM
T351
Postfach

70546 Stuttgart

Tel.: 0711/17-62988
Fax: 0711/17-63436

Privatadresse

Im Ganswasen 76
73669 Lichtenwald/
Thomashardt

Tel.: 07428/2581

Geschäftsbereich

Versuch

Aufgabengebiet

Motorbauteile- und zubehör;
Triebwerkmechanik, Pkw-
Dieselmotoren

e-mail Firma: Franz-Paul-Gulde@daimlerchrysler.com

Günther, Dieter Dipl.-Ing.

Geburtsdatum 02.12.1943

Position

Entwicklungsdirektor

Firmenadresse

Robert Bosch GmbH
K3/EL1
Postfach 30 02 40

70442 Stuttgart

Tel.: 0711/811-8790
Fax: 0711/811-1205

Privatadresse

St. Anna-Weg 8
71711 Murr

Tel.: 07144/207927
Fax: 07144/209845

Geschäftsbereich

Forschung/Vorentwicklung

Aufgabengebiet

Gemischbildung/Verbrennung;
Einspritzung/Elektronik;
Motorsteuerung für
Benzinmotoren

e-mail Firma: Dieter.Guenther@de.Bosch.com

Gutbrod, Wolfgang Dipl.-Ing.

Geburtsdatum 25.02.1961

Firmenadresse

TEMIC
Geschäftsbereich KFZ-
Elektronik
Entwicklung
Sieboldstr. 19

90411 Nürnberg

Tel.: 0911/9526-2164
Funk: 0171 4396354
Fax: 0911/9526-2614

Privatadresse

e-mail Firma: Wolfgang.Gutbrod@temic.de

Position

Abteilungsleiter/Team-Leiter

Geschäftsbereich

Forschung/Vorentwicklung

Aufgabengebiet

Einspritzung/Elektronik;
Elektronik Dieselmotor,
Serienentwicklung

Gutiérrez, Carmelo

Geburtsdatum 16.08.1055

Firmenadresse

Küster & Co GmbH
Forschung/Entwicklung
Postfach 11 57

35626 Ehringshausen

Tel.: 06443/62-128
Fax: 06443/62-375

Privatadresse

e-mail Firma: carmelo.gutierrez@kuester.net

Position

Technische Leitung

Geschäftsbereich

Forschung/Vorentwicklung

Aufgabengebiet

Bremsen;
Fahrzeuginnenraum;
Betätigungszüge-Systeme,
Fensterheber und Türmodule,
Feststellbremse mech. und
elektr.

Gutmann, Manfred Dr.-Ing.

Geburtsdatum   29.09.1943

Position

Wissenschaftlicher Mitarbeiter

Firmenadresse

IMH
Institut für Motorenbau
Entwicklung
Eggenfeldener Str. 104

81929 München

Tel.:   089/930003-0
Fax: 089/930003-38

Privatadresse

Bergstr. 12
85667 Oberpframmern

Tel.:   08093/4462

Geschäftsbereich

Forschung/Vorentwicklung

Aufgabengebiet

Gemischbildung/Verbrennung;
Sichtbarmachung von
Gemischbildung und
Verbrennung im Diesel- und
Ottomotor

e-mail Firma: imh.gutmann@t-online.de

Haase, Walter Dipl.-Ing.

Geburtsdatum   16.02.1961

Position

Bereichsleiter

Firmenadresse

Thomas Magnete GmbH
Entwicklung
San Fernando 35

57562 Herdorf

Tel.:   02744/929-310
Funk: 0170 8111860
Fax: 02744/929-444310

Privatadresse

Tel.:   02735/1364
Funk: 0171 2685272
Fax: 02735/1364

Geschäftsbereich

Forschung/Vorentwicklung

Aufgabengebiet

Motorbauteile- und zubehör;
Getriebe/Kupplung/Antriebs-
strang;
Einspritzung/Elektronik;
Lenkung; Federung und
Dämpfung; Vertrieb und
Entwicklung Fluidik,
Magnetventile, Dosierpumpen

e-mail Firma: walter.haase@thomas-magnete.com

Haberl, Josef

Geburtsdatum 13.08.1947

Firmenadresse	**Privatadresse**
BMW AG	Hochsimmerstr.10
EG-2	81241 München
80788 München	
	Tel.: 089/82908710
Tel.: 089/382-4386	Fax: 089/82909322
Funk: 0172 7474740	
Fax: 089/382-43751	

e-mail Firma: Josef.Haberl@BMW.de

Position

Hauptabteilungsleiter

Geschäftsbereich

Forschung/Vorentwicklung
Berechnung

Aufgabengebiet

Fahrzeugsicherheit; Techn. Vorschriften

Habighorst, Heinz Dipl.-Ing.

Geburtsdatum 17.11.1957

Firmenadresse	**Privatadresse**
AUDI AG	Nelkenstr. 4 a
Entwicklung	85134 Stammham
I/EF-63	
Auto-Union-Str.	
85057 Ingolstadt	Tel.: 08405/899
Tel.: 0841/89-33401	
Funk: 0172 8894826	
Fax: 0841/89-37117	

e-mail Firma: heinz.habighorst@audi.de

Position

Abteilungsleiter/Team-Leiter

Geschäftsbereich

Konstruktion

Aufgabengebiet

Motorbauteile- und zubehör; Entwicklung (Konstruktion und Versuch) Abgasanlage "Antrieb"

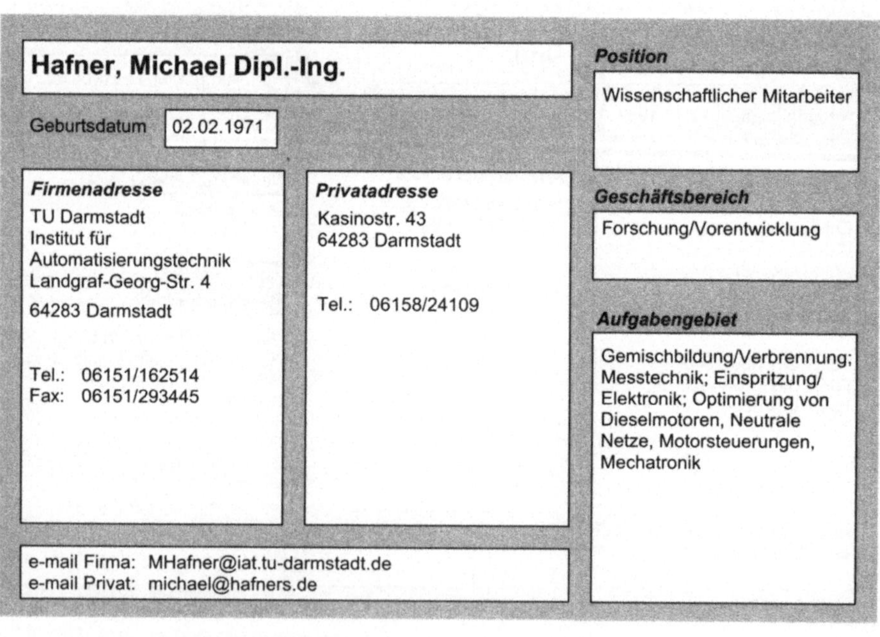

Hadler, Jens Dr.

Geburtsdatum 14.01.1966

Firmenadresse
Volkswagen AG
Dieselentwicklung EAV
Postfach 17 69

38436 Wolfsburg

Tel.: 05361/925817
Fax: 05361/72420

Privatadresse
Wittkampsring 17
38518 Gifhorn-Gamsen

Tel.: 05371/728998

Position
Unterabteilungsleiter

Geschäftsbereich
Forschung/Vorentwicklung

Aufgabengebiet
Gemischbildung/Verbrennung;
Brennverfahrensentwicklung
Diesel-Direkteinspritzung

e-mail Firma: Jens.Hadler@volkswagen.de

Hafner, Michael Dipl.-Ing.

Geburtsdatum 02.02.1971

Firmenadresse
TU Darmstadt
Institut für
Automatisierungstechnik
Landgraf-Georg-Str. 4

64283 Darmstadt

Tel.: 06151/162514
Fax: 06151/293445

Privatadresse
Kasinostr. 43
64283 Darmstadt

Tel.: 06158/24109

Position
Wissenschaftlicher Mitarbeiter

Geschäftsbereich
Forschung/Vorentwicklung

Aufgabengebiet
Gemischbildung/Verbrennung;
Messtechnik; Einspritzung/
Elektronik; Optimierung von
Dieselmotoren, Neutrale
Netze, Motorsteuerungen,
Mechatronik

e-mail Firma: MHafner@iat.tu-darmstadt.de
e-mail Privat: michael@hafners.de

Hagenmeyer, Tobias

Geburtsdatum

Firmenadresse

GETRAG Getriebe- und
Zahnradfabrik
H. Hagenmeyer GmbH & Cie
Postfach 4 49

71604 Ludwigsburg

Tel.: 07141/994-0
Fax: 07141/994-414

Privatadresse

Position

Vorsitzender der
Geschäftsführung

Geschäftsbereich

Forschung/Vorentwicklung

Aufgabengebiet

Getriebe/Kupplung/Antriebs-
strang; Entwicklung,
Produktion, Vertrieb

Hager, Josef Dipl.-Ing.

Geburtsdatum 17.03.1954

Firmenadresse

Steyr Daimler Puch
Engineering Center Steyr
E-TB
Schönauerstr. 5

4400 Steyr
Österreich

Tel.: +43 07252/573-2793
Fax: +43 07252/573-761

Privatadresse

Resselstr. 1
4400 Steyr
Österreich

Tel.: +43 07252/72214

Position

Geschäftsbereich

Berechnung

Aufgabengebiet

Motorbauteile- und zubehör;
Getriebe/Kupplung/Antriebs-
strang; Kühlung,
Klimatisierung, Fahrzeug- und
Motorensimulation

e-mail Firma: j.hager@ecs.steyr.com

Hahn, Hermann Dipl.-Ing.

Geburtsdatum 22.06.1972

Firmenadresse

Volkswagen AG
Vorentwicklung Ottomotoren
Brieffach 1685

38436 Wolfsburg

Tel.:   05361/9-76639
Fax: 05361/9-78034

Privatadresse

Gebr.-Grimm-Str. 33
38165 Lehre

e-mail Firma: hermann.hahn@volkswagen.de

Position

Geschäftsbereich

Forschung/Vorentwicklung

Aufgabengebiet

Abgasnachbehandlung, Otto-DI-Motor, NO2-Sensor

Haindl, Wolfgang

Geburtsdatum 28.08.1962

Firmenadresse

EUROSTAR
Automobilwerk GmbH & Co
KG
Walter-P.-Chrysler-Platz 1

8041 Graz
Österreich

Tel.:   +43 316/408-4716
Fax: +43 316/408-4719

Privatadresse

Tel.:   +43 3124/54427

e-mail Firma: WH24@daimlerchrysler.com

Position

Bereichsleiter Lackiererei

Geschäftsbereich

Forschung/Vorentwicklung

Aufgabengebiet

Oberflächenschutz;
Serienlackierung der Chrysler Voyager

Haken, Karl-Ludwig Dr.-Ing.

Geburtsdatum 04.01.1957

Position

Bereichsleiter
Fahrzeugtechnik und
Energiebilanzen

Firmenadresse

Forschungsinstitut für
Kraftfahrwesen und
Fahrzeug-
motoren Stuttgart
Pfaffenwaldring 12

70569 Stuttgart

Tel.: 0711/685-5701
Fax: 0711/685-5710

Privatadresse

Geschäftsbereich

Forschung/Vorentwicklung
Versuch

Aufgabengebiet

Radaufhängung; Räder,
Reifen; Achsen; Lenkung;
Federung und Dämpfung;
Bremsen

e-mail Firma: haken@fkfs.uni-stuttgart.de

Halbritter, Johann

Geburtsdatum 31.08.1962

Position

Fachgruppensprecher

Firmenadresse

AUDI AG
Entwicklung Türen/Klappen

85002 Ingolstadt

Tel.: 0841/89-33127
Fax: 0841/89-37362

Privatadresse

Ulmenstr. 14
85139 Wettstetten

Tel.: 0841/38441

Geschäftsbereich

Konstruktion

Aufgabengebiet

Fahrzeugkarosserie,
Türenentwicklung/Konzepte

e-mail Firma: johann.halbritter@audi.de

Halcour, Florian Dr.

Geburtsdatum 24.08.1965

Position

Marketing Manager

Firmenadresse

IABG Industrieanlagen-
Betriebsgesellschaft mbH
Test- und Analysezentrum
Einsteinstr. 20

85521 Ottobrunn

Tel.: 089/6088-2151
Funk: 0172 5373398
Fax: 089/6088-4066

e-mail Firma: halcour@iabg.de

Privatadresse

Haydstr. 23
85354 Freising

Geschäftsbereich

Berechnung
Versuch

Aufgabengebiet

Getriebe/Kupplung/Antriebs-
strang; Achsen; Rad-
aufhängung; Räder, Reifen;
Lenkung; Federung und
Dämpfung; Bremsen;
Aerodynamik; Fahrzeug-
sicherheit; Messtechnik;
Prüftechnik; -Planung,
Realisierung und Betrieb von
Versuchsanlagen

Haldenwanger, H.-G. Professor Dr.-Ing.

Geburtsdatum 26.06.1941

Position

Leiter

Firmenadresse

AUDI AG
Abt. I/EG-34 - Entwicklung
Werkstoffe/Verfahren/
Recycling
85045 Ingolstadt

Tel.: 0841/89-33339
Funk: 0172 9150362
Fax: 0841/89-33396

Privatadresse

Behaimstr. 16 a
85055 Ingolstadt

Tel.: 0841/38539
Fax: 0841/38539

Geschäftsbereich

Forschung/Vorentwicklung

Aufgabengebiet

Entwicklung/Forschung:
Werkstoffe, Verfahren,
Recycling, Gesamtfahrzeug,
Motor-Getriebe, Fahrwerk,
Karosserie, Ausstattung,
Elektrik/Elektronik

Hamann, Richard

Geburtsdatum

Position

Geschäftsführer

Firmenadresse

HAMANN
Motorsport GmbH
Im Eppen 24

89185 Hüttisheim

Tel.:   07305/9608-0
Fax: 07305/9608-16

Privatadresse

Im Eppen 24
89185 Hüttisheim

Geschäftsbereich

Forschung/Vorentwicklung

Aufgabengebiet

Entwicklung, Technik, Tuning,
Fahrzeugveredelung

e-mail Firma: hmmotor@aol.com

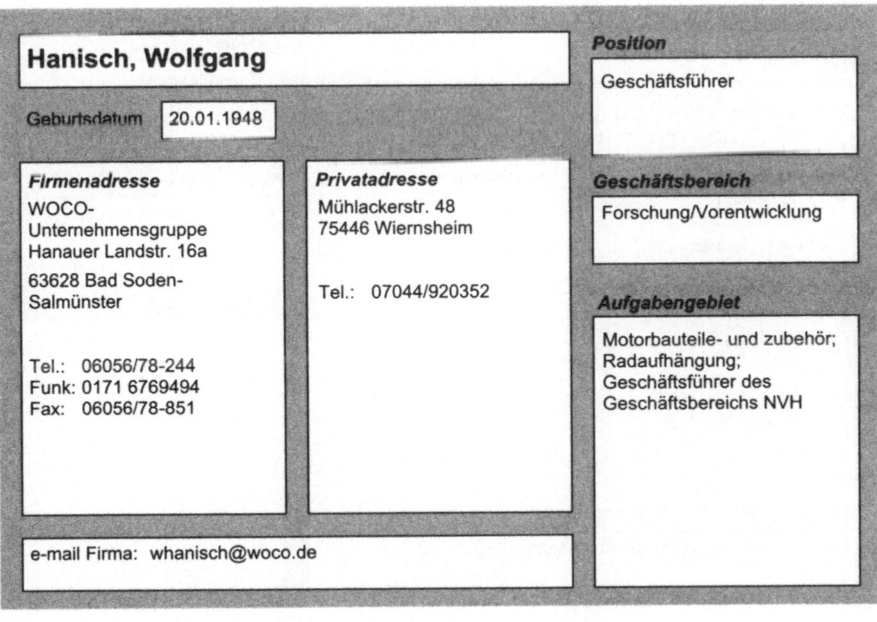

Hanisch, Wolfgang

Geburtsdatum   20.01.1948

Position

Geschäftsführer

Firmenadresse

WOCO-
Unternehmensgruppe
Hanauer Landstr. 16a

63628 Bad Soden-
Salmünster

Tel.:   06056/78-244
Funk: 0171 6769494
Fax: 06056/78-851

Privatadresse

Mühlackerstr. 48
75446 Wiernsheim

Tel.:   07044/920352

Geschäftsbereich

Forschung/Vorentwicklung

Aufgabengebiet

Motorbauteile- und zubehör;
Radaufhängung;
Geschäftsführer des
Geschäftsbereichs NVH

e-mail Firma: whanisch@woco.de

Hanssen, Rolf A. Dr.

Geburtsdatum

Position

Vorsitzender

Firmenadresse

MTU Motoren- und
Turbinen-Union
Friedrichshafen GmbH
Olgastr. 75

88040 Friedrichshafen

Tel.:   07541/90-3200
Fax: 07541/90-4200

Privatadresse

Geschäftsbereich

Forschung/Vorentwicklung

Aufgabengebiet

Motorbauteile- und zubehör;
Getriebe/Kupplung/Antriebs-
strang; Einspritzung/Elektronik

Häntsche, Joachim

Geburtsdatum   25.03.1942

Position

Geschäftsführer

Firmenadresse

Wissenschaftlich-
Technisches
Zentrum f. Motoren- u.
Maschinen-
forschung Rosslau GGmbH
Karl-Liebknecht-Str. 38

06862 Rosslau

Tel.:   034901/883-0
Fax: 034901/883120

Privatadresse

Geschäftsbereich

Forschung/Vorentwicklung

Aufgabengebiet

e-mail Firma: info@wtz.de oder haentsche@wtz.de

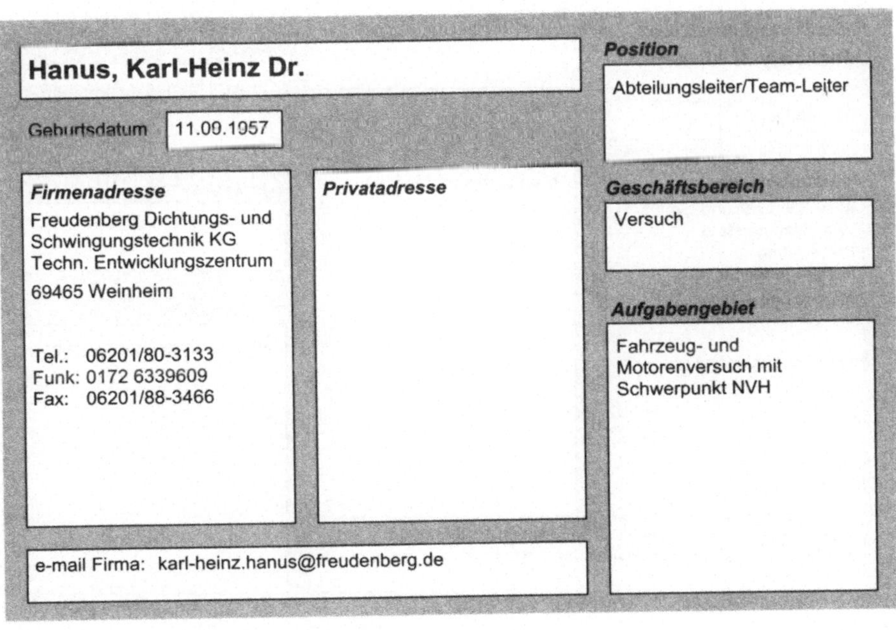

Hanula, Barna Dipl.-Ing.

Geburtsdatum 03.07.1958

Position

Geschäftsführer

Firmenadresse

Dr. Schrick GmbH
Entwicklung
Dreherstr. 5

42899 Remscheid

Tel.: 02191/950325
Funk: 0173 2717320
Fax: 02191/950337

Privatadresse

Geschäftsbereich

Konstruktion
Berechnung

Aufgabengebiet

Motorbauteile- und zubehör;
Einspritzung/Elektronik;
Gemischbildung/Verbrennung;
Einkauf; Fertigung;
Messtechnik; Prüftechnik;
Motorenversuch

e-mail Firma: bhanula@drschrick.de

Hanus, Karl-Heinz Dr.

Geburtsdatum 11.09.1957

Position

Abteilungsleiter/Team-Leiter

Firmenadresse

Freudenberg Dichtungs- und
Schwingungstechnik KG
Techn. Entwicklungszentrum

69465 Weinheim

Tel.: 06201/80-3133
Funk: 0172 6339609
Fax: 06201/88-3466

Privatadresse

Geschäftsbereich

Versuch

Aufgabengebiet

Fahrzeug- und
Motorenversuch mit
Schwerpunkt NVH

e-mail Firma: karl-heinz.hanus@freudenberg.de

Happenhofer, Werner Dipl.-Ing.

Geburtsdatum 21.08.1970

Position

Gruppenleitung

Firmenadresse

Siemens AG
Entwicklung
AT PT AI
Im Gewerbepark B27/0/1

93059 Regensburg

Tel.: 0941/790-3693
Funk: 0170 5630311
Fax: 0941/790-4192

Privatadresse

Tel.: 09431/64098
Funk: 0170 5630311

Geschäftsbereich

Konstruktion
Berechnung

Aufgabengebiet

Motorbauteile- und zubehör;
Gemischbildung/Verbrennung;
Leitung techn. Support
Ansaugmodulentwicklung im
Bereich Konstruktion,
Berechnung und Versuch

e-mail Firma: werner.happenhofer@at.siemens.de
e-mail Privat: werner.happenhofer@t-online.de

Harings, Roland

Geburtsdatum

Position

General Manager Automotive
Europe

Firmenadresse

Alcan Deutschland GmbH
Werk Nachterstedt
Entwicklung
Gaterslebener Str. 1

06469 Nachterstedt

Tel.: 06196/92768-0
Fax: 06196/92768-60

Privatadresse

Geschäftsbereich

Forschung/Vorentwicklung

Aufgabengebiet

Motorbauteile- und zubehör

e-mail Firma: roland.harings@alcan.com

Harloff, Bernd Dr.

Position

Centerleiter

Geburtsdatum   02.03.1947

Firmenadresse

DaimlerChrysler AG
Werk Sindelfingen
EP/GE, HPC A202

71059 Sindelfingen

Tel.:   07031/90-5816
Fax: 07031/90-3647

Privatadresse

Gladiolenstr. 20
71034 Böblingen

Tel.:   07031/671991
Fax: 07031/671991

Geschäftsbereich

Konstruktion
Versuch

Aufgabengebiet

Planung; Entwicklung
Gesamtfahrzeug E-Klasse,
Sonderfahrzeuge

e-mail Firma: bernd.harloff@daimlerchrysler.com

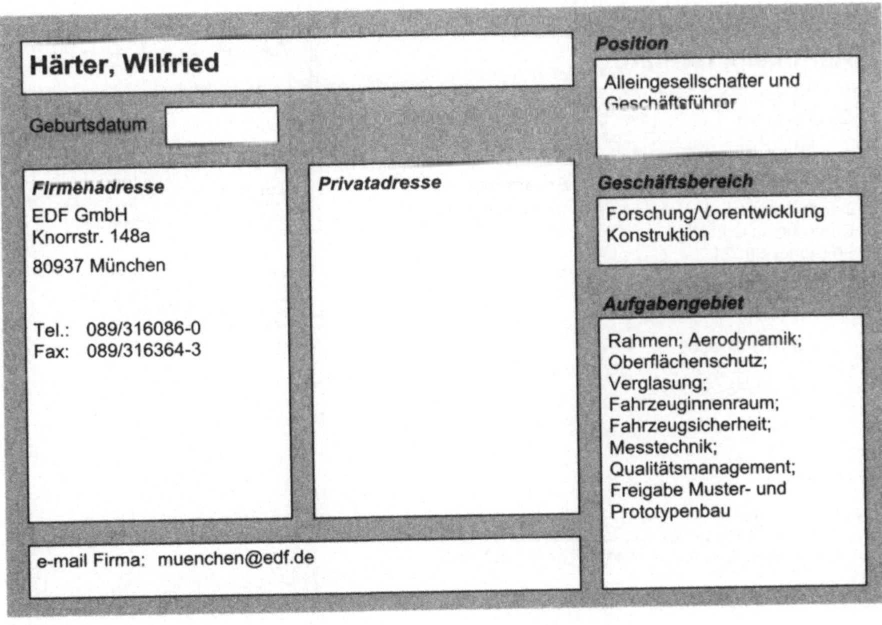

Härter, Wilfried

Position

Alleingesellschafter und
Geschäftsführer

Geburtsdatum

Firmenadresse

EDF GmbH
Knorrstr. 148a

80937 München

Tel.:   089/316086-0
Fax: 089/316364-3

Privatadresse

Geschäftsbereich

Forschung/Vorentwicklung
Konstruktion

Aufgabengebiet

Rahmen; Aerodynamik;
Oberflächenschutz;
Verglasung;
Fahrzeuginnenraum;
Fahrzeugsicherheit;
Messtechnik;
Qualitätsmanagement;
Freigabe Muster- und
Prototypenbau

e-mail Firma: muenchen@edf.de

Hartlieb, Markus

Geburtsdatum   01.10.1956

Firmenadresse
DaimlerChrysler AG
Forschung
Postfach
70546 Stuttgart

Tel.: 0711/17-20747
Funk: 0171 4383875
Fax: 0711/17-52004

Privatadresse
Grüner Weg 8
72141 Walddorfhäslach

Tel.:   07127/23340
Fax: 07127/18258

e-mail Firma: Markus.Hartlieb@DaimlerChrysler.com

Position
Projektleiter

Geschäftsbereich
Forschung/Vorentwicklung

Aufgabengebiet
Fahrzeugsicherheit

Hartmann, Gerhard

Geburtsdatum   14.05.1937

Firmenadresse
Denso Automotive
Deutschland GmbH
Freisinger Str. 21
85386 Eching

Tel.:   08165/944-300
Funk: 0172 8993996
Fax: 08165/66456

Privatadresse
Heiterwanger Str. 22
81373 München

Tel.:   089/7692736

e-mail Firma: gerhard_hartmann@denso-auto.de

Position
Geschäftsführer

Geschäftsbereich
Forschung/Vorentwicklung

Aufgabengebiet
Gesamt

Hartmann, Goetz

Geburtsdatum

Firmenadresse

Magma Gießereitechnologie
GmbH
Kackertstr. 11

52072 Aachen

Tel.:   0241/889010
Fax: 0241/8890162

Privatadresse

e-mail Firma: G.Hartmann@magmasoft.de

Position

Abteilungsleiter/Team-Leiter

Geschäftsbereich

Konstruktion
Berechnung

Aufgabengebiet

Simulation gießtechn.
Prozesse, Engineering &
Service

Hartmann, Jörg

Geburtsdatum   23.08.1937

Firmenadresse

Jörg Hartmann
Motorsport
Kesselstr. 27

70327 Stuttgart

Tel.:   0711/4078780
Fax: 0711/422077

Privatadresse

e-mail Firma: hartmann-motorsport.de

Position

Firmeninhaber

Geschäftsbereich

Forschung/Vorentwicklung
Konstruktion

Aufgabengebiet

Motorbauteile- und zubehör;
Einspritzung/Elektronik;
Gemischbildung/Verbrennung;
Getriebe/Kupplung/Antriebs-
strang; Radaufhängung;
Achsen; Räder, Reifen;
Lenkung; Federung und
Dämpfung; Bremsen;
Produktionsplanung und -
steuerung; Fertigung;
Messtechnik; Prüftechnik;
Qualitätsmanagement

Hartmann, Jürgen

Geburtsdatum

Position
Produktmanagement

Firmenadresse
SCHERDEL GmbH
Entwicklung
Scherdelstr. 2
95615 Marktredwitz

Tel.: 09231/603-521
Fax: 09231/603-518

Privatadresse

Geschäftsbereich
Forschung/Vorentwicklung

Aufgabengebiet
Motorbauteile- und zubehör;
Bremsen;
Getriebe/Kupplung/Antriebs-
strang; Entwicklung
dynamisch hochbeanspruchte
Druck- und Ventilfedern

e-mail Firma: juergen.hartmann@scherdel.de

Hartnagel, Hans Ludwig Professor Dr. Dr.

Geburtsdatum 09.01.1934

Position
Professor

Firmenadresse
TU Darmstadt
64283 Darmstadt

Tel.: 06151/162162
Fax: 06151/164367

Privatadresse
An der Ziegelhütte 1
64397 Ernsthofen

Tel.: 06167/1361
Fax: 06167/7766

Geschäftsbereich
Forschung/Vorentwicklung

Aufgabengebiet
Sensorik - Aktuatorik;
Kommunikation - Navigation;
Forschung und Lehre

Haslbeck, Peter Dr.-Ing.

Geburtsdatum   12.12.1942

Firmenadresse

BMW AG
Abt. EG-30

80788 München

Tel.:   089/382-42004
Fax: 089/382-42515

Privatadresse

Etztalstr. 16
82335 Berg

Tel.:   08151/5337

e-mail Firma: Peter.Haslbeck@bmw.de

Position

Abteilungsleiter/Team-Leiter

Geschäftsbereich

Forschung/Vorentwicklung
Versuch

Aufgabengebiet

Aerodynamik;
Qualitätsmanagement;
Messtechnik;
Fahrzeug-Physik

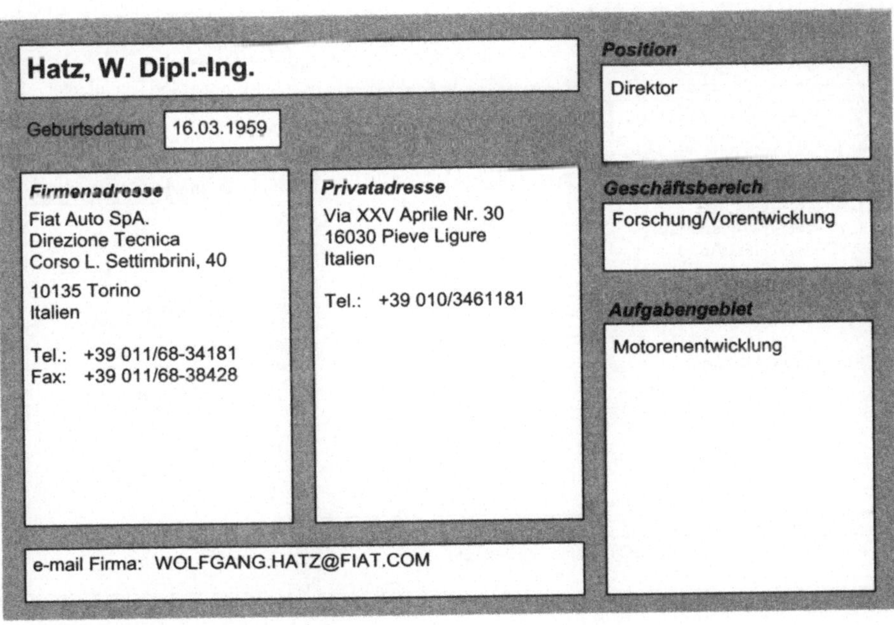

Hatz, W. Dipl.-Ing.

Geburtsdatum   16.03.1959

Firmenadresse

Fiat Auto SpA.
Direzione Tecnica
Corso L. Settimbrini, 40

10135 Torino
Italien

Tel.:   +39 011/68-34181
Fax: +39 011/68-38428

Privatadresse

Via XXV Aprile Nr. 30
16030 Pieve Ligure
Italien

Tel.:   +39 010/3461181

e-mail Firma: WOLFGANG.HATZ@FIAT.COM

Position

Direktor

Geschäftsbereich

Forschung/Vorentwicklung

Aufgabengebiet

Motorenentwicklung

Haug, Franz Dr.-Ing.

Geburtsdatum   29.04.1957

Position
Abteilungsleiter/Team-Leiter

Firmenadresse
MTU
Friedrichshafen GmbH
88040 Friedrichshafen

Tel.:   07541/90-2934
Fax: 07541/90-3938

Privatadresse
Stettberg 2
88518 Herbertingen

Tel.:   07542/22465

Geschäftsbereich
Konstruktion
Versuch

Aufgabengebiet
Motorbauteile- und zubehör;
Entwicklung Baureihe 2000

e-mail Privat: HAUG.Schwaerzel@t-online.de

Haug, Gunther Dr.-Ing.

Geburtsdatum   17.08.1965

Position
Abteilungsleiter/Team-Leiter

Firmenadresse
DaimlerChrysler AG
Entwicklung Transporter
Abt. ET/VA HPC:A600
70546 Stuttgart

Tel.:   0711/17-26976
Fax: 0711/17-54986

Privatadresse
Brunnenstr. 11
71701 Schwieberdingen

Tel.:   07150/37692

Geschäftsbereich
Versuch

Aufgabengebiet
Akustik/Schwingungstechnik,
elastische Lagerungen,
Fahrzeugschwingungen,
Triebstrangschwingungen

e-mail Firma: gunther.haug@daimlerchrysler.com

Haußner, Torsten Dipl.-Ing.

Geburtsdatum   08.04.1964

Firmenadresse
DOLMAR GmbH
Entwicklung
Jenfelder Str. 38

22045 Hamburg

Tel.:   040/66986-443
Fax: 040/66986-520

Privatadresse
Hans-Mayer-Siedlung 43
21502 Geesthacht

Tel.:   04152/837190

e-mail Firma: t.haussner@dolmar.com
e-mail Privat: t.haussner@t-online.de

Position
Versuchsingenieur

Geschäftsbereich
Versuch

Aufgabengebiet
Gemischbildung/Verbrennung;
schnelllaufende 2-Takt-
Motoren, Emissionsverhalten

Heber, Michael Dr.-Ing.

Geburtsdatum   16.11.1904

Firmenadresse
Johnson Controls
Interiors GmbH & Co KG
Abt. EWT-T

47929 Grefrath

Tel.:   02158/919228
Fax: 02158/919208

Privatadresse

e-mail Firma: MICHAEL.MH.HEBER@JCI.COM

Position
Abteilungsleiter/Team-Leiter

Geschäftsbereich
Forschung/Vorentwicklung

Aufgabengebiet
Fahrzeuginnenraum; Produkt
+ Verfahrensentwicklung

Heck, Edgar Dipl.-Ing.

Geburtsdatum   11.03.1952

Firmenadresse
BMW AG
EA-11

80788 München

Tel.:   089/382-33498
Fax: 089/382-7033498

Privatadresse
Herzog-Ludwig-Str. 11
85276 Pfaffenhofen

Tel.:   08441/76918
Fax: 08441/496016

Position

Abteilungsleiter/Team-Leiter

Geschäftsbereich

Forschung/Vorentwicklung

Aufgabengebiet

Gemischbildung/Verbrennung;
Einspritzung/Elektronik;
Betriebsstoffe; Erdgasmotor,
alternative Kraftstoffe

e-mail Firma: edgar.heck@bmw.de
e-mail Privat: edgar.heck@pfaffenhofen.de

Hedtke, Holger

Geburtsdatum   17.11.1964

Firmenadresse
HEICO SPORTIV
Eschollbrücker Str. 24

64287 Darmstadt

Tel.:   06151/30095-0
Funk: 0172 6184326
Fax: 06151/30095-25

Privatadresse

Position

Geschäftsführer

Geschäftsbereich

Forschung/Vorentwicklung

Aufgabengebiet

Motorbauteile- und zubehör;
Räder, Reifen;
Radaufhängung; Federung
und Dämpfung; Bremsen;
Aerodynamik

e-mail Firma: holger.hedtke@heicosportiv.com

Heer, Martin Dipl.-Ing.

Geburtsdatum 05.01.1958

Position
Projektleiter

Firmenadresse
AUDI AG
Abt. I/EK-26
85002 Ingolstadt

Tel.:   0841/89-36380
Fax: 0841/89-37699

Privatadresse
Adalbert-Stifter-Str. 35
85092 Kösching

Tel.:   08456/7248

Geschäftsbereich
Berechnung

Aufgabengebiet
Fahrzeugsicherheit;
Karosserieberechnung,
Strukturauslegung D-Reihe

e-mail Firma: martin.heer@audi.de

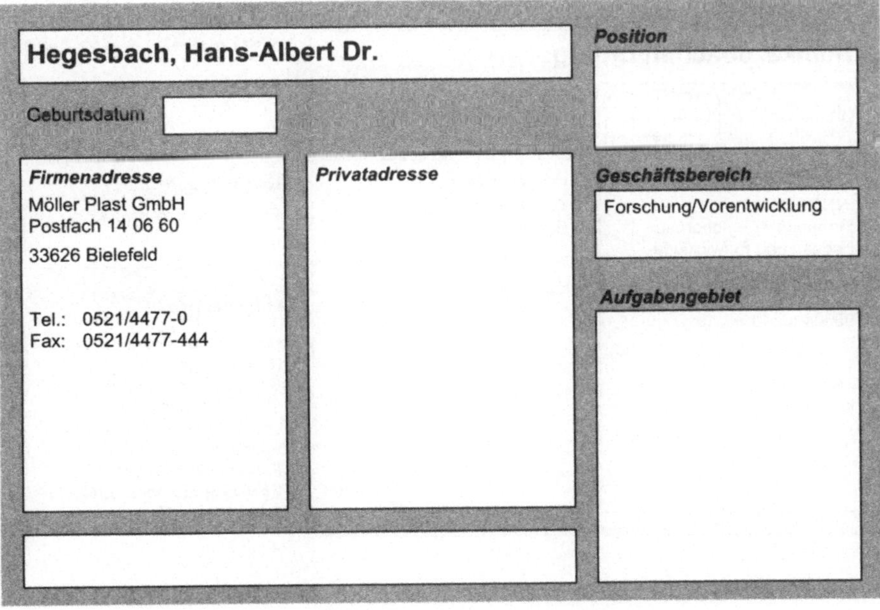

Hegesbach, Hans-Albert Dr.

Geburtsdatum

Position

Firmenadresse
Möller Plast GmbH
Postfach 14 06 60
33626 Bielefeld

Tel.:   0521/4477-0
Fax: 0521/4477-444

Privatadresse

Geschäftsbereich
Forschung/Vorentwicklung

Aufgabengebiet

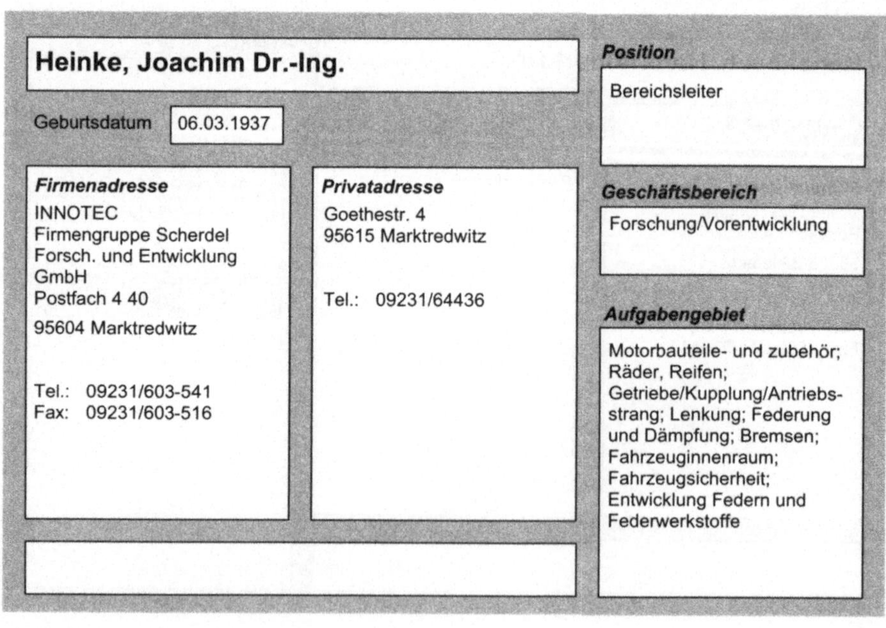

Heine, Peter Dr.-Ing.

Position
Abteilungsleiter/Team-Leiter

Geburtsdatum 29.06.1942

Firmenadresse
RW TÜV Fahrzeug GmbH
Institut für Fahrzeugtechnik
ZA Abgasprüfstelle
Adlerstr. 7

45307 Essen

Tel.: 0201/825-4122
Funk: 0172 2759925
Fax: 0201/825-4150

Privatadresse

e-mail Firma: Heine@rwtuev-fz.de

Geschäftsbereich
Forschung/Vorentwicklung
Versuch

Aufgabengebiet
Motorbauteile- und zubehör;
Betriebsstoffe;
Gemischbildung/Verbrennung;
Einspritzung/Elektronik;
Sensorik - Aktuatorik;
Messtechnik; Prüftechnik;
Typprüfung, Abgasemission,
Kraftstoffverbrauch,
Motorleistung,
Fahrleistungsprüfstände,
Motorenprüfstände

Heinke, Joachim Dr.-Ing.

Position
Bereichsleiter

Geburtsdatum 06.03.1937

Firmenadresse
INNOTEC
Firmengruppe Scherdel
Forsch. und Entwicklung
GmbH
Postfach 4 40

95604 Marktredwitz

Tel.: 09231/603-541
Fax: 09231/603-516

Privatadresse
Goethestr. 4
95615 Marktredwitz

Tel.: 09231/64436

Geschäftsbereich
Forschung/Vorentwicklung

Aufgabengebiet
Motorbauteile- und zubehör;
Räder, Reifen;
Getriebe/Kupplung/Antriebs-
strang; Lenkung; Federung
und Dämpfung; Bremsen;
Fahrzeuginnenraum;
Fahrzeugsicherheit;
Entwicklung Federn und
Federwerkstoffe

Heinrich, Wolfgang

Geburtsdatum

Position

Geschäftsführender
Gesellschafter

Firmenadresse

RLE INTERNATIONAL
Produktentwicklungs-
gesellschaft mbH
Powertrain Development
Venloer Str. 151 - 153

50672 Köln

Tel.:   0221/97667-700
Fax: 0221/97667-799

Privatadresse

Geschäftsbereich

Forschung/Vorentwicklung
Konstruktion

Aufgabengebiet

Motorbauteile- und zubehör;
Betriebsstoffe;
Gemischbildung/Verbrennung;
Einspritzung/Elektronik;
Getriebe/Kupplung/Antriebs-
strang; Radaufhängung;
Achsen; Räder, Reifen;
Lenkung; Federung und
Dämpfung; Bremsen;
Rahmen; Technische
Dokumentation

e-mail Firma: wheinrich@rle.de

Helfer, Martin Dr.-Ing.

Geburtsdatum   03.11.1951

Position

Bereichsleiter Fahrzeugakustik
und -schwingungen

Firmenadresse

FKFS
Entwicklung
Pfaffenwaldring 12

70569 Stuttgart

Tel.:   0711/685-7622
Fax: 0711/685-5710

Privatadresse

Goldmühlestr. 68
71065 Sindelfingen

Geschäftsbereich

Forschung/Vorentwicklung
Berechnung

Aufgabengebiet

Radaufhängung; Federung
und Dämpfung; Räder, Reifen;
Messtechnik; Innengeräusche,
Außengeräusche,
Aeroakustik,
Fahrzeugschwingungen

e-mail Firma: helfer@fkfs.uni-stuttgart.de

Hellenkamp, Michael Dipl.-Ing.

Position

Projektleiter

Geburtsdatum 24.08.1963

Geschäftsbereich

Forschung/Vorentwicklung
Berechnung

Firmenadresse

VAW aluminium AG
Automobiltechnik

53014 Bonn

Tel.: 0228/552-2141
Fax: 0228/552-1951

Privatadresse

Aufgabengebiet

Achsen; Rahmen; FEM-
Berechnung,
Fahrwerksentwicklung,
Karosserieentwicklung,
Umformsimulation

e-mail Firma: Michael.Hellenkamp@VAW.COM

Heller, T. Dr.-Ing.

Position

Bereichsleiter

Geburtsdatum 26.09.1956

Firmenadresse

Thyssen Krupp Stahl AG
Forschung, Zentr.
Qualitätswesen

47161 Duisburg

Tel.: 0203/52-44446
Fax: 0203/52-43134

Privatadresse

Geschäftsbereich

Forschung/Vorentwicklung

Aufgabengebiet

Werkstoff- und
Verfahrensentwicklung für
warmgewalzte Produkte

e-mail Firma: Heller@tks.ThyssenKrupp.com

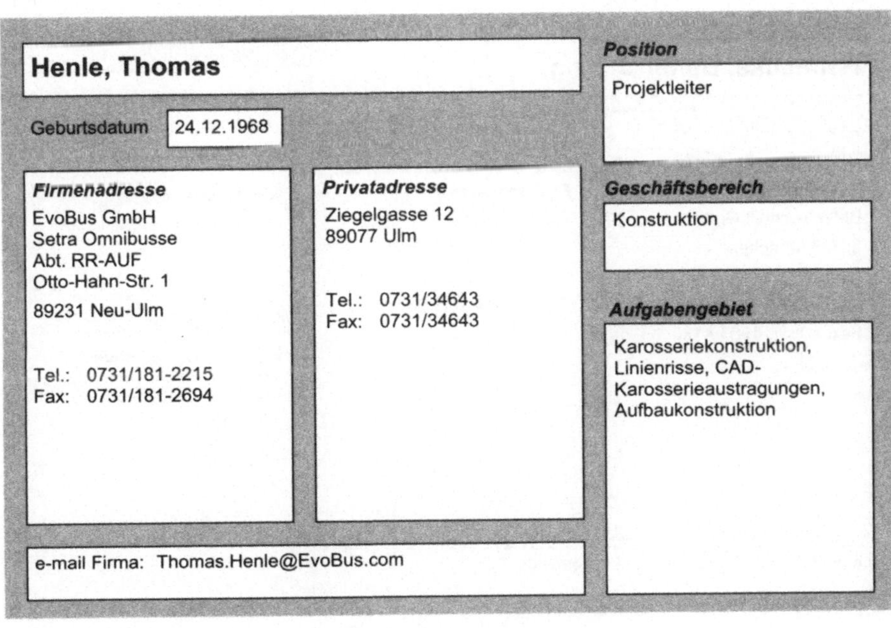

Hendrix, Daniel Dipl.-Ing.

Geburtsdatum 26.06.1969

Position
Entw.-Ingenieur

Firmenadresse
BEHR GmbH & Co
Entwicklung
Mauserstr. 3

70469 Stuttgart

Tel.: 0711/896-3437
Fax: 0711/896-4696

Privatadresse
Gustav-Klein-Str. 2
70469 Stuttgart

Tel.: 0711/857670

Geschäftsbereich
Forschung/Vorentwicklung

Aufgabengebiet
Motorbauteile- und zubehör;
Entwicklung Ladeluftkühlung

e-mail Firma: Daniel.Hendrix@Behrgroup.com

Henle, Thomas

Geburtsdatum 24.12.1968

Position
Projektleiter

Firmenadresse
EvoBus GmbH
Setra Omnibusse
Abt. RR-AUF
Otto-Hahn-Str. 1

89231 Neu-Ulm

Tel.: 0731/181-2215
Fax: 0731/181-2694

Privatadresse
Ziegelgasse 12
89077 Ulm

Tel.: 0731/34643
Fax: 0731/34643

Geschäftsbereich
Konstruktion

Aufgabengebiet
Karosseriekonstruktion,
Linienrisse, CAD-
Karosserieaustragungen,
Aufbaukonstruktion

e-mail Firma: Thomas.Henle@EvoBus.com

Henneberger, G. Prof. Dr. Ing. Dr. h.c.

Position

Institutsdirektor

Geburtsdatum

Firmenadresse

RWTH Aachen
Institut für Elektrische
Maschinen
Schinkelstr. 4

52056 Aachen

Tel.: 0241/80-7636
Fax: 0241/8888-270

Privatadresse

Geschäftsbereich

Berechnung

Aufgabengebiet

Beleuchtung; Sensorik - Aktuatorik; Numerische Feldberechnung, Simulationsverfahren, Neue Maschinen und Materialien, Antriebstechnik, Regelung, Identifikationsverfahren, Lineare Antriebs-, Brems- und Magnetschwebesysteme, Berührungslose Energieübertragung, Induktive Erwärmungsverfahren

e-mail Firma: henneberger@iem.rwth-aachen.de

Hennecke, Dieter Dr.-Ing.

Position

Leiter Fahrwerk

Geburtsdatum 30.04.1948

Firmenadresse

BMW Technik GmbH

80788 München

Tel.: 089/14983-130
Fax: 089/14983-4130

Privatadresse

Raiffeisenstr. 6
85293 Reichertshausen

Tel.: 08441/805233

Geschäftsbereich

Forschung/Vorentwicklung

Aufgabengebiet

Radaufhängung; Räder, Reifen; Achsen; Lenkung; Federung und Dämpfung; Bremsen

e-mail Firma: Dieter.Hennecke@bmw.de

Hennemann, Otto-Diedrich Professor Dr.

Position

Institutsleiter

Geburtsdatum

Firmenadresse

Fraunhofer Institut für
Fertigungstechnik und Ange-
wandte Materialforschung
Wiener Str. 12

28359 Bremen

Tel.:   0421/2246-400
Fax: 0421/2246-430

Privatadresse

Geschäftsbereich

Forschung/Vorentwicklung

Aufgabengebiet

Oberflächenschutz;
Qualitätsmanagement;
Fertigung; Bereich
Klebtechnik und Polymere

e-mail Firma: hen@ifam.fhg.de

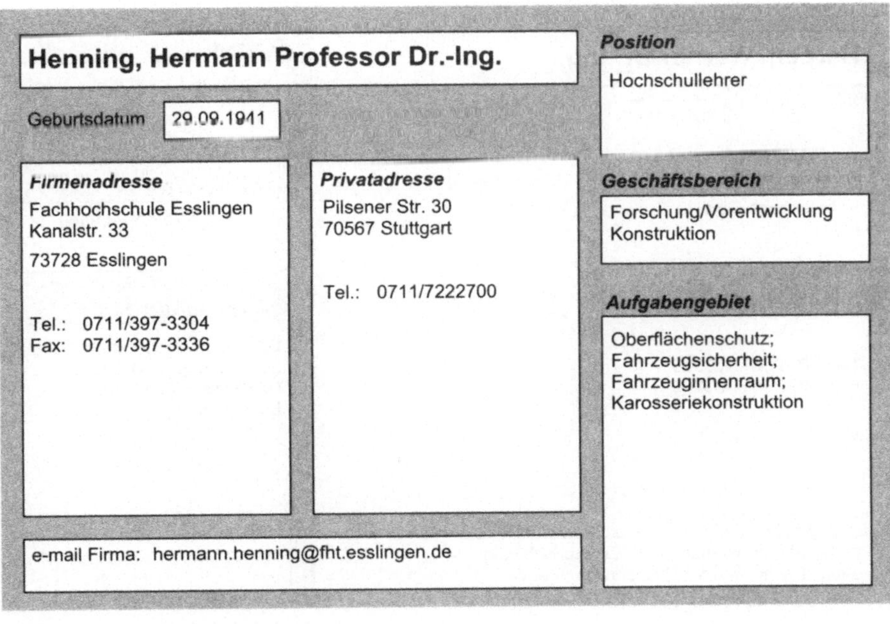

Henning, Hermann Professor Dr.-Ing.

Position

Hochschullehrer

Geburtsdatum   29.09.1941

Firmenadresse

Fachhochschule Esslingen
Kanalstr. 33

73728 Esslingen

Tel.:   0711/397-3304
Fax: 0711/397-3336

Privatadresse

Pilsener Str. 30
70567 Stuttgart

Tel.:   0711/7222700

Geschäftsbereich

Forschung/Vorentwicklung
Konstruktion

Aufgabengebiet

Oberflächenschutz;
Fahrzeugsicherheit;
Fahrzeuginnenraum;
Karosseriekonstruktion

e-mail Firma: hermann.henning@fht.esslingen.de

Henninger, Helmut

Geburtsdatum 25.07.1937

Firmenadresse

Helag-Electronic GmbH
Calwer Str. 42

72202 Nagold

Tel.: 07452/824-112
Fax: 07452/824-113

Privatadresse

Pfaffenäcker Str. 15
71159 Mötzingen

Tel.: 07452/873932
Fax: 07452/740100

e-mail Firma: helag@helag.de

Position

Geschäftsführer

Geschäftsbereich

Forschung/Vorentwicklung

Aufgabengebiet

Einspritzung/Elektronik;
Bremsen; Federung und
Dämpfung; Beleuchtung;
Sensorik - Aktuatorik;
Kommunikation - Navigation;
Entwicklung/Forschung,
Vertrieb, Produktion,
Qualitätssicherung, Marketing

Herden, Werner Dr.-Ing.

Geburtsdatum 23.03.1947

Firmenadresse

Robert Bosch GmbH
Entwicklung
KH/EKE-H
Postfach 30 02 20

70442 Stuttgart

Tel.: 0711/811-33270
Fax: 0711/811-33296

Privatadresse

Kappelweg 7
70839 Gerlingen

Tel.: 07156/26453
Fax: 07156/26451

e-mail Firma: werner.herden@de.bosch.com
e-mail Privat: werner@herden.lb.uunet.de

Position

Projektleiter

Geschäftsbereich

Forschung/Vorentwicklung

Aufgabengebiet

Gemischbildung/Verbrennung;
Einspritzung/Elektronik;
Grundlagen Zündung,
Entflammung, Ottomotor

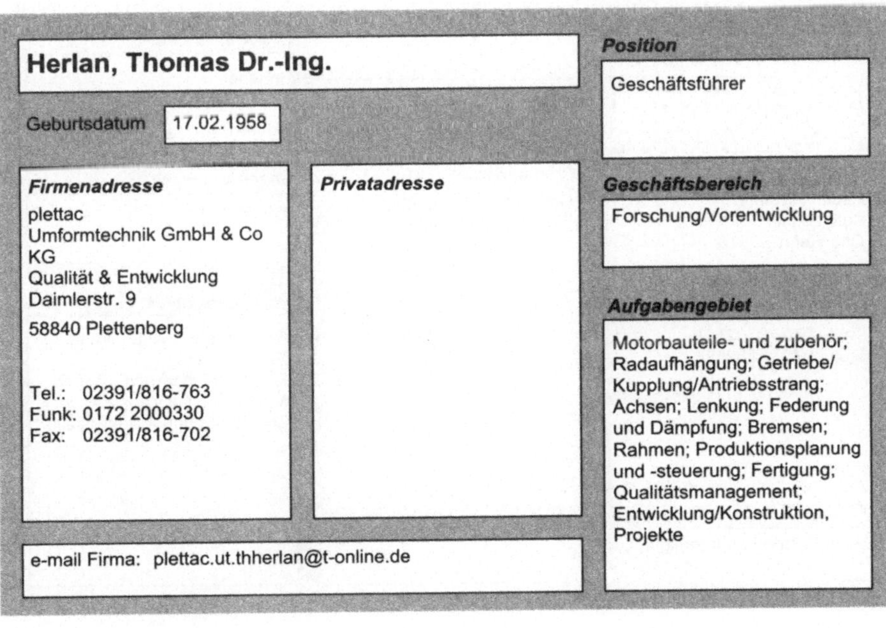

Herfter, Dietmar Dr.

Geburtsdatum 04.12.1955

Firmenadresse

HÖRMANN-RAWEMA
GmbH
Entwicklung
Aue 23 - 27

09112 Chemnitz

Tel.: 0371/6512-288
Fax: 0371/6512-256

Privatadresse

e-mail Firma: herfter@rawema.de

Position

Projektleiter

Geschäftsbereich

Konstruktion

Aufgabengebiet

Motorbauteile- und zubehör;
Radaufhängung;
Getriebe/Kupplung/Antriebs-
strang; Lenkung; Rahmen;
Aggregateentwicklung,
Vorrichtungskonstruktion,
Gussmodelle, CAD-
Konstruktion (CATIA und
Pro/ENGINEER)

Herlan, Thomas Dr.-Ing.

Geburtsdatum 17.02.1958

Firmenadresse

plettac
Umformtechnik GmbH & Co
KG
Qualität & Entwicklung
Daimlerstr. 9

58840 Plettenberg

Tel.: 02391/816-763
Funk: 0172 2000330
Fax: 02391/816-702

Privatadresse

e-mail Firma: plettac.ut.thherlan@t-online.de

Position

Geschäftsführer

Geschäftsbereich

Forschung/Vorentwicklung

Aufgabengebiet

Motorbauteile- und zubehör;
Radaufhängung; Getriebe/
Kupplung/Antriebsstrang;
Achsen; Lenkung; Federung
und Dämpfung; Bremsen;
Rahmen; Produktionsplanung
und -steuerung; Fertigung;
Qualitätsmanagement;
Entwicklung/Konstruktion,
Projekte

Hermanski, Manfred Dipl.-Ing.

Geburtsdatum 09.01.1952

Position

Laboringenieur

Firmenadresse

Fachhochschule Bielefeld
Fachbereich Maschinenbau
Am Stadtholz 24

33609 Bielefeld

Tel.: 0521/106-7490
Fax: 0521/106-7191

Privatadresse

Geschäftsbereich

Berechnung
Versuch

Aufgabengebiet

Motorbauteile- und zubehör;
Rahmen; Finite-Element,
Berechnung,
Mehrkörpersimulation,
Experimentelle Modalanalyse,
Schwingungsanalyse

e-mail Firma: herman@lssa3.fh-bielefeld.de

Herrmann, Hans

Geburtsdatum 23.02.1928

Position

Inhaber

Firmenadresse

Hans Herrmann
Autotechnik
Otto-Hahn-Str. 18

71069 Sindelfingen

Tel.: 07031/732503
Fax: 07031/382085

Privatadresse

Carl-Orff-Str. 6
71069 Sindelfingen

Tel.: 07031/382071
Funk: 0172 7200582
Fax: 07031/382085

Geschäftsbereich

Konstruktion

Aufgabengebiet

Radaufhängung; Lenkung;
Räder, Reifen;
Fahrzeuginnenraum; Agent,
Mittler, Dienstleister zwischen
Zulieferant und Autohersteller

e-mail Firma: hhautote@aol.com

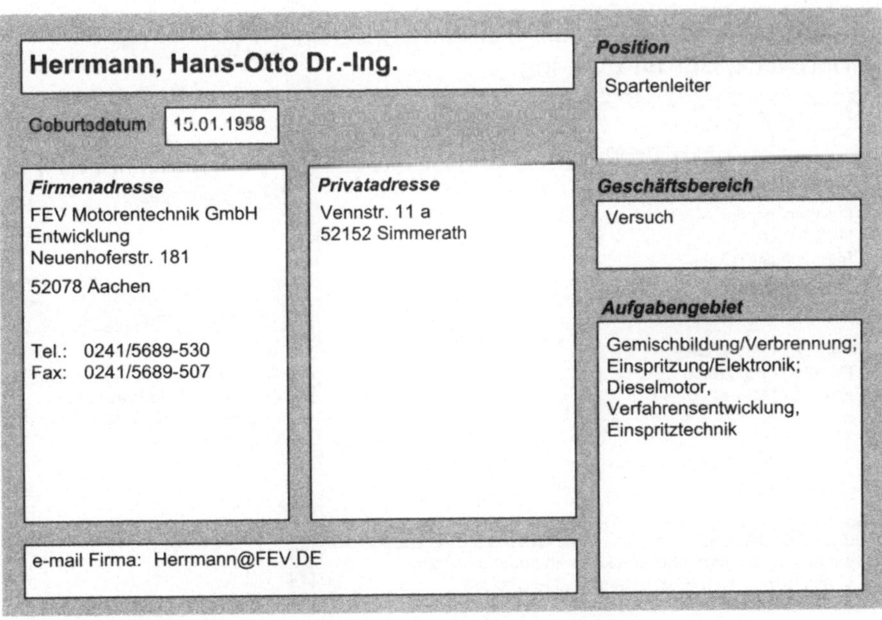

Herrmann, Hans-Georg Dr.

Geburtsdatum | 26.02.1966

Position
Wissenschaftlicher Mitarbeiter

Firmenadresse
DaimlerChrysler AG
FT4/WF
Postfach 80 04 65

81663 München

Tel.: 089/607-20990
Fax: 089/607-27796

Privatadresse

Geschäftsbereich
Forschung/Vorentwicklung

Aufgabengebiet
Fahrzeugsicherheit;
Leichtbau-Technologien,
Simulation von
Kunststoffbauteilen

e-mail Firma: hans.herrmann@daimlerchrysler.com

Herrmann, Hans-Otto Dr.-Ing.

Geburtsdatum | 15.01.1958

Position
Spartenleiter

Firmenadresse
FEV Motorentechnik GmbH
Entwicklung
Neuenhoferstr. 181

52078 Aachen

Tel.: 0241/5689-530
Fax: 0241/5689-507

Privatadresse
Vennstr. 11 a
52152 Simmerath

Geschäftsbereich
Versuch

Aufgabengebiet
Gemischbildung/Verbrennung;
Einspritzung/Elektronik;
Dieselmotor,
Verfahrensentwicklung,
Einspritztechnik

e-mail Firma: Herrmann@FEV.DE

Herrmann, Peter Dr.-Ing.

Geburtsdatum **21.05.1955**

Firmenadresse
BMW AG
Entwicklung
Petuelring 130

80788 München

Tel.:   089/382-42114
Fax: 089/382-42781

Privatadresse
St.-Laurentius-Str. 40
85777 Fahrenzhausen

Tel.:   08133/2164

e-mail Firma: Peter.HA.Herrmann@bmw.de

Position
Leiter Gesamtfahrzeug,
Techn. Projektleitung

Geschäftsbereich
Forschung/Vorentwicklung

Aufgabengebiet

Hertweck, Gernot Dipl.-Ing.

Geburtsdatum **26.02.1951**

Firmenadresse
DaimlerChrysler AG
HPC D603
Mercedesstr. 137

70546 Stuttgart

Tel.:   0711/17-53460
Funk: 0171 5726350
Fax: 0711/17-52257

Privatadresse
Esslinger Str. 70
70736 Fellbach

Tel.:   0711/584675
Funk: 0171 5726350
Fax: 0711/5750666

e-mail Firma: gernot.hertweck@daimlerchrysler.com
e-mail Privat: Hertweck-Sebastian@t-online.de

Position
Abteilungsleiter/Team-Leiter

Geschäftsbereich
Versuch

Aufgabengebiet
Motorbauteile- und zubehör;
Gemischbildung/Verbrennung;
Dieselmotor, Verbrennung/
Abgasturboaufladung, ATZ-
Aggregatentwicklung

Herzog, Peter L. Dr.

Geburtsdatum 22.12.1945

Position
Chef-Ingenieur

Firmenadresse
AVL LIST GmbH
Hans-List-Platz 1

8020 Graz
Österreich

Tel.: +43 316/787-425
Fax: +43 316/787-134

Privatadresse
Weizbachweg 18a
8045 Graz
Österreich

Geschäftsbereich
Forschung/Vorentwicklung

Aufgabengebiet
Gemischbildung/Verbrennung;
Getriebe/Kupplung/Antriebs-
strang; Einspritzung/
Elektronik; Otto-/Dieselmotor,
Kraftstoffsysteme/Einspritz-
technik,Motor-/Fahrzeug-
elektronik, Abgas-
nachbehandlung

e-mail Firma: peter.herzog@avl.com

Herzog, Rolf

Geburtsdatum 14.04.1956

Position
Generalmanager

Firmenadresse
Siebe Automative GmbH
Ehinger Str. 28

89601 Schelklingen

Tel.: 07394/242156
Funk: 0172 7920890
Fax: 07394/242183

Privatadresse
Schlosserstr. 2
89601 Schelklingen-Hütten

Tel.: 07384/241

Geschäftsbereich
Forschung/Vorentwicklung

Aufgabengebiet
Lenkung; Bremsen;
Entwicklung, Fertigung,
Technologie, Bereich Chassis
Fluid Systeme: -
Bremse/Kupplung, -Kraftstoff,
-Servolenkung, -Emission

e-mail Firma: rolf.herzog@sa-eu.com

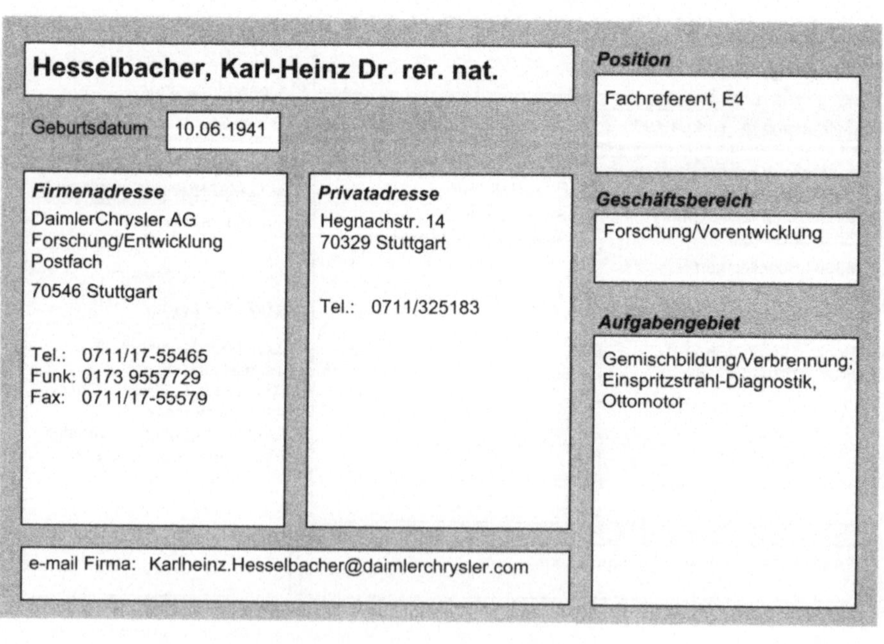

Hesse, Andreas Dipl.-Ing.

Position

Manager Central Europe

Geburtsdatum 18.02.1949

Geschäftsbereich

Forschung/Vorentwicklung

Firmenadresse

VALVOLINE
Deutschland GmbH + Co KG
Postfach 11 02 06

20402 Hamburg

Tel.: 040/632012-0
Funk: 0172 7713913
Fax: 040/6314664

Privatadresse

Funk: 0177 2813908

Aufgabengebiet

Betriebsstoffe; Vertrieb,
Technik, Marketing, Motoröl,
Autoschmierstoffe, Additive,
Autochemie

e-mail Firma: AHesse@ashland.com
e-mail Privat: AHesse1313@ad.com

Hesselbacher, Karl-Heinz Dr. rer. nat.

Position

Fachreferent, E4

Geburtsdatum 10.06.1941

Geschäftsbereich

Forschung/Vorentwicklung

Firmenadresse

DaimlerChrysler AG
Forschung/Entwicklung
Postfach

70546 Stuttgart

Tel.: 0711/17-55465
Funk: 0173 9557729
Fax: 0711/17-55579

Privatadresse

Hegnachstr. 14
70329 Stuttgart

Tel.: 0711/325183

Aufgabengebiet

Gemischbildung/Verbrennung;
Einspritzstrahl-Diagnostik,
Ottomotor

e-mail Firma: Karlheinz.Hesselbacher@daimlerchrysler.com

Heuser, Georg Dr.

Position
Gruppenleiter

Geburtsdatum 02.05.1962

Firmenadresse
Ford- Werke AG
Abt. ME/PN-1152
Spessartstr.
50725 Köln

Tel.:   0221/9032113
Fax: 0221/9033025

e-mail Firma: gheuser@ford.com

Privatadresse
Heiderjansfelder Str. 16
51515 Kürten-Bechen

Tel.:   02207/706887
Funk: 0171 4175080
Fax: 02207/706887

Geschäftsbereich
Forschung/Vorentwicklung
Konstruktion

Aufgabengebiet
Motorbauteile- und zubehör;
Einspritzung/Elektronik;
Gemischbildung/Verbrennung;
Ansaugsystem,
Abgaskrümmer

Heuser, Gerd Dr.-Ing.

Position
Abteilungsleiter/Team-Leiter

Geburtsdatum 16.06.1946

Firmenadresse
TÜV Kraftfahrt GmbH
Am Grauen Stein
51105 Köln

Tel.:   0221/806-2212
Fax: 0221/806-1372

Privatadresse
Von der Leyen Str. 20
51069 Köln

Tel.:   0221/6801216

Geschäftsbereich
Forschung/Vorentwicklung
Versuch

Aufgabengebiet
Fahrzeugsicherheit; Passive
Sicherheit, Elektronik,
Betriebsfestigkeit,
Fahrdynamik, Anwendertests

Heuser, Peter Dr.

Geburtsdatum 29.05.1955

Position

Geschäftsführer

Firmenadresse

Meta Motoren- und
Energietechnik GmbH
Geschäftsleitung
Kaiserstr. 100

52134 Herzogenrath

Tel.:   02407/9554-0
Fax: 02407/955419

Privatadresse

Hahner Str. 86
52076 Aachen

Tel.:   02407/5648

Geschäftsbereich

Forschung/Vorentwicklung
Versuch

Aufgabengebiet

Motorbauteile- und zubehör;
Gemischbildung/Verbrennung;
Versuch: Motoren, Neue
Technologien

e-mail Firma: peter.heuser@metagmbh.de

Heylen, Vic

Geburtsdatum 07.05.1935

Position

Berater

Firmenadresse

I.M.O. Leuven
De Vunt 13

3220 Holsbeek
Belgien

Tel.:   +32 1644/1255
Funk: 075404344
Fax: +32 1644/1251

Privatadresse

Dennegeurlaan 2
2820 Rymenam
Belgien

Tel.:   +32 1533/1312

Geschäftsbereich

Forschung/Vorentwicklung

Aufgabengebiet

Consultant Automotive

e-mail Firma: vic.heylen@I.M.O.-Leuven-leuven.be
e-mail Privat: victor.heylen@pandora.be

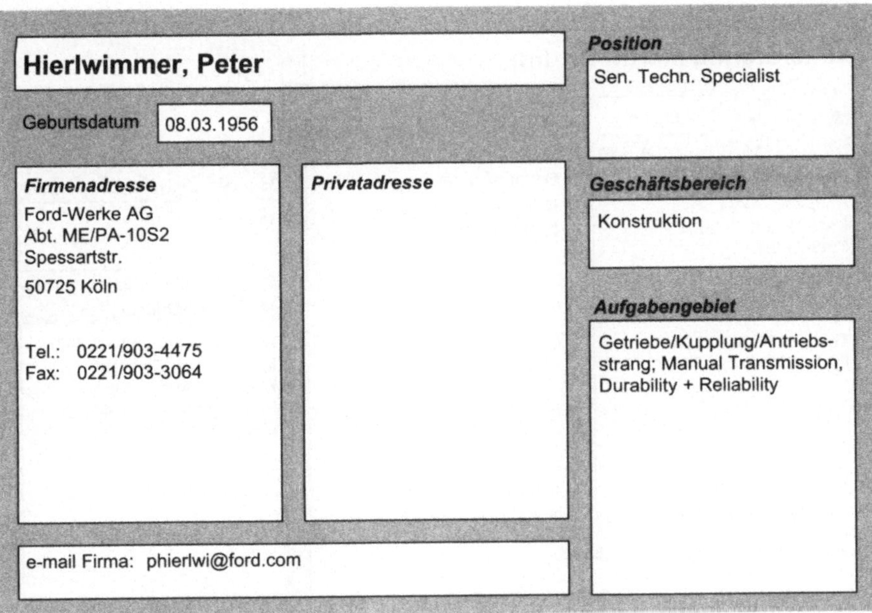

Hierlwimmer, Peter

Geburtsdatum 08.03.1956

Position
Sen. Techn. Specialist

Firmenadresse
Ford-Werke AG
Abt. ME/PA-10S2
Spessartstr.
50725 Köln

Tel.: 0221/903-4475
Fax: 0221/903-3064

Privatadresse

Geschäftsbereich
Konstruktion

Aufgabengebiet
Getriebe/Kupplung/Antriebs-
strang; Manual Transmission,
Durability + Reliability

e-mail Firma: phierlwi@ford.com

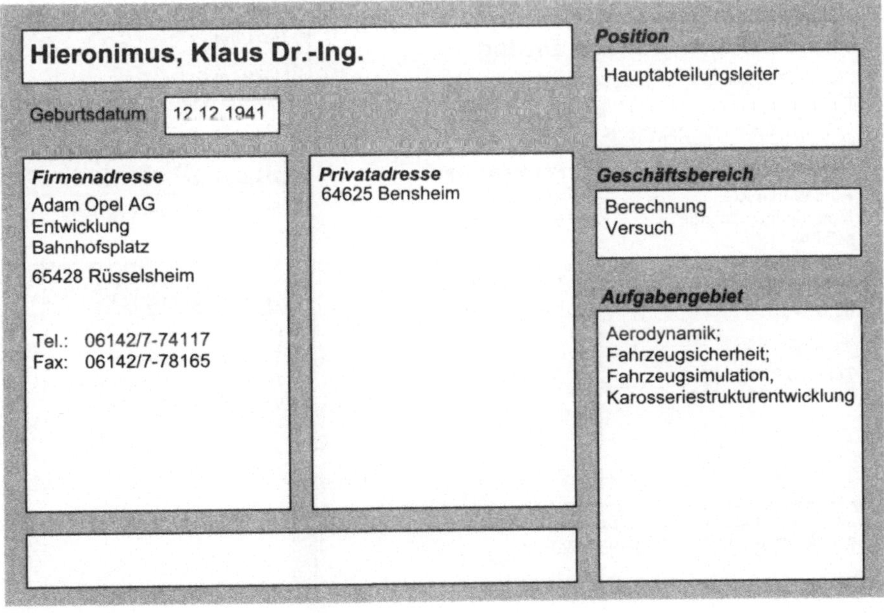

Hieronimus, Klaus Dr.-Ing.

Geburtsdatum 12.12.1941

Position
Hauptabteilungsleiter

Firmenadresse
Adam Opel AG
Entwicklung
Bahnhofsplatz
65428 Rüsselsheim

Tel.: 06142/7-74117
Fax: 06142/7-78165

Privatadresse
64625 Bensheim

Geschäftsbereich
Berechnung
Versuch

Aufgabengebiet
Aerodynamik;
Fahrzeugsicherheit;
Fahrzeugsimulation,
Karosseriestrukturentwicklung

Hildebrandt, Martin Dr.-Ing.

Geburtsdatum 27.04.1961

Position

NVH Engineer

Firmenadresse

Ford Werke AG
Entwicklung
Spessartstr.

50725 Köln

Tel.: 0221/903-7033
Fax: 0221/903-4663

Privatadresse

Cohnenhofstr. 94 d
50769 Köln

Geschäftsbereich

Versuch

Aufgabengebiet

Motorbauteile- und zubehör;
Messtechnik; Getriebe/
Kupplung/Antriebsstrang;
Schwingungen/Akustik,
Gesamtfahrzeug

e-mail Firma: mhildebr@ford.com

Himmelsbach, Johann Dr.-Ing.

Geburtsdatum 22.09.1960

Position

Leiter in Entwicklung und
Konstruktion

Firmenadresse

Ford Werke AG
Motorenentwicklung
ME/PN-11S8
Köln-Merkenich
Spessartstr.

50725 Köln

Tel.: 0221/90-32208
Fax: 0221/90-33025

Privatadresse

Kalkofen 11
51789 Lindlar

Tel.: 02207/2541
Fax: 02207/2541

Geschäftsbereich

Forschung/Vorentwicklung

Aufgabengebiet

Motorbauteile- und zubehör;
Technischer Spezialist,
zuständig für Motorkühlung
der Reihen-Ottomotoren,

e-mail Firma: JHIMMELS@Ford.com

Hippe, Marko

Geburtsdatum | 09.04.1967

Firmenadresse

Volkswagen AG
Entwicklung
Kst. 1710/EFB
Berliner Ring 2
38440 Wolfsburg

Tel.: 05361/9-0

Privatadresse

Schnuckenweg 6 a
38536 Meinersen

Tel.: 05372/6828

Position

Konstrukteur

Geschäftsbereich

Forschung/Vorentwicklung
Konstruktion

Aufgabengebiet

Achsen

e-mail Firma: Marko.Hippe@volkswagen.de
e-mail Privat: Marko.Hippe@t-online.de

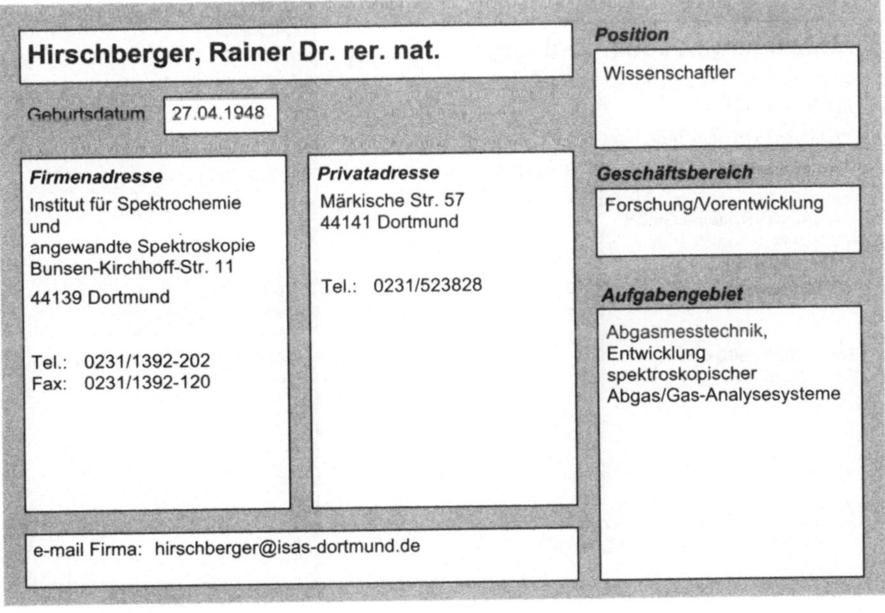

Hirschberger, Rainer Dr. rer. nat.

Geburtsdatum | 27.04.1948

Firmenadresse

Institut für Spektrochemie
und
angewandte Spektroskopie
Bunsen-Kirchhoff-Str. 11
44139 Dortmund

Tel.: 0231/1392-202
Fax: 0231/1392-120

Privatadresse

Märkische Str. 57
44141 Dortmund

Tel.: 0231/523828

Position

Wissenschaftler

Geschäftsbereich

Forschung/Vorentwicklung

Aufgabengebiet

Abgasmesstechnik,
Entwicklung
spektroskopischer
Abgas/Gas-Analysesysteme

e-mail Firma: hirschberger@isas-dortmund.de

Hitzler, Gerd Dipl.-Ing.

Geburtsdatum

Position

Bereichsleiter

Firmenadresse

FKFS
Verbrennungsmotoren
Pfaffenwaldring 12

70569 Stuttgart

Tel.: 0711/685-5714
Funk: 0171 4061685
Fax: 0711/683413

Privatadresse

Geschäftsbereich

Forschung/Vorentwicklung
Versuch

Aufgabengebiet

Motorbauteile- und zubehör;
Betriebsstoffe;
Gemischbildung/Verbrennung;
Einspritzung/Elektronik;
Abgasanalytik, Simulation
Feg-Längsdynamik,
Berechnung 1D/3D

e-mail Firma: hitzler@fkfs.uni-stuttgart.de

Hobelsberger, Josef Dipl.-Ing.

Geburtsdatum

Position

Geschäftsführer

Firmenadresse

Müller-BBM
VibroAkustikSysteme GmbH
Produkt Management
Robert-Koch-Str. 13

82152 Planegg

Tel.: 089/85602-400
Fax: 089/85602-444

Privatadresse

Geschäftsbereich

Forschung/Vorentwicklung

Aufgabengebiet

Messtechnik; Prüftechnik;
Akustik und Schwingungs-
messtechnik

e-mail Firma: JHobelsberger@VibroAkustik.de

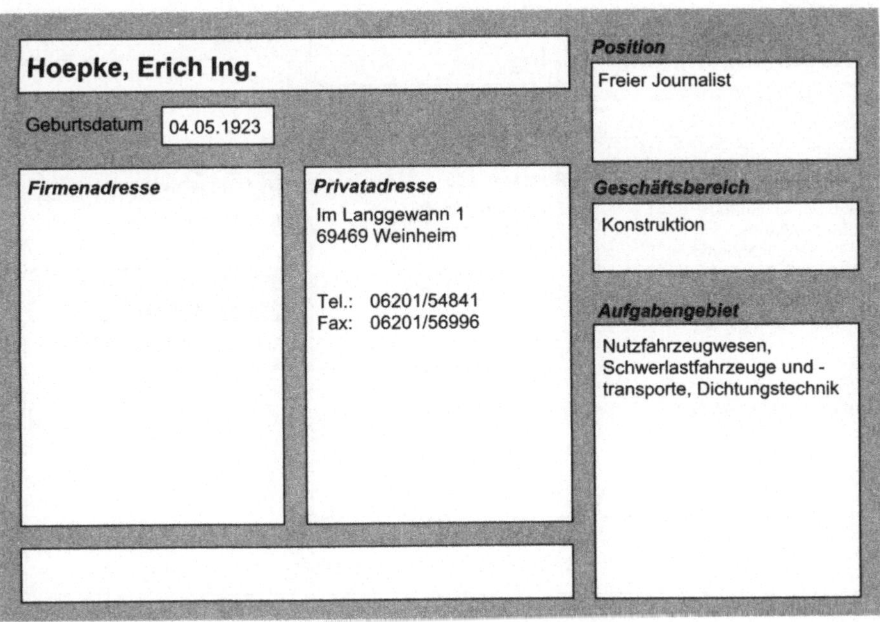

Hoepke, Erich Ing.

Geburtsdatum   04.05.1923

Firmenadresse

Privatadresse
Im Langgewann 1
69469 Weinheim

Tel.:   06201/54841
Fax: 06201/56996

Position
Freier Journalist

Geschäftsbereich
Konstruktion

Aufgabengebiet
Nutzfahrzeugwesen,
Schwerlastfahrzeuge und -
transporte, Dichtungstechnik

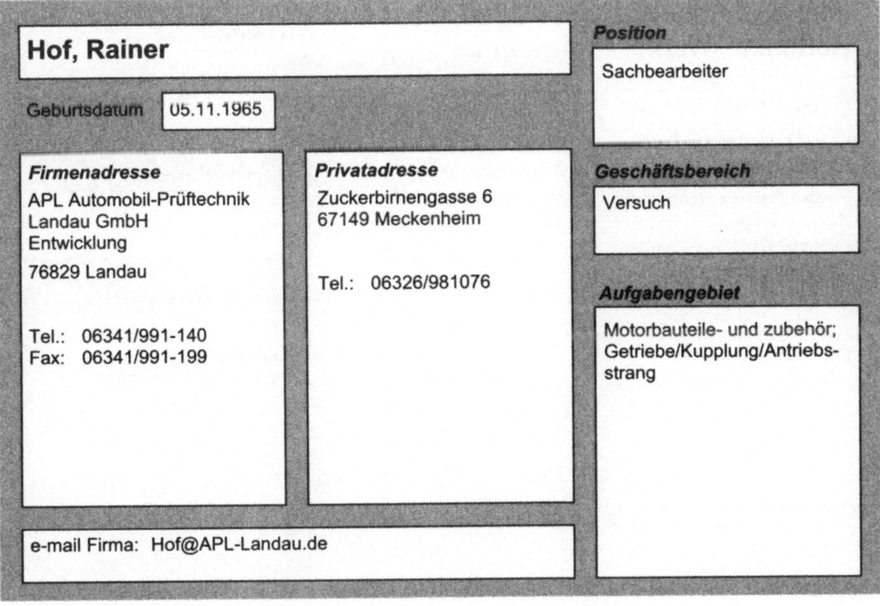

Hof, Rainer

Geburtsdatum   05.11.1965

Firmenadresse
APL Automobil-Prüftechnik
Landau GmbH
Entwicklung
76829 Landau

Tel.:   06341/991-140
Fax: 06341/991-199

Privatadresse
Zuckerbirnengasse 6
67149 Meckenheim

Tel.:   06326/981076

Position
Sachbearbeiter

Geschäftsbereich
Versuch

Aufgabengebiet
Motorbauteile- und zubehör;
Getriebe/Kupplung/Antriebs-
strang

e-mail Firma: Hof@APL-Landau.de

Hoffmann, Christian Dr.-Ing.

Geburtsdatum 28.12.1961

Position

Sachbearbeiter

Firmenadresse

GETRAG Getriebe- und
Zahnradfabrik,
Hermann Hagenmeyer
GmbH & Cie. ELP285
Solitudeallee 24

71636 Ludwigsburg

Tel.: 07141/994-238
Fax: 07141/994-682

Privatadresse

Frankfurter Str. 45
70376 Stuttgart

Tel.: 0711/544185

Geschäftsbereich

Konstruktion

Aufgabengebiet

Getriebe/Kupplung/Antriebs-
strang

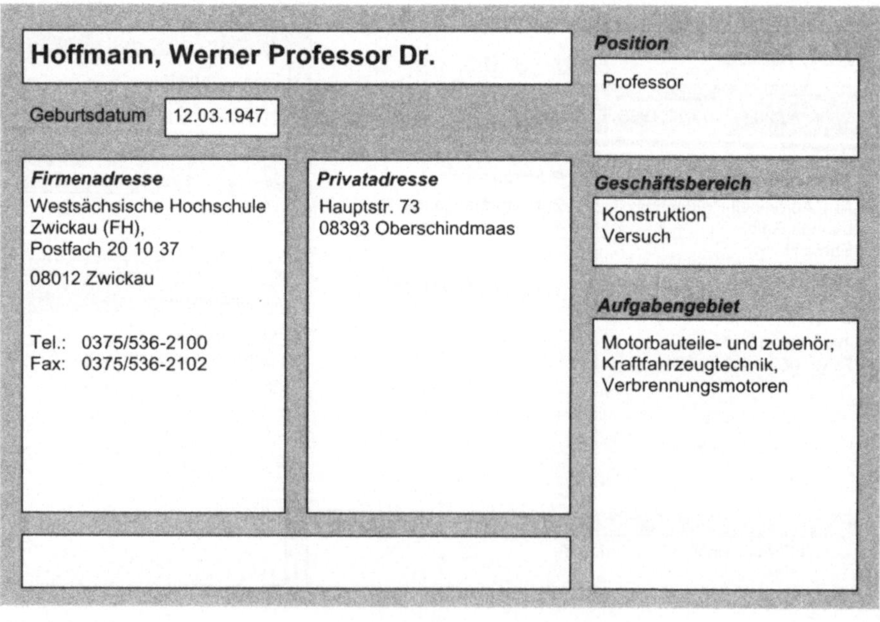

Hoffmann, Werner Professor Dr.

Geburtsdatum 12.03.1947

Position

Professor

Firmenadresse

Westsächsische Hochschule
Zwickau (FH),
Postfach 20 10 37

08012 Zwickau

Tel.: 0375/536-2100
Fax: 0375/536-2102

Privatadresse

Hauptstr. 73
08393 Oberschindmaas

Geschäftsbereich

Konstruktion
Versuch

Aufgabengebiet

Motorbauteile- und zubehör;
Kraftfahrzeugtechnik,
Verbrennungsmotoren

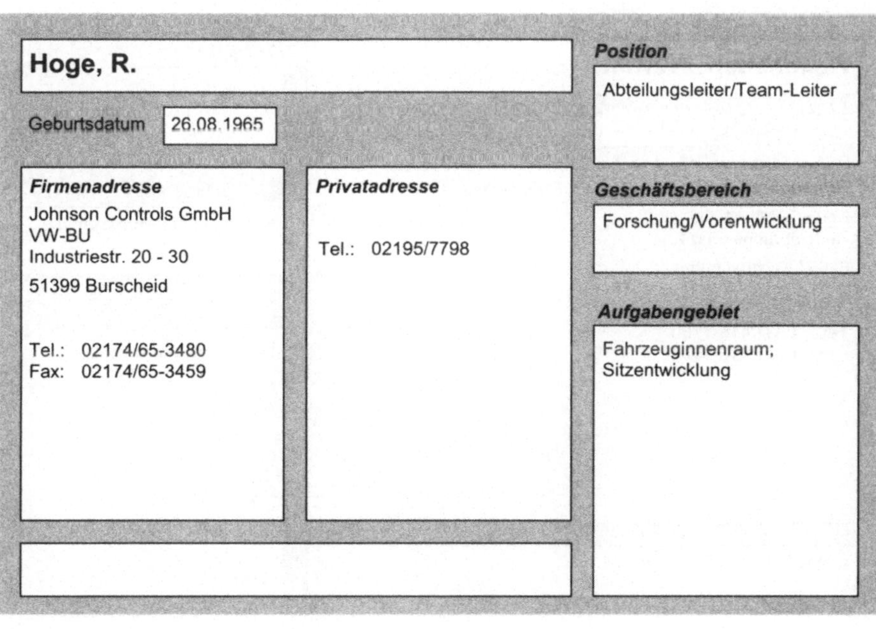

Hofmann, Jens Dr.

Geburtsdatum   02.05.1949

Firmenadresse
AUDI AG
Ltg. Entwicklung
Türen/Klappen/Dachsysteme
85002 Ingolstadt

Tel.:   0841/89-33781
Funk: 0172 9263481
Fax: 0841/89-37730

Privatadresse
Rehsteig 28
85101 Lenting

Tel.:   08456/1881

Position
Abteilungsleiter/Team-Leiter

Geschäftsbereich
Konstruktion

Aufgabengebiet
Karosserie-Anbauteile,
Entwicklung Türen,
Frontklappen, Heckklappen,
Dachsysteme

e-mail Firma: JENS.HOFMANN@Audi.de
e-mail Privat: Hofmann-Lenting@T-online.de

Hoge, R.

Geburtsdatum   26.08.1965

Firmenadresse
Johnson Controls GmbH
VW-BU
Industriestr. 20 - 30
51399 Burscheid

Tel.:   02174/65-3480
Fax: 02174/65-3459

Privatadresse

Tel.:   02195/7798

Position
Abteilungsleiter/Team-Leiter

Geschäftsbereich
Forschung/Vorentwicklung

Aufgabengebiet
Fahrzeuginnenraum;
Sitzentwicklung

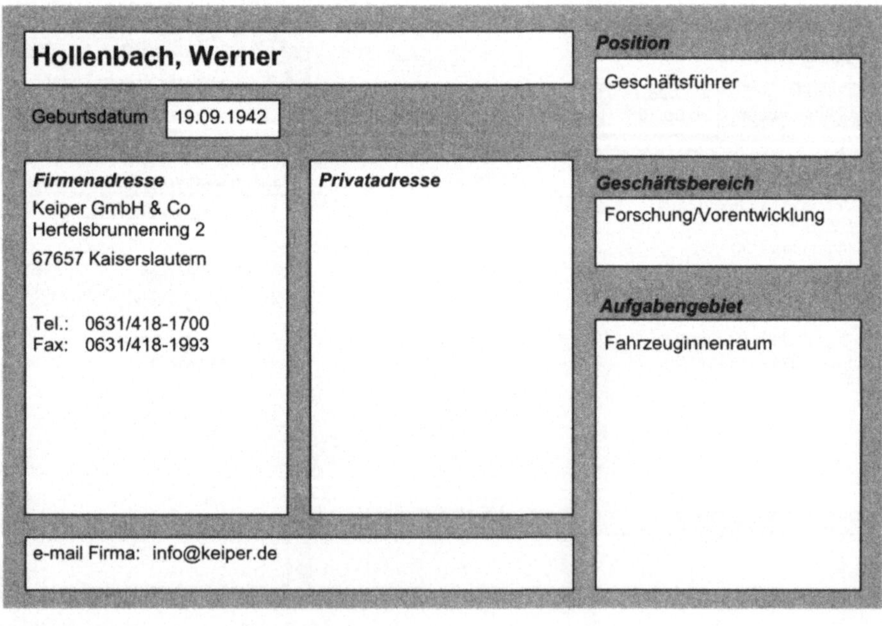

Holdmann, Peter Dipl.-Ing.

Geburtsdatum 20.04.1969

Firmenadresse

RWTH Aachen (IKA)
Institut für Kraftfahrwesen
Aachen
Entwicklung
Steinbachstr. 10

52074 Aachen

Tel.: 0241/80-5611
Funk: 0172 2034969
Fax: 0241/8888-147

Privatadresse

Lousbergstr. 61
52072 Aachen

Tel.: 0241/154734

e-mail Firma: holdmann@ika.rwth-aachen.de

Position

Geschäftsbereichsleiter
Fahrwerk

Geschäftsbereich

Forschung/Vorentwicklung
Konstruktion

Aufgabengebiet

Radaufhängung; Räder,
Reifen; Achsen; Lenkung;
Federung und Dämpfung;
Akquisition, Durchführung von
F&E Projekten im
Geschäftsbereich Fahrwerk

Hollenbach, Werner

Geburtsdatum 19.09.1942

Firmenadresse

Keiper GmbH & Co
Hertelsbrunnenring 2

67657 Kaiserslautern

Tel.: 0631/418-1700
Fax: 0631/418-1993

Privatadresse

e-mail Firma: info@keiper.de

Position

Geschäftsführer

Geschäftsbereich

Forschung/Vorentwicklung

Aufgabengebiet

Fahrzeuginnenraum

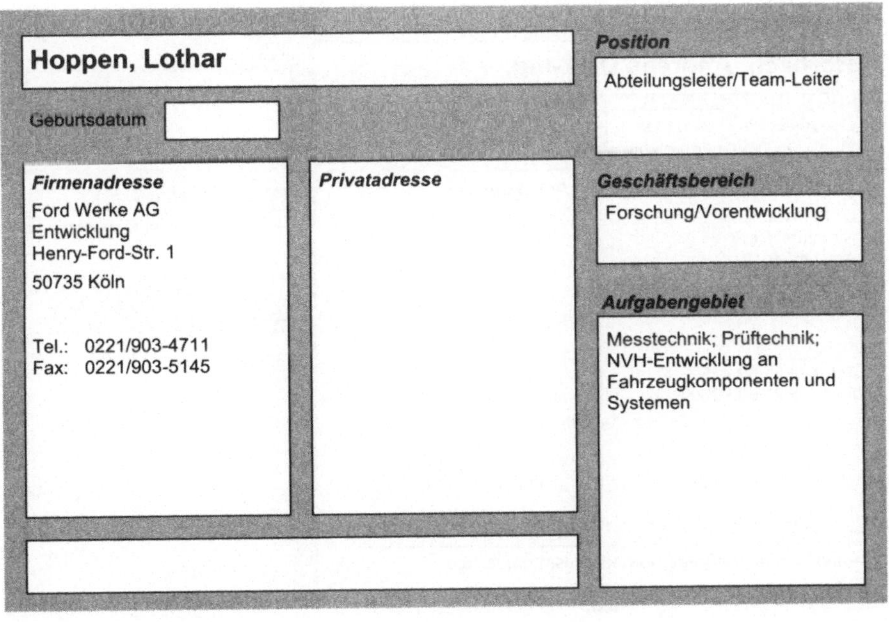

Hoock, Reinhard Dipl.-Ing.

Geburtsdatum 16.04.1959

Position
Referent

Firmenadresse
BMW AG
Abt. W-6
80788 München

Tel.:   089/382-12254
Fax: 089/382-12255

Privatadresse
Jürgen-Schumann-Str. 21 A
84034 Landshut

Tel.:   0871/68971

Geschäftsbereich
Forschung/Vorentwicklung

Aufgabengebiet
Steuerung von
Materialkreisläufen, F+E
Recyclingkonzept,
Strategische Umsetzung von
Gesetzen, Politische
Kommunikation

e-mail Firma: Reinhard.Hoock@BMW.DE

Hoppen, Lothar

Geburtsdatum

Position
Abteilungsleiter/Team-Leiter

Firmenadresse
Ford Werke AG
Entwicklung
Henry-Ford-Str. 1
50735 Köln

Tel.:   0221/903-4711
Fax: 0221/903-5145

Privatadresse

Geschäftsbereich
Forschung/Vorentwicklung

Aufgabengebiet
Messtechnik; Prüftechnik;
NVH-Entwicklung an
Fahrzeugkomponenten und
Systemen

Hora, Pavel

Geburtsdatum | 30.05.1941

Position

Leiter Fachgebiet

Firmenadresse

DaimlerChrysler AG
Zentrale Werkstofftechnik
H 120

70327 Stuttgart

Tel.: 0711/17-55105
Fax: 0711/17-55592

Privatadresse

Im Haldenrain 98
70806 Kornwestheim

Tel.: 07154/22839
Funk: 0172 4001290
Fax: 07154/22839

Geschäftsbereich

Forschung/Vorentwicklung

Aufgabengebiet

Motorbauteile- und zubehör;
Qualitätsmanagement;
Federung und Dämpfung;
Werkstofftechnik, Motorenteile
aus Stahl, Federn,
Stabilisatoren, Hochwarmfeste
Werkstoffe, Rationalisierung

e-mail Firma: Pavel.Hora@daimlerchrysler.com

Horbach, Andreas Dipl.-Ing.

Geburtsdatum | 24.04.1963

Position

Techn. Service Manager

Firmenadresse

DSM BASF
Structural Resins
Abt. DBSR-U508
Carl-Bosch-Str.

67056 Ludwigshafen

Tel.: 0621/60-42523
Fax: 0621/60-92691

Privatadresse

Geschäftsbereich

Forschung/Vorentwicklung

Aufgabengebiet

SMC/BMC Entwicklung

e-mail Firma: Andreas.Horbach@dsm-group.com

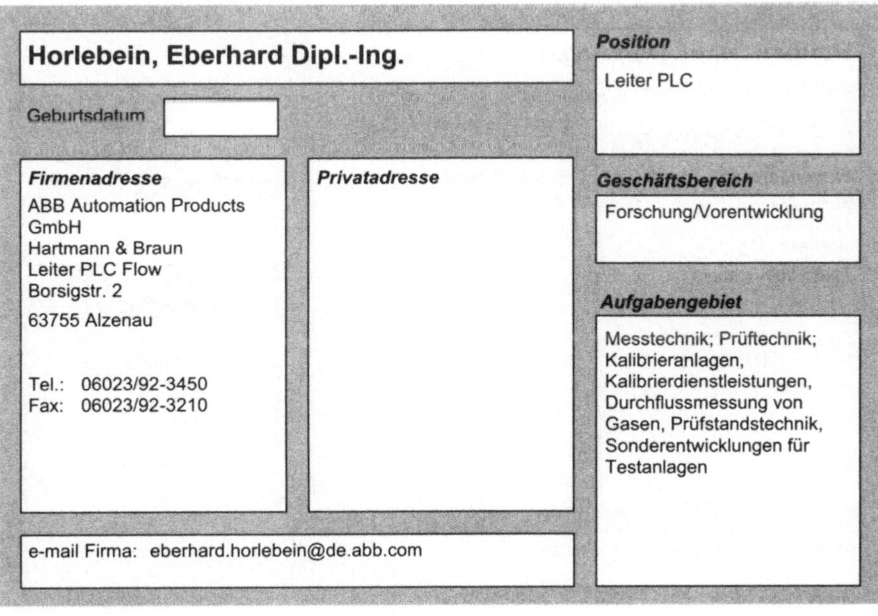

Horch, Eberhard-Josef Dr.-Ing.

Geburtsdatum   08.03.1943

Position
Assistent der Institutsleitung

Firmenadresse
Institut f.
Verbrennungsmotoren
und Kraftfahrwesen
Universität Stuttgart
Pfaffenwaldring 12
70569 Stuttgart

Tel.:   0711/685-5602
Fax: 0711/685-5710

Privatadresse

Geschäftsbereich
Forschung/Vorentwicklung

Aufgabengebiet
Studienangelegenheiten

e-mail Firma: horch@ivk.uni-stuttgart.de

Horlebein, Eberhard Dipl.-Ing.

Geburtsdatum

Position
Leiter PLC

Firmenadresse
ABB Automation Products
GmbH
Hartmann & Braun
Leiter PLC Flow
Borsigstr. 2
63755 Alzenau

Tel.:   06023/92-3450
Fax: 06023/92-3210

Privatadresse

Geschäftsbereich
Forschung/Vorentwicklung

Aufgabengebiet
Messtechnik; Prüftechnik;
Kalibrieranlagen,
Kalibrierdienstleistungen,
Durchflussmessung von
Gasen, Prüfstandstechnik,
Sonderentwicklungen für
Testanlagen

e-mail Firma: eberhard.horlebein@de.abb.com

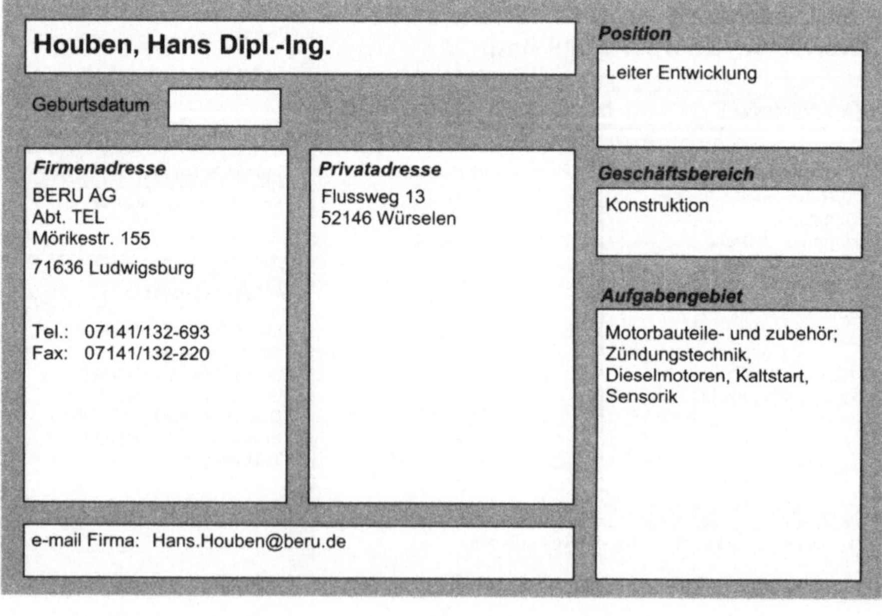

Horst, Stefan

Geburtsdatum

Position
Techn. Angestellter

Firmenadresse
Adam Opel AG
Int. Techn. Development
Center
IPC B1-B1

65423 Rüsselsheim

Tel.:   06142/7-76869
Fax: 06142/7-75875

Privatadresse

Geschäftsbereich
Versuch

Aufgabengebiet
Einspritzung/Elektronik;
Powertrain Dev. EMS &
EmissionsControl

Houben, Hans Dipl.-Ing.

Geburtsdatum

Position
Leiter Entwicklung

Firmenadresse
BERU AG
Abt. TEL
Mörikestr. 155

71636 Ludwigsburg

Tel.:   07141/132-693
Fax: 07141/132-220

Privatadresse
Flussweg 13
52146 Würselen

Geschäftsbereich
Konstruktion

Aufgabengebiet
Motorbauteile- und zubehör;
Zündungstechnik,
Dieselmotoren, Kaltstart,
Sensorik

e-mail Firma: Hans.Houben@beru.de

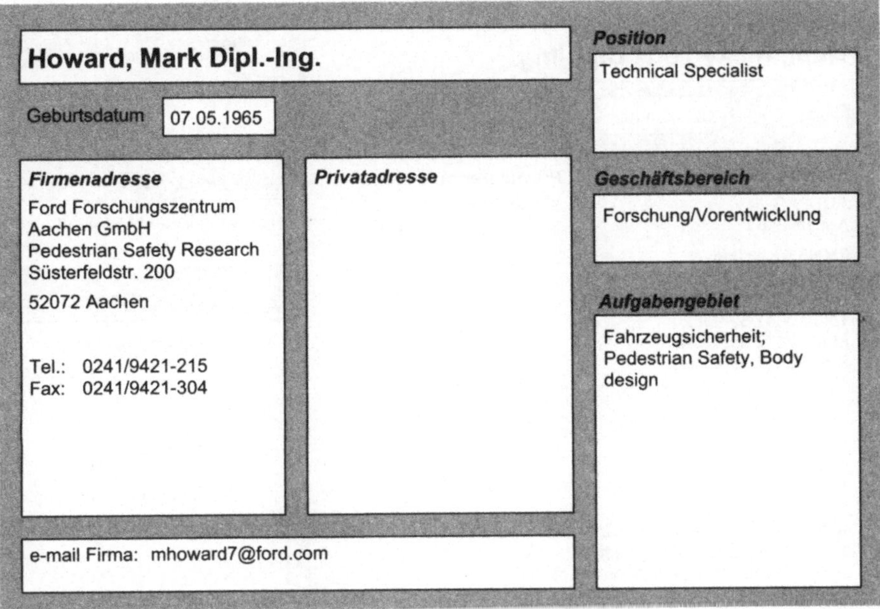
Howard, Mark Dipl.-Ing.
Geburtsdatum 07.05.1965
Firmenadresse
Ford Forschungszentrum
Aachen GmbH
Pedestrian Safety Research
Süsterfeldstr. 200
52072 Aachen
Tel.: 0241/9421-215
Fax: 0241/9421-304
Privatadresse
e-mail Firma: mhoward7@ford.com
Position
Technical Specialist
Geschäftsbereich
Forschung/Vorentwicklung
Aufgabengebiet
Fahrzeugsicherheit;
Pedestrian Safety, Body
design

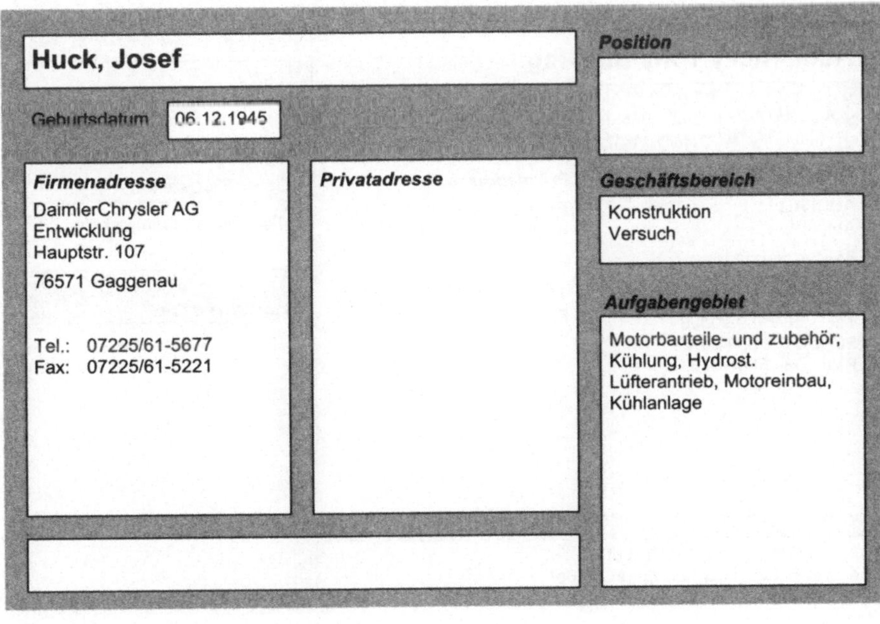
Huck, Josef
Geburtsdatum 06.12.1945
Firmenadresse
DaimlerChrysler AG
Entwicklung
Hauptstr. 107
76571 Gaggenau
Tel.: 07225/61-5677
Fax: 07225/61-5221
Privatadresse
Position
Geschäftsbereich
Konstruktion
Versuch
Aufgabengebiet
Motorbauteile- und zubehör;
Kühlung, Hydrost.
Lüfterantrieb, Motoreinbau,
Kühlanlage

Hudi, Ricky Tony Dipl.-Ing.

Geburtsdatum | 02.05.1968

Position

Leiter

Firmenadresse

AUDI AG
Abt. I/EE-V

85045 Ingolstadt

Tel.:   0841/89-90020
Funk: 0172 8894824
Fax: 0841/89-90483

Privatadresse

Bergstr. 14
85092 Kösching/Kasing

Tel.:   08404/1588
Funk: 0172 8894824

Geschäftsbereich

Forschung/Vorentwicklung

Aufgabengebiet

Kommunikation - Navigation

e-mail Firma: ricky.hudi@audi.de
e-mail Privat: ricky.hudi@t-online.de

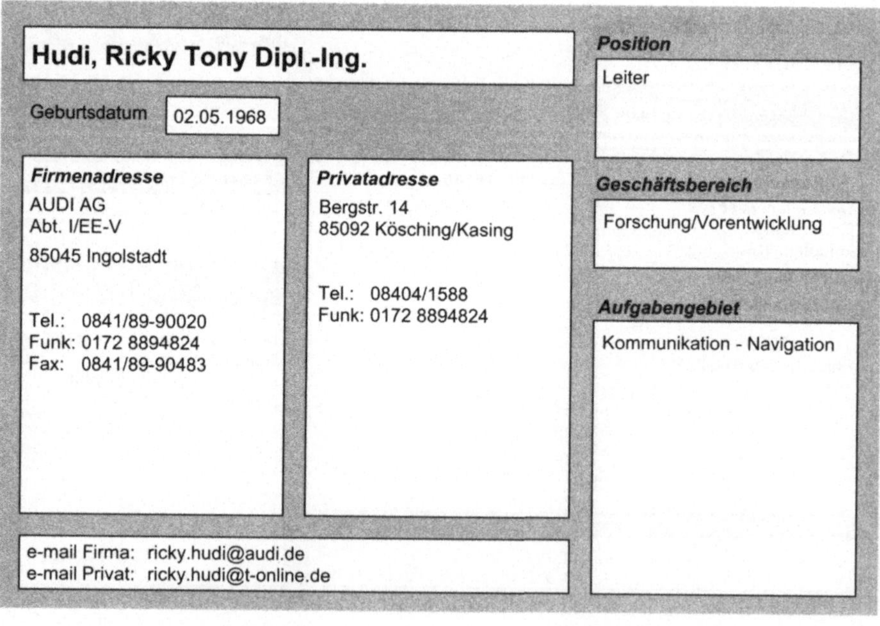

Hudi, Ricky Tony Dipl.-Ing.

Geburtsdatum | 02.05.1968

Position

Leiter

Firmenadresse

AUDI AG
Abt. I/EE-V

85045 Ingolstadt

Tel.:   0841/89-90020
Funk: 0172 8894824
Fax: 0841/89-90483

Privatadresse

Bergstr. 14
85092 Kösching/Kasing

Tel.:   08404/1588
Funk: 0172 8894824

Geschäftsbereich

Forschung/Vorentwicklung

Aufgabengebiet

Kommunikation - Navigation

e-mail Firma: ricky.hudi@audi.de
e-mail Privat: ricky.hudi@t-online.de

Huhn, Hartmut

Geburtsdatum 31.03.1953

Position

Entwicklungsleiter

Firmenadresse

SACHS Fahrzeug und
Motorentechnik GmbH
- Technik und Forschung -
Nopitschstr. 70

90441 Nürnberg

Tel.: 0911/4231-215
Funk: 0172 8137 287
Fax: 0911/4231-214

Privatadresse

Channs 2
97340 Marktbreit

Tel.: 09332/9966
Funk: 0172 8137287
Fax: 0931/52229

Geschäftsbereich

Forschung/Vorentwicklung
Konstruktion

Aufgabengebiet

Motorbauteile- und zubehör;
Betriebsstoffe;
Gemischbildung/Verbrennung;
Einspritzung/Elektronik;
Getriebe/Kupplung/Antriebs-
strang; Radaufhängung;
Achsen; Räder, Reifen;
Lenkung; Federung und
Dämpfung; Bremsen;
Rahmen; Beleuchtung;
Oberflächenschutz;
Aerodynamik; Einkauf

e-mail Firma: SFM.MEK.@T-online.de

Huinink, Heinrich Dipl.-Ing.

Geburtsdatum 11.01.1938

Position

Leiter Forschung und
Prozesstechnologie

Firmenadresse

Continental AG
Strategie Tire Technology
Research
and Process Development
Postfach 169

30001 Hannover

Tel.: 0511/976-3504
Fax: 0511/976-3521

Privatadresse

Geschäftsbereich

Forschung/Vorentwicklung

Aufgabengebiet

Räder, Reifen

e-mail Firma: heinrich.huinink@conti.de

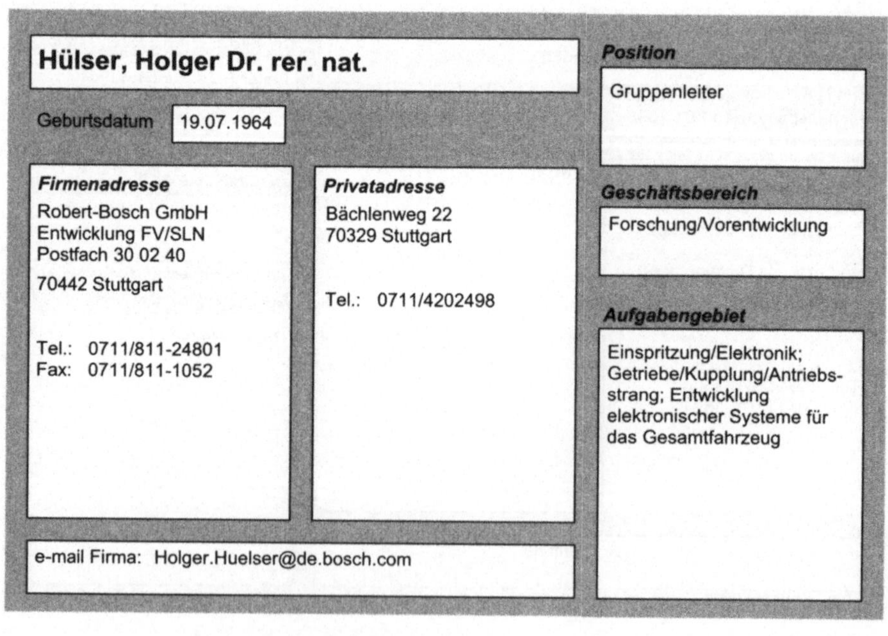

Hülsen, von, Wolfram Dr.

Geburtsdatum   15.06.1960

Position
Gruppenleiter

Firmenadresse
Robert Bosch GmbH
Abt. K5/EMD
Wernerstr. 51
70469 Stuttgart

Tel.:   0711/811-5517
Fax: 0711/811-265517

Privatadresse
Wielandstr. 4
70806 Kornwestheim

Tel.:   07154/22057
Fax: 07154/22057

Geschäftsbereich
Versuch

Aufgabengebiet
Prüftechnik;
Erzeugnisprüftechnik Diesel-
Einspritzsysteme

e-mail Firma: Wolfram.vonHuelsen@de.bosch.com

Hülser, Holger Dr. rer. nat.

Geburtsdatum   19.07.1964

Position
Gruppenleiter

Firmenadresse
Robert-Bosch GmbH
Entwicklung FV/SLN
Postfach 30 02 40
70442 Stuttgart

Tel.:   0711/811-24801
Fax: 0711/811-1052

Privatadresse
Bächlenweg 22
70329 Stuttgart

Tel.:   0711/4202498

Geschäftsbereich
Forschung/Vorentwicklung

Aufgabengebiet
Einspritzung/Elektronik;
Getriebe/Kupplung/Antriebs-
strang; Entwicklung
elektronischer Systeme für
das Gesamtfahrzeug

e-mail Firma: Holger.Huelser@de.bosch.com

Huß, Christoph Dipl.-Ing.

Geburtsdatum   09.10.1955

Position

Beauftragter des Vorstands für Verkehr und Umwelt

Firmenadresse

BMW AG
W-2
Hufelandstr. 6

80788 München

Tel.:   089/382-43405
Funk: 0171 3393171
Fax: 089/382-44861

Privatadresse

Geschäftsbereich

Forschung/Vorentwicklung

Aufgabengebiet

Verkehr und Umwelt

e-mail Firma: christoph.huss@bmw.de

Hutmacher, Rolf Dipl.-Ing.

Geburtsdatum   05.07.1955

Position

Fachfunktion

Firmenadresse

DaimlerChrysler AG
Entwicklung
Postfach

70546 Stuttgart

Tel.:   0711/17-50096
Fax: 0711/17-55821

Privatadresse

Frankenstr. 7
73630 Remshalden

Tel.:   07151/74263

Geschäftsbereich

Forschung/Vorentwicklung

Aufgabengebiet

Gemischbildung/Verbrennung;
Messtechnik;
Verbrennungsentwicklung
schwerer NFZ-Motoren

e-mail Firma: rolf.hutmacher@daimlerchrysler.com

Huttner, Hans Dipl. Ing. FH

Geburtsdatum

Position

Techn. Leitung

Geschäftsbereich

Konstruktion

Aufgabengebiet

Lenkung; Lenkungen für Holztransportfahrzeuge in Sattelaufliegern und Nachläufern

Firmenadresse

Huttner
Fahrzeugbau GmbH
Technik
Justus-von-Liebig-Str. 7

86899 Landsberg/L.

Tel.:   08191/911920
Fax: 08191/9119233

Privatadresse

Ina, Stefan Dipl.-Ing.

Geburtsdatum   25.02.1965

Position

Fachreferent

Geschäftsbereich

Konstruktion

Aufgabengebiet

Karosseriekonstruktion,
Sonderaufgaben,
Projektverfolgung

Firmenadresse

Volkswagen Nutzfahrzeuge
Nutzfahrzeug-
Karosserieentwicklung
Brieffach 1736

38436 Wolfsburg

Tel.:   05361/9-34986
Fax: 05361/9-72916

Privatadresse

Fasanenweg 16
38553 Wasbüttel

Tel.:   05374/66452

e-mail Firma: stefan.Ina@Volkswagen.de

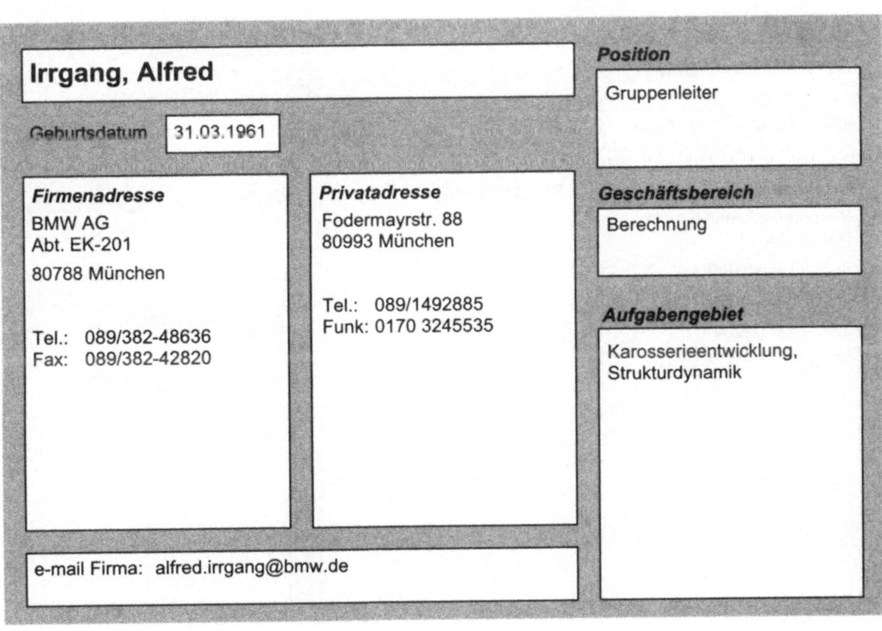

Indra, Fritz Professor Dr.

Geburtsdatum   22.03.1940

Firmenadresse

GM Powertrain
Advanced Engineering
Adam Opel AG PKZ 80-10

65423 Rüsselsheim

Tel.:   06142/7-76445
Fax: 06142/7-78728

Privatadresse

e-mail Firma: fritz.Indra@de.opel.com

Position

Geschäftsbereichsleiter,Direkt
Direktor

Geschäftsbereich

Forschung/Vorentwicklung

Aufgabengebiet

Motorbauteile- und zubehör;
Betriebsstoffe;
Gemischbildung/Verbrennung;
Einspritzung/Elektronik;
Getriebe/Kupplung/Antriebs-
strang; Entwicklung neuer
Motoren und Getriebe sowie
begleitender Technologien

Irrgang, Alfred

Geburtsdatum   31.03.1961

Firmenadresse

BMW AG
Abt. EK-201

80788 München

Tel.:   089/382-48636
Fax: 089/382-42820

Privatadresse

Fodermayrstr. 88
80993 München

Tel.:   089/1492885
Funk: 0170 3245535

e-mail Firma: alfred.irrgang@bmw.de

Position

Gruppenleiter

Geschäftsbereich

Berechnung

Aufgabengebiet

Karosserieentwicklung,
Strukturdynamik

Isermann, Rolf Professor Dr.-Ing.

Position

Institutsleiter

Geburtsdatum 20.08.1938

Firmenadresse

TU Darmstadt
Institut für Automatisierungs-
technik
Landgraf-Georg-Str. 4

64289 Darmstadt

Tel.: 06151/16-2114
Fax: 06151/293445

Privatadresse

Geschäftsbereich

Forschung/Vorentwicklung

Aufgabengebiet

Gemischbildung/Verbrennung;
Getriebe/Kupplung/Antriebs-
strang;
Einspritzung/Elektronik;
Radaufhängung; Achsen;
Federung und Dämpfung;
Bremsen; Sensorik -
Aktuatorik; Messtechnik;
Prüftechnik; Steuerung,
Regelung, Diagnose

e-mail Firma: risermann@iat.tu-darmstadt

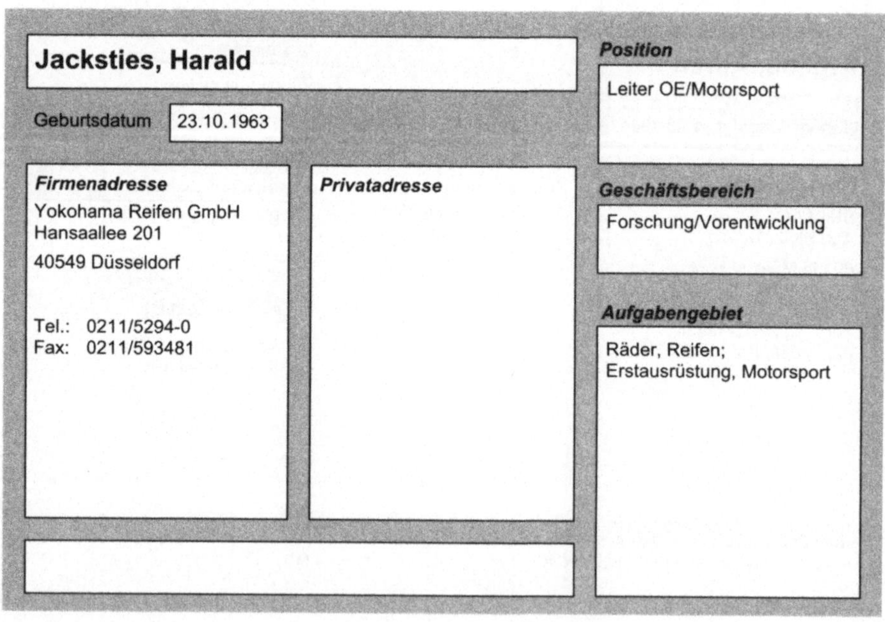

Jacksties, Harald

Position

Leiter OE/Motorsport

Geburtsdatum 23.10.1963

Firmenadresse

Yokohama Reifen GmbH
Hansaallee 201

40549 Düsseldorf

Tel.: 0211/5294-0
Fax: 0211/593481

Privatadresse

Geschäftsbereich

Forschung/Vorentwicklung

Aufgabengebiet

Räder, Reifen;
Erstausrüstung, Motorsport

Jacob, Eberhard Dr. rer. nat.

Geburtsdatum 03.01.1940

Position
Projektleiter

Firmenadresse
MAN Nutzfahrzeuge AG
Motorenforschung und -
vorentwicklung
Vogelweiherstr. 33

90441 Nürnberg

Tel.: 0911/4201278
Fax: 0911/4201950

Privatadresse
Karwendelstr. 25
82152 Krailling

Tel.: 089/89500002
Funk: 0170 2806739
Fax: 089/8575842

Geschäftsbereich
Forschung/Vorentwicklung

Aufgabengebiet
Abgasnachbehandlung, CO-
KAT-Systeme, neue
Abgasmesstechnik

e-mail Firma: Eberhard_Jacob@mn.man.de

Jacobi, W. Dr.

Geburtsdatum

Position

Firmenadresse
ODU-Steckverbindungs-
Systeme GmbH & Co KG
Postfach 2 69

84444 Mühldorf/Inn

Tel.: 08631/6156-0
Fax: 08631/6156-49

Privatadresse

Geschäftsbereich
Konstruktion

Aufgabengebiet
Messtechnik; Prüftechnik

e-mail Firma: zentrale@odu.de

Jacque, Etienne Dipl.-Ing.

Geburtsdatum   21.02.1966

Position

Engineering Manager

Firmenadresse

DELPHI
Automotive Systems
Entwicklung
Avenue de Luxembourg

4940 Bascharage
Luxembourg

Tel.:   +352 5018/3360
Funk: +352 091619287
Fax: +352 5018/5600

Privatadresse

Tel.:   +352 519287
Funk: +352 091619287

e-mail Firma: etienne.jacque@delphiauto.com

Geschäftsbereich

Forschung/Vorentwicklung
Konstruktion

Aufgabengebiet

Motorbauteile- und zubehör;
Serienentwicklung,
Abgassysteme,
Abgasnachbehandlung

Jaeger, M. Dipl.-Ing.

Geburtsdatum   27.10.1967

Position

Oberingenieur

Firmenadresse

RWTH Aachen
ika
Institut für Kraftfahrwesen
Aachen
Steinbachstr. 10

52074 Aachen

Tel.:   0241/805620
Funk: 0171 4201893
Fax: 0241/8888-147

Privatadresse

Weidenweg 10
52074 Aachen

Tel.:   0241/82241

e-mail Firma: jaeger@ika.rwth-aachen.de

Geschäftsbereich

Forschung/Vorentwicklung

Aufgabengebiet

Getriebe/Kupplung/Antriebs-
strang; Achsen;
Radaufhängung; Räder,
Reifen; Lenkung; Federung
und Dämpfung; Bremsen;
Fahrzeuginnenraum;
Fahrzeugsicherheit;
Produktmanagement, Mitglied
der Institutsleitung, Beratung
in den Bereichen
Produktstrategien und
innovative Werkstoffe

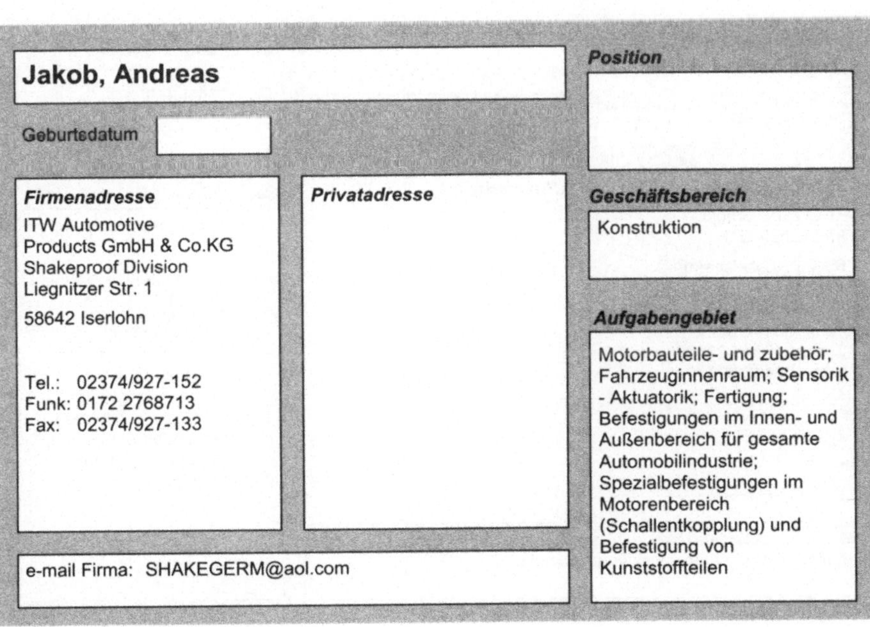

Jain, Gordo Dr.-Ing.

Position

Geburtsdatum 25.02.1960

Geschäftsbereich

Forschung/Vorentwicklung

Firmenadresse

Bundesministerium für
Umwelt, Naturschutz und
Reaktorsicherheit
Postfach 12 06 29

53048 Bonn

Tel.:   0228/305-2436
Fax: 0228/305-3335

Privatadresse

Von Kügelgenstr. 3
53125 Bonn

Tel.:   0228/298346
Fax: 0228/298346

Aufgabengebiet

Abgasgesetzgebung,
Abgasminderungstechnik,
Europäische Gesetzgebung,
Luftreinhaltung im Verkehr

e-mail Firma: Jain.Gordo@bmu.de

Jakob, Andreas

Position

Geburtsdatum

Geschäftsbereich

Konstruktion

Firmenadresse

ITW Automotive
Products GmbH & Co.KG
Shakeproof Division
Liegnitzer Str. 1

58642 Iserlohn

Tel.:   02374/927-152
Funk: 0172 2768713
Fax: 02374/927-133

Privatadresse

Aufgabengebiet

Motorbauteile- und zubehör;
Fahrzeuginnenraum; Sensorik
- Aktuatorik; Fertigung;
Befestigungen im Innen- und
Außenbereich für gesamte
Automobilindustrie;
Spezialbefestigungen im
Motorenbereich
(Schallentkopplung) und
Befestigung von
Kunststoffteilen

e-mail Firma: SHAKEGERM@aol.com

Janach, Walter Professor Dr.-Ing.

Geburtsdatum 01.10.1939

Firmenadresse

Fachhochschule
Zentralschweiz
Technikumsstr. 21

6048 Horw
Schweiz

Tel.: +41 41/349-3311
Fax: +41 41/349-3960

Privatadresse

Stegenhalde 14
6048 Horw
Schweiz

Tel.: +41 41/3401693

e-mail Firma: wjanach@hta.fhz.ch

Position

Laborleiter

Geschäftsbereich

Forschung/Vorentwicklung

Aufgabengebiet

Gemischbildung/Verbrennung;
Einspritzung/Elektronik;
Leichtbau, Dozent und
Laborleiter Thermische
Maschinen

Jankowski, Udo

Geburtsdatum 27.04.1967

Firmenadresse

TECOSIM GmbH
Im Fuchsfeld 3

65428 Rüsselsheim

Tel.: 06142/827218
Funk: 0172 6523169
Fax: 06142/827224

Privatadresse

Tel.: 0611/5900486
Funk: 0172 6523169

e-mail Firma: UJankowski@tecosim.de

Position

Geschäftsführer

Geschäftsbereich

Forschung/Vorentwicklung

Aufgabengebiet

Motorbauteile- und zubehör;
Fahrzeuginnenraum;
Getriebe/Kupplung/Antriebs-
strang; Fahrzeugsicherheit;
Crash-Insassen-Simulation,
CFD, Statik und Dynamik
Optimierung

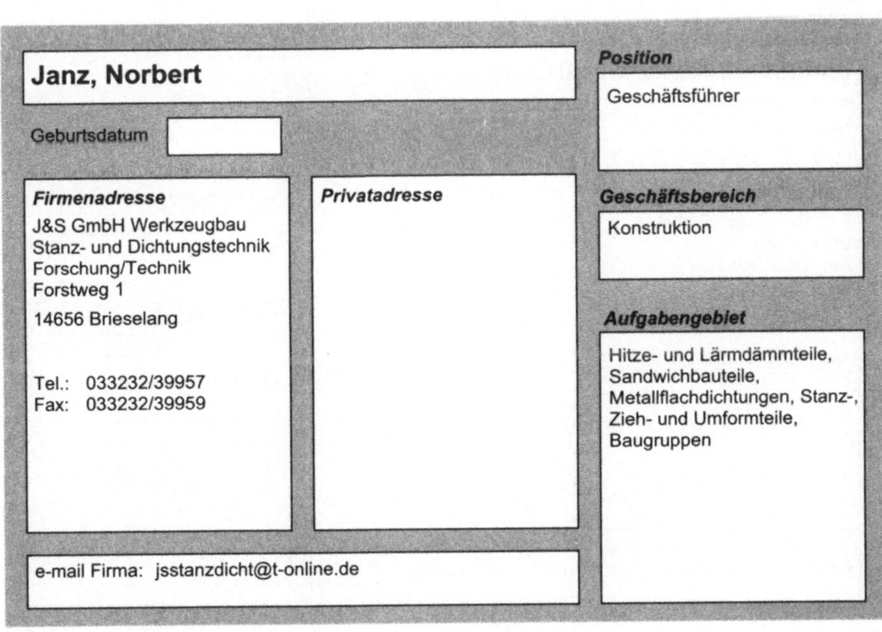

Janocha, H. Professor

Geburtsdatum

Position
Lehrstuhlleiter

Firmenadresse
Universität des Saarlandes
Lehrstuhl für
Prozeßautomati-
sierung - Gebäude 13
Postfach 15 11 50
66041 Saarbrücken

Tel.:   0681/302-2880
Fax: 0681/302-2678

Privatadresse
Nußbaumstr. 60
66121 Saarbrücken

Geschäftsbereich
Forschung/Vorentwicklung

Aufgabengebiet
Sensorik - Aktuatorik;
Sensoren, Aktoren, speziell:
mechatronische/
adaptronische Systeme

e-mail Firma: janocha@lpa.uni-sb.de

Janz, Norbert

Geburtsdatum

Position
Geschäftsführer

Firmenadresse
J&S GmbH Werkzeugbau
Stanz- und Dichtungstechnik
Forschung/Technik
Forstweg 1
14656 Brieselang

Tel.:   033232/39957
Fax: 033232/39959

Privatadresse

Geschäftsbereich
Konstruktion

Aufgabengebiet
Hitze- und Lärmdämmteile,
Sandwichbauteile,
Metallflachdichtungen, Stanz-,
Zieh- und Umformteile,
Baugruppen

e-mail Firma: jsstanzdicht@t-online.de

Jaschkowitz, Peter

Geburtsdatum

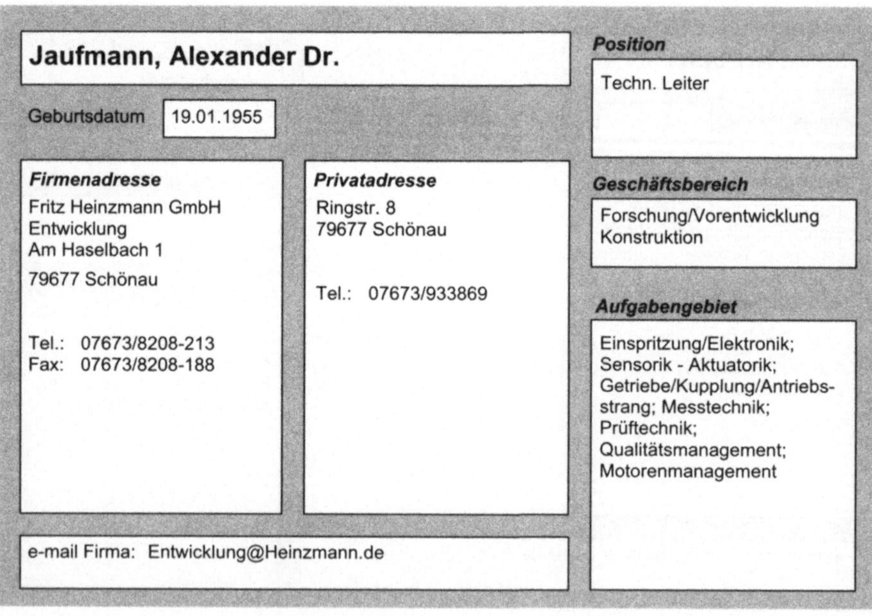

Position

Geschäftsführer

Geschäftsbereich

Forschung/Vorentwicklung

Aufgabengebiet

Beleuchtung; Glühlampen

Firmenadresse

Glühlampenwerk am
Trifels GmbH & Co KG
Postfach 12 20

76850 Annweiler/Pfalz

Tel.:   06346/9621-0
Fax: 06346/9621-96

Privatadresse

e-mail Firma: trifa@t-online.de

Jaufmann, Alexander Dr.

Geburtsdatum   19.01.1955

Position

Techn. Leiter

Geschäftsbereich

Forschung/Vorentwicklung
Konstruktion

Firmenadresse

Fritz Heinzmann GmbH
Entwicklung
Am Haselbach 1

79677 Schönau

Tel.:   07673/8208-213
Fax: 07673/8208-188

Privatadresse

Ringstr. 8
79677 Schönau

Tel.:   07673/933869

Aufgabengebiet

Einspritzung/Elektronik;
Sensorik - Aktuatorik;
Getriebe/Kupplung/Antriebs-
strang; Messtechnik;
Prüftechnik;
Qualitätsmanagement;
Motorenmanagement

e-mail Firma: Entwicklung@Heinzmann.de

Jendritza, Daniel Dr.-Ing.

Geburtsdatum 21.12.1961

Position

Abteilungsleiter
Manager Entwicklung

Firmenadresse

Kiekert AG
Leiter der
Elektronikentwicklung
Abt. EK-E

42577 Heiligenhaus

Tel.:   02056/15-6718
Fax: 02056/15-735

Privatadresse

Neuhofsweg 16
47829 Krefeld

Tel.:   02151/474944
Funk: 0172 2942963

Geschäftsbereich

Forschung/Vorentwicklung

Aufgabengebiet

Beleuchtung; Sensorik -
Aktuatorik; Under-the-hood
Electronic, Technologie
Aufbau- und Verbindungs-
technik, Mechatronik, Licht-
maschinenregler, 42-Volt-
Applikationen; Fahrzeug-
sicherheit; Messtechnik;
Kommunikation - Navigation

e-mail Firma: daniel.jendritza@kiekert.de

Jorach, Rainer Werner Dr.-Ing.

Geburtsdatum 01.11.1962

Position

Abteilungsleiter/Team-Leiter

Firmenadresse

Daimler Chrysler AG
Abt. FT1/MN HPC:G203

70546 Stuttgart

Tel.:   0711/17-21315
Funk: 0171 4339804
Fax: 0711/17-51524

Privatadresse

Hegelstr. 9
71686 Remseck am Neckar

Tel.:   07146/880591

Geschäftsbereich

Forschung/Vorentwicklung

Aufgabengebiet

Motorbauteile- und zubehör;
Einspritzung/Elektronik;
Gemischbildung/Verbrennung;
Prüftechnik; Nfz-
Motorenversuch:
Thermodynamik,
Verbrennung, Einspritzung,
Mechanik, Radionuklid

e-mail Firma: rainer.jorach@daimlerchrysler.com

Jörns, Jens

Geburtsdatum

Position

Sachbearbeiter

Firmenadresse

KNECHT
Filterwerke GmbH
Entwicklung
Pragstr. 54

70376 Stuttgart

Tel.: 0711/5063-0
Fax: 0711/5063-345

Privatadresse

Klammweg 44
76149 Karlsruhe

Tel.: 0721/74441

Geschäftsbereich

Versuch

Aufgabengebiet

Motorbauteile- und zubehör;
Ansaugmodule,
Ansaugluftvorwärmer,
Wartungsanzeiger

e-mail Firma: Jens_Joerns@Mahle.com

Jost, Oliver Dipl.-Ing.

Geburtsdatum 13.11.1969

Position

Wissenschaftlicher Mitarbeiter
(Doktorand)

Firmenadresse

TU Darmstadt
Institut f.
Automatisierungstechnik
Landgraf-Georg-Str. 4

64283 Darmstadt

Tel.: 06151/16-3927
Fax: 06151/293445

Privatadresse

Zum Kastell 4
55286 Wörrstadt

Tel.: 06732/2906

Geschäftsbereich

Forschung/Vorentwicklung

Aufgabengebiet

Einspritzung/Elektronik;
Entwicklung,
Motorenmanagement-System,
Dieselmotor, Ottomotor,
Einspritztechnik,
Zylinderdruckauswertung
(Indizierung), Steuerung,
Regelung von VKM,
Neuronale Netze

e-mail Firma: O.Jost@iat.tu-darmstadt.de

Jüllig, Karl

Geburtsdatum   28.03.1940

Firmenadresse
Adam Opel AG
Int. Entwicklungszentrum
IPC 63-00
Bahnhofsplatz
65423 Rüsselsheim

Tel.:   06142/72412
Funk: 0171 2219282
Fax: 06142/71086

Privatadresse
St.-Martin-Str. 9
55278 Dalheim

Tel.:   06249/1445

Position
Executive Direktor

Geschäftsbereich
Forschung/Vorentwicklung
Konstruktion

Aufgabengebiet
Radaufhängung; Räder,
Reifen; Achsen; Lenkung;
Federung und Dämpfung;
Bremsen; Rahmen;
Beleuchtung; Sensorik -
Aktuatorik; Kommunikation -
Navigation;
Oberflächenschutz;
Aerodynamik; Verglasung;
Fahrzeuginnenraum;
Fahrzeugsicherheit; Produkt-
Engineering

Jung, Friedrich Dipl.-Ing.

Geburtsdatum   11.07.1934

Firmenadresse
Metek GmbH
Am Hambuch 18
53340 Meckenheim

Tel.:   02225/9155-0
Fax: 02225/9156-36

Privatadresse
Obere Hohl 16
65620 Waldbrunn-Ellan

Tel.:   06436/6818
Fax: 06436/6818

Position
Geschäftsführender
Gesellschafter

Geschäftsbereich
Forschung/Vorentwicklung

Aufgabengebiet
Bremsen; Entwicklung und
Management

Jung, Peter Dr.

Geburtsdatum 08.03.1941

Firmenadresse

Marquardt GmbH
Geschäftsbereich
Automobilsysteme
Schloßstr. 16

78604 Rietheim-Weilheim

Tel.: 07424/99-1226
Fax: 07424/99-2120

Privatadresse

Calwer Str. 3
72336 Balingen

Tel.: 07433/15817
Fax: 07433/2481

e-mail Firma: Dr.Peter.JUNG@marquardt.de
e-mail Privat: Dr.Peter.Jung@swol.de

Position

Geschäftsführer

Geschäftsbereich

Aufgabengebiet

Sensorik - Aktuatorik;
Fahrzeuginnenraum;
Geschäftsbereichsleitung -
Vertrieb, -Entwicklung, -
Fertigung, -Montage, -
Qualitätstechnik, -
Bedienfelder, -
Fahrberechtigungssysteme, -
Steuerungen

Jung, Wolfgang Dipl. Ing. FH

Geburtsdatum 31.10.1960

Firmenadresse

PERKINS Motoren GmbH
Technik
Postfach 11 80

63797 Kleinostheim

Tel.: 06027/501-0
Funk: 0171 6121118
Fax: 06027/501-124

Privatadresse

An der Hühnerhecke 6 b
63755 Alzenau

Tel.: 06023/993016

e-mail Firma: wjung@Perkins-engines.com

Position

Technischer Leiter

Geschäftsbereich

Konstruktion
Versuch

Aufgabengebiet

Motorbauteile- und zubehör;
Getriebe/Kupplung/Antriebs-
strang;
Einspritzung/Elektronik;
Anwendungstechnik,
Kundendienst, QS

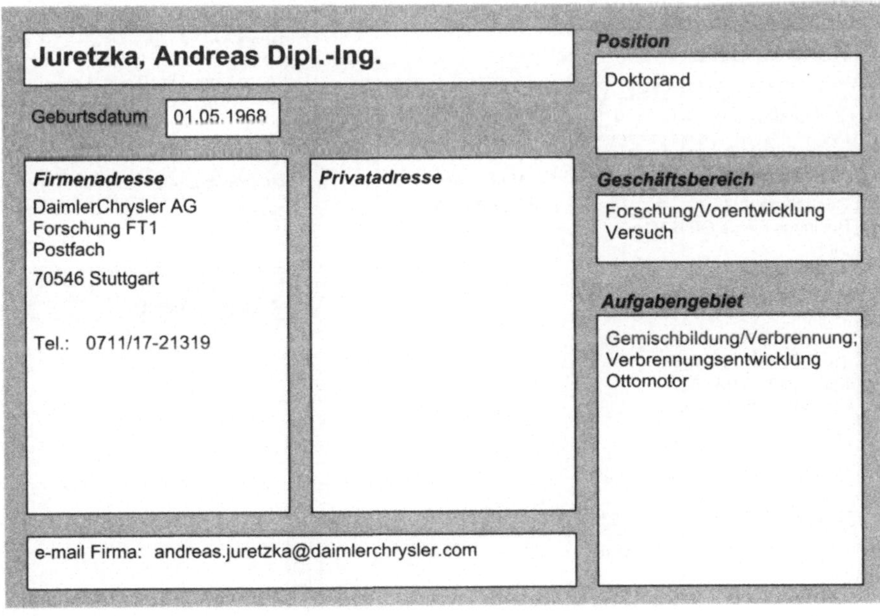

Junker, Heinz Professor Dr.-Ing.

Geburtsdatum

Firmenadresse

MAHLE GmbH
Vorsitzender der
Geschäftsführung
Pragstr. 26 - 46

70376 Stuttgart

Tel.:   0711/501-2350
Fax: 0711/501-2002

Privatadresse

e-mail Firma: prof_heinz_junker@mahle.com

Position

Vorsitzender der Geschäftsführung

Geschäftsbereich

Forschung/Vorentwicklung

Aufgabengebiet

Motorbauteile- und zubehör

Juretzka, Andreas Dipl.-Ing.

Geburtsdatum   01.05.1968

Firmenadresse

DaimlerChrysler AG
Forschung FT1
Postfach

70546 Stuttgart

Tel.:   0711/17-21319

Privatadresse

e-mail Firma: andreas.juretzka@daimlerchrysler.com

Position

Doktorand

Geschäftsbereich

Forschung/Vorentwicklung
Versuch

Aufgabengebiet

Gemischbildung/Verbrennung;
Verbrennungsentwicklung
Ottomotor

Jürgensohn, Thomas Dr.

Geburtsdatum 05.12.1954

Position
Hochschulassistent

Firmenadresse
TU Berlin
ISS-Fahrzeugtechnik
Gustav-Meyer-Allee 25
13355 Berlin

Tel.: 030/31472-991
Fax: 030/31472-505

Privatadresse
Nassauische Str. 9
10717 Berlin

Tel.: 030/8734763

Geschäftsbereich
Forschung/Vorentwicklung

Aufgabengebiet
Modellbildung, Simulation,
Mechatronik, Regelsysteme

e-mail Firma: juergensohn@zmms.tu-berlin.de

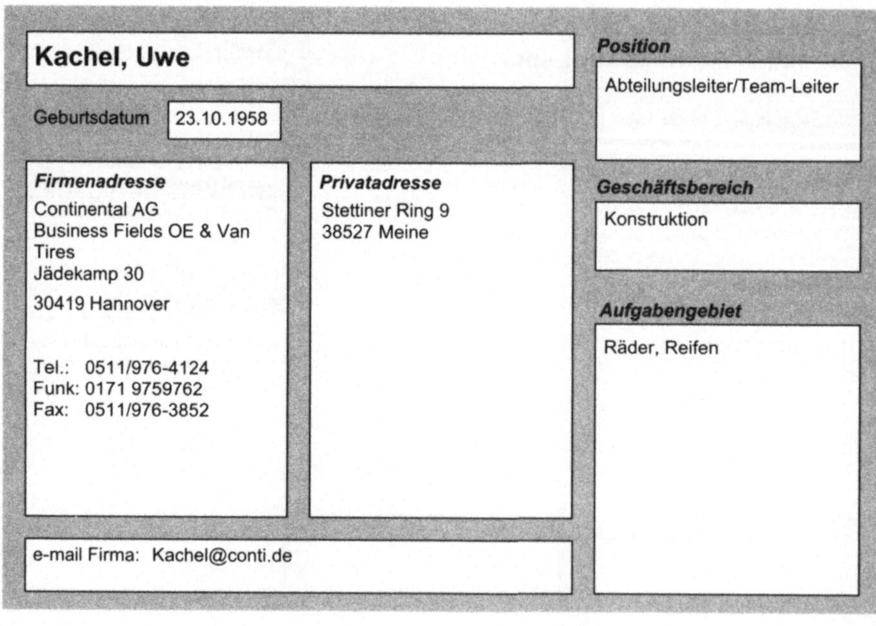

Kachel, Uwe

Geburtsdatum 23.10.1958

Position
Abteilungsleiter/Team-Leiter

Firmenadresse
Continental AG
Business Fields OE & Van
Tires
Jädekamp 30
30419 Hannover

Tel.: 0511/976-4124
Funk: 0171 9759762
Fax: 0511/976-3852

Privatadresse
Stettiner Ring 9
38527 Meine

Geschäftsbereich
Konstruktion

Aufgabengebiet
Räder, Reifen

e-mail Firma: Kachel@conti.de

Kahlmeier, Wolfgang

Geburtsdatum   04.09.1943

Position
Abteilungsleiter

Firmenadresse
Ford Werke AG
Abt. MC/PZ-PEZ
Spessartstr.
50725 Köln

Tel.:   0221/903-2518
Fax: 0221/903-7673

Privatadresse

Geschäftsbereich
Forschung/Vorentwicklung

Aufgabengebiet
Fahrzeugkonzeptsysteme

Kahlstorf, Uwe Dipl.-Ing.

Geburtsdatum

Position
Support-Ingenieur

Firmenadresse
AMSTRAL GmbH
Support
Buchwiese 3
65510 Idstein

Tel.:   06126/9970-0
Fax: 06126/9970-55

Privatadresse
An der Lehmgrube 3
65510 Idstein

Tel.:   06126/70933

Geschäftsbereich
Berechnung

Aufgabengebiet
Motorbauteile- und zubehör;
Einspritzung/Elektronik;
Unterstützung der
Programmsysteme
FLOWMASTER in den
Anwendungen Einspritzung,
Schmierung (Kühlung)

e-mail Firma: support@amstral.com
e-mail Privat: Uwe.Kahlstorf@t-online.de

Kaiser, Thomas Dipl.-Ing.

Geburtsdatum 11.05.1962

Position

Abteilungsleiter/Team-Leiter

Firmenadresse
DaimlerChrysler AG
Entwicklung
Motor/Triebstrang
HPC D505

70546 Stuttgart

Tel.: 0711/17-34384
Funk: 0171 5744142
Fax: 0711/17-34351

Privatadresse
Neue Wiese 5
73760 Ostfildern

Geschäftsbereich

Versuch

Aufgabengebiet

Gemischbildung/Verbrennung;
Verbrennung Ottomotoren

e-mail Firma: Thomas.Kaiser@daimlerchrysler.com

Kalliske, I. Dipl.-Ing.

Geburtsdatum 08.10.1967

Position

Wissenschaftlicher
Angestellter

Firmenadresse
Bundesanstalt für
Straßenwesen
Ref. Passive
Fahrzeugsicherheit
Biomechanik
Brüderstr. 53

51427 Bergisch Gladbach

Tel.: 02204/43-626
Fax: 02204/43-676

Privatadresse
Beienburger Str. 102
51503 Rösrath

Tel.: 02205/88837

Geschäftsbereich

Forschung/Vorentwicklung
Versuch

Aufgabengebiet

Fahrzeugsicherheit; Passive
Sicherheit ungeschützter
Verkehrsteilnehmer
(Fußgänger, Zweiradfahrer,
Schutzbekleidung)

e-mail Firma: KALLISKE@BAST.DE

Kampelmühler, Franz-Thomas Dr.

Geburtsdatum   29.12.1952

Firmenadresse

AVL List GmbH
Entwicklung
Hans-List-Platz 1

8020 Graz
Österreich

Tel.:   +43 316/787-1045
Funk: +43 6641844892
Fax: +43 316/787-550

Privatadresse

Urschastr. 24
8063 Eggersdorf/Graz
Österreich

Tel.:   +43 3117/2395
Fax: +43 3117/2723

e-mail Firma: franz.kampelmuehler@avl.com

Position

Segmentsleiter
Abgasmesstechnik

Geschäftsbereich

Forschung/Vorentwicklung
Konstruktion

Aufgabengebiet

Motorbauteile- und zubehör;
Betriebsstoffe;
Gemischbildung/Verbrennung;
Einspritzung/Elektronik;
Messtechnik; Herstellung
Abgasmesstechnik; Leitung,
Forschung, Entwicklung,
Produktion, Service von
Abgasmesssystemen für die
Entwicklung von
Verbrennungsmotoren

Kamphausen, Rainer

Geburtsdatum   16.06.1953

Firmenadresse

KS Motorsport GmbH
Kopernikusstr. 15

50126 Bergheim/Erft

Tel.:   02271/44905
Fax: 02271/45440

Privatadresse

e-mail Firma: ks-motorsport@t-online.de

Position

Geschäftsführer

Geschäftsbereich

Forschung/Vorentwicklung
Versuch

Aufgabengebiet

Räder, Reifen; Bremsen;
Federung und Dämpfung;
Bremsen und
Fahrwerksentwicklung

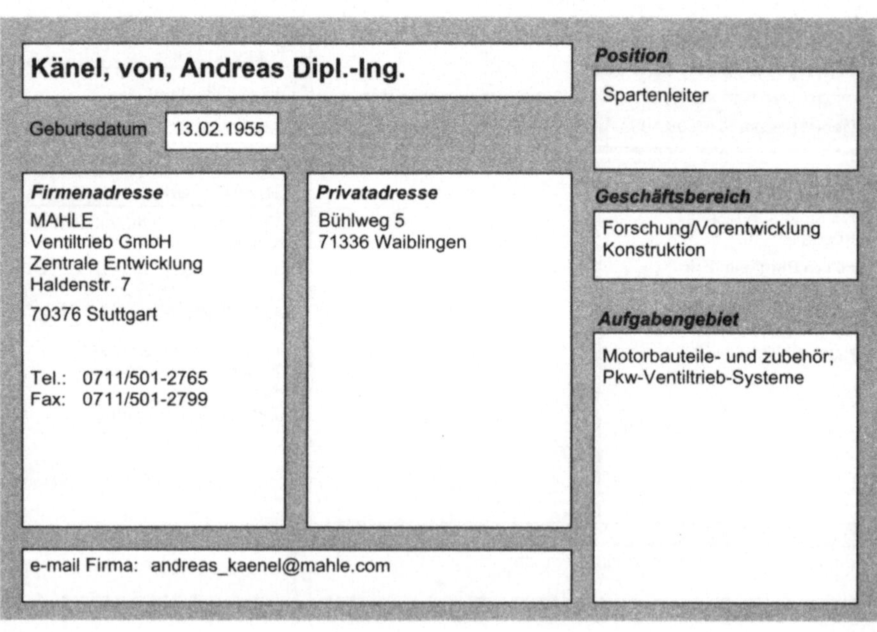

Kampmann, Stefan Dr.

Geburtsdatum

Position

Abteilungsleiter/Team-Leiter

Firmenadresse

Robert Bosch GmbH
Werk Bamberg
BaW/FVD
Robert-Bosch-Str. 40

96050 Bamberg

Tel.: 0951/181-4370
Fax: 0951/181-4371

Privatadresse

Geschäftsbereich

Forschung/Vorentwicklung

Aufgabengebiet

Gemischbildung/Verbrennung;
Funktionsorientierte
Verfahrensentwicklung Diesel-
Einspritzsysteme

e-mail Firma: Stefan.Kampmann@de.bosch.com

Känel, von, Andreas Dipl.-Ing.

Geburtsdatum   13.02.1955

Position

Spartenleiter

Firmenadresse

MAHLE
Ventiltrieb GmbH
Zentrale Entwicklung
Haldenstr. 7

70376 Stuttgart

Tel.: 0711/501-2765
Fax: 0711/501-2799

Privatadresse

Bühlweg 5
71336 Waiblingen

Geschäftsbereich

Forschung/Vorentwicklung
Konstruktion

Aufgabengebiet

Motorbauteile- und zubehör;
Pkw-Ventiltrieb-Systeme

e-mail Firma: andreas_kaenel@mahle.com

Kappey, Hans-Heinrich Dipl.-Ing.

Geburtsdatum   21.03.1951

Position
Leiter Prüftechnik

Firmenadresse
Siemens AG
ATD IS 6
Schuhstr. 60

91050 Erlangen

Tel.: 09131/7-21423
Funk: 0171 5625698
Fax: 09131/7-24520

Privatadresse
Schneppenhorststr. 52
90439 Nürnberg

Tel.: 0911/616652

Geschäftsbereich
Versuch

Aufgabengebiet
Prüftechnik; Lieferung von Prüfanlagen im FuE-Bereich wie z. B. -Motorprüfstände, -Getriebeprüfstände, -Fahrzeugprüfstände

e-mail Firma: Hans-Heinrich.Kappey@erl9.siemens.de

Kapus, Paul Dr.

Geburtsdatum   10.07.1964

Position
Projektmanager

Firmenadresse
AVL List GmbH
Abt. AO
Hans-List-Platz 1

8020 Graz
Österreich

Tel.: +43 316/787-1246
Fax: +43 316/787-750

Privatadresse
Waldweg 9
8111 Indendorf
Österreich

Tel.: +43 3124/56383

Geschäftsbereich
Forschung/Vorentwicklung
Versuch

Aufgabengebiet
Gemischbildung/Verbrennung; Projektleiter Ottomotorenentwicklung; Experte Ottomotorische Verbrennung

e-mail Firma: paul.kapus@avl.com

Karlstetter, Richard

Geburtsdatum

Position

Abteilungsleiter/Team-Leiter

Firmenadresse

Deutsche Shell AG
PAE-Labor
Abt. OGMPT/2
Hohe-Schaar-Str. 36

21107 Hamburg

Tel.:   040/7565-4715
Fax: 040/7565-4564

Privatadresse

Geschäftsbereich

Forschung/Vorentwicklung

Aufgabengebiet

Betriebsstoffe; Prüftechnik;
Motorsport, Fahrzeugteste,
Automotive

e-mail Firma: Richard.R.Karlstetter@OPE.Shell.com

Karner, Josef

Geburtsdatum   03.05.1945

Position

Hauptabteilungsleiter

Firmenadresse

STIHL ANDREAS AG & Co
Entwicklung
Badstr. 115

71336 Waiblingen

Tel.:   07151/26-1460
Fax: 07151/26-81460

Privatadresse

Am Katzenbach 85
71334 Waiblingen

Geschäftsbereich

Versuch

Aufgabengebiet

Motorbauteile- und zubehör;
Getriebe/Kupplung/Antriebs-
strang; Erprobung und
Versuchswerkstätten

e-mail Firma: josef.karner@stihl.de

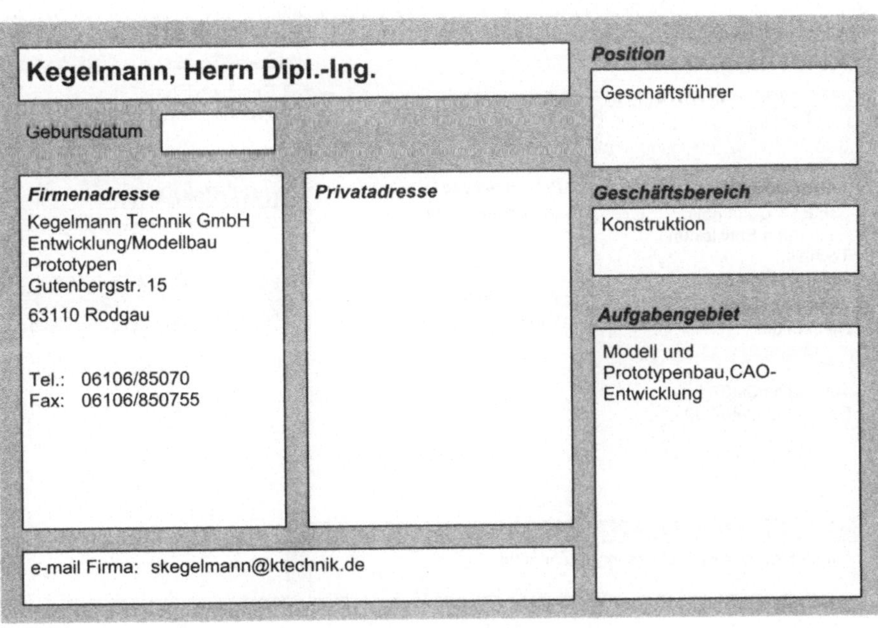

Käsler, Richard Dr.-Ing.

Position
Projektleiter

Geburtsdatum 24.01.1964

Geschäftsbereich
Forschung/Vorentwicklung

Firmenadresse
Freudenberg KG
Entwicklung
TEZ-Bau 111
69469 Weinheim

Tel.: 06201/80-6698
Funk: 0172 6340811
Fax: 06201/88-2969

Privatadresse

Aufgabengebiet
Getriebe/Kupplung/Antriebs-
strang; Achsen;
Radaufhängung; Räder,
Reifen; Lenkung; Federung
und Dämpfung; Bremsen;
Rahmen; Fahrzeuginnenraum;
Messtechnik; Fahrzeug-
schwingungen, Akustik,
Fahrzeug-Gesamtabstimmung

e-mail Firma: richard.Kaesler@freudenberg.de

Kegelmann, Herrn Dipl.-Ing.

Position
Geschäftsführer

Geburtsdatum

Geschäftsbereich
Konstruktion

Firmenadresse
Kegelmann Technik GmbH
Entwicklung/Modellbau
Prototypen
Gutenbergstr. 15
63110 Rodgau

Tel.: 06106/85070
Fax: 06106/850755

Privatadresse

Aufgabengebiet
Modell und
Prototypenbau,CAO-
Entwicklung

e-mail Firma: skegelmann@ktechnik.de

Kehe, Dietrich

Geburtsdatum 30.09.1966

Position

Geschäftsbereich

Forschung/Vorentwicklung

Firmenadresse

Göbler-Hirthmotoren KG
Forschung/Entwicklung/
Technik
Postfach 62
71724 Benningen

Tel.: 07144/85510
Fax: 07144/5415

Privatadresse

Hintere Ramsbachstr. 136
73614 Schorndorf

Tel.: 07181/256432
Funk: 0173 3141065
Fax: 07172/8729

Aufgabengebiet

Motorbauteile- und zubehör;
Einspritzung/Elektronik;
Gemischbildung/Verbrennung;
Optimierung von 2-
Taktmotoren

e-mail Firma: info@hirth-engines.de

Keiderling, Udo

Geburtsdatum 02.11.1940

Position

Geschäftsführer
Techn. Leitung

Geschäftsbereich

Forschung/Vorentwicklung
Konstruktion

Firmenadresse

Schuhl & Co GmbH
Forschung/Entwicklung/
Technik
Auf der Hütte 31
59955 Winterberg-
Niedersfeld

Tel.: 02985/807-0
Fax: 02985/807-39

Privatadresse

Am Ellenberg 44
59955 Winterberg

Tel.: 02985/272
Funk: 0171 8399342

Aufgabengebiet

Fertigung

e-mail Firma: geschäftsleitung@schuhl.de

Kellner, K.

Geburtsdatum

Position
Inhaber

Geschäftsbereich
Konstruktion

Firmenadresse
Reiner KG
Fahrzeug-Innenverkleidung
Geschäftsführung
Mariabrunnweg 50
83671 Benediktbeuern

Tel.:   08857/691931
Fax: 08857/691930

Privatadresse

Aufgabengebiet
Fahrzeuginnenraum;
Zuschnitte aus Textil, Vlies,
Folie, Leder usw. für den
Fahrzeuginnenraum,
Motorraum, Kofferraum

e-mail Firma: KKellner@reiner-autoteile.de

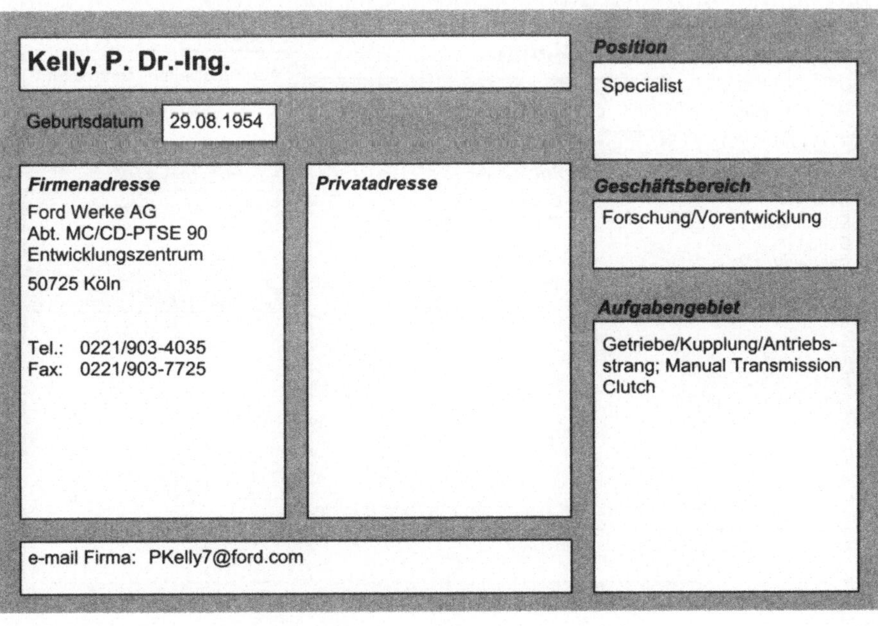

Kelly, P. Dr.-Ing.

Geburtsdatum   29.08.1954

Position
Specialist

Geschäftsbereich
Forschung/Vorentwicklung

Firmenadresse
Ford Werke AG
Abt. MC/CD-PTSE 90
Entwicklungszentrum
50725 Köln

Tel.:   0221/903-4035
Fax: 0221/903-7725

Privatadresse

Aufgabengebiet
Getriebe/Kupplung/Antriebs-
strang; Manual Transmission
Clutch

e-mail Firma: PKelly7@ford.com

Kerper, Daniel

Geburtsdatum

Position

Techn. Leitung

Firmenadresse

GRIWE
Innovative Umformtechnik
GmbH
Technik
Postfach 13 20

56452 Westerburg

Tel.: 02663/298-72
Funk: 0172 6675656
Fax: 02663/298-55

Privatadresse

e-mail Firma: d.kerper@wb.griwe.de

Geschäftsbereich

Konstruktion

Aufgabengebiet

Getriebe/Kupplung/Antriebs-
strang; Rahmen; Achsen;
Fahrzeuginnenraum;
Fertigung; Karosserie-
Rohbau, Tiefziehtechnik,
Kaltumformung,
Sondermaschinen,
Werkzeugbau, (Groß-)
Serienproduktion von
Umformteilen und
Komponenten bzw. Systemen
für die Automobilindustrie

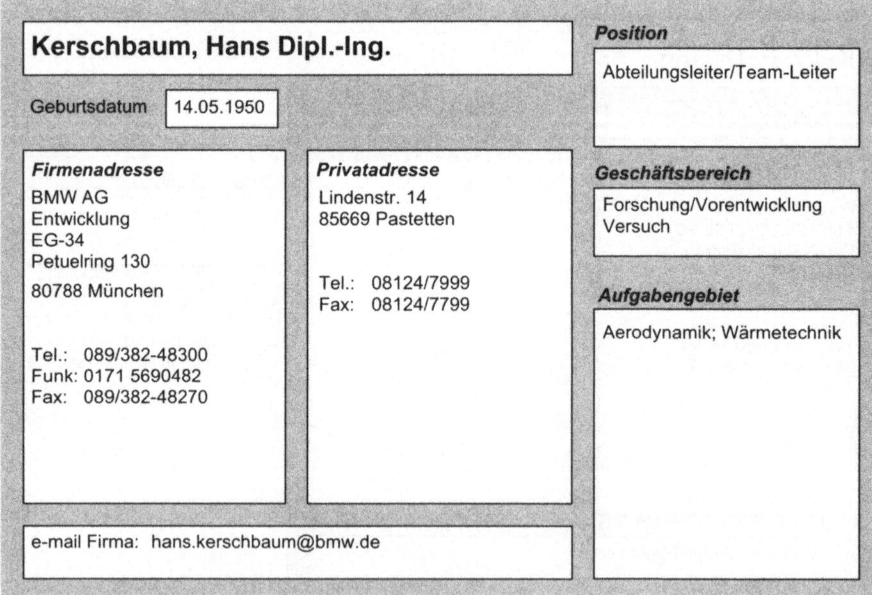

Kerschbaum, Hans Dipl.-Ing.

Geburtsdatum 14.05.1950

Position

Abteilungsleiter/Team-Leiter

Firmenadresse

BMW AG
Entwicklung
EG-34
Petuelring 130

80788 München

Tel.: 089/382-48300
Funk: 0171 5690482
Fax: 089/382-48270

Privatadresse

Lindenstr. 14
85669 Pastetten

Tel.: 08124/7999
Fax: 08124/7799

Geschäftsbereich

Forschung/Vorentwicklung
Versuch

Aufgabengebiet

Aerodynamik; Wärmetechnik

e-mail Firma: hans.kerschbaum@bmw.de

Kerschbaum, Walter Dipl.-Ing.

Geburtsdatum   06.02.1951

Position

Abteilungsleiter/Team-Leiter

Firmenadresse

DaimlerChrysler AG
HPC: C203

70546 Stuttgart

Tel.:   0711/17-26222
Fax: 0711/17-22375

Privatadresse

Berkener Str. 93
73614 Schorndorf

Tel.:   07181/931546

Geschäftsbereich

Konstruktion

Aufgabengebiet

Motorbauteile- und zubehör;
Entwicklung schwere Nfz-
Motoren in der Konstruktion
sowie Einbau und Auslegung
in On Highway und Off
Highway-Einsatz

e-mail Firma: Walter.Kerschbaum@DaimlerChrysler.com

Kiefer, Thomas Dr.

Geburtsdatum   07.12.1952

Position

Chef-Ingenier

Firmenadresse

Adam Opel AG
Abt. 8320

65407 Rüsselsheim

Tel.:   06142/7-72448
Fax: 06142/7-68295

Privatadresse

Tel.:   069/549578

Geschäftsbereich

Konstruktion

Aufgabengebiet

Oberflächenschutz;
Verglasung; Aerodynamik;
Fahrzeugsicherheit;
Karosserie und Anbauteile

e-mail Firma: Thomas.Kiefer@de.opel.com

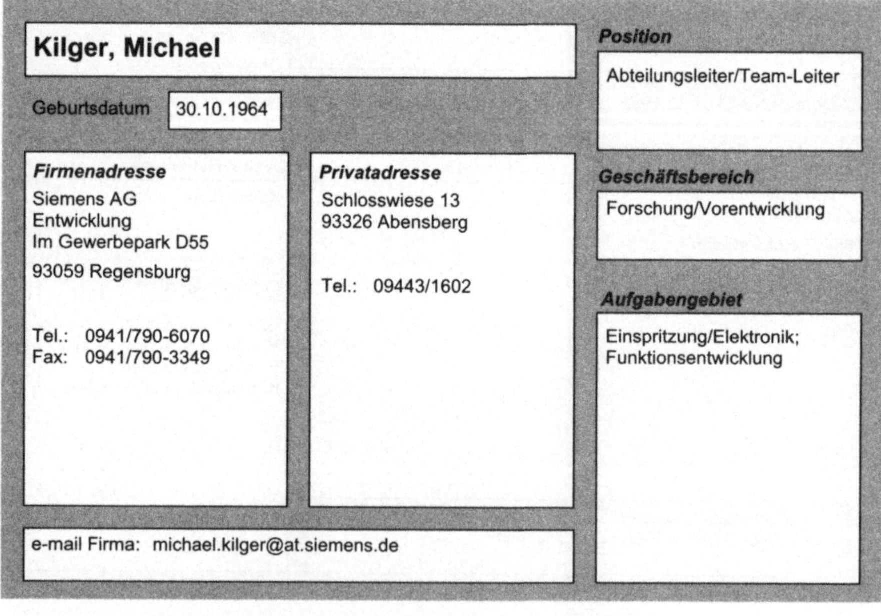

Kienzle, Stefan Dr.-Ing.

Geburtsdatum

Firmenadresse

DaimlerChrysler AG
HPC: E100

70546 Stuttgart

Tel.:0711/17-32057
Fax:0711/17-55654

Privatadresse

Position

Abteilungsleiter/Team-Leiter

Geschäftsbereich

Forschung/Vorentwicklung

Aufgabengebiet

Einspritzung/Elektronik;
Einkauf;
Antriebsmanagement-,
Abgasmanagement- und
Energiemanagementsysteme

Kilger, Michael

Geburtsdatum30.10.1964

Firmenadresse

Siemens AG
Entwicklung
Im Gewerbepark D55

93059 Regensburg

Tel.:0941/790-6070
Fax:0941/790-3349

Privatadresse

Schlosswiese 13
93326 Abensberg

Tel.:09443/1602

Position

Abteilungsleiter/Team-Leiter

Geschäftsbereich

Forschung/Vorentwicklung

Aufgabengebiet

Einspritzung/Elektronik;
Funktionsentwicklung

e-mail Firma:michael.kilger@at.siemens.de

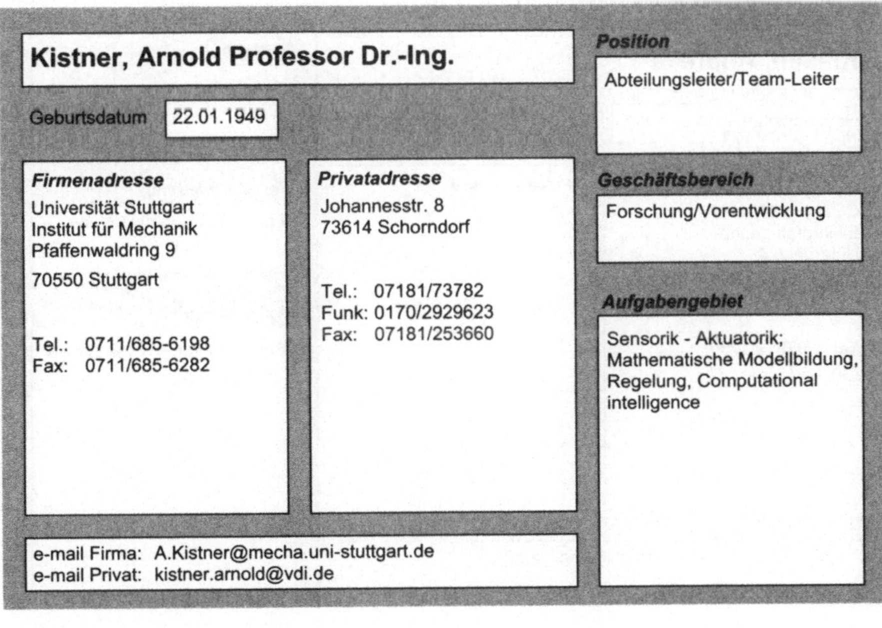

Killian, Friedrich Dipl.-Ing.

Geburtsdatum 17.01.1955

Firmenadresse

AUDI AG
Vorentwicklung Fahrwerk
I/EF1
Auto-Union-Str.

85057 Ingolstadt

Tel.: 0841/89-35478
Fax: 0841/89-35041

Privatadresse

Am Sportplatz 11
85122 Hitzhofen

Tel.: 08458/9149

Position

Leiter

Geschäftsbereich

Forschung/Vorentwicklung

Aufgabengebiet

Radaufhängung; Lenkung;
Achsen; Federung und
Dämpfung; Vorentwicklung
von Fahrwerkskonzepten und
-komponenten

e-mail Firma: friedrich.killian@audi.de

Kistner, Arnold Professor Dr.-Ing.

Geburtsdatum 22.01.1949

Firmenadresse

Universität Stuttgart
Institut für Mechanik
Pfaffenwaldring 9

70550 Stuttgart

Tel.: 0711/685-6198
Fax: 0711/685-6282

Privatadresse

Johannesstr. 8
73614 Schorndorf

Tel.: 07181/73782
Funk: 0170/2929623
Fax: 07181/253660

Position

Abteilungsleiter/Team-Leiter

Geschäftsbereich

Forschung/Vorentwicklung

Aufgabengebiet

Sensorik - Aktuatorik;
Mathematische Modellbildung,
Regelung, Computational
intelligence

e-mail Firma: A.Kistner@mecha.uni-stuttgart.de
e-mail Privat: kistner.arnold@vdi.de

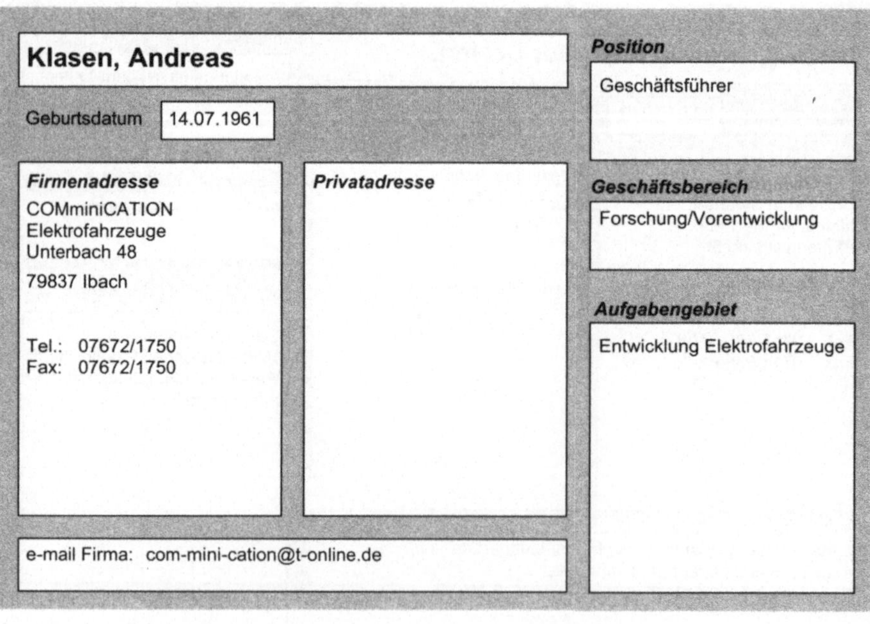

Klages, Ulrich

Geburtsdatum 07.08.1960

Position
Konstrukteur

Firmenadresse
AUDI AG
Fahrzeuggeometrie
Abt. I/EK-27
85045 Ingolstadt

Tel.: 0841/89-32188
Fax: 0841/89-90100

Privatadresse
Klausnerweg 18 a
85101 Lenting

Tel.: 08456/1358

Geschäftsbereich
Konstruktion

Aufgabengebiet
Oberflächenschutz;
Fahrzeuginnenraum;
Visualisierung

e-mail Firma: ULRICH.KLAGES@AUDI.DE

Klasen, Andreas

Geburtsdatum 14.07.1961

Position
Geschäftsführer

Firmenadresse
COMminiCATION
Elektrofahrzeuge
Unterbach 48
79837 Ibach

Tel.: 07672/1750
Fax: 07672/1750

Privatadresse

Geschäftsbereich
Forschung/Vorentwicklung

Aufgabengebiet
Entwicklung Elektrofahrzeuge

e-mail Firma: com-mini-cation@t-online.de

Klaus, Benedikt Dr.

Geburtsdatum   23.06.1965

Position

Abteilungsleiter/Team-Leiter

Firmenadresse

Zeuna Stärker GmbH & Co
KG
Entwicklung
Biberbachstr. 9

86154 Augsburg

Tel.:   0821/4103-515
Fax: 0821/4103-7515

Privatadresse

Kobelstr. 9
86356 Neusäß

Tel.:   0821/4863040

Geschäftsbereich

Forschung/Vorentwicklung
Berechnung

Aufgabengebiet

Motorbauteile- und zubehör;
Akustik-, Dynamik-,
Funktionsentwicklung,
Abgasanlagen

e-mail Firma: bklaus@zeunastaerker.de

Klawatsch, Dominikos Dr. techn.

Geburtsdatum   05.08.1965

Position

Dozent/Assistent

Firmenadresse

TU Wien
Institut für
Verbrennungskraft-
maschinen und
Kraftfahrzeugbau
Getreidemarkt 9

1060 Wien
Österreich

Tel.:   +43 1/58801-31570
Fax: +43 1/5866294

Privatadresse

Panoramaweg 8
7203 Wiesen
Österreich

Tel.:   +43 2626/83773

Geschäftsbereich

Forschung/Vorentwicklung

Aufgabengebiet

Gemischbildung/Verbrennung;
Ottomotor

e-mail Firma: dominikus.Klawatsch@tuwien.ac.at

Klein, Bernd Professor Dr.-Ing.

Geburtsdatum 19.01.1947

Position
Institutsleiter

Firmenadresse
Lehrstuhl für Leichtbau
Universität Kassel
Mönchbergstr. 7
34109 Kassel

Tel.: 0561/804-2767
Fax: 0561/804-2856

Privatadresse
Wiesenweg 2
34379 Calden

Geschäftsbereich
Forschung/Vorentwicklung
Konstruktion

Aufgabengebiet
Rahmen; Fahrzeugsicherheit;
Fahrzeuginnenraum; Struktur,
Sitze und Sitzkomponenten,
Versuchstechnik, FEM-
Berechnungen

e-mail Firma: bklein@hrz.uni-kassel.de

Klein, Hans-Jürgen

Geburtsdatum 17.10.1952

Position

Firmenadresse
Hella KG Hueck & Co
Grundlagen- und
Prozessentwicklung
59552 Lippstadt

Tel.: 02941/38-8951
Fax: 02941/38-8074

Privatadresse
Uhlandstr. 14
59597 Erwitte

Geschäftsbereich
Forschung/Vorentwicklung

Aufgabengebiet
Motorbauteile- und zubehör;
Getriebe/Kupplung/Antriebs-
strang; Betriebsstoffe;
Motorische Fragen, Fragen
bzgl. Gesamtfahrzeug,
Ölzustand,
Wärmemanagement

e-mail Privat: HANS.KLEIN.ERWITTE@t-online.de

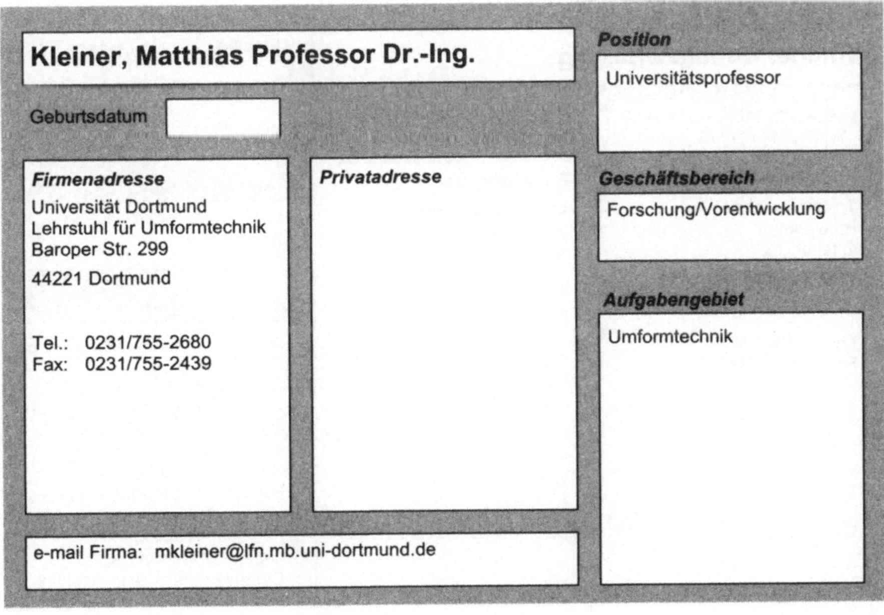

Kleinehakenkamp, Norbert Dipl.-Ing.

Position

Entwicklungsleiter

Geburtsdatum 09.08.1957

Firmenadresse

Filterwerk
Mann+Hummel GmbH
Entw. Saugsysteme Abt.
AS-E
Hindenburgstr. 45

71638 Ludwigsburg

Tel.: 07141/98-2847
Funk: 0171 4926116
Fax: 07141/98-2699

Privatadresse

Bismarckstr. 33
71287 Weissach

Tel.: 07044/32579

Geschäftsbereich

Konstruktion
Berechnung

Aufgabengebiet

Motorbauteile- und zubehör;
Gemischbildung/Verbrennung;
Sauganlage,
Zylinderkopfhaube,
Kraftstoffverteiler,
Saugsystem

e-mail Firma: norbert.kleinehakenkamp@mann-hummel.com

Kleiner, Matthias Professor Dr.-Ing.

Position

Universitätsprofessor

Geburtsdatum

Firmenadresse

Universität Dortmund
Lehrstuhl für Umformtechnik
Baroper Str. 299

44221 Dortmund

Tel.: 0231/755-2680
Fax: 0231/755-2439

Privatadresse

Geschäftsbereich

Forschung/Vorentwicklung

Aufgabengebiet

Umformtechnik

e-mail Firma: mkleiner@lfn.mb.uni-dortmund.de

Klenk, Martin Dipl.-Ing.

Geburtsdatum 30.05.1951

Firmenadresse
Robert Bosch GmbH
Entwicklung
Abt. K3/ESK
Postfach 30 02 40

70442 Stuttgart

Tel.: 0711/811-8427
Funk: 0172 8557868
Fax: 0711/811-8334

Privatadresse
Stresemannstr. 11
71522 Backnang

Tel.: 07191/65952
Funk: 0172 8557868
Fax: 07191/979726

e-mail Firma: martin.klenk@de.bosch.com
e-mail Privat: martin.h.Klenk@t-online.de

Position
Gruppenleiter

Geschäftsbereich
Forschung/Vorentwicklung

Aufgabengebiet
Einspritzung/Elektronik;
Konzeptentwicklung
Motorsteuerung für
Benzinmotoren

Kliche, Ronald Dipl.-Ing.

Geburtsdatum 14.07.1960

Firmenadresse
Trelleborg GmbH
Entwicklung
Oderstr. 76

24539 Neumünster

Tel.: 04321/991-0
Fax: 04321/991-199

Privatadresse
Louise-Schröder-Ring 67
25436 Tornesch

Tel.: 04122/55046
Funk: 0172 9995834

Position
Abteilungsleiter Entwicklung

Geschäftsbereich
Forschung/Vorentwicklung
Konstruktion

Aufgabengebiet
Motorbauteile- und zubehör;
Radaufhängung;
Getriebe/Kupplung/Antriebs-
strang; Achsen; Federung und
Dämpfung; Rahmen; Fahr-
zeuginnenraum; Fahrzeug-
sicherheit; Messtechnik;
Prüftechnik; Schwingungs-
technik, Entkopplung,
Fahrzeug-Akustik, Motor-
Lager, Fahrwerks-Lager,
Gummi-Lager, Crash-Analyse

Klingebiel, Felix Dipl.-Ing.

Geburtsdatum | 09.03.1961

Firmenadresse
AMSTRAL GmbH
Buchwiese 3
65510 Idstein

Tel.:   06126/9970-0
Fax: 06126/9970-35

Privatadresse
Nebenstr. 4
65929 Waldems

e-mail Firma: FBK@amstral.com

Position
Geschäftsführer

Geschäftsbereich
Berechnung

Aufgabengebiet
Motorbauteile- und zubehör;
Einspritzung/Elektronik;
Systemsimulation von
Kühlung, Schmierung,
Einspritzung

Klingenberg, Horst Professor Dr.

Geburtsdatum | 26.10.1931

Firmenadresse
Büro für Logistik und
Formulierung
Wachstr. 1
13507 Berlin

Tel.:   030/434-2905
Fax: 030/434-2906

Privatadresse
Wachstr. 1
13507 Berlin

Tel.:   030/434-2905
Fax: 030/434-2906

e-mail Firma: Prof.Dr.Klg@t-online.de
e-mail Privat: Prof.Dr.Klg@t-online.de

Position

Geschäftsbereich
Forschung/Vorentwicklung

Aufgabengebiet
Messtechnik

Klinger, Uwe Dipl.-Wirtschafts-Ing.

Geburtsdatum 20.10.1958

Position

Kaufmännischer Leiter

Firmenadresse

Forschungsinstitut für Kraftfahrwesen und Fahrzeugmotoren Stuttgart (FKFS)
Pfaffenwaldring 12

70569 Stuttgart

Tel.: 0711/687-3440
Fax: 0711/687-3689

Privatadresse

Geschäftsbereich

Forschung/Vorentwicklung

Aufgabengebiet

Kaufmännischer Bereich

e-mail Firma: Klinger@fkfs.uni-stuttgart-de

Klink, Hubertus

Geburtsdatum 03.11.1965

Position

Entwicklungsingenieur

Firmenadresse

Adam Opel AG
Entwicklung
Bahnhofsplatz

65428 Rüsselsheim

Tel.: 06142/7-73173
Fax: 06142/7-78030

Privatadresse

Im Bachgrund 6
64572 Büttelborn

Tel.: 06152/84445

Geschäftsbereich

Versuch

Aufgabengebiet

Federung und Dämpfung;
Entwicklung von
Stoßdämpfern, Wagen-
höhenstandsregulierungen;
Feder-/Dämpferabstimmung
im Fahrzeug

e-mail Firma: hubertus.klink@de.opel.com
e-mail Privat: hklink6550@aol.com

Klink, Ulrich

Geburtsdatum 25.02.1945

Firmenadresse

Maschinenfabrik Gehring
GmbH & Co.,
Technologiecenter
Werk II

73760 Ostfildern

Tel.: 0711/3405-206
Funk: 0172 8967788
Fax: 0711/3405-226

Privatadresse

Paulusstr. 37
72639 Neuffen

Tel.: 07025/2271
Funk: 0172 8967788
Fax: 07025/8142

e-mail Firma: ulrich klink@gehring.de
e-mail Privat: ulrich klink@gehring.de

Position

Leiter Werk II/Technologie

Geschäftsbereich

Forschung/Vorentwicklung
Versuch

Aufgabengebiet

Honen, Laserhonen,
Entgraten, Maschinenbau/
Honmaschinenbau,
Transferanlagen

Klinkner, Walter

Geburtsdatum 23.10.1949

Firmenadresse

MCC Smart GmbH
Industriestr. 8
71272 Renningen

Tel.: 07031/90-71001
Fax: 07031/90-71218

Privatadresse

Berner Str. 20
70619 Stuttgart

Tel.: 0711/4797861

Position

Bereichsleiter

Geschäftsbereich

Forschung/Vorentwicklung

Aufgabengebiet

Motorbauteile- und zubehör;
Betriebsstoffe;
Gemischbildung/Verbrennung;
Einspritzung/Elektronik;
Getriebe/Kupplung/Antriebs-
strang; Radaufhängung;
Achsen; Räder, Reifen;
Federung und Dämpfung;
Bremsen; Rahmen;
Beleuchtung; Sensorik -
Aktuatorik; Kommunikation -
Navigation

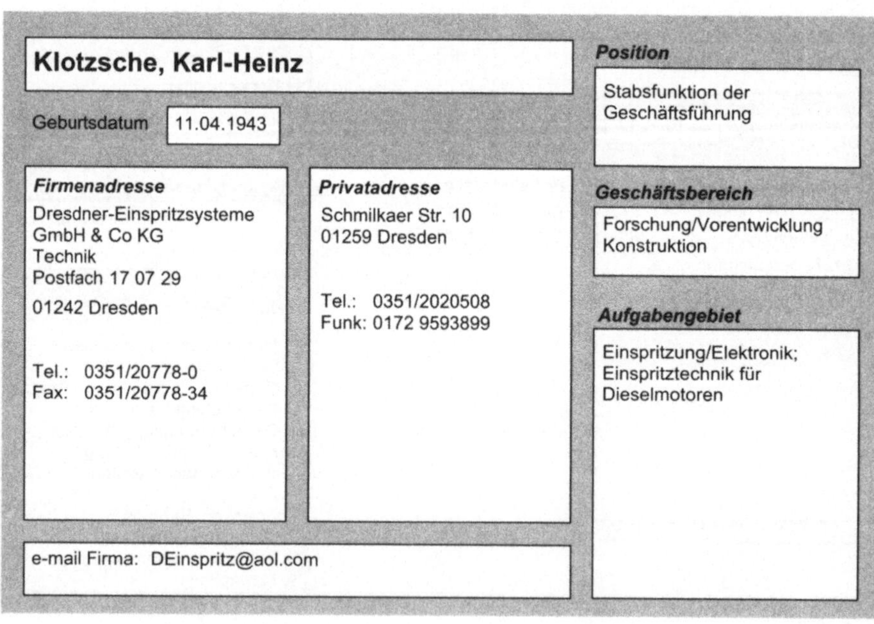

Klotzbach, Peter Dipl.-Ing.

Geburtsdatum

Position

Hauptabteilungsleiter

Firmenadresse

Pierburg AG
Entwicklung
Schadstoffreduzierung
Alfred-Pierburg-Str. 1

41460 Neuss

Tel.:   02131/520-640
Funk: 0172 2936168
Fax: 02131/520-518

Privatadresse

Geschäftsbereich

Forschung/Vorentwicklung
Konstruktion

Aufgabengebiet

Motorbauteile- und zubehör;
Abgasrückführung,
Sekundärlufteinblasung,
Abgasklapppen,
Komponenten für
Brennstoffzellensysteme,
Magnetventile

e-mail Firma: Peter.Klotzbach@Pierburg-AG.com

Klotzsche, Karl-Heinz

Geburtsdatum   11.04.1943

Position

Stabsfunktion der
Geschäftsführung

Firmenadresse

Dresdner-Einspritzsysteme
GmbH & Co KG
Technik
Postfach 17 07 29

01242 Dresden

Tel.:   0351/20778-0
Fax: 0351/20778-34

Privatadresse

Schmilkaer Str. 10
01259 Dresden

Tel.:   0351/2020508
Funk: 0172 9593899

Geschäftsbereich

Forschung/Vorentwicklung
Konstruktion

Aufgabengebiet

Einspritzung/Elektronik;
Einspritztechnik für
Dieselmotoren

e-mail Firma: DEinspritz@aol.com

Klumpers, Constantin Dipl.-Ing.

Geburtsdatum	25.01.1968

Firmenadresse
KONTEC
Siemensstr. 16
70825 Korntal-Münchingen

Tel.:	07150/94972-0
Fax:	07150/94972-99

Privatadresse
Herzog-Ulrich-Str. 10
74360 Ilsfeld-Schozach

e-mail Firma:	vertrieb@kontec.de

Position
Abteilungsleiter/Team-Leiter
Abteilungsleiter

Geschäftsbereich
Versuch

Aufgabengebiet
Motorbauteile- und zubehör;
Einspritzung/Elektronik;
Gemischbildung/Verbrennung;
Getriebe/Kupplung/Antriebs-
strang; Radaufhängung;
Achsen; Räder, Reifen;
Lenkung; Federung und
Dämpfung; Bremsen;
Rahmen; Beleuchtung;
Sensorik - Aktuatorik;
Fahrzeuginnenraum;
Fahrzeugsicherheit

Klumpp, Holger Dipl.-Ing.

Geburtsdatum	16.02.1965

Firmenadresse
AUDI AG
Entwicklung EA-111
Auto-Union-Str.
85045 Ingolstadt

Tel.:	0841/89-35866
Fax:	0841/89-38892

Privatadresse
Aschbuck 21
85114 Buxheim

Tel.:	08458/4202
Fax:	08458/4202

e-mail Firma:	holger.klumpp@audi.de
e-mail Privat:	klumpp.holger@tpp24.net

Position
Projektleiter

Geschäftsbereich
Konstruktion

Aufgabengebiet
Motorbauteile- und zubehör;
Steuertriebe Ottomotoren

Knapp, Martin

Geburtsdatum   08.04.1944

Position

Leiter Design-Management

Firmenadresse

Volkswagen AG
Design Brieffach 1701
Forschung und Entwicklung

38401 Wolfsburg

Tel.:   05361/9-78128
Funk: 0172 5207173
Fax: 05361/9-20466

Privatadresse

Färberstr. 6
38518 Gifhorn

Tel.:   05371/52077
Fax: 05371/15896

Geschäftsbereich

Forschung/Vorentwicklung

Aufgabengebiet

Design-Management

e-mail Firma: martin.Knapp@volkswagen.de

Knapp, Wolf Dieter

Geburtsdatum   29.08.1950

Position

Firmenadresse

Sika Chemie GmbH
Breslauer Str. 14

65520 Bad Camberg

Tel.:   06434/900336
Funk: 0172 7685134
Fax: 06434/900337

Privatadresse

Breslauer Str. 14
65520 Bad Camberg

Tel.:   06434/1047

Geschäftsbereich

Forschung/Vorentwicklung

Aufgabengebiet

Rahmen; Oberflächenschutz;
Beleuchtung; Verglasung;
Fahrzeuginnenraum;
Fahrzeugsicherheit;
Produktionsplanung und -
steuerung; Fertigung; Key
Account Manager im Bereich
Zulieferer (Tier 1)

e-mail Firma: knapp.dieter@de.sika.com

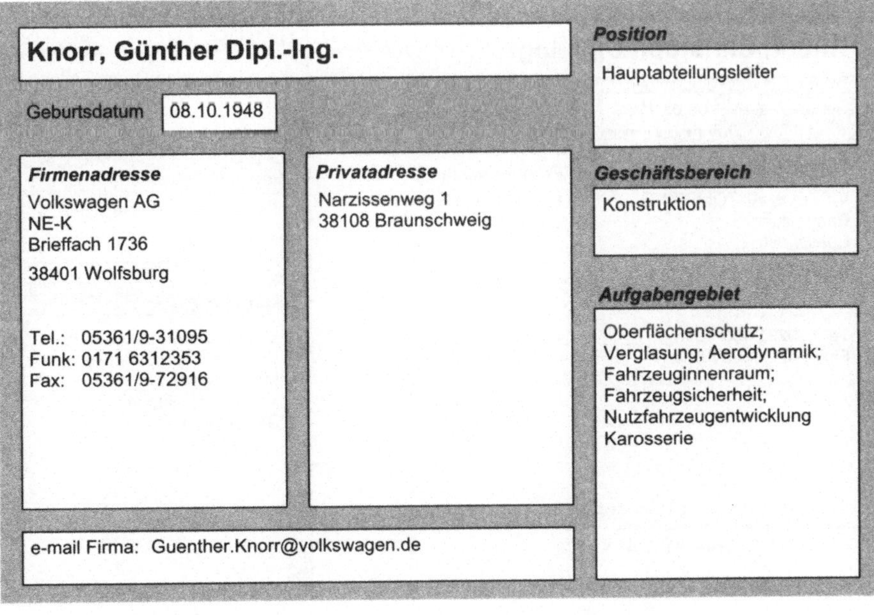

Knoll, Reinhard Ing.

Geburtsdatum   13.06.1945

Position
Produktmanager

Firmenadresse
AVL List GmbH
Entwicklung
Hans-List-Platz 1

8020 Graz
Österreich

Tel.:   +43 316/787-385
Fax: +43 316/787-180

Privatadresse
Schulgasse 20
8010 Graz
Österreich

Tel.:   +43 316/482342

Geschäftsbereich
Forschung/Vorentwicklung

Aufgabengebiet
Motorbauteile- und zubehör;
Gemischbildung/Verbrennung;
Diesel allgemein, 2-Takt
allgemein, 2-Takt Diesel

e-mail Firma: reinhard.knoll@avl.com

Knorr, Günther Dipl.-Ing.

Geburtsdatum   08.10.1948

Position
Hauptabteilungsleiter

Firmenadresse
Volkswagen AG
NE-K
Brieffach 1736

38401 Wolfsburg

Tel.:   05361/9-31095
Funk: 0171 6312353
Fax: 05361/9-72916

Privatadresse
Narzissenweg 1
38108 Braunschweig

Geschäftsbereich
Konstruktion

Aufgabengebiet
Oberflächenschutz;
Verglasung; Aerodynamik;
Fahrzeuginnenraum;
Fahrzeugsicherheit;
Nutzfahrzeugentwicklung
Karosserie

e-mail Firma: Guenther.Knorr@volkswagen.de

Knorz, Claus Dipl. Ing. FH

Geburtsdatum 10.07.1970

Position

Entwicklungsingenieur

Firmenadresse

AVL List GmbH
Mechanikentwicklung
Hans-List-Platz 1

8020 Graz
Österreich

Tel.: +43 316/787-1515
Fax: +43 316/787-1726

Privatadresse

Hub 119
8046 Stattegg
Österreich

Tel.: +43 316/6696345
Fax: +43 316/6696345

Geschäftsbereich

Versuch

Aufgabengebiet

Motorbauteile- und zubehör;
Motormechanik

e-mail Firma: claus.Knorz@avl.com
e-mail Privat: claus.Knorz@aon.at

Knour, Christoph Dipl.-Ing.

Geburtsdatum 05.03.1963

Position

Abteilungsleiter/Team-Leiter

Firmenadresse

VISTEON AUTOMOTIVE
Entwicklung
Spessartstr.

50725 Köln

Tel.: 0221/903-5578
Fax: 0221/903-4814

Privatadresse

Hauweweg 4
50769 Köln

Geschäftsbereich

Forschung/Vorentwicklung

Aufgabengebiet

Motorbauteile- und zubehör;
Einspritzung/Elektronik;
Motorsteuerung,
Kundenapplikation,
Benzinmotor

e-mail Firma: cKnour@visteon.com

Koch, Achim Dipl.-Ing.

Geburtsdatum   17.07.1963

Position
Abteilungsleiter/Team-Leiter

Firmenadresse
Siemens AG
Vorentwicklung
Motorsteuerungs-
systeme AT PT GS GA
Postfach 10 09 43
93009 Regensburg

Tel.:   0941/790-3036
Funk: 0172 8937167
Fax: 0941/790-3349

Privatadresse
Isarstr. 15
93105 Tegernheim

Tel.:   09403/4741

Geschäftsbereich
Forschung/Vorentwicklung

Aufgabengebiet
Motorbauteile- und zubehör;
Einspritzung/Elektronik;
Gemischbildung/Verbrennung;
Getriebe/Kupplung/Antriebs-
strang; Steuerungssysteme
für Verbrennungsmotoren und
Antriebsstrang

e-mail Firma: achim.Koch@at.siemens. De

Koch, Franz Dr.-Ing.

Geburtsdatum   08.04.1966

Position
Abteilungsleiter/Team-Leiter

Firmenadresse
FEV
Motorentechnik GmbH
Konstruktion und
Motormechanik
Neuenhofstr. 181
52078 Aachen

Tel.:   0241/5689-557
Fax: 0241/5689-119

Privatadresse
Großheidstr. 129
52080 Aachen

Tel.:   02405/5711
Fax: 02405/419132

Geschäftsbereich
Konstruktion
Berechnung

Aufgabengebiet
Tribologie (Reibung,
Schmierung, Kühlung),
Motormechanik

e-mail Firma: KOCH@FEV.DE

Koegeler, Hans-Michael Dipl.-Ing.

Geburtsdatum 24.03.1961

Position

Abteilungsleiter/Team-Leiter

Firmenadresse

AVL List GmbH
Entwicklung
Hans-List-Platz 1

8020 Graz
Österreich

Tel.: +43 316/787-688
Fax: +43 316/787-140

Privatadresse

Tel.: +43 316/683527

Geschäftsbereich

Forschung/Vorentwicklung
Versuch

Aufgabengebiet

Einspritzung/Elektronik;
Messtechnik; (ECU)Parameter
Optimierung, Applikation,
Messverfahrensentwicklung

e-mail Firma: hans-michael.koegeler@avl.com

Köhler, Eduard Dr. Ing. habil.

Geburtsdatum 29.10.1948

Position

Leiter Produktentwicklung

Firmenadresse

KS Aluminium-Technologie
AG
Kolbenschmidt Pierburg
Group
C-EZ/Produktentwicklung
Hafenstr. 25

74172 Neckarsulm

Tel.: 07132/33-4359
Funk: 0171 6989621
Fax: 07132/33-4357

Privatadresse

Geschäftsbereich

Forschung/Vorentwicklung

Aufgabengebiet

Aluminium-
Zylinderkurbelgehäuse,
Leichte Motor- und
Fahrzeugkomponenten aus
Aluminium- und Magnesium-
Guss

e-mail Firma: eduard.koehler@kolbenschmidt.de

Köhler, Jürgen Professor Dr.-Ing.

Geburtsdatum 17.07.1954

Firmenadresse
Institut für Thermodynamik
TU Braunschweig
Hans-Sommer-Str. 5

38106 Braunschweig

Tel.: 0531/391-2627
Fax: 0531/391-7814

Privatadresse

e-mail Firma: Juergen.Koehler@tu-bs.de

Position
Professor

Geschäftsbereich
Forschung/Vorentwicklung
Berechnung

Aufgabengebiet
Motorbauteile- und zubehör;
Fahrzeuginnenraum;
Thermisches Management in
KFZ-Klimatisierung,
Wärmeübertragung

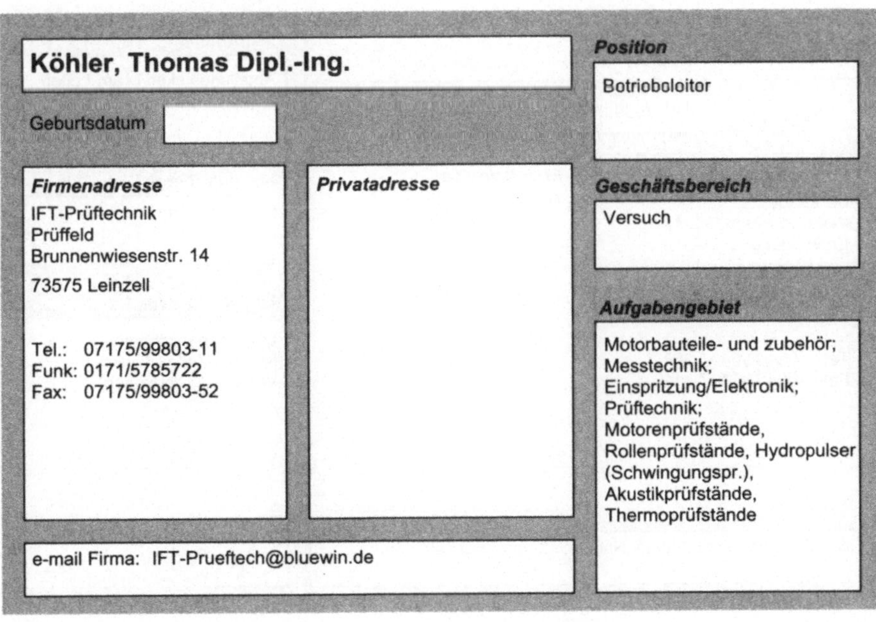

Köhler, Thomas Dipl.-Ing.

Geburtsdatum

Firmenadresse
IFT-Prüftechnik
Prüffeld
Brunnenwiesenstr. 14

73575 Leinzell

Tel.: 07175/99803-11
Funk: 0171/5785722
Fax: 07175/99803-52

Privatadresse

e-mail Firma: IFT-Prueftech@bluewin.de

Position
Botrioboloitor

Geschäftsbereich
Versuch

Aufgabengebiet
Motorbauteile- und zubehör;
Messtechnik;
Einspritzung/Elektronik;
Prüftechnik;
Motorenprüfstände,
Rollenprüfstände, Hydropulser
(Schwingungspr.),
Akustikprüfstände,
Thermoprüfstände

Kok, Daniel B. Dr.-Ing.

Geburtsdatum　04.07.1968

Position

Researchscientist

Firmenadresse

TNO Automotive
Schoemakerstraat 97

2600 JA Delft
Niederlande

Tel.:　+31 (0)15/269-6030
Fax:　+31 (0)15/269-6874

Privatadresse

Eckartseweg-zuid 189
5623 PB Eindhoven
Niederlande

Tel.:　+31 (0)40/2462688

Geschäftsbereich

Forschung/Vorentwicklung

Aufgabengebiet

Motorbauteile- und zubehör;
Getriebe/Kupplung/Antriebs-
strang; Flywheel-
Hybriddrivelines, Powertrains,
Electric-Hybriddrivelines

e-mail Firma:　kok@wt.tno.nl
e-mail Privat:　kok@wt.tno.nl

König, Max

Geburtsdatum　10.12.1959

Position

Abteilungsleiter/Team-Leiter

Firmenadresse

Bertrandt
Ingenieurbüro GmbH
Entwicklung
Lilienthalstr. 50

85080 Gaimersheim

Tel.:　08458/3407-206
Fax:　08458/3407-111

Privatadresse

Hans-Mielich-Str. 7
85053 Ingolstadt

Tel.:　0841/67048

Geschäftsbereich

Forschung/Vorentwicklung
Konstruktion

Aufgabengebiet

Oberflächenschutz;
Rohbau/Zelle (Bereich:
Vorbau/Vorderwagen)

e-mail Firma:　max.koenig@ingolstadt.bertrandt.com

Körner, Christian Dipl.-Ing.

Geburtsdatum 17.05.1970

Position

Wissenschaftlicher Mitarbeiter

Firmenadresse

Universität Ulm
Abt. Energiewandlung und
-speicherung
Albert-Einstein-Allee 47

89081 Ulm

Tel.: 0731/5025541
Fax: 0731/5025549

Privatadresse

Geschäftsbereich

Forschung/Vorentwicklung

Aufgabengebiet

Getriebe/Kupplung/Antriebs-
strang; Messtechnik;
Hybridfahrzeug,
Energiespeicher,
Simulationssoftware,
Alternative Antriebstechnik

e-mail Firma: christian.koerner@e-technik_uni-ulm.de

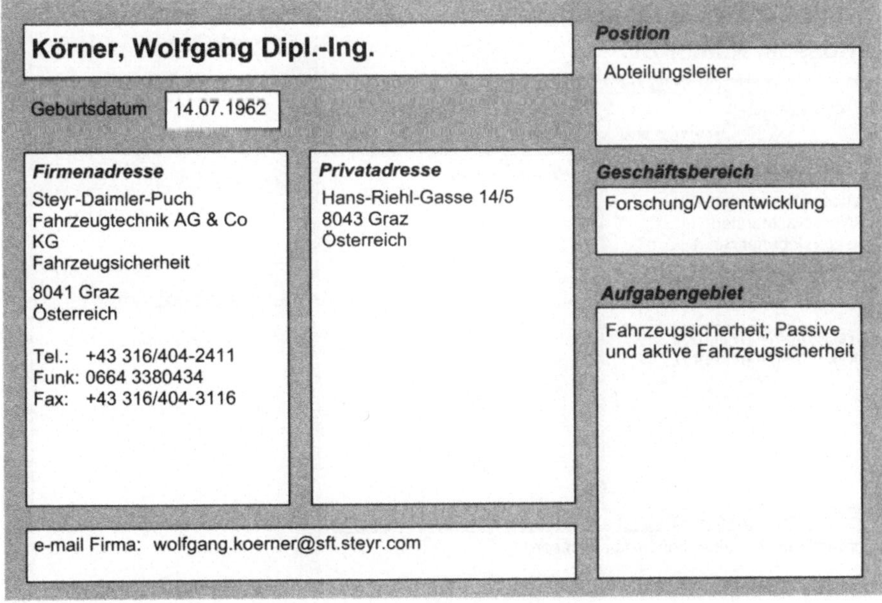

Körner, Wolfgang Dipl.-Ing.

Geburtsdatum 14.07.1962

Position

Abteilungsleiter

Firmenadresse

Steyr-Daimler-Puch
Fahrzeugtechnik AG & Co
KG
Fahrzeugsicherheit

8041 Graz
Österreich

Tel.: +43 316/404-2411
Funk: 0664 3380434
Fax: +43 316/404-3116

Privatadresse

Hans-Riehl-Gasse 14/5
8043 Graz
Österreich

Geschäftsbereich

Forschung/Vorentwicklung

Aufgabengebiet

Fahrzeugsicherheit; Passive
und aktive Fahrzeugsicherheit

e-mail Firma: wolfgang.koerner@sft.steyr.com

Kornprobst, Heinz Dr.-Ing.

Geburtsdatum

Position

Geschäftsführer

Geschäftsbereich

Forschung/Vorentwicklung

Firmenadresse

gmf, Gesellschaft für
Motoren-
und Fahrzeugtechnik mbH
Entwicklung
Münchener Str. 12

85123 Karlskron

Tel.:   08450/91161
Fax: 08450/91279

Privatadresse

Aufgabengebiet

Messtechnik; Prüftechnik;
Prüfstandstechnik,
Automatisierungstechnik,
Simulation, Dienstleistungen

e-mail Firma: kornprobst@gmf.de

Kossak, Rainer Dr.

Geburtsdatum

Position

Manager Applied Technology
Europe

Geschäftsbereich

Forschung/Vorentwicklung

Firmenadresse

Alcan Deutschland GmbH
Werk Nachterstedt
Gaterslebener Str. 1

06469 Nachterstedt

Tel.:   034741/77-1503
Fax: 034741/77-1457

Privatadresse

Aufgabengebiet

Motorbauteile- und zubehör

e-mail Firma: rainer.kossak@alcan.com

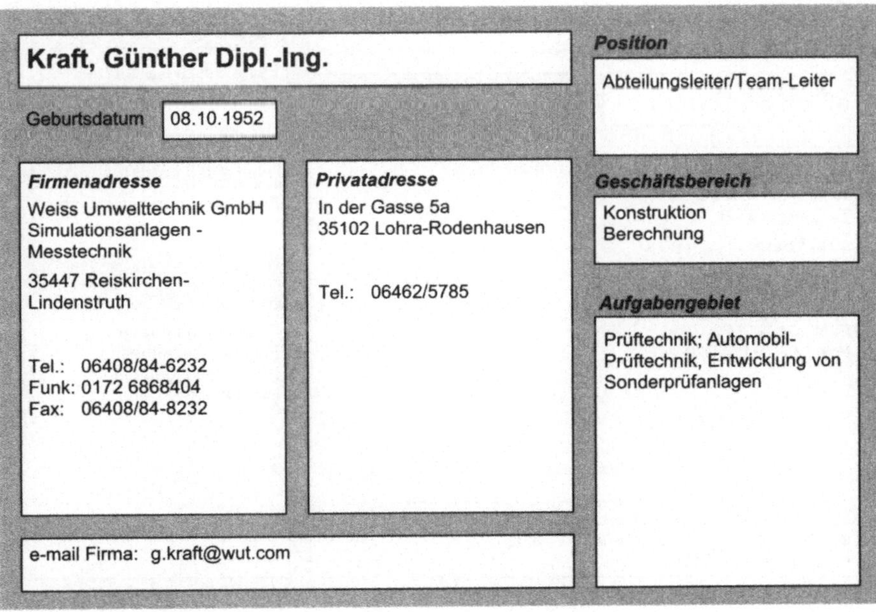

Krack, Winfried

Geburtsdatum 30.07.1940

Position
Abteilungsleiter/Team-Leiter

Firmenadresse
EDAG Engineering +
Design AG
Reesbergstr. 1
36039 Fulda

Tel.: 0661/6000-660
Fax: 0661/6000-669

Privatadresse
Dreilindenweg 7
36041 Fulda

Tel.: 0661/44999

Geschäftsbereich
Forschung/Vorentwicklung

Aufgabengebiet
Fertigung; Design-Modellbau,
Lehrenbau, Werkzeugbau,
Prototypenbau, Prüflabor

e-mail Firma: winfried.Krack@edag.de

Kraft, Günther Dipl.-Ing.

Geburtsdatum 08.10.1952

Position
Abteilungsleiter/Team-Leiter

Firmenadresse
Weiss Umwelttechnik GmbH
Simulationsanlagen -
Messtechnik
35447 Reiskirchen-
Lindenstruth

Tel.: 06408/84-6232
Funk: 0172 6868404
Fax: 06408/84-8232

Privatadresse
In der Gasse 5a
35102 Lohra-Rodenhausen

Tel.: 06462/5785

Geschäftsbereich
Konstruktion
Berechnung

Aufgabengebiet
Prüftechnik; Automobil-
Prüftechnik, Entwicklung von
Sonderprüfanlagen

e-mail Firma: g.kraft@wut.com

Kramer, Florian Dr.

Geburtsdatum 27.08.1946

Firmenadresse

EDAG Engineering + Design AG
Robert-Bosch-Str. 11

85053 Ingolstadt

Tel.: 0841/9680-325
Fax: 0841/9680-329

Privatadresse

Florianstr. 12
85123 Karlskron-Mändlfeld

Tel.: 08450/909161

e-mail Firma: Florian_kramer@edag.de

Position

Leiter Versuch & Erprobung

Geschäftsbereich

Versuch

Aufgabengebiet

Messtechnik; Prüftechnik;
Versuchs-Engineering,
Innenausstattung,
Schwingung und Akustik,
Fahrzeugsicherheit,
Innenraumklimatisierung,
Rohkarosserie, Elektrik

Krämer, Bernd Dipl.-Ing.

Geburtsdatum 11.09.1958

Firmenadresse

Wokratek GmbH & Co KG
Taubenstr. 4 - 6

10117 Berlin

Tel.: 0621/1247-0
Funk: 0172 2582379
Fax: 0621/1247-20

Privatadresse

Auf der Heide 17
53947 Zingsheim

Fax: 02486/911479

e-mail Firma: Bernd.Kraemer@d-o-r-a.de
e-mail Privat: BMKraemer@aol.com

Position

Leiter Passive Sicherheit

Geschäftsbereich

Forschung/Vorentwicklung
Versuch

Aufgabengebiet

Fahrzeuginnenraum;
Fahrzeugsicherheit;
Projektmanagement,
Produktentwicklung

Krankenberg, Michael

Geburtsdatum   11.01.1948

Position

Geschäftsführer

Firmenadresse

MK-Motorsport
Autohaus Krankenberg
GmbH
Postfach

76468 Ötigheim

Tel.:   07222/24022
Fax: 07222/28697

Privatadresse

Industriestr. 20
76470 Ötigheim

Geschäftsbereich

Konstruktion

Aufgabengebiet

Motorbauteile- und zubehör;
Räder, Reifen;
Getriebe/Kupplung/Antriebs-
strang; Federung und
Dämpfung; Bremsen;
Aerodynamik; Einkauf;
Qualitätsmanagement;
Vertrieb, Marketing,
Entwicklung

Kranz, Herbert H. Dr.

Geburtsdatum   18.07.1944

Position

Fachkraft

Firmenadresse

BMW AG
Abt. EE-36
Petuelring 130

80788 München

Tel.:   089/382-44227
Fax: 089/382-42827

Privatadresse

Geschäftsbereich

Forschung/Vorentwicklung

Aufgabengebiet

Batterietechnologie

e-mail Firma: herbert.kranz@bmw.de

Krappel, Alfred Dipl.-Ing.

Geburtsdatum 21.07.1943

Firmenadresse

BMW AG
Abt. EA-35
Hufelandstr. 6

80788 München

Tel.: 089/382-32060
Funk: 0172 8117842
Fax: 089/382-32656

Privatadresse

Elisabethweg 2
85737 Ismaning

Tel.: 089/967261
Funk: 0172 8117842
Fax: 089/96209391

e-mail Firma: alfred.krappel@bmw.de
e-mail Privat: alfred.krappel@mnlc.de

Position

Abteilungsleiter/Team-Leiter

Geschäftsbereich

Versuch

Aufgabengebiet

Motorbauteile- und zubehör;
Getriebe/Kupplung/Antriebs-
strang; Elektrische Maschinen
und Sonderprojekte z. B. KSG
(Kurbelwellen Startgenerator)

Kratochwill, Helmut Dr. techn.

Geburtsdatum 30.12.1947

Firmenadresse

BMW Motoren GmbH
Dieselmotorenentwicklung
Hinterbergerstr. 2

4400 Steyr
Österreich

Tel.: 07252/888-2114
Fax: 07252/88-717

Privatadresse

Blümelhuberstr. 18
4400 Steyr
Österreich

e-mail Firma: hkratochwill@bmw.co.at

Position

Leiter Konstruktion

Geschäftsbereich

Konstruktion

Aufgabengebiet

Motorbauteile- und zubehör;
Gesamte Konstruktion
Dieselmotoren

Krause, Frank-Lothar Professor Dr.-Ing.

Geburtsdatum

Position
Bereichsdirektor

Firmenadresse
Fraunhofer Institut für
Produktionsanlagen und
Konstruktionstechnik
Pascalstr. 8 - 9

10587 Berlin

Tel.:   030/39006243
Fax: 030/3930246

Privatadresse
Zabel-Krüger-Damm 162
13469 Berlin

Geschäftsbereich
Forschung/Vorentwicklung

Aufgabengebiet
Realisierung von
Rechneranwendungen in der
Produktentstehung CAD-
PDM-DMU-VR, Auswahl,
Einführung, Strategieplanung

e-mail Firma: frank-l.krause@ipk.fhg.de

Krause, Rüdiger Dipl.-Ing.

Geburtsdatum   24.03.1943

Position
Abteilungsleiter/Team-Leiter

Firmenadresse
DaimlerChrysler AG
HPC T605

70546 Stuttgart

Tel.:   0711/17-48262
Funk: 0172 8775034
Fax: 0711/17-48395

Privatadresse
Laubersberg 65
73230 Kirchheim

Tel.:   07021/49091
Funk: 0172 8775034

Geschäftsbereich
Konstruktion

Aufgabengebiet
Motorbauteile- und zubehör;
Konstruktion Dieselmotoren
für PKW und Transporter

e-mail Firma: ruediger.krause@daimlerchrysler.com
e-mail Privat: x.krause@t-online.de

Krell, Stefan Dr.

Geburtsdatum 07.01.1960

Position

Abteilungsleiter/Team-Leiter

Firmenadresse

TEMIC GmbH
Entwicklung L/B1/EE
Sieboldstr. 19
90411 Nürnberg

Tel.: 0911/9526-2573
Fax: 0911/9526-2625

Privatadresse

Rohrersmühlstr. 24
91126 Schwabach

Tel.: 09122/833679

Geschäftsbereich

Forschung/Vorentwicklung

Aufgabengebiet

Motorbauteile- und zubehör;
Einspritzung/Elektronik;
Gemischbildung/Verbrennung;
Getriebe/Kupplung/Antriebs-
strang; Motorsteuerungen für
Otto-, Diesel-, Elektromotoren

e-mail Firma: stephan.krell@temic.de

Kremer, Wolfgang Dr.

Geburtsdatum 10.11.1960

Position

Leiter FSS Europa

Firmenadresse

Ford Werke AG
Entwicklungszentrum
MC/PZ-M4
Spessartstr.
50725 Köln

Tel.: 0221/903-5526
Fax: 0221/903-7725

Privatadresse

Erlenweg 25
51515 Kürten

Tel.: 02268/3746

Geschäftsbereich

Konstruktion

Aufgabengebiet

Neue Entwicklungsprozesse
und -strukturen, Full-Service-
Supplier Konzepte,
Zulieferintegration in
Produktentwicklung, Zuliefer-
Zertifizierung

e-mail Firma: wkremer2@ford.com

Krenn, Martin Dipl.-Ing.

Geburtsdatum   04.04.1968

Position

Product Manager

Firmenadresse

AVL List GmbH
Entwicklung
Hans-List-Platz 1

8020 Graz
Österreich

Tel.:   +43 316/787-1083
Fax: +43 316/787-1796

Privatadresse

Siedlergasse 12
2640 Gloggnitz
Österreich

Funk: 0049 664 13

Geschäftsbereich

Versuch

Aufgabengebiet

Messtechnik;
Abgasmesstechnik

e-mail Firma: martin.krenn@avl.com

Kreuter, Peter Dr.

Geburtsdatum   09.06.1949

Position

Geschäftsführer

Firmenadresse

Meta Motoren-
und Energie-Technik GmbH
Entwicklung
Kaiserstr. 100

52134 Herzogenrath

Tel.:   02407/9554-0
Fax: 02407/955419

Privatadresse

Josef-Ponten-Str. 38
52072 Aachen

Tel.:   0241/172359

Geschäftsbereich

Forschung/Vorentwicklung
Konstruktion

Aufgabengebiet

Motorbauteile- und zubehör;
Betriebsstoffe;
Gemischbildung/Verbrennung;
Einspritzung/Elektronik;
Messtechnik; Prüftechnik;
Qualitätsmanagement;
Innovative Technologien -
Verbrennung, Verbrauch,
Emissionen, Mechanik,
Dynamik, Kinematik, Motoren-
Konstruktion

e-mail Firma: peter.kreuter@metagmbh.de

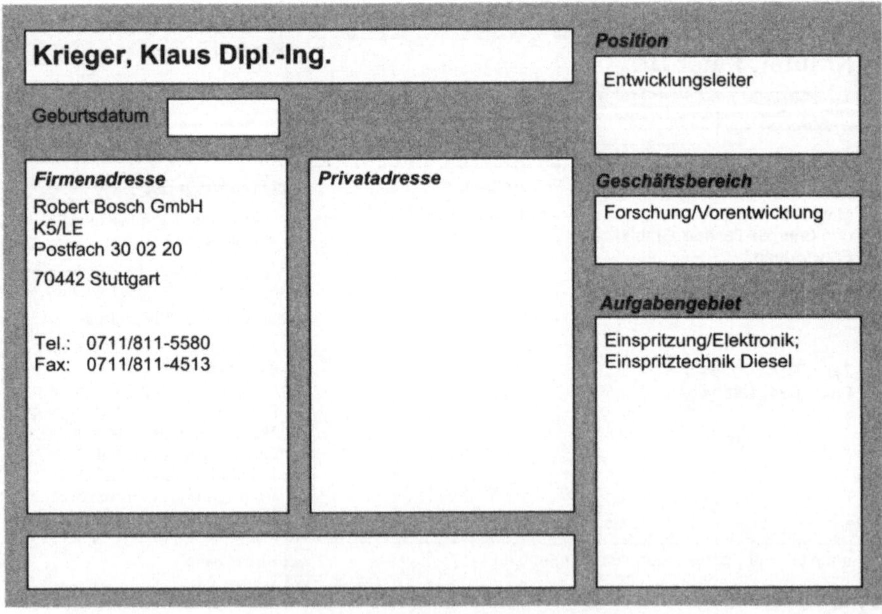

Kreuzer, Thomas Dr.-Ing.

Geburtsdatum | 04.09.1947

Position
Vize-Präsident

Firmenadresse
Degussa-Hüls AG
Abt. AK-FA
Rodenbacher Chausee 4
63457 Hanau

Tel.:   06161/59-0
Fax: 06181/594630

Privatadresse
Philipp-Reis-Str. 13
61184 Karben

Geschäftsbereich
Forschung/Vorentwicklung

Aufgabengebiet
Gemischbildung/Verbrennung;
Forschung, Entwicklung und
Anwendungstechnik
Autoabgaskatalysatoren

e-mail Firma: Thomas.kreuzer@Degussa-Hüls.de

Krieger, Klaus Dipl.-Ing.

Geburtsdatum

Position
Entwicklungsleiter

Firmenadresse
Robert Bosch GmbH
K5/LE
Postfach 30 02 20
70442 Stuttgart

Tel.:   0711/811-5580
Fax: 0711/811-4513

Privatadresse

Geschäftsbereich
Forschung/Vorentwicklung

Aufgabengebiet
Einspritzung/Elektronik;
Einspritztechnik Diesel

Krings, Johannes Dipl.-Ing.

Geburtsdatum 16.12.1954

Firmenadresse
Mahle GmbH
Abt. KNV
Anwendungstechnik +
Vertrieb
Pragstr. 26 - 46
70376 Stuttgart

Tel.: 0711/501-2109
Fax: 0711/501-2016

Privatadresse
Adlerstr. 2/4
71409 Schwaikheim

Tel.: 07195/54481

Position
Verkaufs-Ingenieur

Geschäftsbereich
Forschung/Vorentwicklung
Konstruktion

Aufgabengebiet
Motorbauteile- und zubehör;
Kolben, Nutzfahrzeuge,
Anwendungstechnik
(Entwicklung und
Konstruktion), Vertrieb

e-mail Firma: Johannes_Krings@Mahle.com
e-mail Privat: 101.226 252@germanynet.de

Kripser, Gerhard Dr.

Geburtsdatum 22.07.1937

Firmenadresse
Steyr Daimler Puch
Engineering Center
Entwicklung
Schönauer Str. 5
4400 Steyr
Österreich

Tel.: +43 7252/573 2475
Fax: +43 7252/573-761

Privatadresse
Kammermayrstr. 17
4400 Steyr
Österreich

Tel.: +43 7252/48325

Position

Geschäftsbereich
Forschung/Vorentwicklung
Berechnung

Aufgabengebiet
Motorbauteile- und zubehör;
Radaufhängung;
Getriebe/Kupplung/Antriebs-
strang; Achsen; Federung und
Dämpfung; Bremsen;
Rahmen; Messtechnik;
Prüftechnik; Simulation,
Engineering, CAE-Software,
LKW, PKW

e-mail Firma: g.kripser@ecs.steyr.com

Krohm, Harald Dipl.-Ing.

Geburtsdatum 05.04.1960

Position

Entwicklungsleiter

Geschäftsbereich

Forschung/Vorentwicklung

Firmenadresse

AFT
Atlas Fahrzeugtechnik
GmbH
- Forschung/Entwicklung -
Postfach 11 07

58771 Werdohl

Tel.:   02392/809-250
Fax: 02392/809-100

Privatadresse

Auf dem Streifchen 11
44892 Bochum

Tel.:   0234/295415

Aufgabengebiet

Einspritzung/Elektronik;
Messtechnik;
Getriebe/Kupplung/Antriebs-
strang; Mechatronik im
Antriebsstrang, Mess-
Applikations- und
Diagnosewerkzeuge,
Elektronische Steuergeräte,
Motor- und Getriebeversuch,
Fahrzeugakustik

e-mail Firma: h.krohm@aft.werdohl.de

Kronast, Michael Dr.-Ing.

Geburtsdatum

Position

Technical Spezialist

Geschäftsbereich

Forschung/Vorentwicklung
Versuch

Firmenadresse

Ford Werke AG
Entwicklung
Spessartstr.

50725 Köln

Tel.:   0221/903-7078
Fax: 0221/903-5145

Privatadresse

Aufgabengebiet

Fahrzeug NVH, Akustik und
Schwingungstechnik

e-mail Firma: mkronast@ford.com

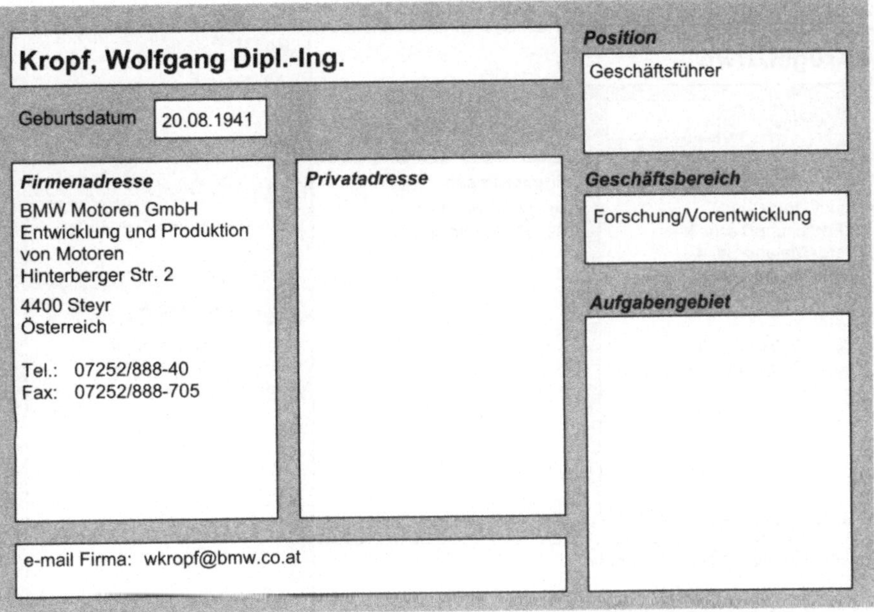

Kropf, Wolfgang Dipl.-Ing.

Position
Geschäftsführer

Geburtsdatum 20.08.1941

Firmenadresse
BMW Motoren GmbH
Entwicklung und Produktion
von Motoren
Hinterberger Str. 2

4400 Steyr
Österreich

Tel.: 07252/888-40
Fax: 07252/888-705

Privatadresse

Geschäftsbereich
Forschung/Vorentwicklung

Aufgabengebiet

e-mail Firma: wkropf@bmw.co.at

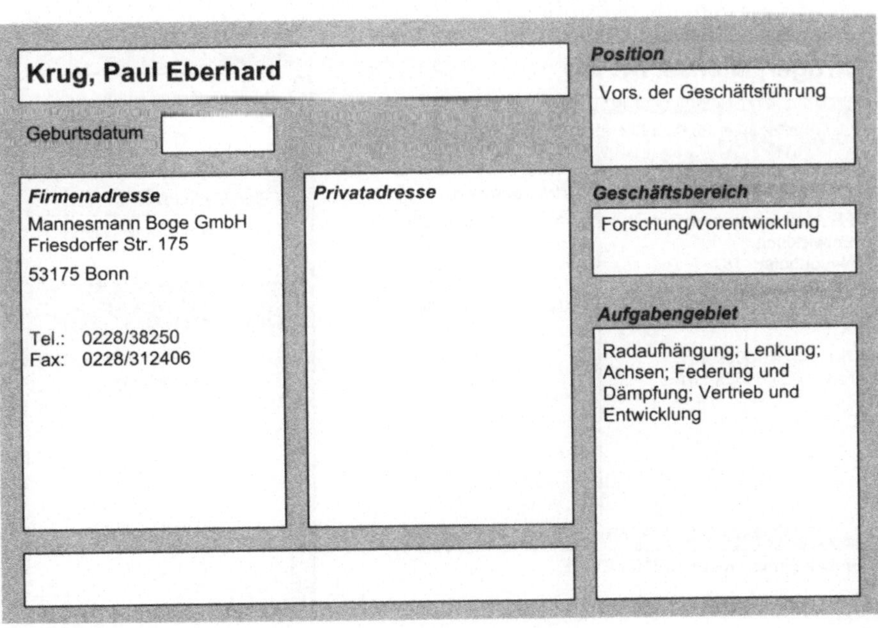

Krug, Paul Eberhard

Position
Vors. der Geschäftsführung

Geburtsdatum

Firmenadresse
Mannesmann Boge GmbH
Friesdorfer Str. 175

53175 Bonn

Tel.: 0228/38250
Fax: 0228/312406

Privatadresse

Geschäftsbereich
Forschung/Vorentwicklung

Aufgabengebiet
Radaufhängung; Lenkung;
Achsen; Federung und
Dämpfung; Vertrieb und
Entwicklung

Krügel, Uwe

Geburtsdatum

Position
Leiter F + E

Firmenadresse
Liqui Moly GmbH
- Forschung/Technik -
Jerg-Wieland-Str. 4
89081 Ulm-Lehr

Tel.: 0731/1420-0
Fax: 0731/1420-88

Privatadresse
Am Mehldom 35/1
89150 Machtolsheim

Tel.: 07333/3255

Geschäftsbereich
Forschung/Vorentwicklung

Aufgabengebiet
Qualitätsbeauftragter,
Additive, Motorenöle,
Autopflege

e-mail Firma: info@liqui-moly.de

Krüger, Michael Dr.-Ing.

Geburtsdatum 26.04.1963

Position
Abteilungsleiter/Team-Leiter

Firmenadresse
FEV Motorentechnik GmbH
Entwicklung
Neuenhofstr. 181
52078 Aachen

Tel.: 0241/5689-512
Fax: 0241/5689-507

Privatadresse
An den Wurmquellen 15
52076 Aachen

Tel.: 0241/607364

Geschäftsbereich
Forschung/Vorentwicklung
Versuch

Aufgabengebiet
Gemischbildung/Verbrennung;
PKW-Dieselmotoren
Brennverfahren

e-mail Firma: KRUEGER@FEV.DE

Krumm, Herbert Dr.

Geburtsdatum 08.09.1944

Position
Abteilungsleiter/Team-Leiter

Firmenadresse
Deutsche Shell AG
PAE Labor
Abt. OEMPF
Hohe-Schaar-Str. 36
21107 Hamburg

Tel.:   040/7565-4597
Fax: 040/7565-4564

Privatadresse
Zur Alku Cuhe 7
21376 Luhmühlen

Tel.:   04172/7397

Geschäftsbereich
Forschung/Vorentwicklung

Aufgabengebiet
Betriebsstoffe; Energie und Umwelt

e-mail Firma: herbert.h.krumm@ope.Shell.com

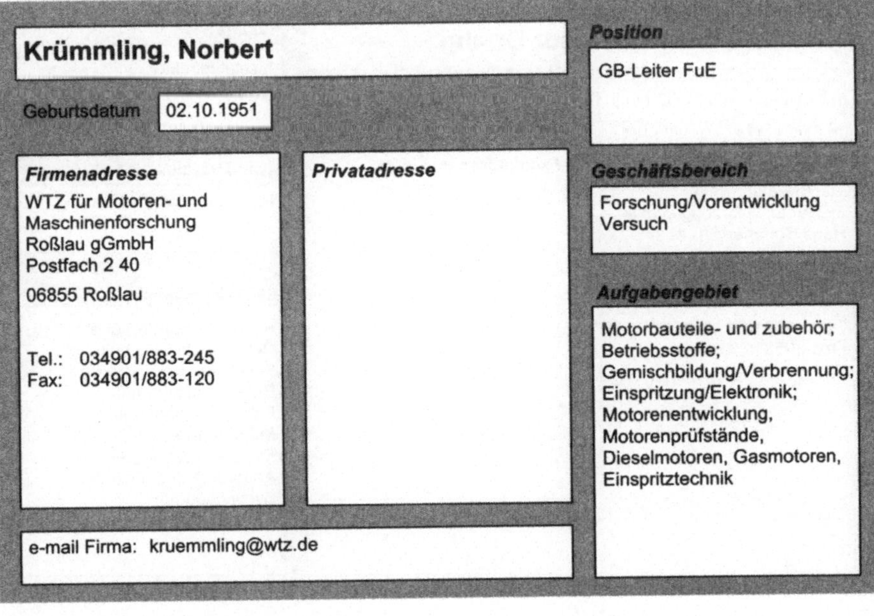

Krümmling, Norbert

Geburtsdatum 02.10.1951

Position
GB-Leiter FuE

Firmenadresse
WTZ für Motoren- und
Maschinenforschung
Roßlau gGmbH
Postfach 2 40
06855 Roßlau

Tel.:   034901/883-245
Fax: 034901/883-120

Privatadresse

Geschäftsbereich
Forschung/Vorentwicklung
Versuch

Aufgabengebiet
Motorbauteile- und zubehör;
Betriebsstoffe;
Gemischbildung/Verbrennung;
Einspritzung/Elektronik;
Motorenentwicklung,
Motorenprüfstände,
Dieselmotoren, Gasmotoren,
Einspritztechnik

e-mail Firma: kruemmling@wtz.de

Kübler, Werner Dipl.-Ing.

Geburtsdatum 26.08.1961

Position

Abteilungsleiter/Team-Leiter

Firmenadresse

MAN
Nutzfahrzeuge AG
Vogelweiherstr. 33

90441 Nürnberg

Tel.: 0911/420-6019
Fax: 0911/420-1924

Privatadresse

Heilbronner Str. 5
91126 Kammerstein

Tel.: 09871/9047
Fax: 09871/9035

Geschäftsbereich

Versuch

Aufgabengebiet

Motorbauteile- und zubehör;
Motorenversuch, Ltg.
Versuchsbetrieb -Entwicklung
Schleppermotoren, -
Kühlkreisläufe

e-mail Firma: Werner_Kuebler@MN.MAN.DE
e-mail Privat: Kuebler.w@t.online.de

Kücükay, Ferit Professor Dr.-Ing.

Geburtsdatum 20.02.1953

Position

Institutsdirektor

Firmenadresse

TU Braunschweig
Institut für Fahrzeugtechnik
Hans-Sommer-Str. 4

38106 Braunschweig

Tel.: 0531/391-2610
Fax: 0531/391-2601

Privatadresse

Geschäftsbereich

Forschung/Vorentwicklung

Aufgabengebiet

Radaufhängung; Räder,
Reifen; Achsen; Lenkung;
Federung und Dämpfung;
Bremsen; Rahmen;
Fahrzeugsicherheit;
Messtechnik;
Fahrzeugtechnik, Akustik,
Antriebsstrang, Getriebe,
Schwingungen

Küffel, Günther

Geburtsdatum 18.01.1965

Position

Firmenadresse
AUDI AG
Entwicklung
Auto-Union-Str.

85045 Ingolstadt

Tel.: 0841/89-35462
Fax: 0841/89-39233

Privatadresse
Reisacher Str. 9
85055 Ingolstadt

Tel.: 0841/51383
Funk: 0173 2305242

Geschäftsbereich

Konstruktion

Aufgabengebiet

Radaufhängung; Fahrwerk,
Entwicklung, Hinterachse

e-mail Firma: guenther.kueffel@audi.de
e-mail Privat: guenther-Kueffel@t-online.de

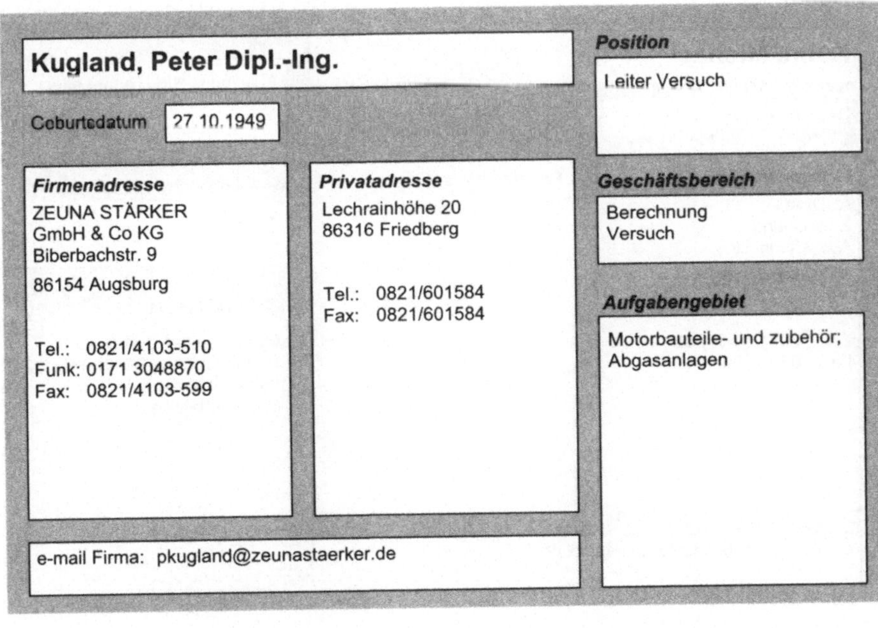

Kugland, Peter Dipl.-Ing.

Geburtsdatum 27.10.1949

Position

Leiter Versuch

Firmenadresse
ZEUNA STÄRKER
GmbH & Co KG
Biberbachstr. 9

86154 Augsburg

Tel.: 0821/4103-510
Funk: 0171 3048870
Fax: 0821/4103-599

Privatadresse
Lechrainhöhe 20
86316 Friedberg

Tel.: 0821/601584
Fax: 0821/601584

Geschäftsbereich

Berechnung
Versuch

Aufgabengebiet

Motorbauteile- und zubehör;
Abgasanlagen

e-mail Firma: pkugland@zeunastaerker.de

Kuhlmann, Peter Professor Dr.-Ing.

Geburtsdatum   06.07.1936

Position

Professor

Firmenadresse

Universität der Bundeswehr
Hamburg - Institut für
Kraftfahr-
wesen und
Kolbenmaschinen
Holstenhofweg 85

22043 Hamburg

Tel.:   040/6541-2727
Fax: 040/6541-2827

Privatadresse

Nedderndorfer Weg 8
22111 Hamburg

Geschäftsbereich

Forschung/Vorentwicklung

Aufgabengebiet

Gemischbildung/Verbrennung;
Messtechnik; Transientes
Verhalten; Kreisprozesse;
Schwingungen

e-mail Firma: peter.Kuhlmann@unibw-hamburg.de

Kuhn, Michael

Geburtsdatum   30.08.1962

Position

Abteilungsleiter/Team-Leiter

Firmenadresse

AUDI AG
Entwicklung
Auto-Union-Str.

85057 Ingolstadt

Tel.:   0841/89-37265
Fax: 0841/89-90439

Privatadresse

St.-Leonhard-Str. 19 a
85080 Gaimersheim

Tel.:   08406/1546

Geschäftsbereich

Versuch

Aufgabengebiet

Motorbauteile- und zubehör;
Gemischbildung/Verbrennung;
Ladungswechsel,
Brennverfahren

e-mail Firma: Michael.Kuhn@audi.de

Kühn, Michael

Geburtsdatum 01.06.1954

Position
Projekt-Leiter

Firmenadresse
DaimlerChrysler AG
Entwicklung
Postfach
70546 Stuttgart

Tel.: 0711/17-34155
Fax: 0711/17-34388

Privatadresse
Kohlplatte 7
73061 Ebersbach

Tel.: 07163/4555
Fax: 07163/4486

Geschäftsbereich
Versuch

Aufgabengebiet
Gemischbildung/Verbrennung;
drosselfreie Lastregelung

e-mail Firma: michael.Kuehn@daimlerchrysler.com

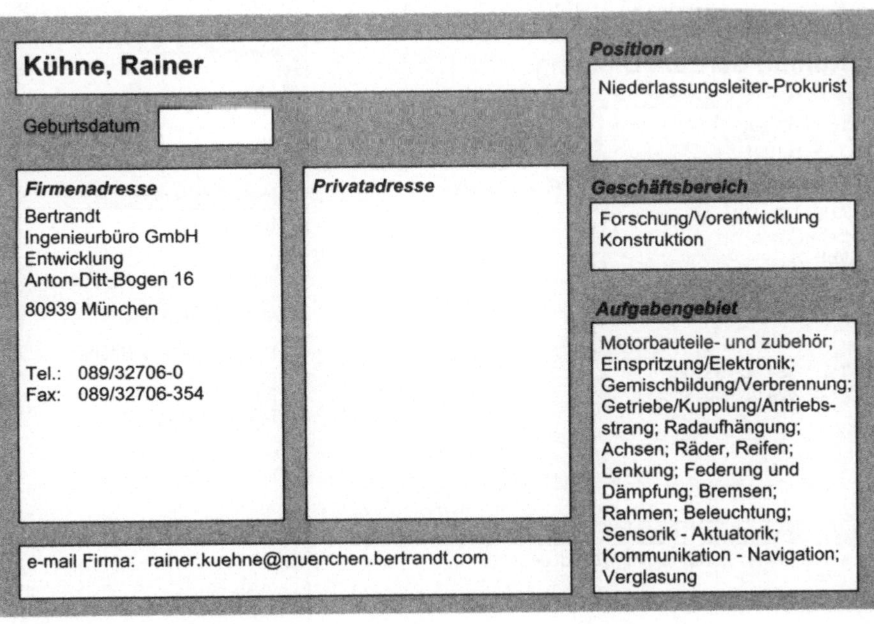

Kühne, Rainer

Geburtsdatum

Position
Niederlassungsleiter-Prokurist

Firmenadresse
Bertrandt
Ingenieurbüro GmbH
Entwicklung
Anton-Ditt-Bogen 16
80939 München

Tel.: 089/32706-0
Fax: 089/32706-354

Privatadresse

Geschäftsbereich
Forschung/Vorentwicklung
Konstruktion

Aufgabengebiet
Motorbauteile- und zubehör;
Einspritzung/Elektronik;
Gemischbildung/Verbrennung;
Getriebe/Kupplung/Antriebs-
strang; Radaufhängung;
Achsen; Räder, Reifen;
Lenkung; Federung und
Dämpfung; Bremsen;
Rahmen; Beleuchtung;
Sensorik - Aktuatorik;
Kommunikation - Navigation;
Verglasung

e-mail Firma: rainer.kuehne@muenchen.bertrandt.com

Kümmerer, Hans-Helmut

Geburtsdatum

Position

Geschäftsführer

Firmenadresse

IVM AUTOMOTIVE
Stuttgart GmbH
Blumenstr. 29

70736 Fellbach

Tel.: 0711/9514-103
Fax: 0711/514026

Privatadresse

Geschäftsbereich

Konstruktion
Berechnung

Aufgabengebiet

Motorbauteile- und zubehör;
Radaufhängung; Getriebe/
Kupplung/Antriebsstrang;
Achsen; Lenkung; Federung
und Dämpfung; Bremsen;
Rahmen; Beleuchtung;
Sensorik - Aktuatorik;
Kommunikation - Navigation;
Aerodynamik; Fahrzeuginnen-
raum; Fahrzeugsicherheit;
Automobilelektronik,
Entwicklungsdienstleistungen

e-mail Firma: hans-helmut.kuemmerer@ivm-automotive.com

Kumpf, Bertram Dipl.-Ing.

Geburtsdatum 17.04.1964

Position

Leiter

Firmenadresse

AUDI AG
Entwicklung
I/EF-21
Auto-Union-Str.

85045 Ingolstadt

Tel.: 0841/89-33905
Fax: 0841/89-36146

Privatadresse

Geschäftsbereich

Berechnung

Aufgabengebiet

Radaufhängung; Räder,
Reifen; Achsen; Lenkung;
Federung und Dämpfung;
Bremsen; Rahmen

e-mail Firma: bertram.kumpf@audi.de

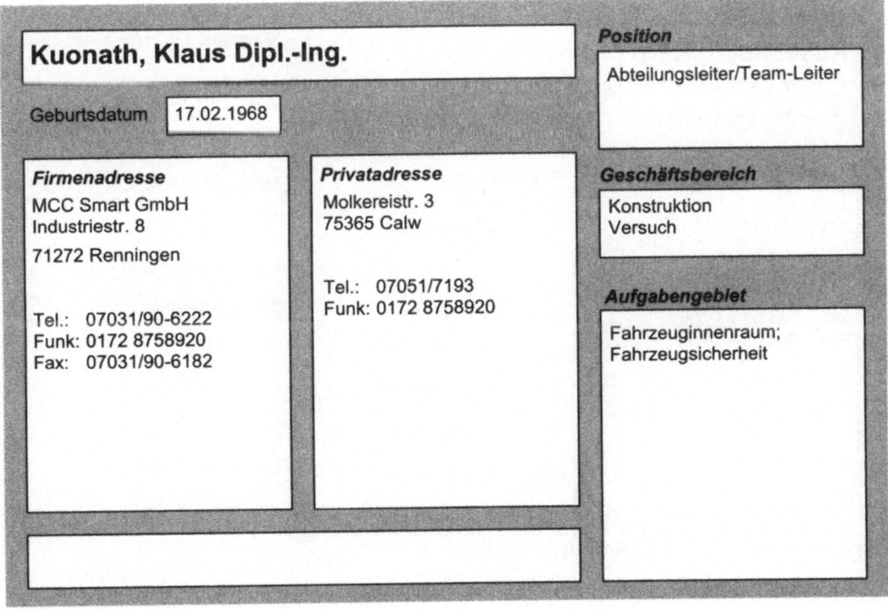

Kunkel, David Dipl.-Ing.

Geburtsdatum 21.09.1967

Firmenadresse
Adam Opel AG
ITEZ
IPC 81-40
65423 Rüsselsheim

Tel.: 06142/7-63742
Fax: 06142/7-78380

Privatadresse
Friedensstr. 4
65428 Rüsselsheim

Tel.: 06142/81768

e-mail Firma: david.kunkel@de.opel.com
e-mail Privat: davidkunkel@usa.net

Position
Projektingenieur

Geschäftsbereich
Forschung/Vorentwicklung

Aufgabengebiet
Motorbauteile- und zubehör

Kuonath, Klaus Dipl.-Ing.

Geburtsdatum 17.02.1968

Firmenadresse
MCC Smart GmbH
Industriestr. 8
71272 Renningen

Tel.: 07031/90-6222
Funk: 0172 8758920
Fax: 07031/90-6182

Privatadresse
Molkereistr. 3
75365 Calw

Tel.: 07051/7193
Funk: 0172 8758920

Position
Abteilungsleiter/Team-Leiter

Geschäftsbereich
Konstruktion
Versuch

Aufgabengebiet
Fahrzeuginnenraum;
Fahrzeugsicherheit

Kurz, Gerhard Dipl.-Ing.

Geburtsdatum 30.10.1963

Position

Abteilungsleiter/Team-Leiter

Firmenadresse
BMW AG
Petuelring 130
80788 München

Tel.: 089/382-32394
Fax: 089/382-48268

Privatadresse
Lenaustr. 9
86179 Augsburg

Geschäftsbereich

Versuch

Aufgabengebiet

Bremsen

Kusebauch, Kurt

Geburtsdatum 04.04.1949

Position

Fachreferent

Firmenadresse
AUDI AG
Abt. I/EA-111
85045 Ingolstadt

Tel.: 0841/89-33285
Fax: 0841/89-38892

Privatadresse
Budweisstr.9
86633 Neuburg

Tel.: 08431/44241
Fax: 08431/44241

Geschäftsbereich

Konstruktion

Aufgabengebiet

Motorbauteile- und zubehör

e-mail Firma: KURT.KUSEBAUCH@AUDI.DE

Küsell, Matthias Dr.-Ing.

Geburtsdatum   12.09.1962

Position

Projektleiter

Geschäftsbereich

Forschung/Vorentwicklung

Firmenadresse

Robert Bosch GmbH
Abt. K3/ESK
Postfach 30 02 20

70442 Stuttgart

Tel.:   0711/811-24315
Fax: 0711/811-33789

Privatadresse

Tuttlinger Str. 13
71229 Leonberg

Tel.:   07152/398130
Funk: 0172 7114417

Aufgabengebiet

Gemischbildung/Verbrennung; Systementwicklung Benzin-Direkteinspritzung, Entwicklung Motorsteuerungen für Ottomotoren, innermotorische Vorgänge

e-mail Firma: Matthias.Kuesell@de.bosch.com
e-mail Privat: Matthias.Kuesell@t-online.de

Kutzbach, Heinz Dieter Professor Dr.-Ing.

Geburtsdatum   14.03.1940

Position

Ordinarius

Geschäftsbereich

Forschung/Vorentwicklung

Firmenadresse

Universität Hohenheim
Insitut für Agrartechnik 440

70593 Stuttgart

Tel.:   0711/459-3200
Fax: 0711/459-2519

Privatadresse

Goethestr. 5
72667 Schlaitdorf

Tel.:   07127/35634
Funk: 0173 3051910

Aufgabengebiet

Räder, Reifen; Federung und Dämpfung; Lenkung; Kommunikation - Navigation; Forschung und Lehre Mobile Arbeitsmaschinen, Traktoren, Kraftübertragung, Bodenverdichtung, Mähdrescher

Landerl, Christian Dr. techn.

Geburtsdatum 31.05.1960

Position
General Manager

Firmenadresse
Rover Group
Lode Lane, Solikull
B92 8NW West Midlands
Grossbritannien und
Nordirland

Tel.:   +44 121/7003524

Privatadresse

Geschäftsbereich
Konstruktion
Berechnung

Aufgabengebiet
Motorbauteile- und zubehör;
Einspritzung/Elektronik;
Gemischbildung/Verbrennung;
Fahrzeuganpassung
Dieselmotor

e-mail Firma: christian.landerl@rovergroup.com

Landfahrer, Klaus Dr.

Geburtsdatum 14.07.1956

Position
Fachteamleiter

Firmenadresse
AVL List GmbH
Hans-List-Platz 1
8020 Graz
Österreich

Tel.:   +43 316/787-582
Fax: +43 316/787-1689

Privatadresse
Prokesch Osten Gasse 10
8020 Graz
Österreich

Tel.:   +43 316/273511

Geschäftsbereich
Forschung/Vorentwicklung

Aufgabengebiet
Motorenentwicklungsprozess,
Prozessoptimierung,
Methodikentwicklung,
Projektmanagement

e-mail Firma: klaus.landfahrer@avl.com

Larsson, J. Dipl.-Ing.

Position

R & D Manager

Geburtsdatum   19.07.1949

Geschäftsbereich

Forschung/Vorentwicklung

Firmenadresse

Volvo Car Corporation
Abt. 98720-PV4B2

SE-40508 Göteborg
Schweden

Tel.:   +46 31/7652448
Fax: +46 31/596769

Privatadresse

Ö.Fogelbergsgatan 6
SE-41128 Göteborg
Schweden

Tel.:   +46 31/7740688
Fax: +46 31/7740688

Aufgabengebiet

Fahrzeugsicherheit;
Vorentwicklung Karosserie:
Leitbau-Materialien,
Fügetechnik, Strukturanalyse,
Kalkulationen

e-mail Firma: vcc2.jkl@memo.volvo.se

Laufenberg, Hans-Joachim

Position

Geschäftsführender
Gesellschafter

Geburtsdatum   15.09.1964

Geschäftsbereich

Konstruktion
Berechnung

Firmenadresse

RLE - INTERNATIONALE
Produktentwicklungsges.
mbH
Brodhausen 1

51491 Overath

Tel.:   02204/9725-0
Fax: 02204/9725-20

Privatadresse

Aufgabengebiet

Oberflächenschutz;
Produktionsplanung und -
steuerung;
Fahrzeuginnenraum;
Qualitätsmanagement; 3D
Solid Werkzeugkonstruktion
Modell- und Prototypenbau

e-mail Firma: info-overath@rle.de

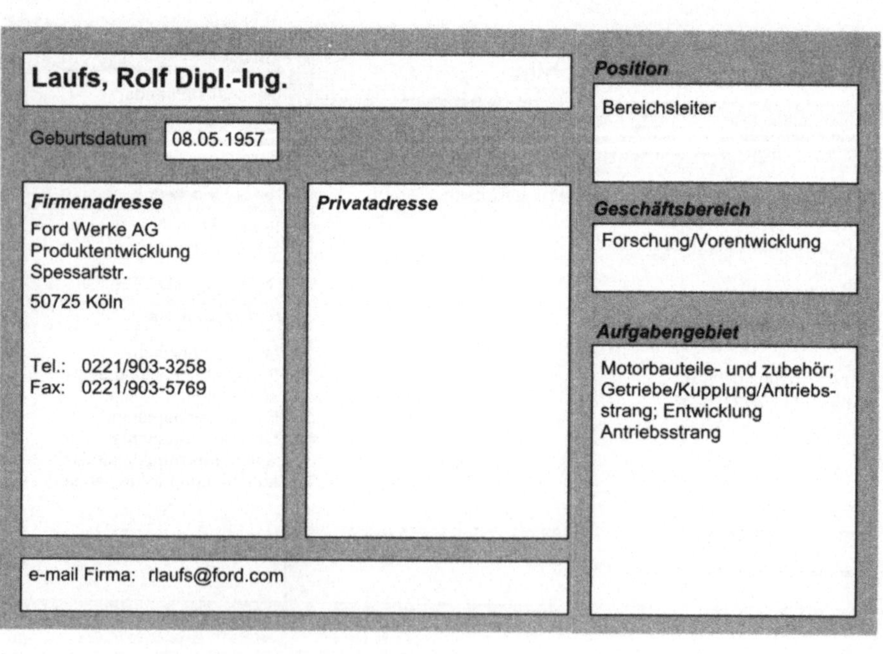

Laufenberg, Ralf

Geburtsdatum 20.05.1966

Position

Geschäftsführender Gesellschafter

Firmenadresse

RLE INTERNATIONAL
Produktentwicklungsges.
mbH
Venloer Str. 151 - 153

50672 Köln

Tel.: 0221/97667-700
Fax: 0221/97667-799

Privatadresse

e-mail Firma: rlaufenberg@rle.de

Geschäftsbereich

Forschung/Vorentwicklung
Konstruktion

Aufgabengebiet

Radaufhängung; Räder,
Reifen; Achsen; Lenkung;
Federung und Dämpfung;
Bremsen; Rahmen;
Beleuchtung; Sensorik -
Aktuatorik; Kommunikation -
Navigation; Oberflächen-
schutz; Aerodynamik;
Verglasung; Fahrzeuginnen-
raum; Fahrzeugsicherheit;
Einkauf; Fabrikausrüstung;
Produktionsplanung

Laufs, Rolf Dipl.-Ing.

Geburtsdatum 08.05.1957

Position

Bereichsleiter

Firmenadresse

Ford Werke AG
Produktentwicklung
Spessartstr.

50725 Köln

Tel.: 0221/903-3258
Fax: 0221/903-5769

Privatadresse

e-mail Firma: rlaufs@ford.com

Geschäftsbereich

Forschung/Vorentwicklung

Aufgabengebiet

Motorbauteile- und zubehör;
Getriebe/Kupplung/Antriebs-
strang; Entwicklung
Antriebsstrang

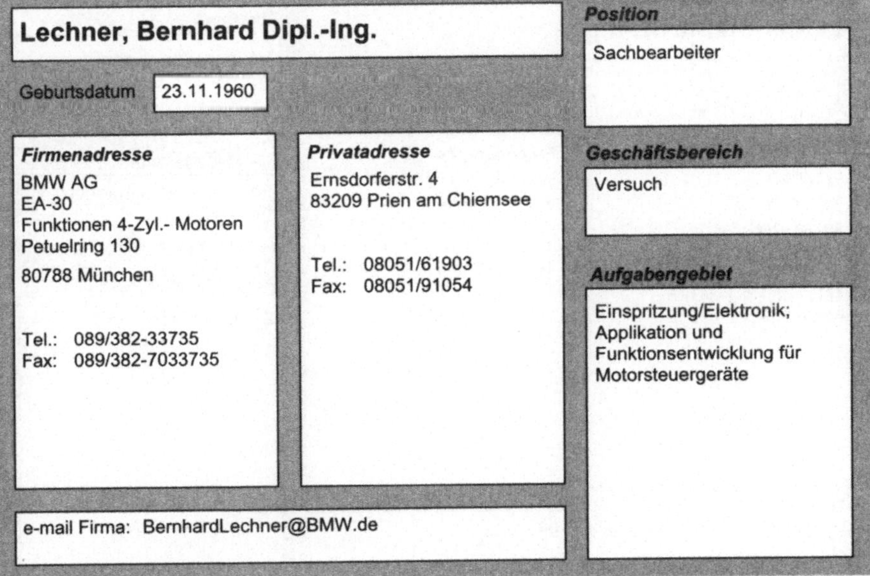

Lechner, Dr.

Geburtsdatum 28.04.1949

Position
Inhaber

Firmenadresse
Ingenieurbüro
Dr. Lechner
Eichenweg 6
85774 Unterföhring

Tel.: 089/9504509
Funk: 0171 5817702
Fax: 089/95828-140

Privatadresse
Eichenweg 6
85774 Unterföhring

Geschäftsbereich
Forschung/Vorentwicklung
Versuch

Aufgabengebiet
Aerodynamik; Aerodynamik
Fahrzeuge, Pkw, Lkw,
Omnibusse;
Windkanaluntersuchungen

Lechner, Bernhard Dipl.-Ing.

Geburtsdatum 23.11.1960

Position
Sachbearbeiter

Firmenadresse
BMW AG
EA-30
Funktionen 4-Zyl.- Motoren
Petuelring 130
80788 München

Tel.: 089/382-33735
Fax: 089/382-7033735

Privatadresse
Ernsdorferstr. 4
83209 Prien am Chiemsee

Tel.: 08051/61903
Fax: 08051/91054

Geschäftsbereich
Versuch

Aufgabengebiet
Einspritzung/Elektronik;
Applikation und
Funktionsentwicklung für
Motorsteuergeräte

e-mail Firma: BernhardLechner@BMW.de

Lee, Robert Dipl.-Ing.

Geburtsdatum 26.09.1938

Position

Vorsitzender der
Geschäftsleitung

Firmenadresse

Gottlob Auwärter GmbH +
Co
Geschäftsleitung
Vaihinger Str. 122

70567 Stuttgart

Tel.: 0711/7835-219
Funk: 0172 6210010
Fax: 0711/7835-228

Privatadresse

Carl-Spitzweg-Str. 19
70771 Leinfelden-E.-
Oberaichen

Tel.: 0711/7545474
Funk: 0172 6210010
Fax: 0711/7544694

Geschäftsbereich

Forschung/Vorentwicklung
Konstruktion

Aufgabengebiet

Unternehmensleitung,
Technik, F+E, Zentral Einkauf,
Service, GWA,
Öffentlichkeitsarbeit

e-mail Privat: 320054592436-0001@t-online.de

Leffler, Heinz Dr.-Ing.

Geburtsdatum 29.05.1948

Position

Hauptabteilungsleiter

Firmenadresse

BMW AG
Petuelring 130

80788 München

Tel.: 089/382-34145
Fax: 089/382-48275

Privatadresse

Winifriedweg 27
86316 Friedberg

Tel.: 0822/601222

Geschäftsbereich

Forschung/Vorentwicklung
Konstruktion

Aufgabengebiet

Bremsen; Brems- und
Regelungssysteme

e-mail Firma: Heinz.Leffler@bmw.de

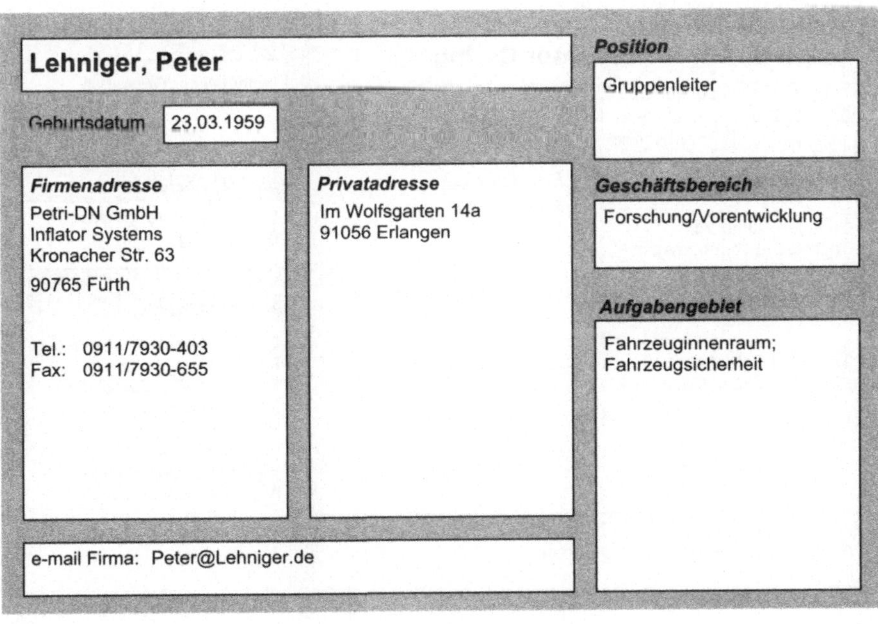

Lehna, Marius Dipl.-Ing.

Geburtsdatum   03.07.1955

Position

Firmenadresse
AUDI AG
Entwicklung
I/EG-11
85045 Ingolstadt

Tel.:   0841/89-34911
Fax: 0841/89-31966

Privatadresse
Streifer Str. 32
85049 Ingolstadt

Tel.:   0841/46964
Fax: 0841/46964

Geschäftsbereich
Forschung/Vorentwicklung

Aufgabengebiet
Getriebe/Kupplung/Antriebs-
strang; Alternative Antriebe,
Hybridantrieb

e-mail Firma: marius.lehna@audi.de
e-mail Privat: m-m.lehna@t-online.de

Lehniger, Peter

Geburtsdatum   23.03.1959

Position
Gruppenleiter

Firmenadresse
Petri-DN GmbH
Inflator Systems
Kronacher Str. 63
90765 Fürth

Tel.:   0911/7930-403
Fax: 0911/7930-655

Privatadresse
Im Wolfsgarten 14a
91056 Erlangen

Geschäftsbereich
Forschung/Vorentwicklung

Aufgabengebiet
Fahrzeuginnenraum;
Fahrzeugsicherheit

e-mail Firma: Peter@Lehniger.de

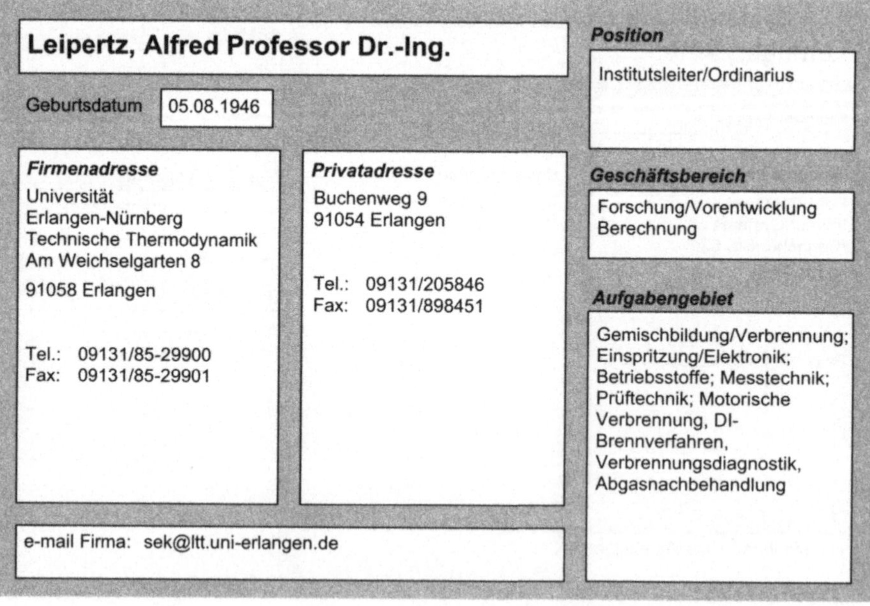

Leimbach, Wolfgang

Geburtsdatum

Position

Firmenadresse
Mentor Graphics GmbH
Entwicklung
Elsenheimer Str. 41 - 43
80687 München

Tel.:   089/57096-0
Fax: 089/57096-400

Privatadresse

Geschäftsbereich
Forschung/Vorentwicklung

Aufgabengebiet
Elektronik-Software
Entwicklung für Fahrzeuge

e-mail Firma: wolfgang.leimbach@mentor.com

Leipertz, Alfred Professor Dr.-Ing.

Geburtsdatum   05.08.1946

Position
Institutsleiter/Ordinarius

Firmenadresse
Universität
Erlangen-Nürnberg
Technische Thermodynamik
Am Weichselgarten 8
91058 Erlangen

Tel.:   09131/85-29900
Fax: 09131/85-29901

Privatadresse
Buchenweg 9
91054 Erlangen

Tel.:   09131/205846
Fax: 09131/898451

Geschäftsbereich
Forschung/Vorentwicklung
Berechnung

Aufgabengebiet
Gemischbildung/Verbrennung;
Einspritzung/Elektronik;
Betriebsstoffe; Messtechnik;
Prüftechnik; Motorische
Verbrennung, DI-
Brennverfahren,
Verbrennungsdiagnostik,
Abgasnachbehandlung

e-mail Firma: sek@ltt.uni-erlangen.de

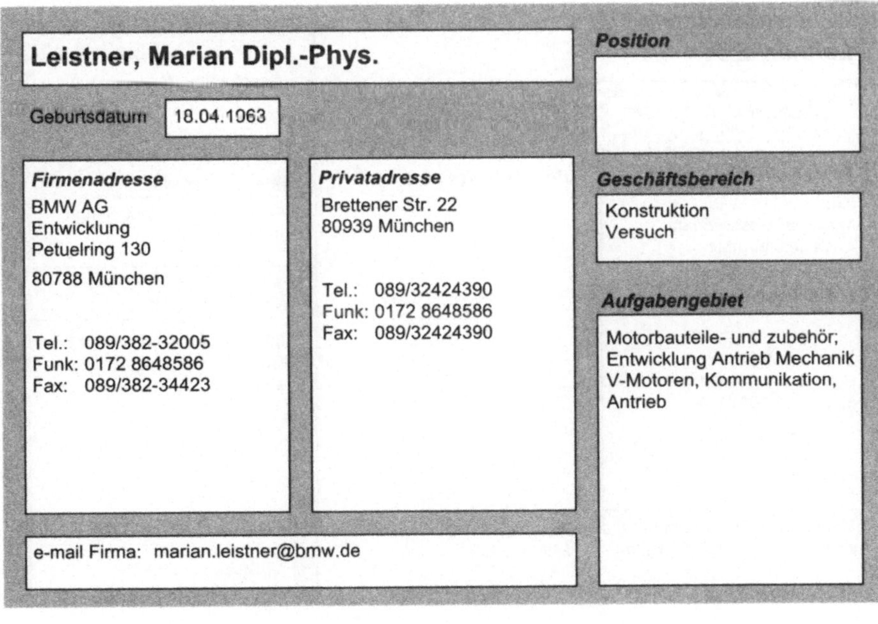

Leipold, Kurt

Position
R&D-Manager

Geburtsdatum 21.01.1951

Geschäftsbereich
Forschung/Vorentwicklung

Firmenadresse
HARMAN
Audio Electronic Systems GmbH
Forschung/Entwicklung
Postfach 01 62

94301 Straubing

Tel.: 09421/982-252
Funk: 0171 1274177
Fax: 09421/982-250

Privatadresse
Josef-Lacher-Str. 20
94351 Feldkirchen

Tel.: 09420/256

Aufgabengebiet
Kommunikation - Navigation;
Entwicklung von Audio-
Systemen für Kraftfahrzeuge

e-mail Firma: Kleipold@harman.de

Leistner, Marian Dipl.-Phys.

Position

Geburtsdatum 18.04.1963

Geschäftsbereich
Konstruktion
Versuch

Firmenadresse
BMW AG
Entwicklung
Petuelring 130

80788 München

Tel.: 089/382-32005
Funk: 0172 8648586
Fax: 089/382-34423

Privatadresse
Brettener Str. 22
80939 München

Tel.: 089/32424390
Funk: 0172 8648586
Fax: 089/32424390

Aufgabengebiet
Motorbauteile- und zubehör;
Entwicklung Antrieb Mechanik
V-Motoren, Kommunikation,
Antrieb

e-mail Firma: marian.leistner@bmw.de

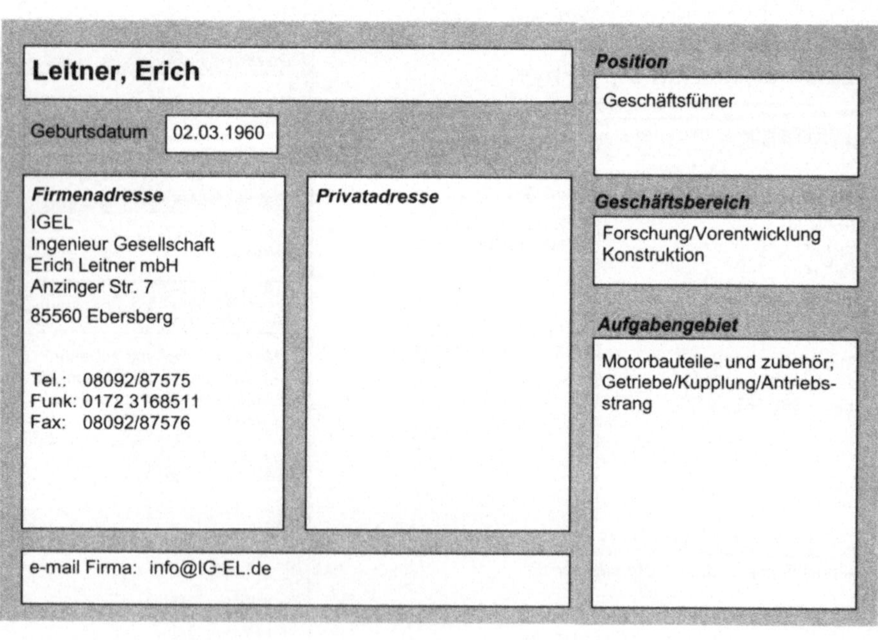

Leitermann, Wulf Dipl.-Ing.

Position
Leiter Aluminium-Zentrum

Geburtsdatum 15.10.1936

Firmenadresse
AUDI AG
Entwicklung
N/EK-6
NSU-Str. 24
74172 Neckarsulm

Tel.:   07132/31-2393
Fax: 07132/31-2419

Privatadresse
Kirschenweg 9
74206 Bad Wimpfen

Tel.:   07063/8257

Geschäftsbereich
Konstruktion
Berechnung

Aufgabengebiet
Rohbau

e-mail Firma: wulf.leitermann@audi.de

Leitner, Erich

Position
Geschäftsführer

Geburtsdatum 02.03.1960

Firmenadresse
IGEL
Ingenieur Gesellschaft
Erich Leitner mbH
Anzinger Str. 7
85560 Ebersberg

Tel.:   08092/87575
Funk: 0172 3168511
Fax: 08092/87576

Privatadresse

Geschäftsbereich
Forschung/Vorentwicklung
Konstruktion

Aufgabengebiet
Motorbauteile- und zubehör;
Getriebe/Kupplung/Antriebs-
strang

e-mail Firma: info@IG-EL.de

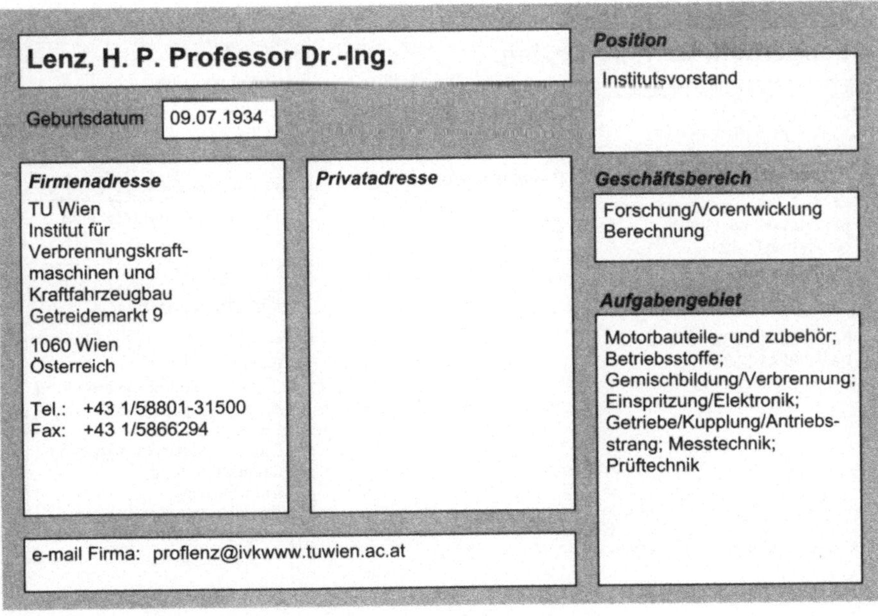

Lemberger, Heinz Dipl.-Ing.

Position

Geburtsdatum 08.12.1948

Firmenadresse

BMW AG
Entwicklung
Hufelandstr. 6

80788 München

Tel.: 089/382-34051
Fax: 089/382-34423

Privatadresse

Hofäckerallee 1
85774 Unterföhring

Geschäftsbereich

Konstruktion
Berechnung

Aufgabengebiet

Motorbauteile- und zubehör

e-mail Firma: Heinz.lemberger@bmw.de

Lenz, H. P. Professor Dr.-Ing.

Position

Institutsvorstand

Geburtsdatum 09.07.1934

Firmenadresse

TU Wien
Institut für
Verbrennungskraft-
maschinen und
Kraftfahrzeugbau
Getreidemarkt 9

1060 Wien
Österreich

Tel.: +43 1/58801-31500
Fax: +43 1/5866294

Privatadresse

Geschäftsbereich

Forschung/Vorentwicklung
Berechnung

Aufgabengebiet

Motorbauteile- und zubehör;
Betriebsstoffe;
Gemischbildung/Verbrennung;
Einspritzung/Elektronik;
Getriebe/Kupplung/Antriebs-
strang; Messtechnik;
Prüftechnik

e-mail Firma: proflenz@ivkwww.tuwien.ac.at

Leonhard, Rolf Dr.-Ing.

Position

Geschäftsbereichsleiter,Direkt Direktor

Geburtsdatum

Firmenadresse

Robert Bosch GmbH
Geschäftsleitung
Geschäftsbereich K3
Postfach 30 02 40

70442 Stuttgart

Tel.:   0711/811-8550
Fax: 0711/811-1205

Privatadresse

Breslauer Str. 29
71701 Schwieberdingen

Tel.:   07150/32626

Geschäftsbereich

Forschung/Vorentwicklung

Aufgabengebiet

Gemischbildung/Verbrennung;
Sensorik - Aktuatorik;
Einspritzung/Elektronik;
Geschäftsleitung,
Entwicklung, Motorsteuerung,
Benzin

e-mail Firma: Rolf.Leonhard@de.bosch.com

Lepperhoff, Gerhard Dr.-Ing.

Position

Geschäftsleiter

Geburtsdatum

Firmenadresse

FEV
Motorentechnik GmbH
Neuenhofstr. 181

52078 Aachen

Tel.:   0241/5689-350
Fax: 0241/5689-119

Privatadresse

Pfaffer-Gau-Str. 40A
52223 Stolberg

Geschäftsbereich

Forschung/Vorentwicklung

Aufgabengebiet

Motorbauteile- und zubehör;
Betriebsstoffe;
Gemischbildung/Verbrennung;
Einspritzung/Elektronik;
Forschung Ottomotoren,
Dieselmotoren, Gasmotoren,
Gemischbildung,
Verbrennung,
Abgasnachbehandlung,
Brennstoffzelle

e-mail Firma: lepperhoff@fev.de

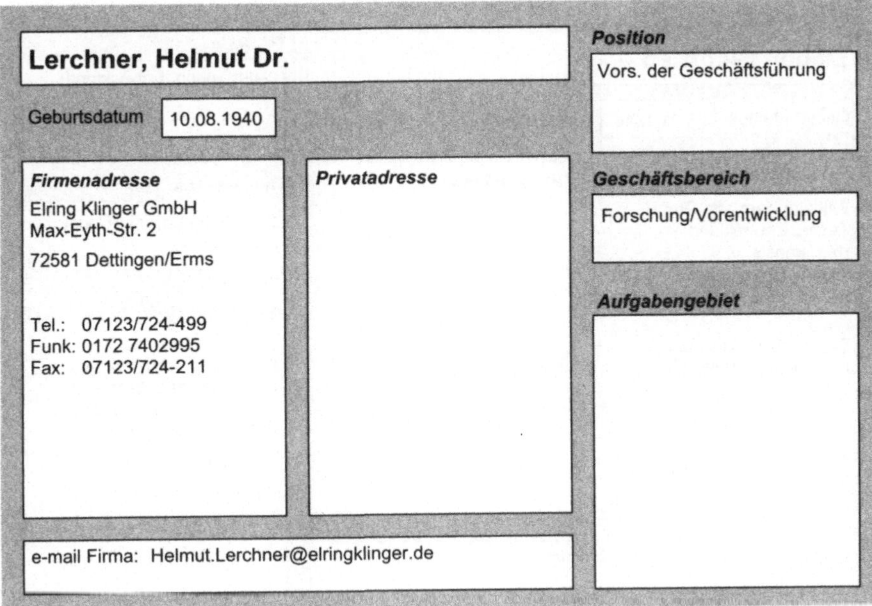

Lerchner, Helmut Dr.

Geburtsdatum | 10.08.1940

Firmenadresse
Elring Klinger GmbH
Max-Eyth-Str. 2
72581 Dettingen/Erms

Tel.: 07123/724-499
Funk: 0172 7402995
Fax: 07123/724-211

Privatadresse

e-mail Firma: Helmut.Lerchner@elringklinger.de

Position
Vors. der Geschäftsführung

Geschäftsbereich
Forschung/Vorentwicklung

Aufgabengebiet

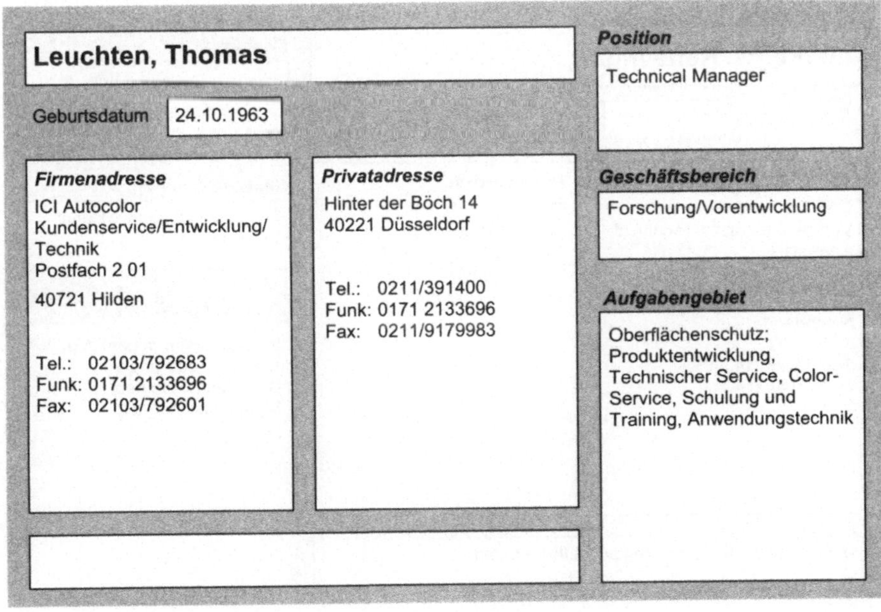

Leuchten, Thomas

Geburtsdatum | 24.10.1963

Firmenadresse
ICI Autocolor
Kundenservice/Entwicklung/
Technik
Postfach 2 01
40721 Hilden

Tel.: 02103/792683
Funk: 0171 2133696
Fax: 02103/792601

Privatadresse
Hinter der Böch 14
40221 Düsseldorf

Tel.: 0211/391400
Funk: 0171 2133696
Fax: 0211/9179983

Position
Technical Manager

Geschäftsbereich
Forschung/Vorentwicklung

Aufgabengebiet
Oberflächenschutz;
Produktentwicklung,
Technischer Service, Color-
Service, Schulung und
Training, Anwendungstechnik

Licher, Siegfried

Geburtsdatum 23.01.1946

Firmenadresse
Wilhelm Karmann GmbH
Techn. Entwicklung
Karmannstr. 1

49084 Osnabrück

Tel.: 0541/5811902
Fax: 0541/5818801

Privatadresse

e-mail Firma: slicher@karmann.com

Position
Leiter Techn. Entwicklung

Geschäftsbereich
Forschung/Vorentwicklung
Konstruktion

Aufgabengebiet
Managing Director,
Forschung, Konstruktion,
Prototypenbau, Erprobung
und Projektmanagement,
Gesamtfahrzeugprojekte

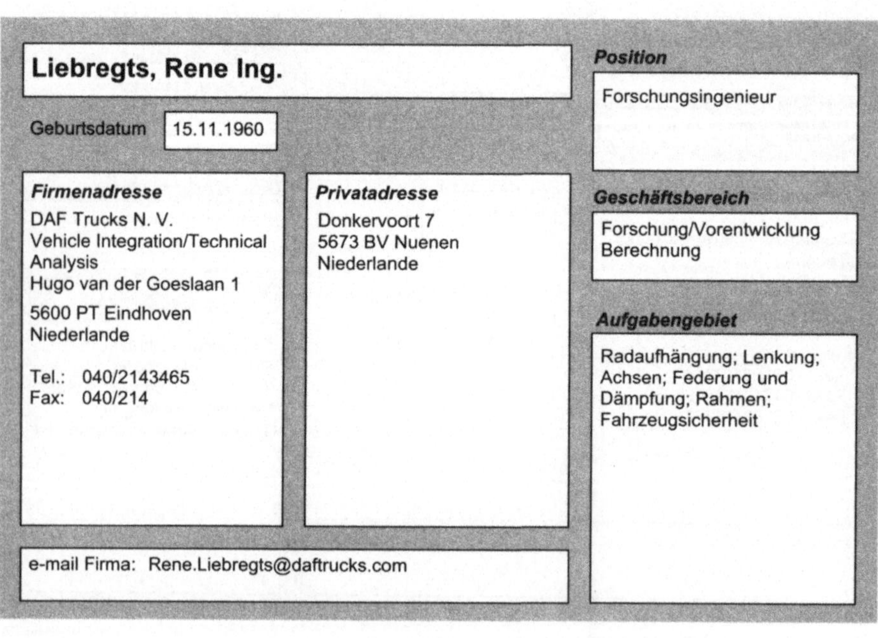

Liebregts, Rene Ing.

Geburtsdatum 15.11.1960

Firmenadresse
DAF Trucks N. V.
Vehicle Integration/Technical
Analysis
Hugo van der Goeslaan 1

5600 PT Eindhoven
Niederlande

Tel.: 040/2143465
Fax: 040/214

Privatadresse
Donkervoort 7
5673 BV Nuenen
Niederlande

e-mail Firma: Rene.Liebregts@daftrucks.com

Position
Forschungsingenieur

Geschäftsbereich
Forschung/Vorentwicklung
Berechnung

Aufgabengebiet
Radaufhängung; Lenkung;
Achsen; Federung und
Dämpfung; Rahmen;
Fahrzeugsicherheit

Liedl, Werner Dr.-Ing.

Geburtsdatum

Position

Bereichsleiter Alternative
Fahrzeugkonzepte

Firmenadresse

Institut für Verbrennungs-
motoren und Kraftfahrwesen
Universität Stuttgart
Pfaffenwaldring 12

70569 Stuttgart

Tel.:   0711/685-5620
Fax: 0711/685-5710

Privatadresse

Geschäftsbereich

Forschung/Vorentwicklung

Aufgabengebiet

e-mail Firma: liedl@ivk.uni-stuttgart.de

Lindener, Norbert Dipl.-Ing.

Geburtsdatum

Position

Leiter Aerodynamik,
Windkanalzentrum

Firmenadresse

AUDI AG
I/EK-44

85045 Ingolstadt

Tel.:   0841/89-34201
Fax: 0841/89-38814

Privatadresse

Geschäftsbereich

Forschung/Vorentwicklung
Berechnung

Aufgabengebiet

Aerodynamik; Messtechnik;
Aerodynamik, Aeroakustik,
Windkanalzentrum, Fzg.-
Eigenverschmutzung, CFD

e-mail Firma: norbert.lindener@audi.de

Lindl, Bruno Dr.

Geburtsdatum   01.07.1953

Position

Leitung Technik, Konstruktion, Entwicklung

Firmenadresse
BERU AG
Techn. Leitung
Mörikestr. 155
71636 Ludwigsburg

Tel.:   07141/132-693
Fax: 07141/132-220

Privatadresse
Hofäckerstr. 15
69245 Bammental

Tel.:   06223/47298
Funk: 0171 2012383

Geschäftsbereich

Konstruktion
Berechnung

Aufgabengebiet

Motorbauteile- und zubehör;
Sensorik - Aktuatorik;
Gemischbildung/Verbrennung;
Otto-/Dieselmotor;
Zündsysteme, Glühsysteme;
Positions-/Temperatursensorik

e-mail Firma: Lindl@lbw3.beru.de

Lindlahr, Jürgen

Geburtsdatum   16.09.1961

Position

Abteilungsleiter/Team-Leiter

Firmenadresse
Ford Werke AG
Henry-Ford-Str. 1
50725 Köln

Tel.:   0221/901-6106
Fax: 0221/901-8410

Privatadresse
Ginsterpfad 19
50737 Köln

Tel.:   0221/741904

Geschäftsbereich

Forschung/Vorentwicklung

Aufgabengebiet

Fabrikausrüstung; Fertigung;
Produktionsplanung und -
steuerung;
Fertigungskostenanalyse für
Mondeo-Plattform-Produkte
(Weltweit)

e-mail Firma: JLINDLA1.@FORD.COM

List, Helmut Professor Dr.-Ing.

Geburtsdatum   20.12.1941

Firmenadresse
AVL List GmbH
Geschäftsleitung
Hans-List-Platz 1

8020 Graz
Österreich

Tel.:   +43 316/787-100
Fax: +43 316/787-770

Privatadresse
Bogengasse 36
8010 Graz
Österreich

Tel.:   +43 316/685209-0
Fax: +43 316/685209-3

e-mail Firma: Helmut.List@avl.com

Position
Vorsitzender der
Geschäftsführung

Geschäftsbereich
Forschung/Vorentwicklung

Aufgabengebiet
CEO, Chairmain AVL List
GmbH

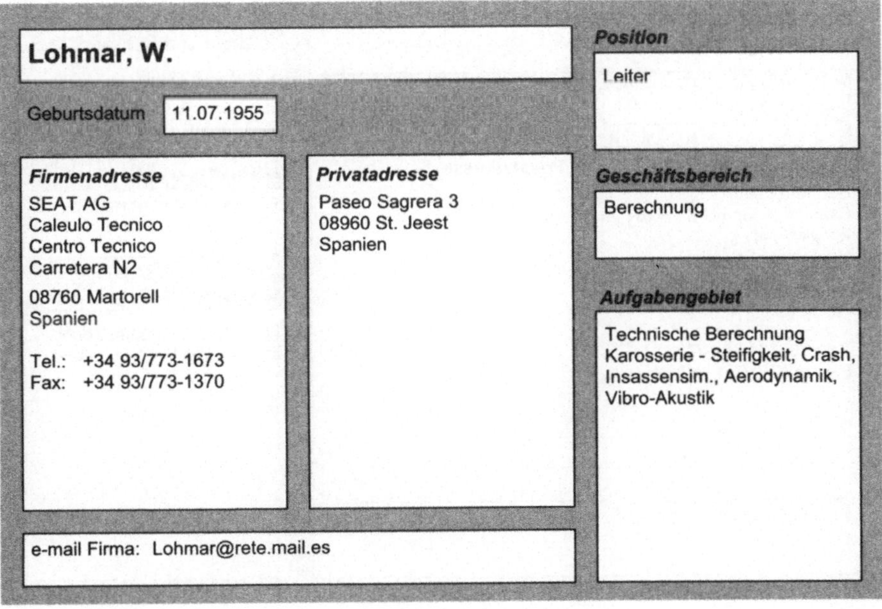

Lohmar, W.

Geburtsdatum   11.07.1955

Firmenadresse
SEAT AG
Caleulo Tecnico
Centro Tecnico
Carretera N2

08760 Martorell
Spanien

Tel.:   +34 93/773-1673
Fax: +34 93/773-1370

Privatadresse
Paseo Sagrera 3
08960 St. Jeest
Spanien

e-mail Firma: Lohmar@rete.mail.es

Position
Leiter

Geschäftsbereich
Berechnung

Aufgabengebiet
Technische Berechnung
Karosserie - Steifigkeit, Crash,
Insassensim., Aerodynamik,
Vibro-Akustik

Löschner, Wolfgang

Geburtsdatum | 12.03.1951

Position

Leiter

Geschäftsbereich

Versuch

Firmenadresse

DEKRA Automobil AG
Typprüfstelle/Techn. Dienst
Liebstädter Str. 5
01277 Dresden

Tel.: 0351/2555-260
Funk: 0171 3050534
Fax: 0351/2555-264

Privatadresse

Keppgrund 9
01326 Dresden

Tel.: 0351/2610228
Funk: 0171 3050534

Aufgabengebiet

Techn. Prüfstelle/Dienstleister;
Typprüfung/Techn. Dienst,
Fahrzeug- und
Fahrzeugteileprüfungen

e-mail Firma: techn.dienst@automobil.dekra.de

Ludewig, Thilo

Geburtsdatum | 02.01.1962

Position

Geschäftsleitung

Geschäftsbereich

Forschung/Vorentwicklung

Firmenadresse

Bertrand Faure
Sitztechnik GmbH & Co KG
Entwicklung
Nordsehler Str. 38
31655 Stadthagen

Tel.: 05721/702-270
Fax: 05721/702-162

Privatadresse

Aufgabengebiet

Fahrzeuginnenraum; Techn.
Entwicklung Fahrzeugsitze

Ludmann, J. Dr.-Ing.

Geburtsdatum 20.11.1964

Position

Geschäftsführer

Firmenadresse

fka - Forschungsgesellschaft
Kraftfahrwesen mbH Aachen
Steinbachstr. 10

52074 Aachen

Tel.: 0241/8861-0
Funk: 0172 2833536
Fax: 0241/8861-110

Privatadresse

Schuttebergsweg 9
6291 NG Vaals
Niederlande

Geschäftsbereich

Forschung/Vorentwicklung

Aufgabengebiet

Sensorik - Aktuatorik; Einkauf;
Kommunikation - Navigation;
Qualitätsmanagement;
Fahrerassistenzsysteme,
Telematik, Technische und
Kaufmännische Leitung,
Bereichsleitung Elektronik und
Verkehr

e-mail Firma: ludmann@fka.de

Ludwig, Josef

Geburtsdatum 03.06.1959

Position

Bereichsleiter

Firmenadresse

Reinz-Dichtungs-GmbH
Entwicklung
Postfach 19 09

89229 Neu/Ulm

Tel.: 0731/7046-360
Funk: 0172 7338685
Fax: 0731/7046-765

Privatadresse

Albstr. 33
89168 Niederstotzingen

Tel.: 07325/3885
Funk: 0172 7338685

Geschäftsbereich

Forschung/Vorentwicklung
Berechnung

Aufgabengebiet

Motorbauteile- und zubehör;
Dichtungstechnik,
Hitzeschilde, Kunststoffteile

e-mail Firma: josef.ludwig@dana-europe.de

Ludwig-Passarge, Manfred

Geburtsdatum

Position

Leiter Entwicklung

Firmenadresse

Utescheny-Endos GmbH
(TFE)
Postfach 12

75059 Zaisenhausen

Tel.: 07258/902-271
Fax: 07258/902-300

Privatadresse

Geschäftsbereich

Konstruktion

Aufgabengebiet

Fahrzeuginnenraum

e-mail Firma: info@utescheny.de

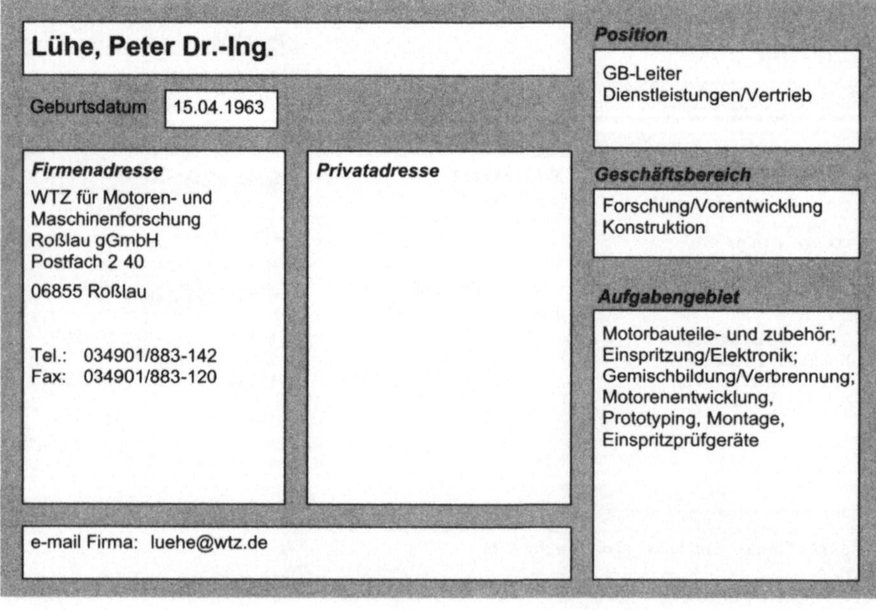

Lühe, Peter Dr.-Ing.

Geburtsdatum 15.04.1963

Position

GB-Leiter
Dienstleistungen/Vertrieb

Firmenadresse

WTZ für Motoren- und
Maschinenforschung
Roßlau gGmbH
Postfach 2 40

06855 Roßlau

Tel.: 034901/883-142
Fax: 034901/883-120

Privatadresse

Geschäftsbereich

Forschung/Vorentwicklung
Konstruktion

Aufgabengebiet

Motorbauteile- und zubehör;
Einspritzung/Elektronik;
Gemischbildung/Verbrennung;
Motorenentwicklung,
Prototyping, Montage,
Einspritzprüfgeräte

e-mail Firma: luehe@wtz.de

Lühr, Hartmut

Geburtsdatum 14.04.1942

Position
Abteilungsleiter/Team-Leiter

Firmenadresse
Halberg Guss GmbH
Forschung/Entwicklung
Postfach 45 03 03
66061 Saarbrücken

Tel.: 0681/8705-587
Funk: 0171 3642066
Fax: 0681/8705-604

Privatadresse
In der Itsch 10
66130 Saarbrücken

Tel.: 0681/878170
Funk: 0171 3642066

Geschäftsbereich
Forschung/Vorentwicklung
Versuch

Aufgabengebiet
Motorbauteile- und zubehör;
Produktplanung,
Produktentwicklung,
Konzeptplanung,
Serienplanung,
Konzeptrealisierung,
Werkzeugbeschaffung

e-mail Firma: halberggsb@aol.com

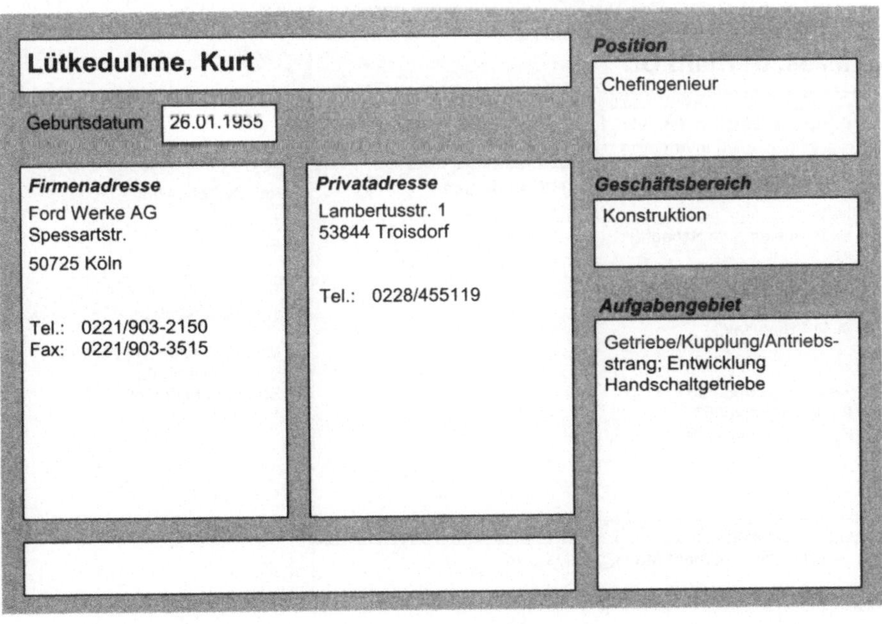

Lütkeduhme, Kurt

Geburtsdatum 26.01.1955

Position
Chefingenieur

Firmenadresse
Ford Werke AG
Spessartstr.
50725 Köln

Tel.: 0221/903-2150
Fax: 0221/903-3515

Privatadresse
Lambertusstr. 1
53844 Troisdorf

Tel.: 0228/455119

Geschäftsbereich
Konstruktion

Aufgabengebiet
Getriebe/Kupplung/Antriebs-
strang; Entwicklung
Handschaltgetriebe

Lutz, Claus Dipl.-Ing.

Geburtsdatum 15.12.1948

Position

Abteilungsleiter/Team-Leiter

Firmenadresse

BMW AG
Entwicklung
Gesamtfahrzeug-
versuch/Antrieb
Petuelring 130

80788 München

Tel.:   089/382-12440
Funk: 0171 5568330
Fax: 089/382-12376

Privatadresse

Echinger Str. 3 c
85716 Unterschleißheim

Tel.:   089/3103313
Funk: 0177 8103313

Geschäftsbereich

Versuch

Aufgabengebiet

Motorbauteile- und zubehör;
Betriebsstoffe;
Gemischbildung/Verbrennung;
Einspritzung/Elektronik;
Getriebe/Kupplung/Antriebs-
strang; Versuch
Gesamtfahrzeug mit
Schwerpunkt
Antriebsstrangerprobung und -
auslegung BMW Group

e-mail Firma: claus.lutz@bmw.de

Maas, Gerhard Dr.

Geburtsdatum 25.08.1956

Position

Hauptabteilungsleiter

Firmenadresse

INA
Motorenelemente Schaeffler
KG
Entwicklung
Industriestr. 1

96114 Hirschaid

Tel.:   09543/68-430
Funk: 0172 8206971
Fax: 09543/68-376

Privatadresse

Geschäftsbereich

Forschung/Vorentwicklung
Berechnung

Aufgabengebiet

Motorbauteile- und zubehör;
Motorenelemente,
Steuertriebkomponenten

e-mail Firma: Gerhard.Maas@de.ina.com

Maaßen, Günter

Geburtsdatum   16.09.1949

Position

Abteilungsleiter/Team-Leiter

Firmenadresse

Pierburg AG
Vertrieb
Alfred-Pierburg-Str. 1
41456 Neuss

Tel.:   02131/520-7412
Funk: 0172 2936169
Fax: 02131/520-690

Privatadresse

Breslauer Str. 36
41366 Schwalmtal

Tel.:   02163/31075

Geschäftsbereich

Versuch

Aufgabengebiet

Messtechnik; Vertrieb für den Bereich Abgasmess- und Prüftechnik für Rollen- und Motorenprüfstände

e-mail Firma: Guenter.Maassen@Pierburg-AG.com

Mahr, Bernd Dr.-Ing.

Geburtsdatum   19.04.1961

Position

Abteilungsleiter/Team-Leiter

Firmenadresse

Robert Bosch GmbH
KS/EVD
Postfach 30 02 20
70442 Stuttgart

Tel.:   0711/811-31127
Fax: 0711/811-31900

Privatadresse

Panoramastr. 83
73207 Plochingen

Tel.:   07153/898687
Fax: 07153/898688

Geschäftsbereich

Forschung/Vorentwicklung

Aufgabengebiet

Gemischbildung/Verbrennung; Einspritzung/Elektronik; Einspritztechnik Dieselmotor, Abgasnachbehandlung, Verbrennung

e-mail Firma: Bernd.Mahr@de.bosch.com
e-mail Privat: Bernd.Mahr@t-online.de

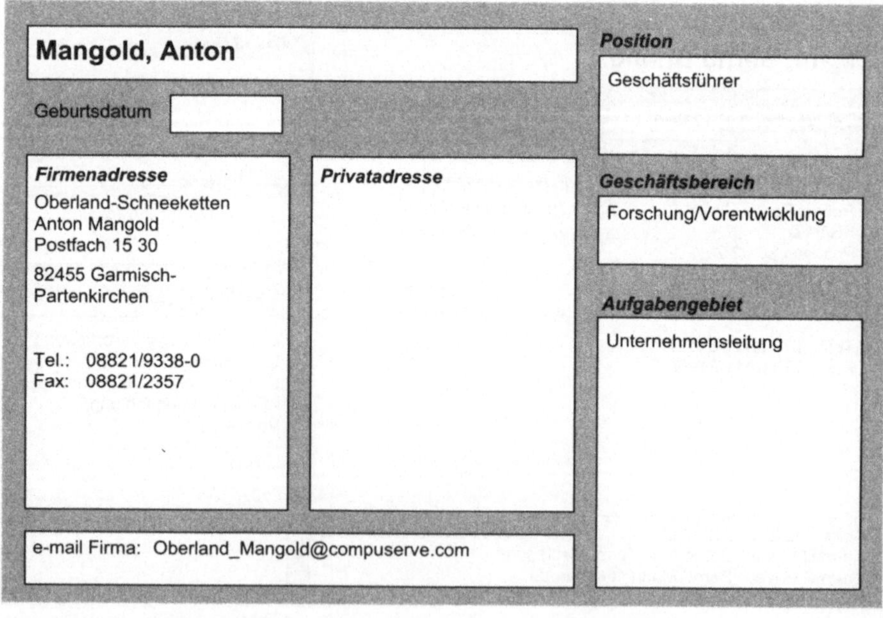

Maier, Jens

Geburtsdatum — 28.12.1969

Firmenadresse

csi Entwicklungstechnik
GmbH
Entwicklung
Kolumbusstr. 15

71063 Sindelfingen

Tel.:   07031/61186-0
Funk: 0171 5422678
Fax: 07031/61186-26

Privatadresse

e-mail Firma: jma@csi-entw.de

Position

Projektleiter

Geschäftsbereich

Konstruktion

Aufgabengebiet

Oberflächenschutz;
Fahrzeuginnenraum; CAD-
Konstruktion, CATIA/ICGM-
Surf, DMU

Mangold, Anton

Geburtsdatum

Firmenadresse

Oberland-Schneeketten
Anton Mangold
Postfach 15 30

82455 Garmisch-
Partenkirchen

Tel.:   08821/9338-0
Fax: 08821/2357

Privatadresse

e-mail Firma: Oberland_Mangold@compuserve.com

Position

Geschäftsführer

Geschäftsbereich

Forschung/Vorentwicklung

Aufgabengebiet

Unternehmensleitung

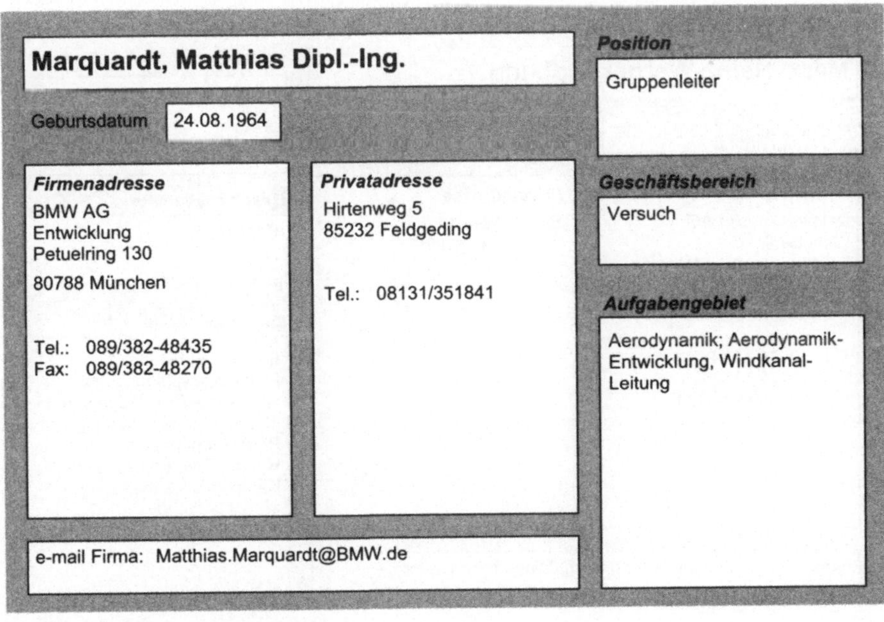

Mankau, Heinz Dr.-Ing.

Geburtsdatum 29.08.1949

Firmenadresse
Volkswagen AG
Klimawindkanal
Brieffach 1787

38436 Wolfsburg

Tel.:   05361/9-27781

Privatadresse
Okerstr.
38179 Schwülper

Funk: 0171 953002

Position

Geschäftsbereich
Versuch

Aufgabengebiet
Aerodynamik; Aeroakustik

e-mail Firma: Heinz.Mankau@Volkswagen.de

Marquardt, Matthias Dipl.-Ing.

Geburtsdatum 24.08.1964

Firmenadresse
BMW AG
Entwicklung
Petuelring 130

80788 München

Tel.:   089/382-48435
Fax: 089/382-48270

Privatadresse
Hirtenweg 5
85232 Feldgeding

Tel.:   08131/351841

Position
Gruppenleiter

Geschäftsbereich
Versuch

Aufgabengebiet
Aerodynamik; Aerodynamik-
Entwicklung, Windkanal-
Leitung

e-mail Firma: Matthias.Marquardt@BMW.de

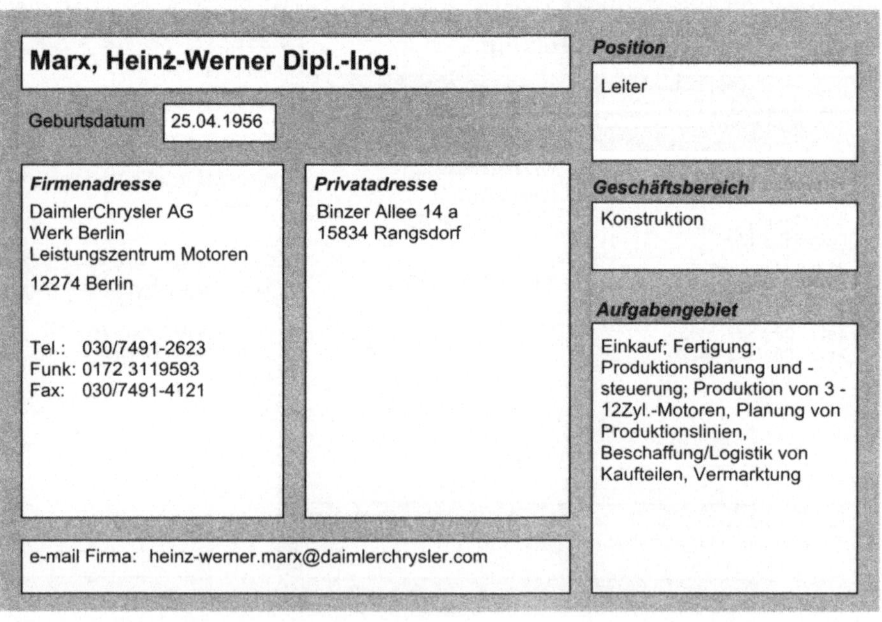

Martin, Hans Dipl.-Ing.

Geburtsdatum 01.04.1940

Position

Leiter Vorentwicklung

Firmenadresse
BEHR Automobiltechnik
Stuttgarter Str. 105
71665 Vaihingen

Tel.: 07042/106-340
Fax: 07042/106-291

Privatadresse
Wartbergstr. 27
70191 Stuttgart

Tel.: 0711/2576651
Fax: 0711/2576651

Geschäftsbereich

Forschung/Vorentwicklung

Aufgabengebiet

Motorbauteile- und zubehör;
Visco-Nebenaggregate,
Antriebstechnik

Marx, Heinz-Werner Dipl.-Ing.

Geburtsdatum 25.04.1956

Position

Leiter

Firmenadresse
DaimlerChrysler AG
Werk Berlin
Leistungszentrum Motoren
12274 Berlin

Tel.: 030/7491-2623
Funk: 0172 3119593
Fax: 030/7491-4121

Privatadresse
Binzer Allee 14 a
15834 Rangsdorf

Geschäftsbereich

Konstruktion

Aufgabengebiet

Einkauf; Fertigung;
Produktionsplanung und -
steuerung; Produktion von 3 -
12Zyl.-Motoren, Planung von
Produktionslinien,
Beschaffung/Logistik von
Kaufteilen, Vermarktung

e-mail Firma: heinz-werner.marx@daimlerchrysler.com

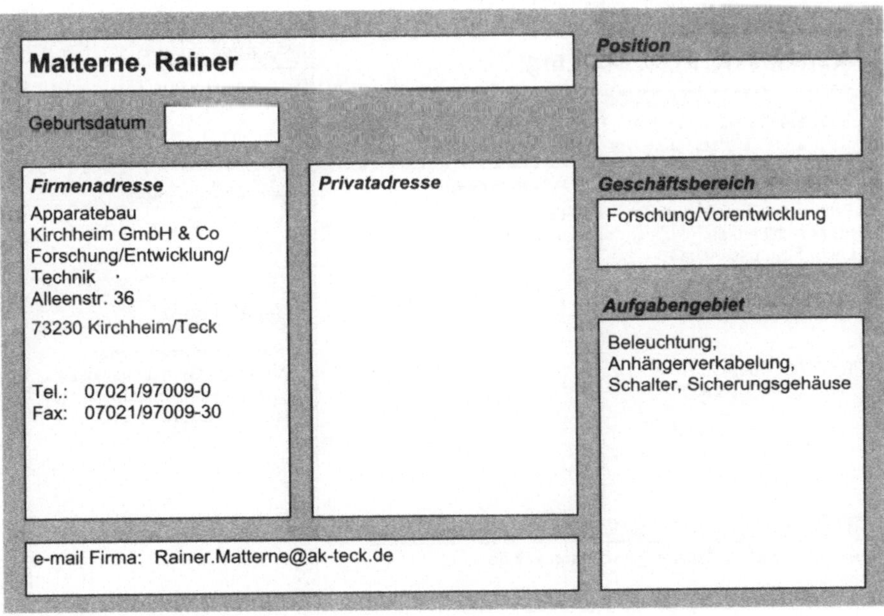

Massa, Bruno

Geburtsdatum 28.04.1967

Position
Marketing Manager

Firmenadresse
LMS International
Engineering/Services
Interleuvenlaan 68

3001 Leuven
Belgien

Tel.: +32 16/384-200
Fax: +32 16/384-350

Privatadresse

Geschäftsbereich
Berechnung
Versuch

Aufgabengebiet
Motorbauteile- und zubehör;
Radaufhängung;
Getriebe/Kupplung/Antriebs-
strang; Achsen; Räder,
Reifen; Lenkung; Federung
und Dämpfung; Bremsen;
Rahmen; Messtechnik

e-mail Firma: info@lms.be

Matterne, Rainer

Geburtsdatum

Position

Firmenadresse
Apparatebau
Kirchheim GmbH & Co
Forschung/Entwicklung/
Technik   ·
Alleenstr. 36

73230 Kirchheim/Teck

Tel.: 07021/97009-0
Fax: 07021/97009-30

Privatadresse

Geschäftsbereich
Forschung/Vorentwicklung

Aufgabengebiet
Beleuchtung;
Anhängerverkabelung,
Schalter, Sicherungsgehäuse

e-mail Firma: Rainer.Matterne@ak-teck.de

Mattheis, Fritz Dr.-Ing.

Geburtsdatum **23.12.1961**

Position

Sachbearbeiter

Geschäftsbereich

Forschung/Vorentwicklung

Firmenadresse

Keiper GmbH & Co
Industriestr. 1

67806 Rockenhausen

Tel.:   06361/866-507
Fax: 06361/866-240

Privatadresse

Adolf-von-Nassau-Str. 4
67307 Göllheim

Tel.:   06351/42179

Aufgabengebiet

Fahrzeuginnenraum;
Qualitätsmanagement;
Fertigung; FMEA-Moderator,
Produktbetreuung

e-mail Firma: Mattheis_F@Keiper.de
e-mail Privat: Dr.Fritz.Mattheis@t-online.de

Matthias, K. Prof. Dipl. Ing.

Geburtsdatum **21.07.1940**

Position

Geschäftsbereich

Forschung/Vorentwicklung
Versuch

Firmenadresse

Fachhochschule Osnabrück
FB Maschinenbau
Labor f. Karosseriebau
Albrechtstr. 30

49076 Osnabrück

Tel.:   0541/969-3022
Fax: 0541/969-2932

Privatadresse

Lindenstr. 12
32545 Bad Oeynhausen

Tel.:   05731/309946

Aufgabengebiet

Karosserie-Prüftechnik;
Versuch - Betriebsfestigkeit,
Schwingungsuntersuchungen
an Fahrzeugen und Bauteilen

e-mail Firma: K.Matthias@fh-osnabrueck.de

Maurer, Marc Dr.

Geburtsdatum 11.11.1955

Position
Leiter FuE

Firmenadresse
Sekurit Saint-Gobain
Deutschland GmbH & Co KG
Forschung/Entwicklung
Glasstr. 1

52134 Herzogenrath

Tel.:   02406/822697
Fax: 02406/822648

Privatadresse
Rue Debatisse 7
4800 Verviels
Belgien

Geschäftsbereich
Forschung/Vorentwicklung

Aufgabengebiet
Verglasung; Entwicklung Auto
Verglasung und
Verglasungssysteme

Mäurer, Hans-Jürgen Dipl.-Ing.

Geburtsdatum

Position
Leiter

Firmenadresse
DEKRA
Automobil AG
Entwicklung
Handwerkstr. 15

70565 Stuttgart

Tel.: 0711/7861-2487
Funk: 0171 7661530
Fax: 0711/7861-2740

Privatadresse
Löwenstr. 78
70597 Stuttgart

Tel.:   0711/760188

Geschäftsbereich
Forschung/Vorentwicklung

Aufgabengebiet
Prüftechnik; Prüftechnik
Fahrzeuge,
Hauptuntersuchung/
Abgasuntersuchung

e-mail Firma: hans-jürgen.maeurer@automobil.dekra.de

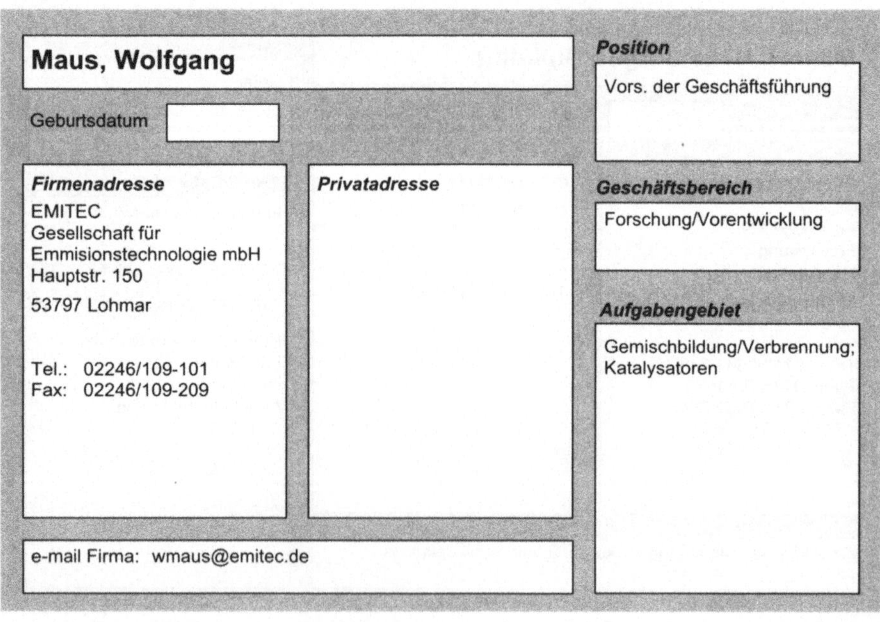

Maus, Karl-Heinz Dipl.-Ing.

Geburtsdatum 16.11.1947

Position

Leiter F & E

Firmenadresse

CR Elastomere GmbH
Entwicklung
Düsseldorfer Str. 121

51379 Leverkusen

Tel.: 02171/713-733
Fax: 02171/713-897

Privatadresse

Geschäftsbereich

Forschung/Vorentwicklung
Konstruktion

Aufgabengebiet

Motorbauteile- und zubehör;
Lenkung;
Getriebe/Kupplung/Antriebs-
strang; Dichtungen,
Motordichtsysteme,
Ventilschaftdichtungen,
Wellendichtringe,
Gasfederdichtungen,
Dichtmodule

e-mail Firma: karl-heinz.maus@skf.com

Maus, Wolfgang

Geburtsdatum

Position

Vors. der Geschäftsführung

Firmenadresse

EMITEC
Gesellschaft für
Emmisionstechnologie mbH
Hauptstr. 150

53797 Lohmar

Tel.: 02246/109-101
Fax: 02246/109-209

Privatadresse

Geschäftsbereich

Forschung/Vorentwicklung

Aufgabengebiet

Gemischbildung/Verbrennung;
Katalysatoren

e-mail Firma: wmaus@emitec.de

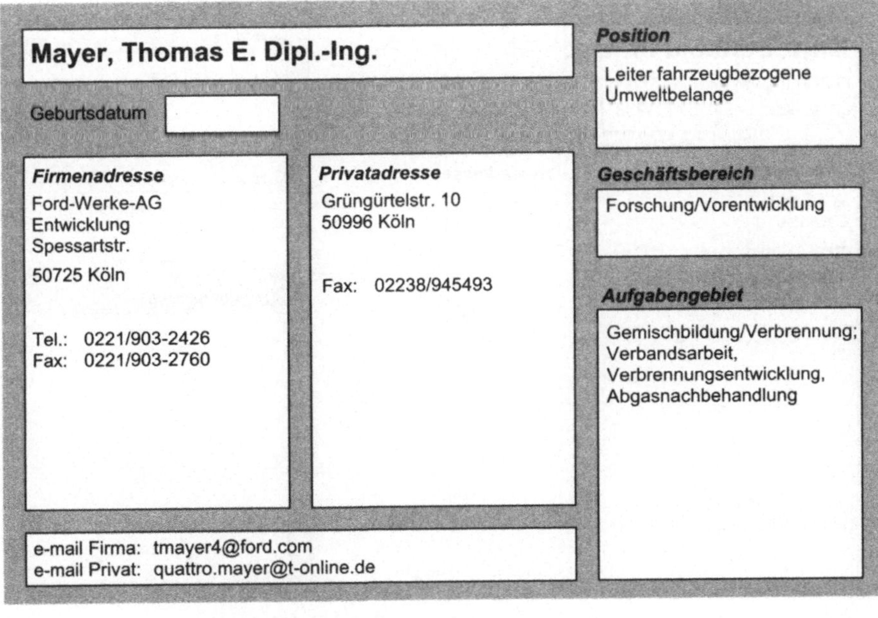

Mayer, Andreas Dipl.-Ing.

Geburtsdatum

Position

Geschäftsführer

Firmenadresse

TTM
Technik Thermische
Maschinen
Fohrhölzlistr. 14 b

5443 Niederrohrdorf
Schweiz

Tel.: +41 56/4966414
Fax: +41 56/4966415

Privatadresse

Fohrhölzlistr. 14
5443 Niederrohrdorf
Schweiz

Geschäftsbereich

Forschung/Vorentwicklung

Aufgabengebiet

Aufladung, Abgasemissionen,
Feinpartikel-Messtechnik,
Partikelfilter, Katalyse,
keramische Werkstoffe

e-mail Firma: ttm.a.mayer@bluewin.ch

Mayer, Thomas E. Dipl.-Ing.

Geburtsdatum

Position

Leiter fahrzeugbezogene
Umweltbelange

Firmenadresse

Ford-Werke-AG
Entwicklung
Spessartstr.

50725 Köln

Tel.: 0221/903-2426
Fax: 0221/903-2760

Privatadresse

Grüngürtelstr. 10
50996 Köln

Fax: 02238/945493

Geschäftsbereich

Forschung/Vorentwicklung

Aufgabengebiet

Gemischbildung/Verbrennung;
Verbandsarbeit,
Verbrennungsentwicklung,
Abgasnachbehandlung

e-mail Firma: tmayer4@ford.com
e-mail Privat: quattro.mayer@t-online.de

Mayerhofer, Thomas

Geburtsdatum 19.08.1966

Position
Führungskraft/Bürovorsteher/As

Firmenadresse
CS-Interglas AG
Entwicklung
Benzstr. 14

89155 Erbach

Tel.: 07305/955-416
Funk: 0170 8522497
Fax: 07305/955-512

Privatadresse
Breslauer Str. 7
89231 Neu Ulm-Ludwigsfeld

Geschäftsbereich
Forschung/Vorentwicklung

Aufgabengebiet
Technischer Gewebehersteller
für Glas, Carbon, Aramid,
Technischer Service,
Anwendungstechnik,
Entwicklung

e-mail Firma: thomas.mayerhofer@cs-interglas.com

Mayr, Berthold Dr.-Ing.

Geburtsdatum 15.06.1938

Position
Geschäftsführer

Firmenadresse
IAV GmbH
Carnotstr. 1
10587 Berlin

Tel.: 030/39978-9617
Fax: 030/39978-9790

Privatadresse

Geschäftsbereich
Forschung/Vorentwicklung
Konstruktion

Aufgabengebiet

McKellip, Spencer Dipl.-Ing.

Geburtsdatum 18.03.1946

Firmenadresse
DaimlerChrysler AG
HPC B209

70546 Stuttgart

Tel.: 0711/17-24271
Fax: 0711/17-55342

Privatadresse
Im sonnigen Winkel 2a
70193 Stuttgart

Tel.: 0711/2991316
Fax: 0711/2991316

e-mail Firma: s.mckellip@str.daimler-benz.com

Position
Fachreferent

Geschäftsbereich
Berechnung

Aufgabengebiet
Fahrzeugsicherheit;
Berechnungssimulation
Dynamik, Crash:
Nutzfahrzeuge

Meder, Georg

Geburtsdatum 06.07.1963

Firmenadresse
BMW AG
Abt. EA-32
Hufelandstr. 8 a

80788 München

Tel.: 089/382-32294
Fax: 089/382-32630

Privatadresse
Blumenstr. 15
80331 München

Tel.: 089/2607202
Fax: 089/26949737

e-mail Firma: Georg-Meder@bmw.de
e-mail Privat: Meder@mac.de

Position
Sachbearbeiter

Geschäftsbereich
Versuch

Aufgabengebiet
Gemischbildung/Verbrennung;
Applikation und
Funktionsentwicklung

Meier, Robert

Geburtsdatum 22.07.1966

Position

Entwickler

Firmenadresse

DEKUMED GmbH & Co KG
Entwicklung
Postfach 12 20

83231 Bernau

Tel.: 08051/89099
Funk: 0171 6226627
Fax: 08051/89585

Privatadresse

Geschäftsbereich

Forschung/Vorentwicklung
Versuch

Aufgabengebiet

Fahrzeuginnenraum; Styling,
Design, Muster-
Prototypenbau, Entwicklung
von 1 und 2-Komponenten,
Verarbeitungsanlagen für
flüssige und pastöse Medien,
Sonderanlagenbau

e-mail Firma: Dekumed@t-online.de

Meinig, Uwe Dr.-Ing.

Geburtsdatum 09.07.1959

Position

Leiter Entwicklung

Firmenadresse

Freudenberg Dichtungs- und
Schwingungstechnik KG
Leadcenter Aktuatoren
Höhnerweg 2 - 4

69465 Weinheim

Tel.: 06201/80-3233
Fax: 06201/88-2642

Privatadresse

Ortsstr. 48
69469 Weinheim

Tel.: 06201/24372
Fax: 06201/24372

Geschäftsbereich

Forschung/Vorentwicklung

Aufgabengebiet

Motorbauteile- und zubehör;
Gemischbildung/Verbrennung;
Antrieb,
Schadstoffreduzierung,
Tankentlüftungssysteme,
Aktuatoren, Motorentechnik

e-mail Firma: Uwe.meinig@freudenberg.de

Menke, Klaus

Geburtsdatum 18.04.1960

Position
Leiter Techn. Entwicklung

Firmenadresse
Johann Borgers
GmbH&CoKG
Entwicklung
Stenerner Weg 18
46397 Bochholt

Tel.: 02871/345-737
Fax: 02871/345-291

Privatadresse
Emil-v-Behring-Str. 7
46397 Bocholt

Tel.: 02871/33739

Geschäftsbereich
Forschung/Vorentwicklung

Aufgabengebiet
Fahrzeuginnenraum;
Entwicklung Innentrim- und
Dämpfungsteile für
Automobile

e-mail Firma: KMENKE@borgers.de

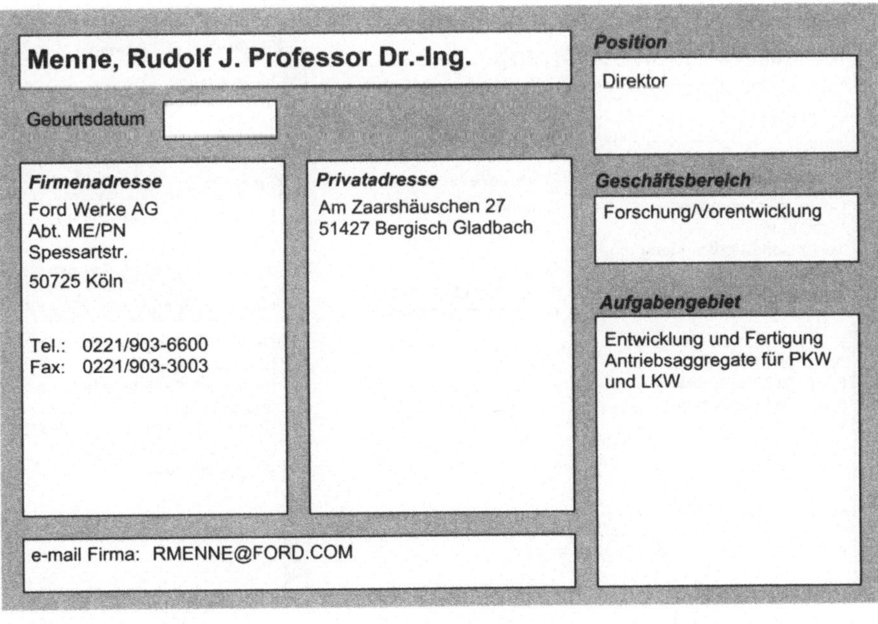

Menne, Rudolf J. Professor Dr.-Ing.

Geburtsdatum

Position
Direktor

Firmenadresse
Ford Werke AG
Abt. ME/PN
Spessartstr.
50725 Köln

Tel.: 0221/903-6600
Fax: 0221/903-3003

Privatadresse
Am Zaarshäuschen 27
51427 Bergisch Gladbach

Geschäftsbereich
Forschung/Vorentwicklung

Aufgabengebiet
Entwicklung und Fertigung
Antriebsaggregate für PKW
und LKW

e-mail Firma: RMENNE@FORD.COM

Mercz, Josef Dipl.-Ing.

Geburtsdatum 20.10.1950

Position

Techn. Leiter,
Stellv. Geschäftsführer

Firmenadresse

IFT -Ingenieurgesellschaft für
Fahrzeugtechnik mbH
Entwicklung
Brunnenwiesenstr. 14

73575 Leinzell

Tel.: 07175/920020
Funk: 0171 4011330
Fax: 07175/7386

Privatadresse

Geschäftsbereich

Konstruktion
Berechnung

Aufgabengebiet

Motorbauteile- und zubehör;
Einspritzung/Elektronik;
Gemischbildung/Verbrennung;
Getriebe/Kupplung/Antriebs-
strang; Sensorik - Aktuatorik;
Messtechnik; Prüftechnik;
Stellvertretung der
Geschäftsführung, Leitung
Motorenentwicklung und -
versuch, Personaldienst-
leistungen, Resident
Engineering

e-mail Firma: Mercz@IFTmbH.de

Merker, G. Professor Dr.-Ing.

Geburtsdatum 09.04.1942

Position

Institutsleiter

Firmenadresse

Universität Hannover
Institut für
Technische Verbrennung
Welfengarten 1 A

30167 Hannover

Tel.: 0511/762-2438
Funk: 0172 5132444
Fax: 0511/762-2530

Privatadresse

Deichstr. 23
30823 Garbsen

Tel.: 05137/121440
Funk: 0172 5132444

Geschäftsbereich

Forschung/Vorentwicklung
Berechnung

Aufgabengebiet

Gemischbildung/Verbrennung;
Einspritzung/Elektronik;
Betriebsstoffe; Modellbildung
und Simulation,
Brennverfahrensentwicklung
und Abgasanalyse,
Prozessanalyse

e-mail Firma: merker@itv.hannover.de

Mertes, Gerhard

Geburtsdatum 24.03.1962

Position

Geschäftsführer

Firmenadresse

Delphi Automotive Systems
Deutschland GmbH
Lise-Meitner-Str. 14

42119 Wuppertal

Tel.: 0202/291-2221
Fax: 0202/291-2157

Privatadresse

Geschäftsbereich

Forschung/Vorentwicklung

Aufgabengebiet

Entwicklung und Cockpit

e-mail Firma: gerhard mertes@delphiauto.com

Mertz, A. Dr.-Ing.

Geburtsdatum 29.10.1964

Position

Firmenadresse

Honsel AG
Forschung und Entwicklung
V-FE
Fritz-Honsel-Str.

59872 Meschede

Tel.: 0291/291129
Fax: 0291/29177129

Privatadresse

Zum Scharfenstein 9
59889 Eslohe

Tel.: 02973/908161

Geschäftsbereich

Forschung/Vorentwicklung

Aufgabengebiet

Fertigung; Leichtmetalle,
Gießereitechnik

e-mail Firma: mertz@honsel.com
e-mail Privat: amertz@gmx.net

Metz, Norbert Dr.-Ing.

Position
Abteilungsleiter/Team-Leiter

Geburtsdatum 28.07.1941

Firmenadresse
BMW AG
Energie und Umwelt
Petuelring 130

80788 München

Tel.: 089/382-46540
Fax: 089/382-4570

Privatadresse

Geschäftsbereich
Forschung/Vorentwicklung

Aufgabengebiet
Betriebsstoffe; Emission,
Immission, Luftqualität,
Wirkung von
Automobilabgasen,
Kraftstoffqualität, Wirtschaft
und Politik

e-mail Firma: norbert.metz@bmw.de

Metzner, F.-T. Dr.-Ing.

Position
Abteilungsleiter/Team-Leiter

Geburtsdatum 02.04.1958

Firmenadresse
Volkswagen AG
VR-Motorenentwicklung
38436 Wolfsburg

Tel.: 05361/9-78306
Fax: 05361/9-37034

Privatadresse

Geschäftsbereich
Konstruktion
Berechnung

Aufgabengebiet
Motorbauteile- und zubehör;
Einspritzung/Elektronik;
Gemischbildung/Verbrennung;
Sensorik - Aktuatorik;
Motorenentwicklung

Metzner, Viola

Geburtsdatum

Position
Geschäftsführerin

Firmenadresse

Formel-D
Partner für Technik und
Dokumentation GmbH
Lütticher Str. 12 A

53842 Troisdorf

Tel.: 02241/996-0
Fax: 02241/996-100

Privatadresse

Geschäftsbereich

Forschung/Vorentwicklung
Konstruktion

Aufgabengebiet

Qualitätsmanagement;
Finanzen, Marketing;
Dienstleistung (Techn.
Dokumentation, Training,
Verpackungstechnik,
Qualitätsmanagement,
Produktionssupport)
Fahrzeugvorbereitung

e-mail Firma: Viola.Metzner@formeld.de

Meyer, Jörg Dr.-Ing.

Geburtsdatum 11.01.1966

Position
Geschäftsführer

Firmenadresse

EU tech
Dennewartstr. 25 - 27

52068 Aachen

Tel.: 0241/963-1980
Fax: 0241/963-1981

Privatadresse

Straßburger Str. 49
52477 Alsdorf

Geschäftsbereich

Forschung/Vorentwicklung

Aufgabengebiet

Gemischbildung/Verbrennung;
Messtechnik; Einspritzung/
Elektronik; Prüftechnik;
Qualitätsmanagement

e-mail Firma: MEYER@EUTECH.DE

Meyerdierks, Dietrich Dipl.-Ing.

Geburtsdatum 20.12.1941

Position

Sprecher der
Geschäftsführung

Firmenadresse

KST Motorenversuch GmbH
Entwicklung
Industriegebiet

67098 Bad Dürkheim

Tel.: 06322/799-0
Fax: 06322/799-353

Privatadresse

Nolzeruhe 1 a
67098 Bad Dürkheim

Tel.: 06322/988086

Geschäftsbereich

Forschung/Vorentwicklung
Konstruktion

Aufgabengebiet

Motorbauteile- und zubehör;
Betriebsstoffe;
Gemischbildung/Verbrennung;
Einspritzung/Elektronik;
Getriebe/Kupplung/Antriebs-
strang

e-mail Firma: dietrich.meyerdierks@KST-motorenversuch.de

Michelbach, Armin Dipl.-Ing.

Geburtsdatum 11.03.1961

Position

Leiter Windkanalbetrieb

Firmenadresse

FKFS
Entwicklung
Pfaffenwaldring 12

70569 Stuttgart

Funk: 0172 9329172
Fax: 0711/6875500

Privatadresse

Liebenzeller Weg 6
71106 Magstadt

Tel.: 07159/44832

Geschäftsbereich

Forschung/Vorentwicklung
Versuch

Aufgabengebiet

Aerodynamische und
aeroakustische
Fahrzeugentwicklung,
Windkanalbetreiber,
Straßensimulation,
Laufbandtechnik

e-mail Firma: michelbach@FKFS.uni-stuttgart.de

Miersch, Wolfgang Dipl.-Ing.

Geburtsdatum 01.08.1937

Position

Geschäftsführer

Firmenadresse

Abgasprüfstelle
Berlin
Entwicklung
Rudower Chaussee 6
12484 Berlin

Tel.: 030/63923600
Fax: 030/63923601

Privatadresse

Julius-Scholtz-Str. 35
01217 Dresden

Tel.: 0351/4763094
Funk: 0172 7962006
Fax: 0351/4763094

Geschäftsbereich

Forschung/Vorentwicklung
Versuch

Aufgabengebiet

Motorbauteile- und zubehör;
Betriebsstoffe;
Gemischbildung/Verbrennung;
Prüftechnik;
Qualitätsmanagement;
Kategorie: Techn. Dienst und
Prüfstelle; Aufgabengebiete:
Verminderung Emission und
Kraftstoffverbrauch,
Fahrzeuge und Motoren,
Applikation, Entwicklung

Mieth, Holger

Geburtsdatum 16.06.1964

Position

Abteilungsleiter/Team Leiter

Firmenadresse

AEROLIFT
Autozubehör GmbH
-
Forschung/Entwicklung/Technik -
Senefelder Str. 8
63322 Rödermark

Tel.: 06074/910643
Fax: 06074/94316

Privatadresse

Geschäftsbereich

Forschung/Vorentwicklung

Aufgabengebiet

Fahrzeuginnenraum;
Innenraumdekore

Miksch, Willy Dr.-Ing.

Geburtsdatum | 01.03.1961

Position

Gruppenleiter

Firmenadresse

ESG Elektroniksystem-
und Logistik GmbH
Einsteinstr. 174

81675 München

Tel.:   089/382-40880

Privatadresse

Spechtstr. 28
89130 Dingolfing

Tel.:   08731/60462

Geschäftsbereich

Forschung/Vorentwicklung
Versuch

Aufgabengebiet

Getriebe/Kupplung/Antriebs-
strang; Kommunikation -
Navigation; Sensorik -
Aktuatorik; Messtechnik;
Prüftechnik;
Qualitätsmanagement;
Simulation

e-mail Firma: Willy.Miksch@partner.bmw.de
e-mail Privat: WillyMiksch@t-online.de

Mikulic, Leopold Dr.

Geburtsdatum | 01.08.1952

Position

Mitglied des Vorstands

Firmenadresse

DEUTZ AG
Entwicklungszentrum Porz
Ottostr. 1

51149 Köln

Tel.:   0221/822-4210
Funk: 0171 7622064
Fax: 0221/822-4227

Privatadresse

Heimdallstr. 5 A
51107 Köln

Tel.:   0221/8681569
Funk: 0171 7622064

Geschäftsbereich

Forschung/Vorentwicklung

Aufgabengebiet

Motorbauteile- und zubehör;
Betriebsstoffe;
Gemischbildung/Verbrennung;
Einspritzung/Elektronik;
Getriebe/Kupplung/Antriebs-
strang; Qualitätsmanagement

e-mail Firma: Mikulic.L@deutz.de

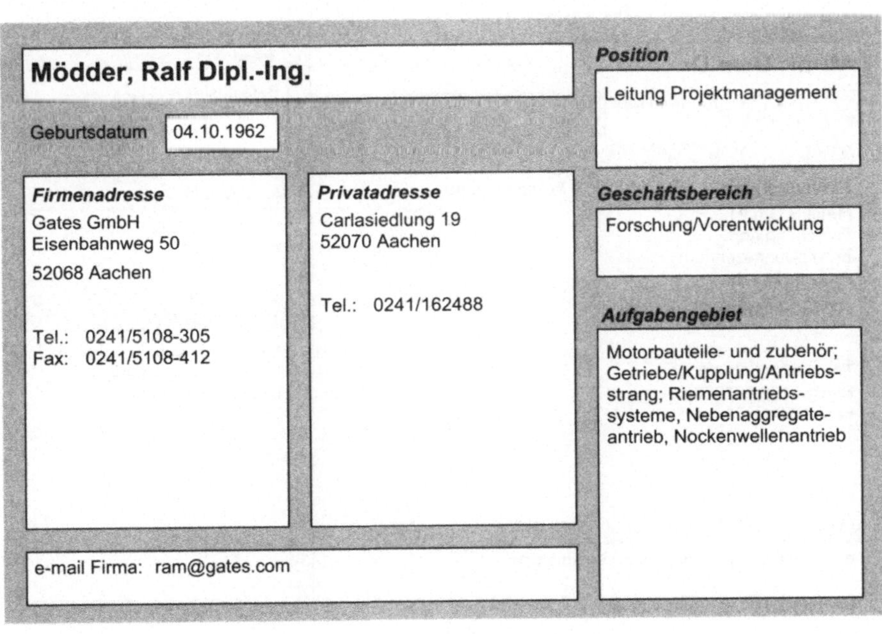

Mischker, Karsten

Geburtsdatum 02.07.1959

Position

Gruppenleiter

Firmenadresse

Robert Bosch GmbH
FV/SLE1
Postfach 30 02 40

70442 Stuttgart

Tel.:   0711/811-8353
Fax: 0711/811-1600

Privatadresse

Glockenturmstr. 18
71229 Leonberg

Tel.:   07152/48909

Geschäftsbereich

Forschung/Vorentwicklung

Aufgabengebiet

Gemischbildung/Verbrennung;
Motorsteuerungssysteme,
Variable Ventiltriebe

e-mail Firma: Karsten.Mischker@de.bosch.com

Mödder, Ralf Dipl.-Ing.

Geburtsdatum 04.10.1962

Position

Leitung Projektmanagement

Firmenadresse

Gates GmbH
Eisenbahnweg 50

52068 Aachen

Tel.:   0241/5108-305
Fax: 0241/5108-412

Privatadresse

Carlasiedlung 19
52070 Aachen

Tel.:   0241/162488

Geschäftsbereich

Forschung/Vorentwicklung

Aufgabengebiet

Motorbauteile- und zubehör;
Getriebe/Kupplung/Antriebs-
strang; Riemenantriebs-
systeme, Nebenaggregate-
antrieb, Nockenwellenantrieb

e-mail Firma: ram@gates.com

Mohr, Carsten Dr.-Ing.

Geburtsdatum 25.03.1964

Position

Abteilungsleiter/Team-Leiter

Firmenadresse

LuK GmbH & Co
Entwicklung/Versuch
Leitung Fahrzeugakustik
Industriestr. 3

77815 Bühl

Tel.: 07223/941-246
Fax: 07223/941-468

Privatadresse

Schubertstr. 4
77815 Bühl

Tel.: 07223/83770
Fax: 07223/900614

Geschäftsbereich

Forschung/Vorentwicklung
Versuch

Aufgabengebiet

Motorbauteile- und zubehör;
Getriebe/Kupplung/Antriebs-
strang; Leitung der Akustik-
Aktivitäten; Koordination der
Zusammenarbeit i. S. Akustik
mit Fremdfirmen und
Hochschulen; Vorträge über
Fzg.-Akustik, Psychoakustik
an div. Hochschulen

e-mail Firma: mohrca@luk.de
e-mail Privat: Carsten.Mohr@t-online.de

Mohr, Uwe Dr.

Geburtsdatum

Position

Bereichsleiter

Firmenadresse

MAHLE GmbH
Forschung und
Entwicklungszentrum
Pragstr. 26 - 46

70376 Stuttgart

Tel.: 0711/501-2515
Funk: 0172 9378288
Fax: 0711/501-2004

Privatadresse

Geschäftsbereich

Forschung/Vorentwicklung
Berechnung

Aufgabengebiet

Motorbauteile- und zubehör;
Kolben, Pleuel, Kolbenringe,
Lager, Filter

e-mail Firma: Dr_Uwe_Mohr@mahle.com

Moninger, Thomas Dipl.-Ing.

Position
Sachbearbeiter

Geburtsdatum   23.03.1970

Firmenadresse
Robert Bosch GmbH
K3/EAM5
Robert-Bosch-Str. 2
71701 Schwieberdingen

Tel.:   0711/811-1057
Fax: 0711/811-1950

Privatadresse
Theodor-Storm-Str. 8
73054 Eislingen

Tel.:   07161/815667

Geschäftsbereich
Forschung/Vorentwicklung

Aufgabengebiet
Einspritzung/Elektronik;
Applikation und
Funktionsentwicklung für
Motorsteuerungen für
Benzinmotoren

e-mail Firma: Thomas.Moninger@de.bosch.com
e-mail Privat: Moninger@t-online.de

Morgillo, Ivano

Position
Sachbearbeiter

Geburtsdatum   18.01.1970

Firmenadresse
MAHLE
Filtersysteme GmbH
Entwicklung
Pragstr. 54
70376 Stuttgart

Tel.:   0711/5063-471
Fax: 0711/5063-346

Privatadresse
Rauhhalde 26
76214 Schöntal

Tel.:   07943/2399

Geschäftsbereich
Forschung/Vorentwicklung

Aufgabengebiet
Gemischbildung/Verbrennung;
Luftversorgungssysteme

e-mail Firma: ivano.morgillo@mahle.com

Moritz, Werner Dipl.-Ing.

Position

Bereichsleiter

Geburtsdatum 30.12.1948

Geschäftsbereich

Forschung/Vorentwicklung
Versuch

Firmenadresse

Grote & Hartmann
GmbH & Co KG
Forschung und Entwicklung
Postfach 21 03 62

42353 Wuppertal

Tel.: 0202/4666-274
Funk: 0171 3355887
Fax: 0202/4666-467

Privatadresse

Staubenthaler Höhe 50
42369 Wuppertal

Tel.: 0202/4660805
Funk: 0171 3337635

Aufgabengebiet

Sensorik - Aktuatorik;
Elektrische Verbindungs- und
Absicherungstechnik

e-mail Firma: Moritz.W@ghw-grote-hartmann.de
e-mail Privat: Werner-Moritz@T-Online.de

Moser, Franz X. Professor Dr.

Position

Geschäftsführer

Geburtsdatum 13.05.1944

Geschäftsbereich

Forschung/Vorentwicklung
Konstruktion

Firmenadresse

AVL List GmbH
Geschäftsführung
Hans-List-Platz 1

8020 Graz
Österreich

Tel.: +43 316/787-1200
Fax: +43 316/787-965

Privatadresse

Krail 29
8046 Graz-Stattegg
Österreich

Tel.: +43 316/693562
Fax: +43 316/693562

Aufgabengebiet

Nutzfahrzeugantriebe,
Industriemotoren, Traktoren,
Baumaschinen,
Marineanwendungen

e-mail Firma: franz.x.moser@avl.com

Muehlhausen, Werner

Geburtsdatum | 03.04.1940

Position
Seniorengineer

Firmenadresse
Ford Werke AG
Entwicklung-Ingenieur
Fahrzeug-
Systeme & -konzepte
Spessartstr.

50725 Köln

Tel.: 0221/903-7651
Fax: 0221/903-7673

Privatadresse
Wagner-Str. 42
51467 Berg. Gladbach

Tel.: 02202/84934
Funk: 0172 9951057

Geschäftsbereich
Forschung/Vorentwicklung

Aufgabengebiet
Radaufhängung; Federung
und Dämpfung; Achsen;
Rahmen; Fahrwerkskonzepte

e-mail Firma: wmuehlha@ford.com

Mühlögger, Michael Dipl.-Ing.

Geburtsdatum | 25.03.1964

Position
Produktmanager

Firmenadresse
AVL List GmbH
Produktmanagement
Motorindiziertechnik
Hans-List-Platz 1

8020 Graz
Österreich

Tel.: +43 316/787-622
Fax: +43 316/787-1796

Privatadresse
Wegenergasse 3
8010 Graz
Österreich

Tel.: +43 316/327037

Geschäftsbereich
Forschung/Vorentwicklung

Aufgabengebiet
Messtechnik;
Motorindiziergeräte,
Motordatennachverarbeitung

e-mail Firma: michael.muehloegger@avl.com

Müller, Carl-Friedrich Dipl.-Phys.

Geburtsdatum | 03.05.1963

Position
Versuchsingenieur

Firmenadresse
DaimlerChrysler AG
HPC A458
71059 Sindelfingen

Tel.: 07031/90-70488
Fax: 07031/90-79780

Privatadresse
Strohgäuring 70
71254 Heimerdingen

Tel.: 07152/905164

Geschäftsbereich
Versuch

Aufgabengebiet
Fahrzeugsicherheit; Passive
Fahrzeugsicherheit;
Versuch/Engineering

e-mail Firma: carl-friedrich_mueller@daimlerchrysler.com
e-mail Privat: C-F-M@t-online.de

Müller, E. Professor Dr.-Ing.

Geburtsdatum | 20.11.1941

Position
Institutsleiter

Firmenadresse
TU Braunschweig
Institut für
Verbrennungskraft-
maschinen
Langer Kamp 6
38106 Braunschweig

Tel.: 0531/391-2929
Fax: 0531/391-2949

Privatadresse
Borkumer Str. 26
38518 Gifhorn

Tel.: 05371/56747
Funk: 0171 8613041
Fax: 05371/140453

Geschäftsbereich
Forschung/Vorentwicklung

Aufgabengebiet
Gemischbildung/Verbrennung;
Dieselmotor, Ottomotor,
Gemischbildung, Abgas

e-mail Firma: e.mueller@tu-bs.de

Müller, Gerhard Dr.

Geburtsdatum

Position

Firmenadresse

Müller BBM
Postfach 11 63

82141 Planegg

Tel.:   089/85602-0
Fax: 089/85602-111

Privatadresse

Geschäftsbereich

Berechnung

Aufgabengebiet

Akustik

e-mail Firma: info@mbbm.de

Müller, Hans Walter Ing.

Geburtsdatum   03.12.1948

Position

Abteilungsleiter/Team-Leiter

Firmenadresse

Buderus Guss GmbH
Sparte Eisenguss
Buderusstr. 26

35236 Breidenbach

Tel.:   06465/62-214
Funk: 0172 6525909
Fax: 06465/62-180

Privatadresse

Am Kippel 3
35644 Hohenahr

Tel.:   06446/2873
Funk: 0172 6525909

Geschäftsbereich

Forschung/Vorentwicklung

Aufgabengebiet

Bremsen; Entwicklung und
Anwendungstechnik von
Bremsscheiben in GG, Al und
St. in Zusammenarbeit mit
Auto- oder Bremsenhersteller

e-mail Firma: Eisenguss@guss.buderus.de

Müller, Heinz Konrad Professor Dr.-Ing.

Geburtsdatum

Firmenadresse
Aprikosenweg 2
71336 Waiblingen

Tel.: 07151/81564
Fax: 07151/83792

Privatadresse
Aprikosenweg 2
71336 Waiblingen

Tel.: 07151/81564
Fax: 07151/83792

e-mail Firma: hkmue@aol.com
e-mail Privat: hkmue@aol.com

Position
Berater

Geschäftsbereich
Forschung/Vorentwicklung

Aufgabengebiet
Dichtungstechnik

Müller, Raimund Dr.

Geburtsdatum

Firmenadresse
Siemens AG
KPW
PKS
Bahnhofstr. 43
96257 Redwitz

Tel.: 09574/81-521
Fax: 09574/81-624

Privatadresse

e-mail Firma: RAIMUND.MULLER@RED1.SIEMENS.DE

Position
Abteilungsleiter/Team-Leiter

Geschäftsbereich
Forschung/Vorentwicklung

Aufgabengebiet
Abgasreinigungssysteme;
Dieselkatalysatorsysteme für
Nutzfahrzeuge

Müller, Rudi Dipl.-Ing.

Geburtsdatum 27.07.1943

Position

Abteilungsleiter/Team-Leiter

Firmenadresse

BMW AG
Petuelring 130
80788 München

Tel.:   089/382-48237
Fax: 089/382-48081

Privatadresse

Mühlstr. 12
82281 Egenhofen

Tel.:   08134/6439

Geschäftsbereich

Konstruktion

Aufgabengebiet

Bremsen; Sensorik -
Aktuatorik; Konstruktion,
Schlupf- und
Stabilitätsregelsysteme

e-mail Firma: Rudi.Mueller@bmw.de

Müller, Ute Dipl.-Ing.

Geburtsdatum 06.04.1967

Position

Support-Ingenieur

Firmenadresse

AMSTRAL GmbH
Entwicklung
Buchwiese
65510 Idstein

Tel.:   06126/9970-0
Fax: 06126/9970-95

Privatadresse

Geschäftsbereich

Berechnung

Aufgabengebiet

Motorbauteile- und zubehör;
Motorkühlung

e-mail Firma: utm@amstral.com

Müller, Werner Professor Dr.-Ing.

Geburtsdatum 03.03.1941

Position

Professor

Firmenadresse

Universität Kaiserslautern
FB Maschinenbau/
Verbrennungskraft-
maschinen
Erwin-Schrödinger-Str.

67663 Kaiserslautern

Tel.: 0631/205-2306
Fax: 0631/205-3786

Privatadresse

Carlo-Schmid-Str. 11
67663 Kaiserslautern

Geschäftsbereich

Forschung/Vorentwicklung

Aufgabengebiet

Gemischbildung/Verbrennung;
Abgasnachbehandlung,
Verbrauchsminderung,
alternative Kraftstoffe

e-mail Firma: wmueller@mv.uni-kl.de

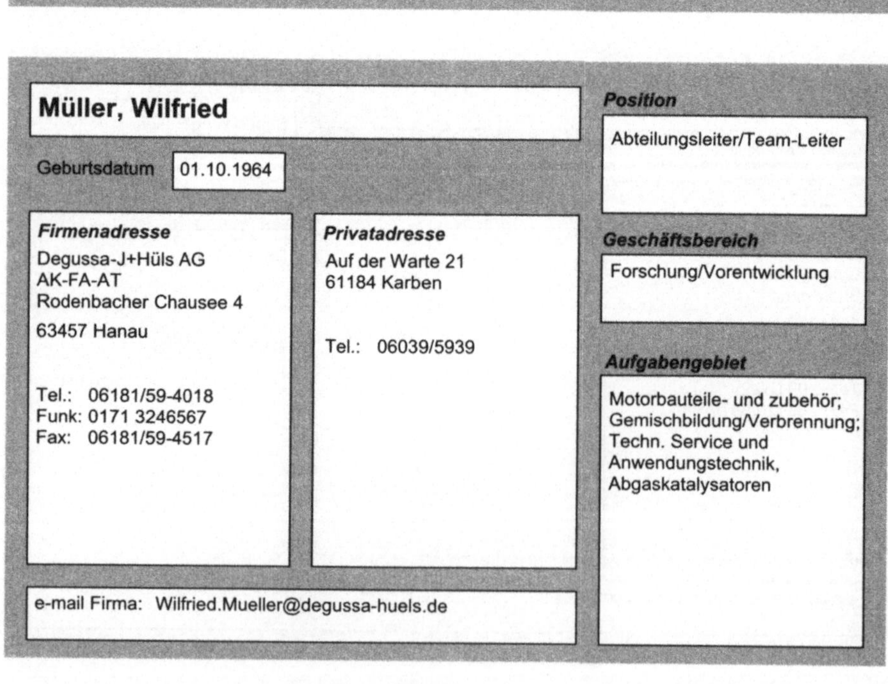

Müller, Wilfried

Geburtsdatum 01.10.1964

Position

Abteilungsleiter/Team-Leiter

Firmenadresse

Degussa-J+Hüls AG
AK-FA-AT
Rodenbacher Chausee 4

63457 Hanau

Tel.: 06181/59-4018
Funk: 0171 3246567
Fax: 06181/59-4517

Privatadresse

Auf der Warte 21
61184 Karben

Tel.: 06039/5939

Geschäftsbereich

Forschung/Vorentwicklung

Aufgabengebiet

Motorbauteile- und zubehör;
Gemischbildung/Verbrennung;
Techn. Service und
Anwendungstechnik,
Abgaskatalysatoren

e-mail Firma: Wilfried.Mueller@degussa-huels.de

Müller-Bagehl, Christian Dipl.-Ing.

Geburtsdatum 12.02.1958

Position

Geschäftsfeldleiter
Verkehrstelematik

Firmenadresse

IAV GmbH
Carnotstr. 1

10587 Berlin

Tel.: 030/39978-9634
Fax: 030/39978-9608

Privatadresse

Geschäftsbereich

Forschung/Vorentwicklung
Versuch

Aufgabengebiet

Kommunikation - Navigation

e-mail Firma: christian.mueller-bagehl@iav.de

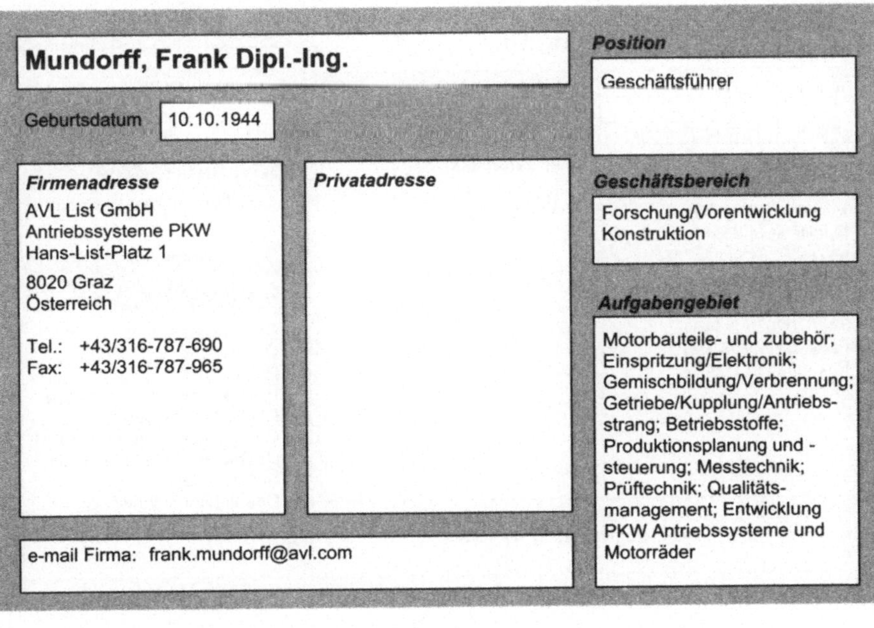

Mundorff, Frank Dipl.-Ing.

Geburtsdatum 10.10.1944

Position

Geschäftsführer

Firmenadresse

AVL List GmbH
Antriebssysteme PKW
Hans-List-Platz 1

8020 Graz
Österreich

Tel.: +43/316-787-690
Fax: +43/316-787-965

Privatadresse

Geschäftsbereich

Forschung/Vorentwicklung
Konstruktion

Aufgabengebiet

Motorbauteile- und zubehör;
Einspritzung/Elektronik;
Gemischbildung/Verbrennung;
Getriebe/Kupplung/Antriebs-
strang; Betriebsstoffe;
Produktionsplanung und -
steuerung; Messtechnik;
Prüftechnik; Qualitäts-
management; Entwicklung
PKW Antriebssysteme und
Motorräder

e-mail Firma: frank.mundorff@avl.com

Muschalle, Manfred Dipl.-Ing.

Geburtsdatum 16.05.1968

Position

Projektleiter

Firmenadresse

Thomas Magnete GmbH
Entwicklung Fluidik
San Fernando 35

57562 Herdorf

Tel.: 02744/929-343
Fax: 02744/929-444

Privatadresse

Geschäftsbereich

Forschung/Vorentwicklung

Aufgabengebiet

Einspritztechnik, Hydraulik,
Mobilhydraulik

e-mail Firma: manfred.muschalle@thomas-magnete.com

Müschenborn, Wolfgang Dr.

Geburtsdatum 16.04.1941

Position

Geschäftsführer

Firmenadresse

Thyssen Stahl AG
Forschung/Zentrales
Qualitäts- und Prüfwesen

47161 Duisburg

Tel.: 0203/52-44611
Funk: 0172 2537087
Fax: 0203/52-24191

Privatadresse

Giselastr. 3 B
46537 Dinslaken

Tel.: 02064/73815

Geschäftsbereich

Forschung/Vorentwicklung

Aufgabengebiet

Oberflächenschutz;
Qualitätsmanagement;
Prüftechnik;
Produktentwicklung; Leitung
DOC (Dortmunder
Oberflächen Centrum GmbH);
Oberflächenveredelung von
Stahlfeinblech;
Oberflächentechnische
Untersuchungen

e-mail Firma: mueschenbornw@tks.thyssen.com

Nasch, Heribert

Geburtsdatum 31.03.1939

Position
Geschäftsführer/Gesellschafter

Firmenadresse

I.S.P.
Motorenprüfstände GmbH
Geschäftsleitung
Postfach 12 01
48499 Salzbergen

Tel.: 05976/9475-0
Fax: 05976/9475-99

Privatadresse

Am Kirchesch 14
48499 Salzbergen

Tel.: 05976/940220
Fax: 05976/940221

Geschäftsbereich
Versuch

Aufgabengebiet
Motorbauteile- und zubehör;
Getriebe/Kupplung/Antriebs-
strang; Betriebsstoffe;
Motorenteste, Getriebeteste,
Chemisch/physikalische
Untersuchungen; Erprobung
von Betriebsstoffen, Motoren
und Getriebebauteilen

e-mail Firma: ISP@ISPLABS.DE

Nasch, Tono Dr.

Geburtsdatum 11.10.1969

Position
Geschäftsführer

Firmenadresse

I.S.P.
Motorenprüfstände GmbH
Geschäftsleitung
Neuenkirchener Str. 7
48499 Salzbergen

Tel.: 05976/9475-0
Fax: 05976/9475-99

Privatadresse

Lessingstr. 38
48431 Rheine

Tel.: 05971/56140

Geschäftsbereich
Versuch

Aufgabengebiet
Motorbauteile- und zubehör;
Getriebe/Kupplung/Antriebs-
strang; Betriebsstoffe;
Motorenteste, Getriebeteste,
Chemisch/physikalische
Untersuchungen; Erprobung
von Betriebsstoffen, Motoren-
und Getriebebauteilen

e-mail Firma: ISP@ISPLABS.DE

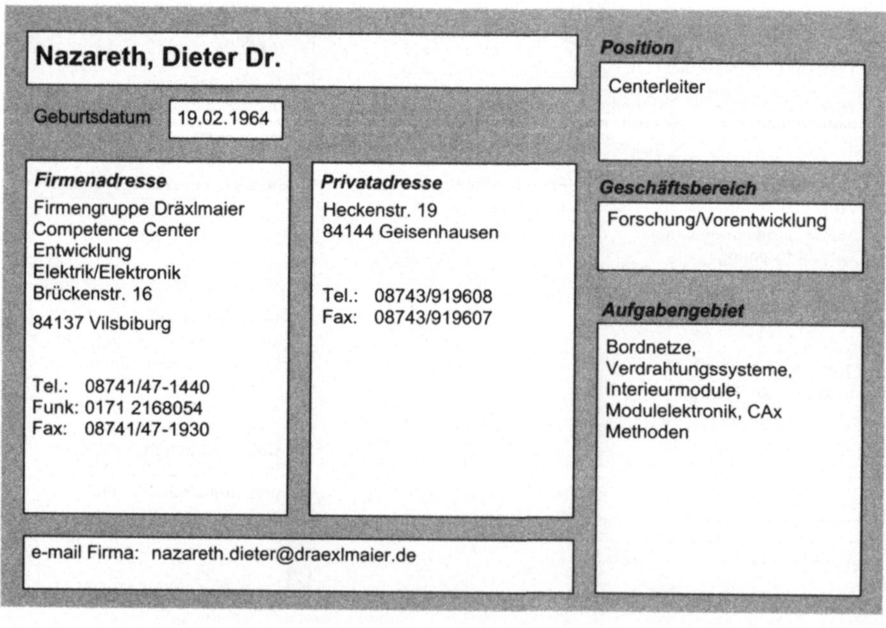

Naundorf, Detlef

Geburtsdatum 06.07.1961

Position

Bereichsleiter

Firmenadresse

KRATZER
Automation AG
Prüfsysteme
Carl-von-Linde-Str. 38

85716 Unterschleißheim

Tel.: 089/32152-100
Fax: 089/32152-598

Privatadresse

Geschäftsbereich

Versuch

Aufgabengebiet

Prüftechnik; Prüfstände, DV-Systeme

e-mail Firma: Detlef.Naundorf@Kratzer-automation.de

Nazareth, Dieter Dr.

Geburtsdatum 19.02.1964

Position

Centerleiter

Firmenadresse

Firmengruppe Dräxlmaier
Competence Center
Entwicklung
Elektrik/Elektronik
Brückenstr. 16

84137 Vilsbiburg

Tel.: 08741/47-1440
Funk: 0171 2168054
Fax: 08741/47-1930

Privatadresse

Heckenstr. 19
84144 Geisenhausen

Tel.: 08743/919608
Fax: 08743/919607

Geschäftsbereich

Forschung/Vorentwicklung

Aufgabengebiet

Bordnetze,
Verdrahtungssysteme,
Interieurmodule,
Modulelektronik, CAx
Methoden

e-mail Firma: nazareth.dieter@draexlmaier.de

Neerpasch, Uwe Dr.-Ing.

Geburtsdatum   23.10.1965

Firmenadresse
DaimlerChrysler AG
Entwicklung PKW
HPC: X558

71059 Sindelfingen

Tel.:   07031/90-78345
Funk: 0172 2354913
Fax: 07031/90-86957

Privatadresse
Affalterbacher Str. 38/2
71686 Remseck

Tel.:   07146/44014

e-mail Firma: uwe.neerpasch@daimlerchrysler.com

Position
Abteilungsleiter/Team-Leiter

Geschäftsbereich
Berechnung

Aufgabengebiet
Radaufhängung; Lenkung;
Achsen; Federung und
Dämpfung; Simulation
Achsdynamik

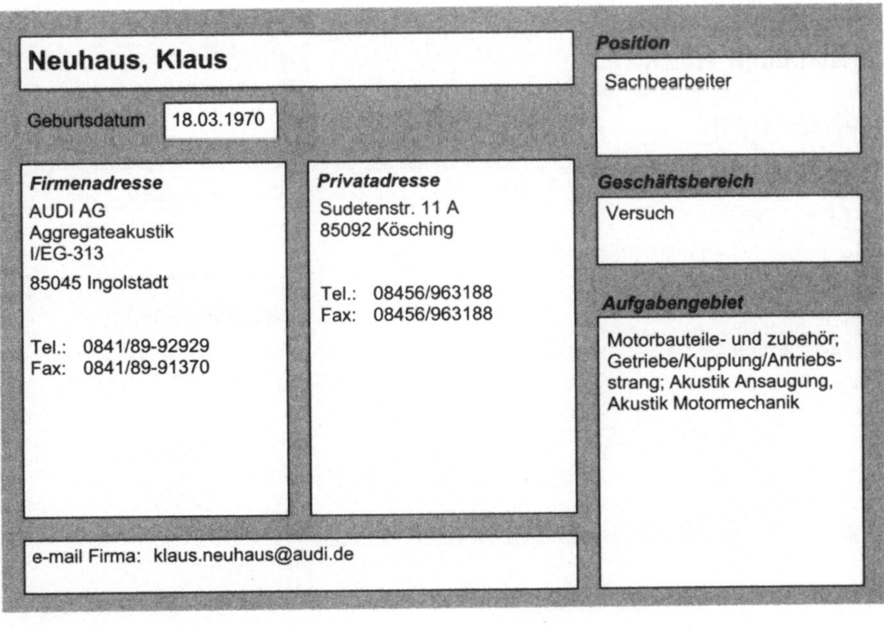

Neuhaus, Klaus

Geburtsdatum   18.03.1970

Firmenadresse
AUDI AG
Aggregateakustik
I/EG-313

85045 Ingolstadt

Tel.:   0841/89-92929
Fax: 0841/89-91370

Privatadresse
Sudetenstr. 11 A
85092 Kösching

Tel.:   08456/963188
Fax: 08456/963188

e-mail Firma: klaus.neuhaus@audi.de

Position
Sachbearbeiter

Geschäftsbereich
Versuch

Aufgabengebiet
Motorbauteile- und zubehör;
Getriebe/Kupplung/Antriebs-
strang; Akustik Ansaugung,
Akustik Motormechanik

Neuhäuser, Hans-Jochem Dr.

Geburtsdatum

Position

Direktor Technologie

Firmenadresse

FEDERAL-MOGUL
BURSCHEID GMBH
Powertrain Systems
Bürgermeister-Schmidt-Str.
17

51399 Burscheid

Tel.: 02174/69-1320
Funk: 0172 7498595
Fax: 02174/69-1945

Privatadresse

Geschäftsbereich

Forschung/Vorentwicklung

Aufgabengebiet

Motorbauteile- und zubehör;
Gemischbildung/Verbrennung

Neumann, Herrn

Geburtsdatum

Position

Geschäftsführer

Firmenadresse

4 D Concepts GmbH
Frankfurter Str. 74

64521 Groß-Gerau

Tel.: 06152/923-10
Fax: 06152/923-111

Privatadresse

Geschäftsbereich

Forschung/Vorentwicklung

Aufgabengebiet

Motorbauteile- und zubehör;
Fertigung von Prototypen

Niehues, Jürgen Dipl.-Ing.

Geburtsdatum 28.10.1960

Position
Stellvertretender Abteilungsleiter

Geschäftsbereich
Forschung/Vorentwicklung

Aufgabengebiet
Motorbauteile- und zubehör; Al-Zylinderkurbelgehäuse, MMC-Werkstoffe, Zyl.-Laufflächen

Firmenadresse
KS Aluminium-Technologie AG
Entwicklung
Hafenstr. 25
74172 Neckarsulm

Tel.: 07132/33-4341
Fax: 07132/33-4357

Privatadresse
Breslauer Str. 17
74831 Gundelsheim

Tel.: 06269/8231

e-mail Firma: juergen.niehues@Kolbenschmidt.de

Niemann, Hans-Hermann

Geburtsdatum 09.05.1952

Position
Geschäftsführer

Geschäftsbereich
Forschung/Vorentwicklung

Aufgabengebiet
Motorbauteile- und zubehör; Bremsen; Federung und Dämpfung; Fahrzeuginnenraum; Fahrzeugsicherheit; Messtechnik; Prüftechnik; Motorsport-Spezialteile

Firmenadresse
Nimex Motorsport
Hans-Ulrich Brockmeyer
Am Wald 11
40789 Monheim

Tel.: 02173/51088
Fax: 02173/51089

Privatadresse
Prinz-Albrecht-Str. 10
47058 Duisburg

Tel.: 0203/341138
Funk: 0177 7676106
Fax: 0203/341138

Nierhauve, Bernd Dipl.-Ing.

Geburtsdatum 11.02.1943

Position

Hauptabteilungsleiter

Firmenadresse

Aral AG
Forschung
Querenburger Str. 46

44789 Bochum

Tel.: 0234/3154-261
Fax: 0234/3154-350

Privatadresse

Wiemestr. 26
45527 Hattingen

Tel.: 02324/32672

Geschäftsbereich

Forschung/Vorentwicklung

Aufgabengebiet

Betriebsstoffe

e-mail Firma: Bernd.Nierhauve@aral.de

Nietschke, Wilfried Dipl.-Ing.

Geburtsdatum 09.03.1953

Position

Geschäftsfeldleiter
Antriebselektronik

Firmenadresse

IAV GmbH
Nordhoffstr. 5
38518 Gifhorn

Tel.: 05371/805-1488
Fax: 05371/805-1489

Privatadresse

Geschäftsbereich

Forschung/Vorentwicklung
Versuch

Aufgabengebiet

Einspritzung/Elektronik

e-mail Firma: wilfried.nietschke@iav.de

Niggemeyer, Heinz Dipl.-Ing.

Geburtsdatum

Position

Firmenadresse
BMW Technik GmbH
Entwicklung Antrieb
Hanauer Str. 46

80788 München

Tel.:   089/14983-165
Fax: 089/14983-221

Privatadresse

Geschäftsbereich
Forschung/Vorentwicklung
Konstruktion

Aufgabengebiet
Motorbauteile- und zubehör;
Einspritzung/Elektronik;
Gemischbildung/Verbrennung;
Getriebe/Kupplung/Antriebs-
strang

e-mail Firma: Heinz.Niggemeyer@bmw.de

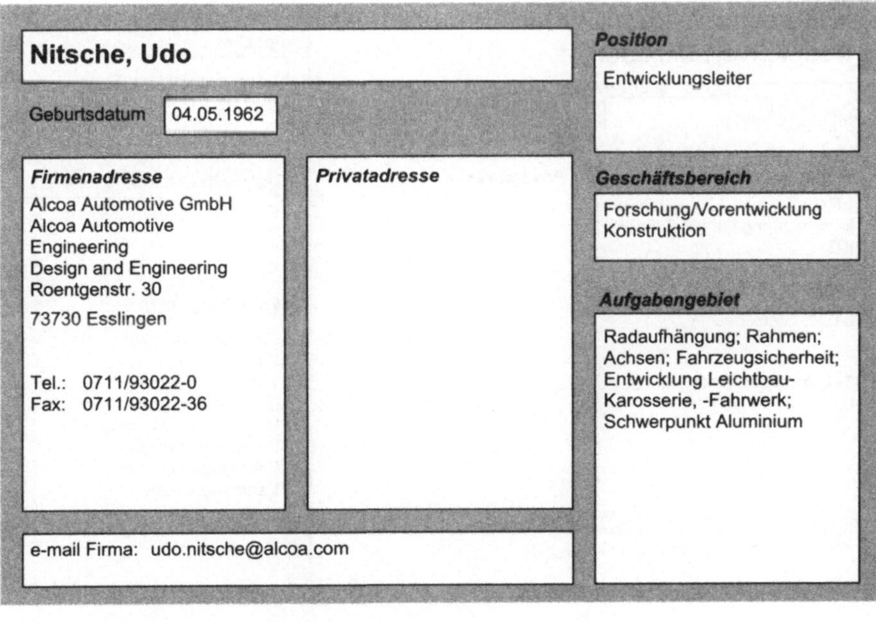

Nitsche, Udo

Geburtsdatum   04.05.1962

Position
Entwicklungsleiter

Firmenadresse
Alcoa Automotive GmbH
Alcoa Automotive
Engineering
Design and Engineering
Roentgenstr. 30

73730 Esslingen

Tel.:   0711/93022-0
Fax: 0711/93022-36

Privatadresse

Geschäftsbereich
Forschung/Vorentwicklung
Konstruktion

Aufgabengebiet
Radaufhängung; Rahmen;
Achsen; Fahrzeugsicherheit;
Entwicklung Leichtbau-
Karosserie, -Fahrwerk;
Schwerpunkt Aluminium

e-mail Firma: udo.nitsche@alcoa.com

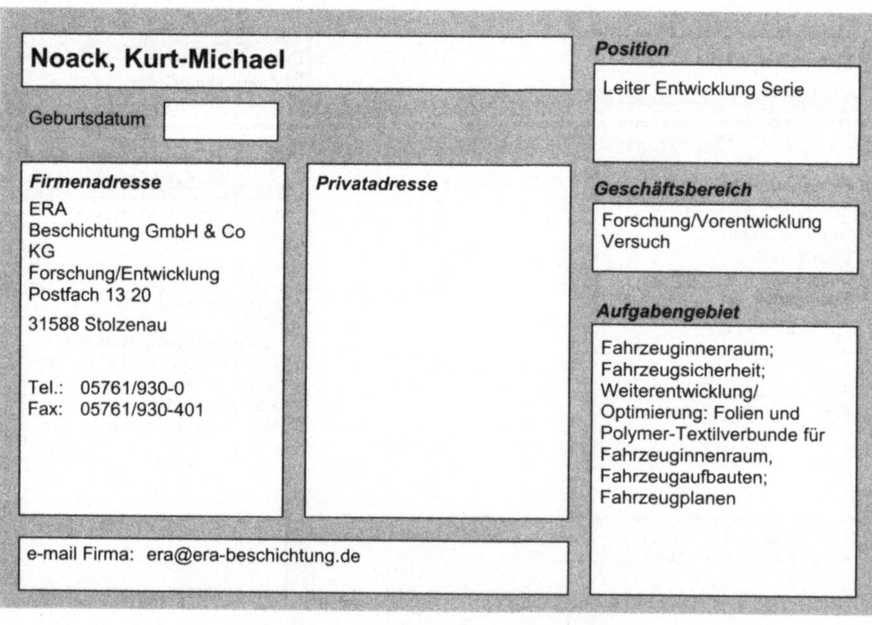

Nitzsche, Stefan

Geburtsdatum 22.03.1968

Position
Entwicklungsleiter

Firmenadresse
Cera System
Verschleißschutz GmbH
Heinrich-Hertz-Str. 2 - 4

07629 Hermsdorf

Tel.:   036601/6-4466
Fax: 036601/6-4040

Privatadresse

Geschäftsbereich
Forschung/Vorentwicklung

Aufgabengebiet
Technische Keramik

e-mail Firma: cera system@ceram.net

Noack, Kurt-Michael

Geburtsdatum

Position
Leiter Entwicklung Serie

Firmenadresse
ERA
Beschichtung GmbH & Co
KG
Forschung/Entwicklung
Postfach 13 20

31588 Stolzenau

Tel.:   05761/930-0
Fax: 05761/930-401

Privatadresse

Geschäftsbereich
Forschung/Vorentwicklung
Versuch

Aufgabengebiet
Fahrzeuginnenraum;
Fahrzeugsicherheit;
Weiterentwicklung/
Optimierung: Folien und
Polymer-Textilverbunde für
Fahrzeuginnenraum,
Fahrzeugaufbauten;
Fahrzeugplanen

e-mail Firma: era@era-beschichtung.de

Noreikat, Karl-E. Dipl.-Ing.

Geburtsdatum | 27.01.1945

Firmenadresse
DaimlerChrysler AG
Forschung FT1/EA
HPC G250

70546 Stuttgart

Tel.: 0711/17-20735
Funk: 0172 7660269
Fax: 0711/17-52006

Privatadresse
Heidestr. 1/2
73733 Esslingen

Tel.: 0711/3280199

e-mail Firma: karlernst.noreikat@daimlerchrysler.com

Position
Senior Manager

Geschäftsbereich
Forschung/Vorentwicklung

Aufgabengebiet
Motorbauteile- und zubehör;
Getriebe/Kupplung/Antriebs-
strang; Alternative Antriebe:
Brennstoffzelle,
Elektroantriebe,
Hybridantriebe, Gasturbinen,
Stirlingmotor, Schwungräder

Oberg, Hans-Joachim

Geburtsdatum | 01.10.1941

Firmenadresse
Volkswagen AG
Forschung und Entwicklung
Brieffach 1778/1

38436 Wolfsburg

Tel.: 05361/9-26083
Fax: 05361/9-76630

Privatadresse

e-mail Firma: hans-joachim.oberg@volkswagen.de

Position
Abteilungsleiter/Team-Leiter

Geschäftsbereich
Forschung/Vorentwicklung

Aufgabengebiet
Gemischbildung/Verbrennung;
Otto- und Dieselmotoren

Oberloher, Martin Dipl.-Ing.

Geburtsdatum   26.09.1959

Firmenadresse

BMW AG
Abt. EF-21
Petuelring 130
80788 München

Tel.:   089/382-48128
Fax: 089/382-48262

Privatadresse

Nandlstädter Höhe 1
85405 Nandlstadt

Tel.:   08756/1448

Position

Konstrukteur

Geschäftsbereich

Konstruktion

Aufgabengebiet

Radaufhängung; Achsen;
Konstruktion Vorderachse

e-mail Firma: Martin.Oberloher@bmw.de

Obst, Volker D. Dr.-Ing.

Geburtsdatum   21.05.1952

Firmenadresse

Dr. Obst
Techn. Werkstoffe GmbH
Marie-Curie-Str. 5
53359 Rheinbach

Tel.:   02226/872810
Funk: 0172 5241829
Fax: 02226/872812

Privatadresse

Ahornstr. 92
32105 Bad Salzuflen

Tel.:   05222/6827
Funk: 0172 5241829
Fax: 05222/6827

Position

Geschäftsführer

Geschäftsbereich

Forschung/Vorentwicklung
Versuch

Aufgabengebiet

Werkstoffprüfung,
Schadenanalyse,
Bauteilentwicklung

e-mail Firma: volker.obst@T-ONLINE.DE

Odendall, Bodo

Geburtsdatum   24.01.1966

Position
Sachbearbeiter

Firmenadresse
AUDI AG
Abt. I/EA122
85045 Ingolstadt

Tel.:   0841/89-7872
Fax: 0841/89-6396

Privatadresse
Am Grünen Bug 200
86633 Neuburg

Tel.:   08431/8742

Geschäftsbereich
Forschung/Vorentwicklung

Aufgabengebiet
Gemischbildung/Verbrennung;
Motorvorentwicklung,
Abgasnachbehandlung, Otto-
Direkteinspritzer

e-mail Firma: Bodo.Odendall@audi.de

Odenthal, Dirk Dipl.-Ing.

Geburtsdatum

Position
Wissenschaftlicher Mitarbeiter

Firmenadresse
Deutsches Zentrum für Luft-
und
Raumfahrt e. V.,
Oberpfaffenhofen
Inst. f. Robotik +
Systemdynamik
Postfach 11 16
82230 Wessling

Tel.:   08153/28-1627
Fax: 08153/28-1847

Privatadresse

Geschäftsbereich
Forschung/Vorentwicklung

Aufgabengebiet
Lenkung; Bremsen;
Fahrdynamikregelung,
Kippvermeidung

e-mail Firma: Dirk.Odenthal@dlr.de

Oehlschlaeger, Horst Dr.-Ing.

Geburtsdatum   17.01.1948

Position

Abteilungsleiter/Team-Leiter

Firmenadresse

Volkswagen AG
Abt. NE-PK
Brieffach 1737/1
38436 Wolfsburg

Tel.:   05361/9-74977
Fax: 05361/9-79775

Privatadresse

Dahlienweg 17c
38108 Braunschweig

Tel.:   0531/355245

Geschäftsbereich

Forschung/Vorentwicklung
Berechnung

Aufgabengebiet

Package, Konzepte,
Fahrzeug-Konzept-
Entwicklung

e-mail Firma: Horst.Oehlschlaeger@Volkswagen.de

Olms, Hans Dipl.-Ing.

Geburtsdatum   04.02.1969

Position

Firmenadresse

TU Darmstadt
Fachgebiet Fahrzeugtechnik
Petersenstr. 30
64287 Darmstadt

Tel.:   06151/16-4596
Fax: 06151/16-5192

Privatadresse

Taunusstr. 32
64380 Rossdorf

Tel.:   06154/81655

Geschäftsbereich

Forschung/Vorentwicklung

Aufgabengebiet

Räder, Reifen; Reifen-
/Fahrbahngeräusche

e-mail Firma: olms@fzd.tu-darmstadt.de

Oppermann, Rainer

Geburtsdatum

Position

Centerleiter

Firmenadresse

DaimlerChrysler AG
PLZ-Systemelemente
Mercedesstr. 1

21079 Hamburg

Tel.:   040/7920-2500
Funk: 0171 7651501
Fax: 040/7920-2984

Privatadresse

Geschäftsbereich

Forschung/Vorentwicklung

Aufgabengebiet

Motorbauteile- und zubehör;
Bremsen;
Getriebe/Kupplung/Antriebs-
strang; Rahmen;
Systemelemente

e-mail Firma: rainer.oppermann@daimlerchrysler.com

Orth, Hans-Josef

Geburtsdatum

Position

Geschäftsführer

Firmenadresse

Formel-D
Partner für Technik und
Dokumentation GmbH
Lütticher Str. 12 A

53842 Troisdorf

Tel.:   02241/996-0
Fax: 02241/996-100

Privatadresse

Geschäftsbereich

Forschung/Vorentwicklung
Konstruktion

Aufgabengebiet

Qualitätsmanagement;
Technik, Qualität, Personal;
Dienstleistung (Techn.
Dokumentation, Training,
Verpackungstechnik,
Qualitätsmanagement,
Produktionssupport),
Fahrzeugvorbereitung

e-mail Firma: Hans-Josef.Orth@formeld.de

Ortmann, Rainer Dr.-Ing.

Geburtsdatum   25.05.1965

Firmenadresse
Robert Bosch GmbH
Entwicklung
Postfach 30 02 40
70442 Stuttgart

Tel.:   0711/811-35310
Fax: 0711/811-1600

Privatadresse
Hofstattstr. 1
70825 Münchingen

Tel.:   07150/922781

e-mail Firma: rainer.ortmann@bosch.com

Position
Gruppenleiter

Geschäftsbereich
Forschung/Vorentwicklung
Versuch

Aufgabengebiet
Gemischbildung/Verbrennung;
Messtechnik; Einspritztechnik,
Benzin-Direkteinspritzung

Ost, Harmut

Geburtsdatum   02.08.1957

Firmenadresse
GREINER
Gummitechnik GmbH
Technik
Toppenstedter Str. 10 - 12
21445 Wulfsen

Tel.:   04173/589-0
Funk: 0171/3807453
Fax: 04173/589-256

Privatadresse
Löschweg 6 A
21445 Wulfsen

Tel.:   04173/6479

Position
Geschäftsführer

Geschäftsbereich
Forschung/Vorentwicklung

Aufgabengebiet
Herstellung von Gummiteilen

Osterwald, Henning Dipl.-Ing.

Geburtsdatum　29.03.1954

Firmenadresse
DaimlerChrysler AG
Abt. M/ELT
HPC:　D 120
70546 Stuttgart

Tel.:　0711/17-58955
Fax:　0711/17-53476

Privatadresse
Theodor-Heuss-Str. 1
71397 Leutenbach

Tel.:　07195/910617
Fax:　07195/910617

e-mail Firma:　Henning.Osterwald@daimlerchrysler.com
e-mail Privat:　07195910617-0001@t-online.de

Position
Sachbearbeiter Versuch

Geschäftsbereich
Versuch

Aufgabengebiet
Gemischbildung/Verbrennung; Einspritzung/Elektronik; DE-Verbrennung, Einspritztechnik

---

Ottenbruch, Peter Dr.

Geburtsdatum　02.10.1957

Firmenadresse
Mannesmann Sachs AG
Produktbereich
PKW-Kupplungssysteme
Röntgenstr. 2
97424 Schweinfurt

Tel.:　09721/98-2521
Funk: 0172 6903570
Fax:　09721/98-2878

Privatadresse
Forster Hauptstr. 15
97453 Schonungen

Tel.:　09727/908348

e-mail Firma:　Peter.Ottenbruch@sachs-ag.de

Position
Bereichsleiter

Geschäftsbereich
Forschung/Vorentwicklung

Aufgabengebiet
Getriebe/Kupplung/Antriebs-strang; Entwicklung, Vertrieb, Produktion für PKW-Kupplungssysteme

Ottl, Dieter Prof. Dr. Ing. habil.

Geburtsdatum   27.12.1939

Position
Akad. Direktor

Firmenadresse
Institut für Techn. Mechanik
Techn. Universität
Postfach 33 29
38023 Braunschweig

Tel.:   0531/391-7001
Fax: 0531/391-7017

Privatadresse
Harblick 36
38122 Braunschweig

Tel.:   0531/872267

Geschäftsbereich
Forschung/Vorentwicklung

Aufgabengebiet
Radaufhängung; Federung
und Dämpfung; Räder, Reifen;
Schwingungstechnik; Struktur-
und Werkstoffdämpfung;
Lehre

e-mail Firma: d.Ottl@tu-bs.de

Otto, Erhard

Geburtsdatum   15.11.1958

Position
Abteilungsleiter/Team-Leiter

Firmenadresse
BMW AG
Abt. EA-32
Hufelandstr.
80788 München

Tel.:   089/382-33349
Fax: 089/382-7033349

Privatadresse
Am Mühlbachbogen 180
85368 Moosburg

Tel.:   08761/9024

Geschäftsbereich
Versuch

Aufgabengebiet
Gemischbildung/Verbrennung;
Einspritzung/Elektronik;
Applikation 6Zyl.-Ottomotoren

e-mail Firma: erhard.otto@bmw.de

Pachler, Klaus Dipl.-Ing.

Geburtsdatum 27.10.1956

Position
Projektleiter

Geschäftsbereich
Forschung/Vorentwicklung

Aufgabengebiet
Gemischbildung/Verbrennung

Firmenadresse
TU Chemnitz
Prof. für Techn.
Thermodynamik
Raichenhainer Str. 70
09126 Chemnitz

Tel.:   0371/531-4640
Fax: 0371/531-4643

Privatadresse
August-Musger-Gasse 32
8010 Graz
Österreich

Tel.:   +43 316/388337

Paefgen, Franz-Josef Dr.-Ing.

Geburtsdatum 10.05.1946

Position
Vorsitzender des Vorstands

Geschäftsbereich
Forschung/Vorentwicklung

Aufgabengebiet

Firmenadresse
AUDI AG
85045 Ingolstadt

Tel.:   0841/89-33300
Fax: 0841/89-36198

Privatadresse

e-mail Firma: franz-josef.paefgen@audi.de

Pagel, Ernst-Olav

Geburtsdatum | 30.11.1943

Position
Inhaber

Firmenadresse
Autoelektrik Dr. Pagel
Entwicklung
Nußbaumstr. 6

85757 Karlsfeld

Tel.:   08131/5996-0
Funk: 0171 5807370
Fax: 08131/5996-99

Privatadresse
Eisenmannstr. 10
85283 Wolnzach

Geschäftsbereich
Forschung/Vorentwicklung

Aufgabengebiet
Einspritzung/Elektronik;
Kommunikation - Navigation;
Entwicklungsberatung;
Entwicklung und Vertrieb von
elektr. Geräten in Kleinserien
für Automobil- und
Bootsanwendungen

e-mail Firma: KBK-Karlsfeld@t-online.de

Pälmer, R.

Geburtsdatum | 29.01.1948

Position
Abteilungsleiter/Team-Leiter

Firmenadresse
Wilhelm Karmann GmbH
TE-Kunststofftechnologie
Karmannstr. 1

49084 Osnabrück

Tel.:   0541/581-8860
Funk: 0170 2903672
Fax: 0541/581-1933

Privatadresse
Amselweg 15
49536 Lienen

Tel.:   05483/9285

Geschäftsbereich
Konstruktion

Aufgabengebiet
Fahrzeuginnenraum;
Konstruktion Interieur incl.
Schalttafel, Konstruktion
Außenanbauteile, Herstellung
von Prototypbauteilen

e-mail Firma: rpaelmer@karmann.com

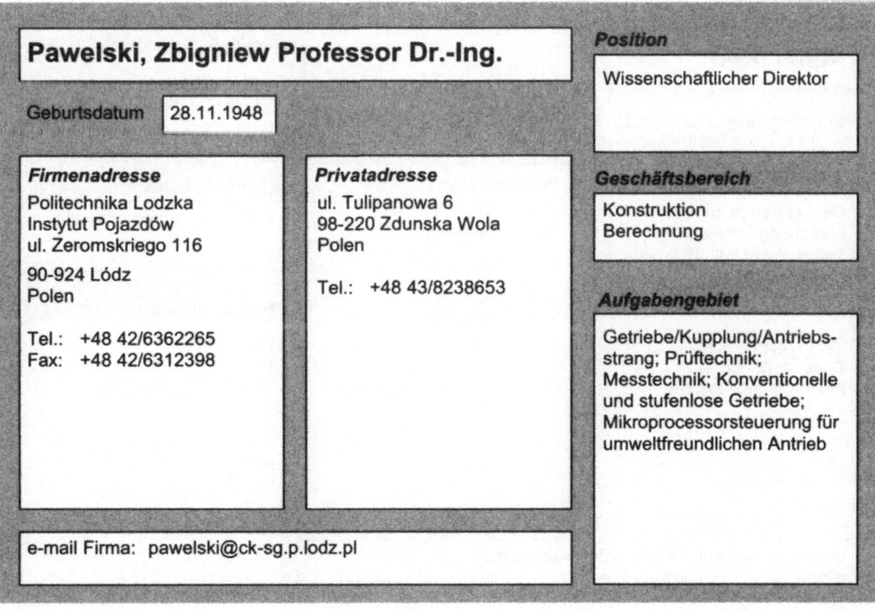

Pape, Rolf

Geburtsdatum

Firmenadresse
Hasse & Wrede GmbH
Mohriner Allee 30 - 42

12347 Berlin

Tel.:   030/70181-0
Fax: 030/70090811

Privatadresse

e-mail Firma: mail@hassewrede.de

Position
Geschäftsführer

Geschäftsbereich
Forschung/Vorentwicklung

Aufgabengebiet
Motorbauteile- und zubehör;
Geschäftsführung

Pawelski, Zbigniew Professor Dr.-Ing.

Geburtsdatum   28.11.1948

Firmenadresse
Politechnika Lodzka
Instytut Pojazdów
ul. Zeromskriego 116

90-924 Lódz
Polen

Tel.:   +48 42/6362265
Fax: +48 42/6312398

Privatadresse
ul. Tulipanowa 6
98-220 Zdunska Wola
Polen

Tel.:   +48 43/8238653

e-mail Firma: pawelski@ck-sg.p.lodz.pl

Position
Wissenschaftlicher Direktor

Geschäftsbereich
Konstruktion
Berechnung

Aufgabengebiet
Getriebe/Kupplung/Antriebs-
strang; Prüftechnik;
Messtechnik; Konventionelle
und stufenlose Getriebe;
Mikroprocessorsteuerung für
umweltfreundlichen Antrieb

Peal, Simon

Geburtsdatum   14.07.1957

Position
Commercial Manager

Firmenadresse
Lubrizol GmbH
Entwicklung
Billbrookdeich 157

22113 Hamburg

Tel.:   040/323282-81
Fax: 040/323282-82

Privatadresse
Pelikanstieg 5
22527 Hamburg

Tel.:   040/541975

Geschäftsbereich
Forschung/Vorentwicklung

Aufgabengebiet
Betriebsstoffe; Additiven für
Schmierstoffe und Kraftstoffe

e-mail Privat: Simon.peal@t-online.de

Pensl, Karl

Geburtsdatum   12.08.1955

Position
Bereichsleiter

Firmenadresse
Oshino Lamps Europe
Forschung/Entwicklung
Tennenloher Str. 19

90425 Nürnberg

Tel.:   0911/93478-33
Funk: 0161 5208579
Fax: 0911/93478-93

Privatadresse
Bauchwitzstr. 7
96049 Bamberg

Tel.:   0951/5009917
Fax: 0951/509248

Geschäftsbereich
Forschung/Vorentwicklung

Aufgabengebiet
Beleuchtung;
Produktentwicklung,
Entwicklung, Vertrieb

e-mail Firma: Karl.Pensl@oshino-lamps.de
e-mail Privat: Pensl@t-online.de

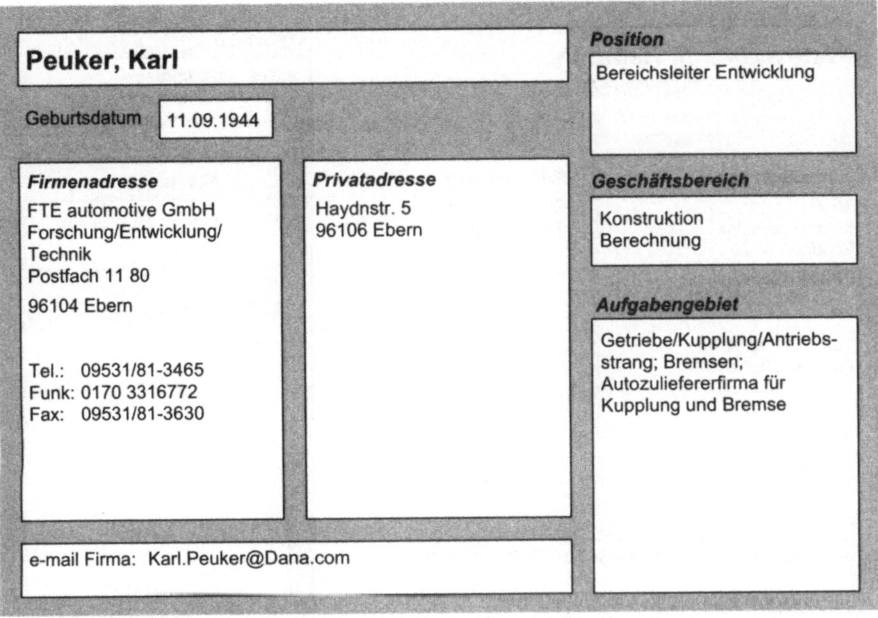

Peuker, Karl

Geburtsdatum 11.09.1944

Firmenadresse
FTE automotive GmbH
Forschung/Entwicklung/
Technik
Postfach 11 80
96104 Ebern

Tel.: 09531/81-3465
Funk: 0170 3316772
Fax: 09531/81-3630

Privatadresse
Haydnstr. 5
96106 Ebern

e-mail Firma: Karl.Peuker@Dana.com

Position
Bereichsleiter Entwicklung

Geschäftsbereich
Konstruktion
Berechnung

Aufgabengebiet
Getriebe/Kupplung/Antriebs-
strang; Bremsen;
Autozuliefererfirma für
Kupplung und Bremse

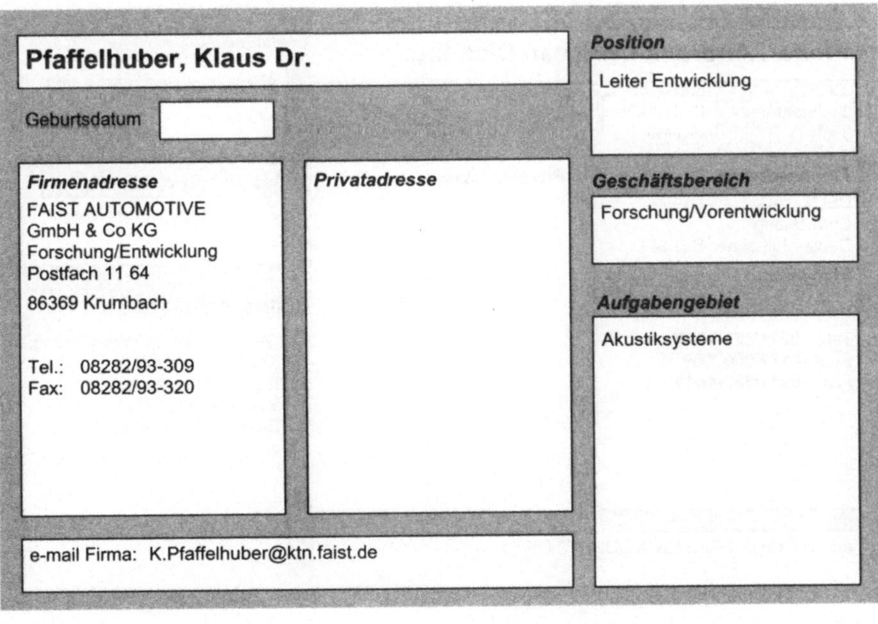

Pfaffelhuber, Klaus Dr.

Geburtsdatum

Firmenadresse
FAIST AUTOMOTIVE
GmbH & Co KG
Forschung/Entwicklung
Postfach 11 64
86369 Krumbach

Tel.: 08282/93-309
Fax: 08282/93-320

Privatadresse

e-mail Firma: K.Pfaffelhuber@ktn.faist.de

Position
Leiter Entwicklung

Geschäftsbereich
Forschung/Vorentwicklung

Aufgabengebiet
Akustiksysteme

Pfannschmidt, Heinz Dr.

Geburtsdatum 07.06.1947

Firmenadresse

TRW
Fahrzeugelektrik
Postfach 14 20

78304 Radolfzell

Tel.: 07732/809-0
Fax: 07732/809-214

Privatadresse

Zum Bettental 20
78351 Bodman-
Ludwigshafen

Position

Geschäftsführung
Vice President und
General Manager

Geschäftsbereich

Forschung/Vorentwicklung

Aufgabengebiet

e-mail Firma: HEINZ.PFANNSCHMIDT@TRW.COM

Pfeifer, Andreas-Christian Dipl.-Ing.

Geburtsdatum 12.01.1970

Firmenadresse

DEUTZ AG
Entwicklung
Deutz-Mülheimer Str. 147

51063 Köln

Tel.: 0211/822-4297
Funk: 0172 9607069
Fax: 0211/822-4549

Privatadresse

Position

Abteilungsleiter/Team-Leiter

Geschäftsbereich

Forschung/Vorentwicklung

Aufgabengebiet

Gemischbildung/Verbrennung;
Erfüllung zukünftige
Emissionsziele; Neue
Verbrennungs- und
Emissionskonzepte

e-mail Firma: PFEIFER.A@DEUTZ.DE

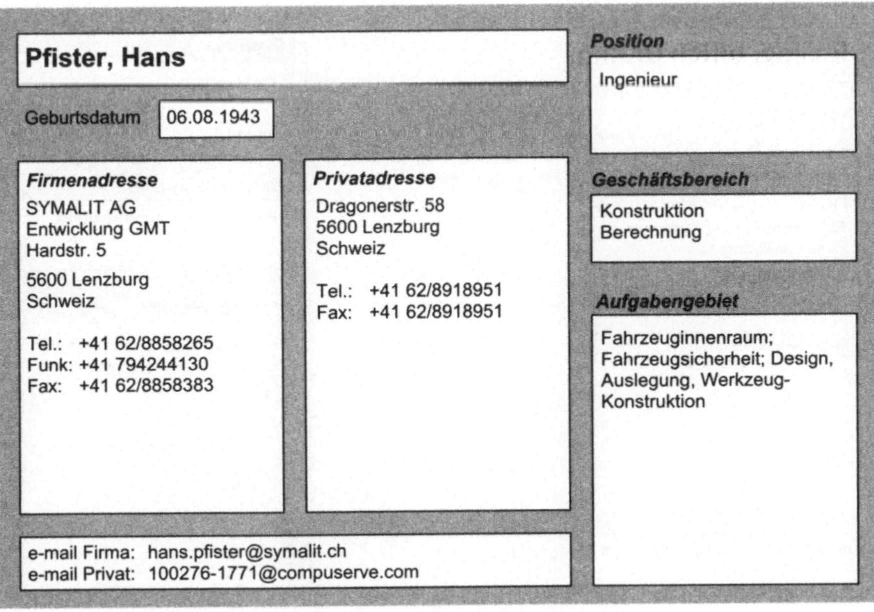

Pfeiffer, Norbert

Geburtsdatum

Firmenadresse
STILL GmbH
Geschäftsführung
Berzeliusstr. 10

22113 Hamburg

Tel.:   040/7339-0
Fax: 040/7339-1249

Privatadresse

Position
Geschäftsführer

Geschäftsbereich

Aufgabengebiet
Entwicklung
Flurförderfahrzeuge; Techn.
Geschäftsführung; Komm.
Entwicklung

e-mail Firma: stillfrisch@t-online.de

Pfister, Hans

Geburtsdatum   06.08.1943

Firmenadresse
SYMALIT AG
Entwicklung GMT
Hardstr. 5

5600 Lenzburg
Schweiz

Tel.:   +41 62/8858265
Funk: +41 794244130
Fax: +41 62/8858383

Privatadresse
Dragonerstr. 58
5600 Lenzburg
Schweiz

Tel.:   +41 62/8918951
Fax: +41 62/8918951

Position
Ingenieur

Geschäftsbereich
Konstruktion
Berechnung

Aufgabengebiet
Fahrzeuginnenraum;
Fahrzeugsicherheit; Design,
Auslegung, Werkzeug-
Konstruktion

e-mail Firma: hans.pfister@symalit.ch
e-mail Privat: 100276-1771@compuserve.com

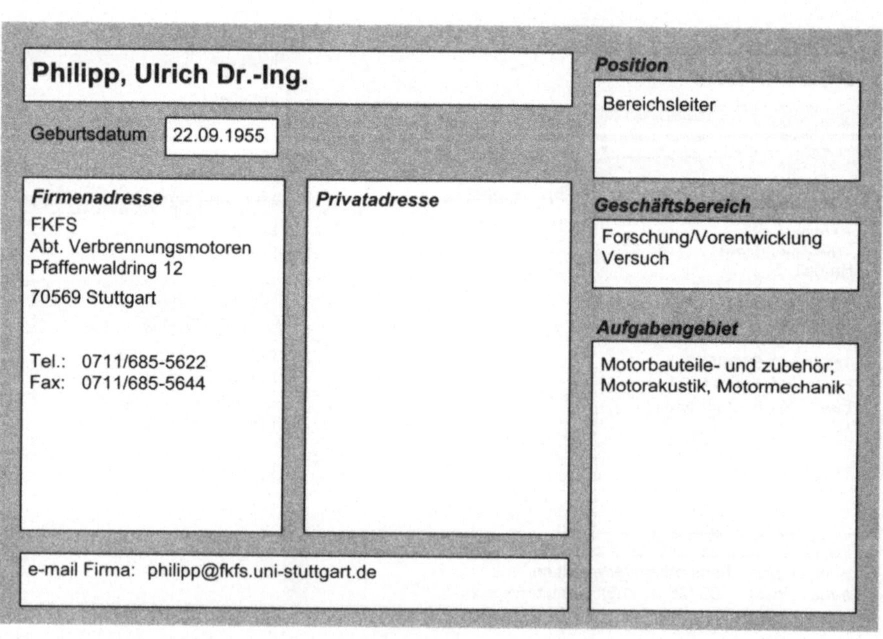

Pflug, Hans-Christian Dr.

Geburtsdatum 17.06.1951

Position
Abteilungsleiter/Team-Leiter

Firmenadresse
DaimlerChrysler AG
HPC B202
70546 Stuttgart

Tel.: 0711/17-24191
Fax: 0711/17-24168

Privatadresse
Schnaiter Str. 1
73630 Remshalden

Tel.: 07151/79701

Geschäftsbereich
Forschung/Vorentwicklung

Aufgabengebiet
Gesamtfahrzeug; für Transporter und LKW: Maßkonzepte, Konzeption Fahrwerk, Konzeption Aufbau, Ergonomieuntersuchungen, Prototypdarstellungen, Einsatz neuer Werkstoffe

e-mail Firma: hans-christian.h.pflug@daimlerchrysler.com

Philipp, Ulrich Dr.-Ing.

Geburtsdatum 22.09.1955

Position
Bereichsleiter

Firmenadresse
FKFS
Abt. Verbrennungsmotoren
Pfaffenwaldring 12
70569 Stuttgart

Tel.: 0711/685-5622
Fax: 0711/685-5644

Privatadresse

Geschäftsbereich
Forschung/Vorentwicklung
Versuch

Aufgabengebiet
Motorbauteile- und zubehör; Motorakustik, Motormechanik

e-mail Firma: philipp@fkfs.uni-stuttgart.de

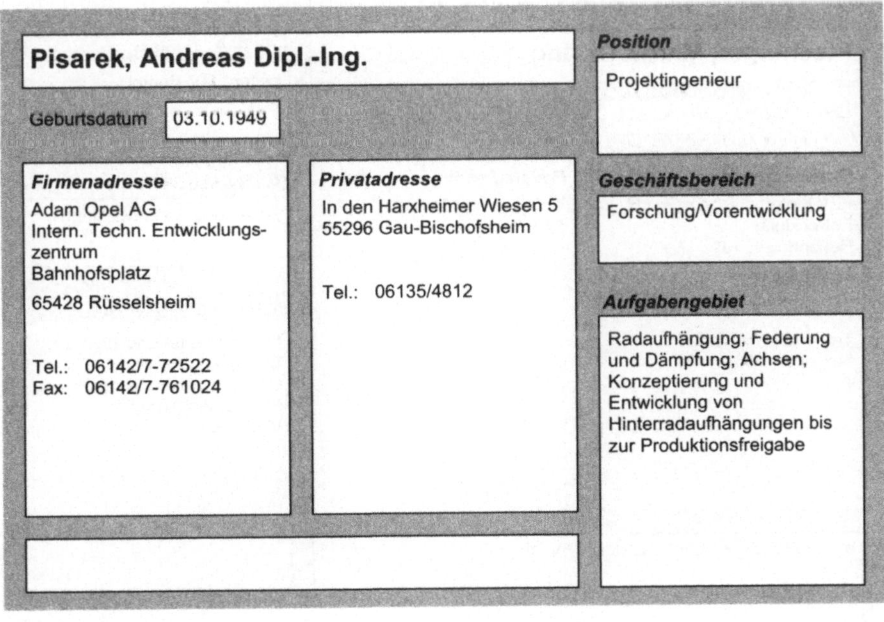

Pichler, Kurt Ing.

Geburtsdatum   11.07.1960

Position
Abteilungsleiter/Team-Leiter

Firmenadresse
AVL LIST GmbH
Hans-List-Platz 1

8020 Graz
Österreich

Tel.:   0316/787-266
Fax: 0316/787-1676

Privatadresse
Anton Jahngasse 6
8120 Peggau
Österreich

Geschäftsbereich
Versuch

Aufgabengebiet
Messtechnik;
Qualitätsmanagement;
Prüftechnik;
Motorenprüfstände

e-mail Firma: Kurt.Pichler@avl.com

Pisarek, Andreas Dipl.-Ing.

Geburtsdatum   03.10.1949

Position
Projektingenieur

Firmenadresse
Adam Opel AG
Intern. Techn. Entwicklungs-
zentrum
Bahnhofsplatz
65428 Rüsselsheim

Tel.:   06142/7-72522
Fax: 06142/7-761024

Privatadresse
In den Harxheimer Wiesen 5
55296 Gau-Bischofsheim

Tel.:   06135/4812

Geschäftsbereich
Forschung/Vorentwicklung

Aufgabengebiet
Radaufhängung; Federung
und Dämpfung; Achsen;
Konzeptierung und
Entwicklung von
Hinterradaufhängungen bis
zur Produktionsfreigabe

Pischinger, Franz

Geburtsdatum 18.07.1930

Firmenadresse
FEV
Motorentechnik GmbH
Entwicklung
Neuenhofstr. 181
52078 Aachen

Tel.: 0241/5689-100
Fax: 0241/5689-224

Privatadresse
Im Erkfeld 4
52072 Aachen

Tel.: 0241/9319500
Fax: 0241/9319597

e-mail Firma: PISCHINGER_F@FEV.DE

Position
Geschäftsführender
Gesellschafter

Geschäftsbereich
Forschung/Vorentwicklung

Aufgabengebiet
Motorbauteile- und zubehör;
Betriebsstoffe;
Gemischbildung/Verbrennung;
Einspritzung/Elektronik;
Sensorik - Aktuatorik;
Messtechnik; Prüftechnik;
Qualitätsmanagement

Pischinger, Martin Dr.-Ing.

Geburtsdatum 29.04.1959

Firmenadresse
FEV Motorentechnik GmbH
Entwicklung
Neuenhofstr. 181
52078 Aachen

Tel.: 0241/5689-621
Fax: 0241/5689-574

Privatadresse
Grünenthaler Str. 64
52072 Aachen

e-mail Firma: PISCHINGERM@FEV.DE

Position
Leiter EMV-Center

Geschäftsbereich
Forschung/Vorentwicklung

Aufgabengebiet
Motorbauteile- und zubehör;
Sensorik - Aktuatorik;
Gemischbildung/Verbrennung;
Elektromechanischer
Ventiltrieb

Pischinger, Rudolf Professor Dr.

Geburtsdatum 27.05.1935

Firmenadresse
TU Graz
Institut für
Verbrennungskraft-
maschinen und
Thermodynamik
Kopernikusgasse 24

8010 Graz
Österreich

Tel.: 0316/873-7200
Fax: 0316/873-7700

Privatadresse
Ziegelstr. 25 Z
8045 Graz
Österreich

Tel.: 0316/678710

Position
Univ. Professor

Geschäftsbereich
Forschung/Vorentwicklung

Aufgabengebiet
Gemischbildung/Verbrennung;
Vorstand des Institutes für
Verbrennungskraftmaschinen
und Thermodynamik der TU
Graz

Pischinger, Stefan Professor Dr.-Ing.

Geburtsdatum 21.05.1961

Firmenadresse
RWTH Aachen
Lehrstuhl für
Verbrennungskraft-
maschinen
Schinkelstr. 8

52062 Aachen

Tel.: 0241/80-6200
Fax: 0241/8888-169

Privatadresse

e-mail Firma: VKA@rwth-aachen.de

Position
Lehrstuhlinhaber

Geschäftsbereich
Forschung/Vorentwicklung
Konstruktion

Aufgabengebiet
Motorbauteile- und zubehör;
Einspritzung/Elektronik;
Gemischbildung/Verbrennung;
Getriebe/Kupplung/Antriebs-
strang; Sensorik - Aktuatorik;
Messtechnik; Prüftechnik;
Verbrennungsmotoren,
Triebstrang, Alternative
Antriebe, Techn. Verbrennung

Pittermann, Roland Dr.-Ing.

Position
Laborleiter

Geburtsdatum 15.09.1950

Firmenadresse
Wissenschaftl. -Techn. Zentrum
für Motoren und Maschinenforschung Roßlau gGmbH
Karl-Liebknecht-Str. 38
06862 Roßlau

Tel.: 034901/883-243
Fax: 034901/883-121

Privatadresse
Schlagbreite 17
06862 Meinsdorf

Tel.: 034901/68038

Geschäftsbereich
Forschung/Vorentwicklung

Aufgabengebiet
Gemischbildung/Verbrennung;
Optische Verbrennungsunter-
suchungen, Schadstoff-
messung

e-mail Firma: info@wtz.de

Platen, Axel

Position
Prokurist

Geburtsdatum 04.11.1958

Firmenadresse
Fabreeka GmbH
Entwicklung/Verkauf
Darmstädter Str. 61
64572 Büttelborn

Tel.: 06152/9597-0
Fax: 06152/9597-40

Privatadresse
Heidelberger Landstr. 1
64297 Darmstadt

Tel.: 06151/538400
Fax: 06151/538402

Geschäftsbereich
Forschung/Vorentwicklung
Versuch

Aufgabengebiet
Prüftechnik;
Schwingfundamente für
Prüfstände, Auslegung von
Prüfstandsfundamenten,
Lieferung von
Komplettsystemen (Layout,
Engineering,
Schwingungsisolierung und
Spannplatten)

e-mail Firma: INFO@FABREEKA.GG.UUNET.DE

Pleus, Peter Dr.

Geburtsdatum   22.09.1954

Position

Geschäftsführer

Firmenadresse

MAHLE
Ventiltrieb GmbH
Haldenstr. 7
70376 Stuttgart

Tel.:   0711/501-2750

Privatadresse

Geschäftsbereich

Forschung/Vorentwicklung

Aufgabengebiet

Motorbauteile- und zubehör

Podeswa, Rainer Dr.

Geburtsdatum

Position

Vorstand

Firmenadresse

BERU AG
Mörikestr. 155
71636 Ludwigsburg

Tel.:   07141/132-0
Fax: 07141/132-644

Privatadresse

Buchenstr. 1
71717 Beilstein

Geschäftsbereich

Konstruktion

Aufgabengebiet

Motorbauteile- und zubehör;
Zündungstechnik,
Dieselmotoren, Kaltstart,
Sensorik

e-mail Firma: Rainer.Podeswa@beru.de

Pohl, Markus Dr.

Geburtsdatum   28.08.1955

Position

Geschäftsführer

Firmenadresse

DICRONITE GmbH
Entwicklung und
Anwendungstechnik
Grüner Weg 14

58644 Iserlohn

Tel.:   02371/954800
Funk: 0172 8489849
Fax: 02371/954801

Privatadresse

Geschäftsbereich

Forschung/Vorentwicklung
Versuch

Aufgabengebiet

Motorbauteile- und zubehör;
Getriebe/Kupplung/Antriebs-
strang; Beschichtung gegen
Reibung, Beschichtungen,
Reibungsreduzierung an allen
mechanischen Komponenten,
Rennsportmotoren und
Getriebe

e-mail Firma: dicronite.pohl@gmx.de

Posselt, Andreas Dipl.-Ing.

Geburtsdatum   30.12.1969

Position

Sachbearbeiter

Firmenadresse

Robert Bosch GmbH
K3/ESK
Postfach 30 02 40

70442 Stuttgart

Tel.:   0711/811-24095
Fax: 0711/811-8334

Privatadresse

Zwerchstr. 28
75417 Mühlacker-
Mühlhausen

Geschäftsbereich

Forschung/Vorentwicklung

Aufgabengebiet

Einspritzung/Elektronik;
Abgaskonzepte für
Benzinmotoren

e-mail Firma: Andreas.Posselt@de.bosch.com

Post, Konrad U.

Geburtsdatum   22.08.1969

Position

European Sevice Engineer

Firmenadresse

BWD Automotive GmbH
Technik/Verkauf
Regerstr. 4

22761 Hamburg

Tel.:   040/890592-0
Fax: 040/890592-33

Privatadresse

Geschäftsbereich

Forschung/Vorentwicklung

Aufgabengebiet

Motorbauteile- und zubehör;
Bremsen; Technik, Betreuung,
Verkauf; Schalter
(Klimatisierung), Wasser- und
Ölpumpen, Bremskraftregler

e-mail Firma: bwd@on-line.de

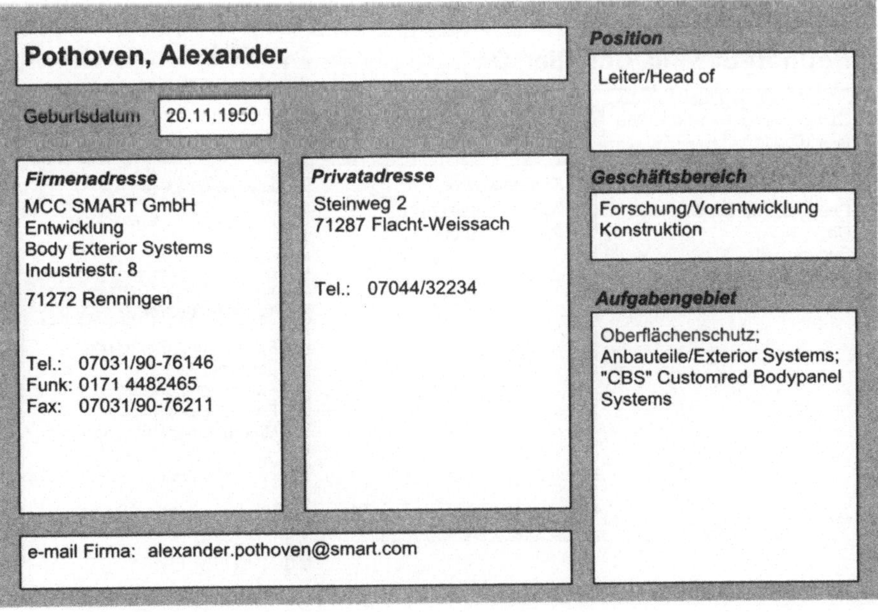

Pothoven, Alexander

Geburtsdatum   20.11.1950

Position

Leiter/Head of

Firmenadresse

MCC SMART GmbH
Entwicklung
Body Exterior Systems
Industriestr. 8

71272 Renningen

Tel.:   07031/90-76146
Funk: 0171 4482465
Fax: 07031/90-76211

Privatadresse

Steinweg 2
71287 Flacht-Weissach

Tel.:   07044/32234

Geschäftsbereich

Forschung/Vorentwicklung
Konstruktion

Aufgabengebiet

Oberflächenschutz;
Anbauteile/Exterior Systems;
"CBS" Customred Bodypanel
Systems

e-mail Firma: alexander.pothoven@smart.com

Potthoff, Jürgen Dipl.-Ing.

Geburtsdatum **07.10.1934**

Firmenadresse

Institut für Verbrennungs-
motoren und Kraftfahrwesen
Universität Stuttgart
Pfaffenwaldring 12

70569 Stuttgart

Tel.: 0711/685-3111
Fax: 0711/685-5500

e-mail Firma: potthoff@fkfs.uni-stuttgart.de

Privatadresse

Position

Bereichsleiter Kraftfahrzeug-
Aerodynamik

Geschäftsbereich

Forschung/Vorentwicklung

Aufgabengebiet

Aerodynamik; Prüftechnik;
Messtechnik; Lehre und
Forschung Fahrzeug-
Aerodynamik, Windkanal-
Technik

Potthoff-Sewing, Christian Dr.

Geburtsdatum **14.03.1960**

Firmenadresse

Poppe & Potthoff GmbH &
Co
Engerstr. 35 - 37

33824 Werther

Privatadresse

An der Wolfskuhle 48
33619 Bielefeld

Position

Geschäftsführer

Geschäftsbereich

Forschung/Vorentwicklung

Aufgabengebiet

Einspritzung/Elektronik;
Lenkung; Achsen;
Fahrzeuginnenraum;
Fahrzeugsicherheit;
Unternehmensführung

Poweleit, Udo

Geburtsdatum   23.08.1949

Firmenadresse

Volkswagen AG
Entwicklung EBAI
Brieffach 1560
Berliner Ring 2

38440 Wolfsburg

Tel.:   05361/9-36863
Fax: 05361/9-72918

Privatadresse

e-mail Firma: udo.poweleit@volkswagen.de

Position

Unterabteilungsleiter

Geschäftsbereich

Konstruktion

Aufgabengebiet

Fahrzeuginnenraum; PKW-
Konstruktion,
Cockpitkoordination,
Instrumententafel

Prescher, Karl-Heinz Professor Dr.-Ing.

Geburtsdatum   21.11.1940

Firmenadresse

Universität Rostock
Lehrstuhl für
Kolbenmaschinen
und Verbrennungsmotoren
Albert-Einstein-Str. 2

18051 Rostock

Tel.:   0381/498-3236
Fax: 0381/498-3237

Privatadresse

Ahornweg 3
18239 Hanstorf

Tel.:   038207/73642
Funk: 0172 3815767
Fax: 038207/73643

e-mail Firma: karlheinz.prescher@mbst.uni-rostock.de

Position

Universitätsprofessor

Geschäftsbereich

Forschung/Vorentwicklung

Aufgabengebiet

Motorbauteile- und zubehör;
Betriebsstoffe; Gemisch-
bildung/Verbrennung;
Einspritzung/Elektronik;
Messtechnik; Forschung und
Lehre Verbrennungsmotoren

Prescher, Volker

Geburtsdatum 15.11.1967

Position

Leiter

Firmenadresse

BSRS GmbH
Abt. QM
Carl-Zeiss-Str. 9
63755 Alzenau

Tel.: 06023/942-129
Funk: 0173 3215707
Fax: 06023/942-133

Privatadresse

Hanauer Landstr. 90 A
63791 Karlstein

Tel.: 06188/990985

Geschäftsbereich

Forschung/Vorentwicklung

Aufgabengebiet

Qualitätsmanagement

e-mail Firma: volker.prescher@bsrs.de

Pretzsch, Peter Dr.-Ing.

Geburtsdatum 09.10.1960

Position

Abteilungsleiter/Team-Leiter

Firmenadresse

Andreas Stihl AG & Co
Stuttgarter Str. 80
71332 Waiblingen

Tel.: 07151/26-3485
Fax: 07151/26-83485

Privatadresse

Uhlandstr. 117/2
73614 Schorndorf

Tel.: 07181/69708

Geschäftsbereich

Forschung/Vorentwicklung
Versuch

Aufgabengebiet

Motorbauteile- und zubehör;
Messtechnik;
Gemischbildung/Verbrennung;
Prüftechnik;
Funktionsentwicklung

e-mail Firma: peter.pretzsch@stihl.de

Preukschat, Alfred Dipl.-Ing.

Geburtsdatum

Position

Leiter Entwicklung

Geschäftsbereich

Forschung/Vorentwicklung

Firmenadresse

Krupp Bilstein GmbH
Entwicklung
August-Bilstein-Str. 4

58256 Ennepetal

Tel.:   02333/987-600
Fax: 02333/987-616

Privatadresse

Am Himmelsberg 9
53639 Königswinter

Tel.:   02244/1010

Aufgabengebiet

Radaufhängung; Federung
und Dämpfung; Stoßdämpfer,
Dämpfungsverstellung,
Luftfeder,
Federungsverstellung,
Systemtechnik

e-mail Firma: preukschat_alfred@en.kbs.krupp.com

Pricken, Franc Dipl.-Ing.

Geburtsdatum

Position

Entwicklungsingenieur

Geschäftsbereich

Forschung/Vorentwicklung

Firmenadresse

MANN+HUMMEL
Filterwerk GmbH
Hindenburgstr. 45

71638 Ludwigsburg

Tel.:   07141/98-2844
Fax: 07141/98-2385

Privatadresse

Großingersheimer Weg 2/1
71691 Freiberg

Tel.:   07141/862260

Aufgabengebiet

Motorbauteile- und zubehör;
Gemischbildung/Verbrennung;
Akustik Ansaugsysteme

e-mail Firma: Franc.Pricken@mann-hummel.com

Prinzler, Hubertus

Geburtsdatum   14.01.1961

Position

Abteilungsleiter/Team-Leiter

Firmenadresse

Freudenberg Dichtungs-
und Schwingungstechnik KG
Techn. Entwicklungszentrum

69469 Weinheim

Tel.:   06201/80-2853
Fax: 06201/88-2969

Privatadresse

Nibelungenstr. 27
64668 Rimbach

Geschäftsbereich

Forschung/Vorentwicklung

Aufgabengebiet

Radaufhängung; Federung
und Dämpfung;
Schwingungstechnik,
Systementwicklung,
Projektmanagement,
Mechatronik

e-mail Firma: hubertus.prinzler@freudenberg.de

Prohaska, Heinz

Geburtsdatum   21.06.1947

Position

Vertrieb Lt.

Firmenadresse

KRATZER
Automation AG
Entwicklung
Carl-von-Linde-Str. 38

85716 Unterschleißheim

Tel.:   089/32152-103
Fax: 089/32152-599

Privatadresse

Geschäftsbereich

Forschung/Vorentwicklung

Aufgabengebiet

Automatisierung; Vertrieb
Prüfsysteme, DV-Systeme

e-mail Firma: Prohaska@kratzer-automation.de

Pucher, Helmut Professor Dr.-Ing.

Geburtsdatum 15.03.1943

Firmenadresse
TU Berlin
Fachgebiet Verbrennungs-
kraftmaschinen
Carnotstr. 1 A

10587 Berlin

Tel.:   030/314-23353
Fax: 030/314-26105

Privatadresse
Moltkestr. 6
12203 Berlin

Tel.:   030/8338170

e-mail Firma: vkm@tu-berlin.de

Position
Institutsleiter

Geschäftsbereich
Forschung/Vorentwicklung

Aufgabengebiet
Motorbauteile- und zubehör;
Betriebsstoffe;
Gemischbildung/Verbrennung;
Einspritzung/Elektronik;
Sensorik - Aktuatorik; Lehre
und Forschung zum
Fachgebiet Verbrennungs-
kraftmaschinen

Pungs, Andreas Dipl.-Ing.

Geburtsdatum 24.02.1968

Firmenadresse
Lehrstuhl für Verbrennungs-
kraftmaschinen (VKA)
RWTH Aachen
Schinkelstr. 8

52062 Aachen

Tel.:   0241/80-5352
Funk: 0172 9801246
Fax: 0241/8888-169

Privatadresse
Volmerswerther Str. 323A
40221 Düsseldorf

Tel.:   0211/154716
Funk: 0172 9801246

e-mail Firma: pungs@vka.rwth-aachen.de

Position
Wissenschaftlicher
Angestellter

Geschäftsbereich
Forschung/Vorentwicklung

Aufgabengebiet
Gemischbildung/Verbrennung;
schnelle Gasentnahme-
technik; Dieselmotor,
Schadstoffbildung,
Brennverfahrensentwicklung

Quarg, Joachim Dr.-Ing.

Geburtsdatum 12.05.1949

Position

Chefingenieur

Firmenadresse
Adam Opel AG
PKZ 81-40

65423 Rüsselsheim

Tel.: 06142/7-77545
Fax: 06142/7-78380

Privatadresse
Kattreinstr. 90
64295 Darmstadt

Tel.: 06151/313490

Geschäftsbereich

Forschung/Vorentwicklung

Aufgabengebiet

Motorbauteile- und zubehör;
Betriebsstoffe;
Gemischbildung/Verbrennung;
Einspritzung/Elektronik;
Getriebe/Kupplung/Antriebs-
strang; ITEZ Powertrain-
Vorausentwicklung

e-mail Firma: dr.joachim.quarg@de.opel.com

Quendt, Peer Dr.

Geburtsdatum

Position

Firmenadresse
FER
Fahrzeugelektrik GmbH
Forschung/Entwicklung/Tech
nik
Postfach 13 63

99803 Eisenach

Tel.: 036920/87-0
Fax: 036920/87-282

Privatadresse

Geschäftsbereich

Forschung/Vorentwicklung
Konstruktion

Aufgabengebiet

Beleuchtung; Sensorik -
Aktuatorik

e-mail Firma: FER-TE-QUENDT@t-online.de

Raab, Gottfried Dipl.-Ing.

Geburtsdatum   10.03.1960

Firmenadresse

Steyr Nutzfahrzeuge AG
Abt. TV/TM
Schönauer Str. 5

4400 Steyr
Österreich

Tel.:   +43 7252/585-2672
Fax: +43 7252/585-847

Privatadresse

Schwemmplatzstr. 29
4320 Perg
Österreich

Tel.:   +43 7262/52138

Position

Abteilungsleiter/Team-Leiter

Geschäftsbereich

Forschung/Vorentwicklung
Konstruktion

Aufgabengebiet

Motorbauteile- und zubehör;
Betriebsstoffe;
Gemischbildung/Verbrennung;
Einspritzung/Elektronik;
Versuch und Konstruktion
Dieselmotor

Ragus, Dirk Dipl.-Ing.

Geburtsdatum   12.06.1965

Firmenadresse

Federal-Mogul Nürnberg
GmbH
Produktentwicklung
Nopitschstr. 67

90441 Nürnberg

Tel.:   0911/4233-253
Funk: 0171 9749218
Fax: 0911/4233-604

Privatadresse

Am Angerfeld 9
90602 Pyrbaum

Tel.:   09180/909035
Funk: 0171 9749218
Fax: 09180/909036

Position

Projektleiter Entwicklung

Geschäftsbereich

Forschung/Vorentwicklung
Versuch

Aufgabengebiet

Motorbauteile- und zubehör;
Erkennen, aquirieren und
leiten von
Entwicklungsprojekten bis zur
Serienfreigabe; techn.
Vertrieb; anstoßen und
verfolgen von
Vorentwicklungsprojekten;
techn. Präsentationen

e-mail Firma: Dirk_Ragus@EU.FMO.COM
e-mail Privat: Dirk.Ragus@t-online.de

Rahm, Heiko

Geburtsdatum

Position

Firmenadresse

KOLB GmbH
Spann- und
Verbindungselemente
Forschung/Entwicklung/
Technik
Postfach 24 02 53

42232 Wuppertal

Tel.:   0202/517-0
Fax: 0202/517-127

Privatadresse

Geschäftsbereich

Forschung/Vorentwicklung

Aufgabengebiet

Verbindungselemente

e-mail Firma: kolb_gmbh@compuserve.com

Rammer, Franz Dipl.-Ing.

Geburtsdatum   20.09.1950

Position

Stellvertr. Abteilungsleiter

Firmenadresse

Steyr Nutzfahrzeuge AG
Versuch Motor
Schönauerstr. 5

4400 Steyr
Österreich

Tel.:   +43 7252/585-2378
Fax: +43 7252/585-864

Privatadresse

Roseggerstr. 2
4493 Wolfern
Österreich

Tel.:   +43 7253/7164

Geschäftsbereich

Versuch

Aufgabengebiet

Motorbauteile- und zubehör;
Bauteilentwicklung
Dieselmotor

Rathmann, Norbert

Position

Leiter Entwicklung

Geburtsdatum 07.05.1957

Firmenadresse

Schmitz Cargobull AG
Entwicklung
Siemensstr. 50

48341 Altenberge

Tel.:   02558/81-2283
Fax: 02558/81-2214

Privatadresse

An der Bleiche 26
48356 Nordwalde

Tel.:   02573/2427
Fax: 02573/2427

Geschäftsbereich

Forschung/Vorentwicklung

Aufgabengebiet

Achsen; Federung und
Dämpfung; Räder, Reifen;
Bremsen; Rahmen;
Oberflächenschutz;
Aerodynamik; Anhängerbau:
Achse, Bremse, Fahrgestell,
Aufbau

e-mail Firma: Norbert.Rathmann@cargobull.com

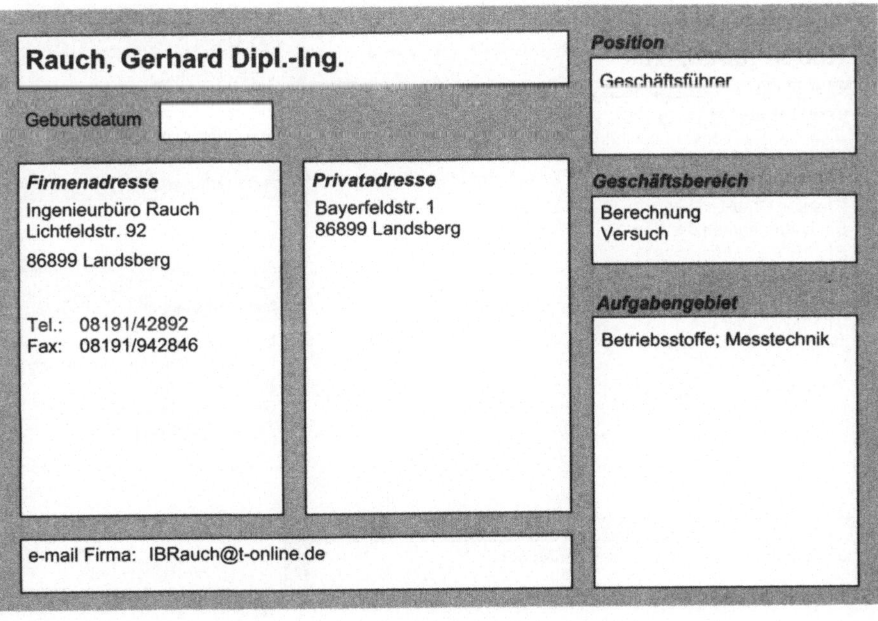

Rauch, Gerhard Dipl.-Ing.

Position

Geschäftsführer

Geburtsdatum

Firmenadresse

Ingenieurbüro Rauch
Lichtfeldstr. 92

86899 Landsberg

Tel.:   08191/42892
Fax: 08191/942846

Privatadresse

Bayerfeldstr. 1
86899 Landsberg

Geschäftsbereich

Berechnung
Versuch

Aufgabengebiet

Betriebsstoffe; Messtechnik

e-mail Firma: IBRauch@t-online.de

Rauenbusch, Ralf

Geburtsdatum 28.10.1957

Position

Vertriebsleitung

Firmenadresse

Rhodius GmbH
Ein Unternehmen der Bürger AG
Technik/Vertrieb
Postfach 3 69

91772 Weißenburg

Tel.: 09141/919-30
Fax: 09141/919-45

Privatadresse

Gaanswirtshaus 25
91781 Weissenburg

Tel.: 09141/70180

Geschäftsbereich

Aufgabengebiet

Motorbauteile- und zubehör;
Fahrzeugsicherheit; Federung
und Dämpfung;
Geschäftsleitung/Vertrieb;
Techn. Gesamtvertrieb

e-mail Firma: rhodius@networkcenter.net

Rauenbusch, Ralf

Geburtsdatum 28.10.1957

Position

Vertriebsleitung

Firmenadresse

Rhodius GmbH
Ein Unternehmen der Bürger AG
Technik/Vertrieb
Postfach 3 69

91772 Weißenburg

Tel.: 09141/919-30
Fax: 09141/919-45

Privatadresse

Gaanswirtshaus 25
91781 Weissenburg

Tel.: 09141/70180

Geschäftsbereich

Aufgabengebiet

Motorbauteile- und zubehör;
Fahrzeugsicherheit; Federung
und Dämpfung;
Geschäftsleitung/Vertrieb;
Techn. Gesamtvertrieb

e-mail Firma: rhodius@networkcenter.net

Raup, Markus Dipl.-Ing.

Position

Versuchsingenieur

Geburtsdatum: 10.03.1966

Geschäftsbereich

Versuch

Firmenadresse

Steyr Nutzfahrzeuge AG
Motorversuch TVE
Schönauerstr. 5

4400 Steyr
Österreich

Tel.: 07252/585-2253
Fax: 07252/585-847

Privatadresse

Aufgabengebiet

Gemischbildung/Verbrennung;
Einspritzung/Elektronik;
Verbrennung,
Einspritztechnik, Dieselmotor

e-mail Firma: markus_raup@mn.man.de

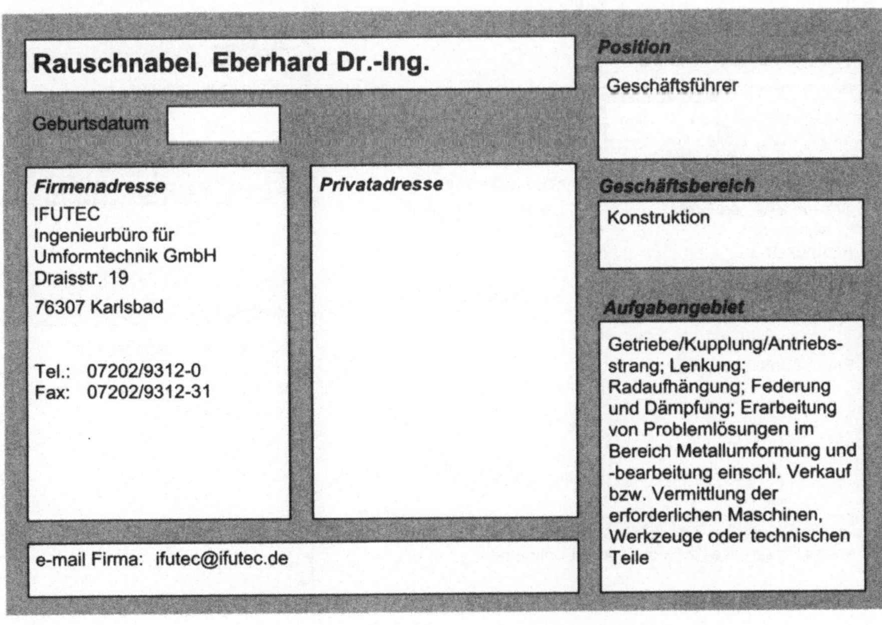

Rauschnabel, Eberhard Dr.-Ing.

Position

Geschäftsführer

Geburtsdatum:

Geschäftsbereich

Konstruktion

Firmenadresse

IFUTEC
Ingenieurbüro für
Umformtechnik GmbH
Draisstr. 19

76307 Karlsbad

Tel.: 07202/9312-0
Fax: 07202/9312-31

Privatadresse

Aufgabengebiet

Getriebe/Kupplung/Antriebs-
strang; Lenkung;
Radaufhängung; Federung
und Dämpfung; Erarbeitung
von Problemlösungen im
Bereich Metallumformung und
-bearbeitung einschl. Verkauf
bzw. Vermittlung der
erforderlichen Maschinen,
Werkzeuge oder technischen
Teile

e-mail Firma: ifutec@ifutec.de

Rechs, Manfred Dr.-Ing.

Geburtsdatum 26.12.1958

Position

Abteilungsleiter/Team-Leiter

Firmenadresse

Ford Motor Company
Dunton Engineering Centre
Entwicklung
Laindon

SS15 6EE Basildon Essex
Grossbritannien und
Nordirland

Tel.: +44(0)126840
Fax: +44(0)1262339

Privatadresse

Tel.: +44(0)1932/829704

Geschäftsbereich

Forschung/Vorentwicklung

Aufgabengebiet

Motorbauteile- und zubehör;
Gemischbildung/Verbrennung;
Serienentwicklung:
Brennverfahren,
Motorabstimmung/
Kalibrierung

e-mail Firma: MRECHS1@FORD.COM

Recknagel, Heinz

Geburtsdatum 06.12.1954

Position

Entwicklungsleiter

Firmenadresse

Simson Zweirad GmbH
Entwicklung
Postbox 143

98501 Suhl

Tel.: 03681/7140-500
Fax: 03681/7140-508

Privatadresse

Steinfelder Weg 16
98529 Albrechts

Tel.: 03681/721069

Geschäftsbereich

Konstruktion

Aufgabengebiet

Entwicklung motorisierter
Zwei- und Dreiradfahrzeuge
mit Motorisierung bis 125 ccm
Hubvolumen

e-mail Privat: Heinz.Recknagel@t-online.de

Regner, Gerhard Dr.

Position

Projektingenieur

Geburtsdatum **22.12.1962**

Geschäftsbereich

Forschung/Vorentwicklung
Berechnung

Firmenadresse

AVL List GmbH
Entwicklung
Hans-List-Platz 1

8020 Graz
Österreich

Tel.: +43 316/787-1278
Fax: +43 316/787-1480

Privatadresse

Bergstr. 7
8712 Niklasdorf
Österreich

Tel.: +43 3842/82088

Aufgabengebiet

Gemischbildung/Verbrennung;
Angewandte Thermodynamik,
Nutzfahrzeugantriebe und
Industriemotoren

e-mail Firma: gerhard.regner@avl.com
e-mail Privat: gerhard.regner@computerhaus.at

Reif, Johann Peter Dr.

Position

General Manager

Geburtsdatum **13.08.1953**

Geschäftsbereich

Forschung/Vorentwicklung
Konstruktion

Firmenadresse

Steyr-Daimler-Puch AG
Geschäftsbereich
Engineering Center Steyr
Schönauer Str. 5

4400 Steyr
Österreich

Tel.: +43 7252/580-53
Fax: +43 7252/580-760

Privatadresse

Ried 151
5360 St. Wolfgang
Österreich

Tel.: +43 6138/2815
Fax: +43 6138/2815

Aufgabengebiet

Komplette
Fahrzeugentwicklung; LKW-,
Traktor-, Motor-Getriebe-
Engineering vom Design bis
Prototyp; Engineering
Dienstleistungen für PKW,
LKW, Traktoren, Motoren und
Getriebe; CAE-
Softwareentwicklung und -
vertrieb

e-mail Firma: p.reif@ecs.steyr.com

Reinhardt, Jürgen Dipl.-Ing.

Geburtsdatum 28.07.1971

Position
Laboringenieur

Firmenadresse
Fachhochschule Esslingen
FHTE Hochschule für
Technik
Labor Karosserie
73728 Esslingen

Tel.: 0711/3973331
Fax: 0711/3973336

Privatadresse
Stumpenhof 38
73207 Plochingen

Tel.: 07153/72147

Geschäftsbereich
Forschung/Vorentwicklung
Konstruktion

Aufgabengebiet
Oberflächenschutz;
Verglasung; Aerodynamik;
Fahrzeuginnenraum;
Fahrzeugsicherheit; Techn.
Betreuung CA-Installationen;
Training Catia; Verwaltung
Labor

e-mail Firma: Juergen.Reinhardt@fht-esslingen.de

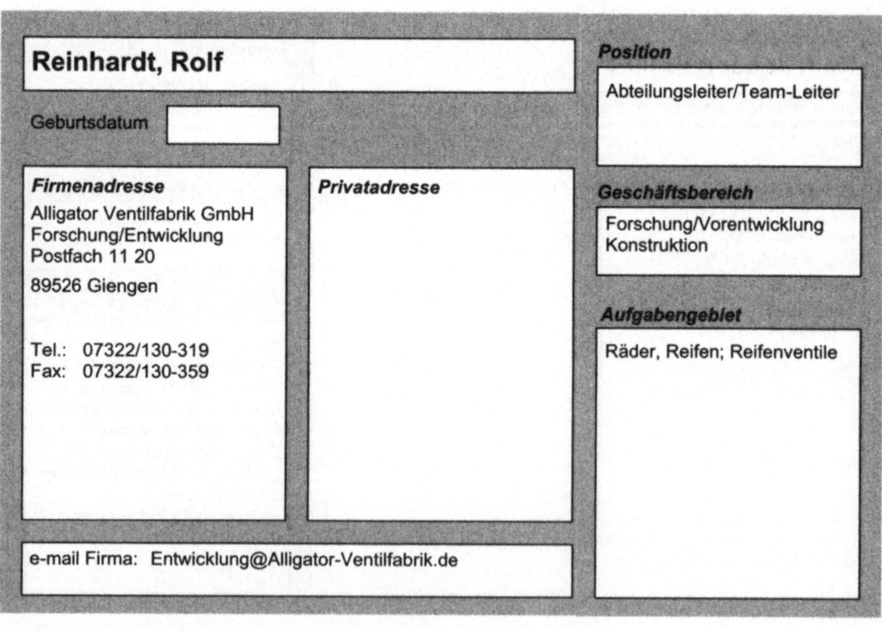

Reinhardt, Rolf

Geburtsdatum

Position
Abteilungsleiter/Team-Leiter

Firmenadresse
Alligator Ventilfabrik GmbH
Forschung/Entwicklung
Postfach 11 20
89526 Giengen

Tel.: 07322/130-319
Fax: 07322/130-359

Privatadresse

Geschäftsbereich
Forschung/Vorentwicklung
Konstruktion

Aufgabengebiet
Räder, Reifen; Reifenventile

e-mail Firma: Entwicklung@Alligator-Ventilfabrik.de

Reitz, A. Dipl.-Ing.

Geburtsdatum   18.12.1969

Position

Firmenadresse

RWTH Aachen
ika - Institut für
Kraftfahrwesen
Aachen
Steinbachstr. 10

52074 Aachen

Tel.:   0241/805605
Funk: 0173 2734715
Fax: 0241/8888147

Privatadresse

Am Weißenberg 4
52074 Aachen

Tel.:   0241/25218

Geschäftsbereich

Forschung/Vorentwicklung

Aufgabengebiet

Getriebe/Kupplung/Antriebs-
strang; Akustik, NVH

e-mail Firma: Reitz@ika.RWTH-Aachen.de

Remmels, Werner Dipl.-Ing.

Geburtsdatum   02.07.1958

Position

Sachbearbeiter

Firmenadresse

MTU Friedrichshafen GmbH
Abt. Neue
Technologie/Vorent-
wicklung

88040 Friedrichshafen

Tel.:   07541/90-3331
Fax: 07541/90-3573

Privatadresse

Schulstr. 35
88090 Immenstaad

Tel.:   07545/6715

Geschäftsbereich

Forschung/Vorentwicklung

Aufgabengebiet

Gemischbildung/Verbrennung;
Betreuung 1-Zylinder-
Aggregate; Entwicklung von
Brennverfahren für
direkteinspritzende
Hochleistungsdieselmotoren
mit Common-Rail-
Einspritzung;
Abgasrückführung;
Wassereinspritzung

Renius, Karl Theodor Prof. Dr. Ing. Dr. h.c.

Geburtsdatum

Position

Lehrstuhlinhaber

Firmenadresse

Lehrstuhl für Landmaschinen
TU München
Boltzmannstr. 15

85748 Garching

Tel.:   089/289-15867
Fax: 089/289-15871

Privatadresse

Johann-Strauß-Str. 46
85598 Baldham

Tel.:   08106/4175

Geschäftsbereich

Forschung/Vorentwicklung

Aufgabengebiet

Getriebe/Kupplung/Antriebs-
strang; Mobile
Arbeitsmaschinen; Forschung
und Lehre auf den Gebieten:
Landmaschinen, Traktoren,
Ölhydraulik/Pneumatik,
Betriebsfestigkeit,
Antriebstechnik,
Terramechanik

e-mail Firma: renius@ltm.mw.tum.de

Reuss, Hans-Christian Professor Dr.-Ing.

Geburtsdatum   06.02.1959

Position

Leiter der Professur

Firmenadresse

TU Dresden - IVK
Professur
Kraftfahrzeugelektronik
und -elektrik
George-Bähr-Str. 1 c

01062 Dresden

Tel.:   0351/463-4832
Fax: 0351/463-2866

Privatadresse

Steinadlerstr. 8
01187 Dresden

Tel.:   0351/4034110

Geschäftsbereich

Forschung/Vorentwicklung

Aufgabengebiet

Einspritzung/Elektronik;
Kommunikation - Navigation;
Sensorik - Aktuatorik;
Forschung und Lehre,
Schwerpunkte:
Aktorik/Piezoaktorik, Sensorik,
Steuergeräte,
Fahrzeuginterne Netze

e-mail Firma: reuss@vvkno1.vkw.tu-dresden.de

Reuter, Manfred Dipl.-Ing.

Geburtsdatum 30.03.1953

Firmenadresse

Continental-Teves AG und
Co. oHG
Guerickestr. 7

60488 Frankfurt

Tel.:   069/7603-3176
Funk: 0171 5121689
Fax: 069/7603-3840

Privatadresse

Schwimmbadweg 6
35789 Weilmünster

Tel.:   06475/544
Fax: 06475/544

e-mail Firma: Manfred.Reuter@contiteves.com

Position

Abteilungsleiter/Team-Leiter

Geschäftsbereich

Versuch

Aufgabengebiet

Bremsen

Reuter, Wolfgang Dr.

Geburtsdatum 03.09.1958

Firmenadresse

Pierburg AG
Alfred-Pierburg-Str. 1

41456 Neuss

Tel.:   02131/520-559
Funk: 0172 2570019
Fax: 02131/520-520

Privatadresse

Kückesweg 14
47877 Willich

Tel.:   02154/421633
Funk: 0172 2570019
Fax: 02154/421635

e-mail Firma: WOLFGANG.REUTER@PIERBURG-AG.COM
e-mail Privat: WOLFGANG-REUTER@T-ONLINE.DE

Position

Mitglied der Geschäftsleitung

Geschäftsbereich

Forschung/Vorentwicklung
Konstruktion

Aufgabengebiet

Motorbauteile- und zubehör;
Sensorik - Aktuatorik;
Gemischbildung/Verbrennung;
Entwicklung und Vertrieb;
Luftversorgung und
Schadstoffreduzierung

Richter, Axel

Geburtsdatum   05.09.1951

Position

Institutsleiter

Geschäftsbereich

Forschung/Vorentwicklung
Versuch

Firmenadresse

RW TÜV
Institut für Fahrzeugtechnik
Adlerstr. 7

45307 Essen

Tel.:   0201/825-4120
Funk: 0171 5583199
Fax: 0201/825-4150

Privatadresse

Schumannstr. 5
41564 Kaarst

Tel.:   02131/519949

Aufgabengebiet

Motorbauteile- und zubehör;
Radaufhängung; Gemisch-
bildung/Verbrennung; Achsen;
Räder, Reifen; Federung und
Dämpfung; Bremsen;
Kommunikation - Navigation;
Fahrzeugsicherheit;
Emissionsmessungen,
Motormanagementapplikation
en, Räder-/Reifenprüfungen,
Fahrversuche, Servohydrau-
lische Bauteiluntersuchungen

e-mail Firma: Richter@rwtuev-fz.de

Richter, Bernd Dr.

Geburtsdatum   02.10.1941

Position

Abteilungsleiter/Team-Leiter

Geschäftsbereich

Berechnung

Firmenadresse

Volkswagen AG
Berechn.-Methoden Brieff.
1537

38401 Wolfsburg

Tel.:   05361/9-78180
Fax: 05361/9-78871

Privatadresse

Tel.:   05366/5590

Aufgabengebiet

Achsen; Bremsen; Räder,
Reifen; Aerodynamik;
Fahrzeugsicherheit;
Berechnungsmethoden CAE

e-mail Firma: bernd.richter@volkswagen.de
e-mail Privat: dr.bernd.richter@t-online.de

Richter, Stephane Dipl.-Ing.

Geburtsdatum 09.11.1970

Position
Wissenschaftlicher
Angestellter

Firmenadresse
RWTH Aachen
ika - Insitut für
Kraftfahrwesen
Aachen

52056 Aachen

Tel.: 0241/805614
Fax: 0241/8888147

Privatadresse
Am Rosenhügel 30
52072 Aachen

Tel.: 0241/9329222
Funk: 0172 2642594
Fax: 0241/9329222

Geschäftsbereich
Forschung/Vorentwicklung
Berechnung

Aufgabengebiet
Akustik-Gesamtfahrzeug; exp.
Modelanalyse, Karosserie-
Akustik, Akustik-Simulation

e-mail Firma: richter@ika.rwth-aachen.de
e-mail Privat: stephane.richter@post.rwth-aachen.de

Rieck, Kai

Geburtsdatum 16.02.1062

Position
Sachgebietsleiter

Firmenadresse
MAN B&W Diesel AG
TKE1
Stadtbachstr. 1

86135 Augsburg

Tel.: 0821/3221808
Fax: 0821/3223382

Privatadresse
Bahnhofstr. 18
86368 Gersthofen

Tel.: 0821/2992870
Fax: 0821/2992871

Geschäftsbereich
Konstruktion

Aufgabengebiet
Motorbauteile- und zubehör;
Konstruktionsbegleitende
Berechnung;
Entwicklungskonstruktion
Diesel- und Gasmotoren

e-mail Firma: kai_rieck@manbw.de

Riedhammer, Gerhard Dipl.-Ing.

Geburtsdatum 15.03.1949

Firmenadresse

Leistritz AG & Co
Abgastechnik
Herboldshofer Str. 35

90765 Fürth

Tel.: 0911/7610-172
Funk: 0171 2859017
Fax: 0911/7610-376

Privatadresse

e-mail Firma: hermer@stadeln.faurecia.com

Position

Geschäftsleitung Entwicklung

Geschäftsbereich

Forschung/Vorentwicklung

Aufgabengebiet

Motorbauteile- und zubehör;
Bereich R&D, Abgasanlagen,
Verbrennungsmotoren

Riedl, Walter Dipl. Ing. FH

Geburtsdatum 07.01.1960

Firmenadresse

BMW AG
Hufelandstr. 8 a

80788 München

Tel.: 089/382-32532
Fax: 089/382-32643

Privatadresse

Mitterweg 4 B
85232 Feldgeding

Tel.: 08131/54923

e-mail Firma: Walter.Riedl@BMW.de

Position

Abteilungsleiter/Team-Leiter

Geschäftsbereich

Konstruktion

Aufgabengebiet

Motorbauteile- und zubehör;
Entwicklung Abgasanlagen

Rieger, Wolfgang

Geburtsdatum   23.09.1944

Position
Leiter Entwicklung

Firmenadresse
ZF Lenksysteme GmbH
Richard-Bullinger-Str. 77
73527 Schwäbisch Gmünd

Tel.:   07171/31-2560
Fax: 07171/31-2501

Privatadresse
Feldhofstr. 35
73072 Donzdorf

Tel.:   07162/29209

Geschäftsbereich
Konstruktion

Aufgabengebiet
Lenkung;
Zahnstangenlenkungen,
Zahnstangen-Hydrolenkungen

e-mail Privat: wolfgang.rieger@zf-group.de

Ries, Herrn

Geburtsdatum

Position

Firmenadresse
Natec Schultheiß GmbH
Entwicklung
Niels-Bohr-Str. 11
85748 Garching

Tel.:   089/3291086
Fax: 089/3206297

Privatadresse

Geschäftsbereich
Forschung/Vorentwicklung
Versuch

Aufgabengebiet
Messtechnik; Abgasanalyse,
Vertrieb

e-mail Firma: SALES@NATEC.ORG

Rimaux, S Dr.

Geburtsdatum 25.12.1967

Position

Research Engineer

Firmenadresse

PSA Peugeot Citroen
Dept. DINQ/DTII/IMTI/EIEV
18 rue des Fauvelles

92250 La Garenne
Colombes
Frankreich

Tel.: +33 1 41362557
Fax: +33 1 41364001

Privatadresse

30 rue Pierre Arnour
92190 Meudon
Frankreich

Tel.: +33 1 45072704

Geschäftsbereich

Versuch

Aufgabengebiet

Control-System

Rißling, Peter Dr.-Ing.

Geburtsdatum 23.07.1958

Position

Projektleiter Projektzentrum
Süd

Firmenadresse

dSpace GmbH
PZS
Projektleitung
Liebigstr. 1

85301 Schweitenkirchen

Tel.: 08444/92839-0
Fax: 08444/92839-999

Privatadresse

e-mail Firma: prissling@dspace.de

Geschäftsbereich

Forschung/Vorentwicklung
Versuch

Aufgabengebiet

Einspritzung/Elektronik;
Radaufhängung;
Getriebe/Kupplung/Antriebs-
strang; Achsen; Lenkung;
Federung und Dämpfung;
Bremsen; Sensorik -
Aktuatorik; Messtechnik;
Prüftechnik; Komplette
Entwicklungssysteme für
Rapid Control Prototyping,
Code-Generierung und HIL-
Simulation

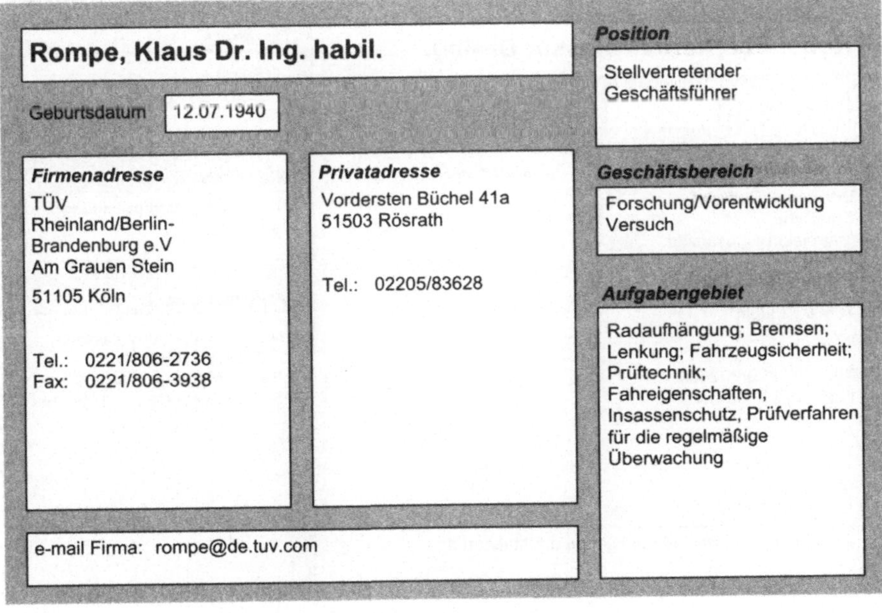

Rocco, Joseph

Geburtsdatum

Position
Geschäftsführer

Firmenadresse
SPX Europe GmbH
Porschestr. 4
63512 Hainburg

Tel.:   06182/959-0
Fax: 06182/959-299

Privatadresse

Geschäftsbereich
Forschung/Vorentwicklung

Aufgabengebiet
Messtechnik; Prüftechnik

e-mail Firma: Jrocco@spxeurope.com

Rompe, Klaus Dr. Ing. habil.

Geburtsdatum   12.07.1940

Position
Stellvertretender
Geschäftsführer

Firmenadresse
TÜV
Rheinland/Berlin-
Brandenburg e.V
Am Grauen Stein
51105 Köln

Tel.:   0221/806-2736
Fax: 0221/806-3938

Privatadresse
Vordersten Büchel 41a
51503 Rösrath

Tel.:   02205/83628

Geschäftsbereich
Forschung/Vorentwicklung
Versuch

Aufgabengebiet
Radaufhängung; Bremsen;
Lenkung; Fahrzeugsicherheit;
Prüftechnik;
Fahreigenschaften,
Insassenschutz, Prüfverfahren
für die regelmäßige
Überwachung

e-mail Firma: rompe@de.tuv.com

Ronge, Heinz

Position

Geschäftsführer

Geburtsdatum 15.03.1944

Firmenadresse

FALAS GmbH
Fahrzeug- und
Landmaschinen-
bau, Service
Belmsdorfer Str. 5

01877 Schmölln

Tel.:   03594/752-0
Fax: 03594/752-111

Privatadresse

Mittelstr. 21
01877 Demitz-Thumitz

Tel.:   03594/706442
Funk: 0172 7073373

Geschäftsbereich

Forschung/Vorentwicklung

Aufgabengebiet

Achsen; Bremsen; Räder,
Reifen; Oberflächenschutz

e-mail Firma: falas@t-online.de

Roos, Eberhard Professor Dr.-Ing.

Position

Direktor

Geburtsdatum

Firmenadresse

Universität Stuttgart
Staatliche
Materialprüfungsanstalt
(MPA)
Pfaffenwaldring 32

70569 Stuttgart

Tel.:   0711/685-2604
Fax: 0711/685-2635

Privatadresse

Geschäftsbereich

Forschung/Vorentwicklung
Versuch

Aufgabengebiet

Motorbauteile- und zubehör;
Fahrzeugsicherheit;
Radaufhängung; Prüfung von
Sicherheitsgurten und Helmen

e-mail Firma: eberhard.roos@mpa.uni-stuttgart.de

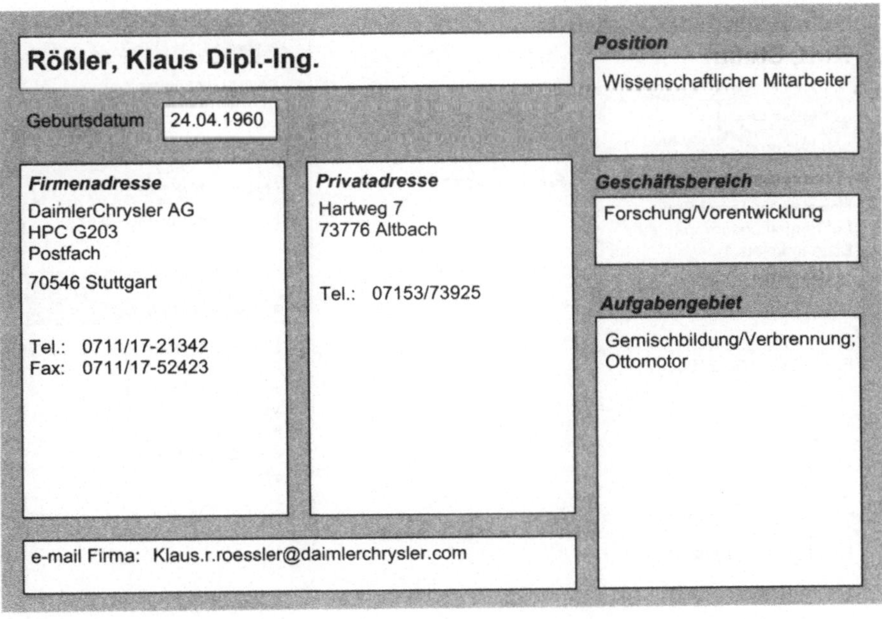

Röß, Karl-Heinz

Geburtsdatum   21.08.1965

Position
Abteilungsleiter/Team-Leiter

Firmenadresse
DaimlerChrysler AG
Vorentwicklung Fahrwerk
HPC X563, EP/VCE
71059 Sindelfingen

Tel.:   07031/90-78246
Funk: 0172 9596044
Fax: 07031/90-78432

Privatadresse
Sudetenweg 7
73061 Ebersbach

Tel.:   07163/4770

Geschäftsbereich
Forschung/Vorentwicklung
Konstruktion

Aufgabengebiet
Räder, Reifen; Federung und
Dämpfung; Lenkung;
Bremsen; Aggregate-
Entwicklung

e-mail Firma: Karl-Heinz.Roess@DaimlerChrysler.com

Rößler, Klaus Dipl.-Ing.

Geburtsdatum   24.04.1960

Position
Wissenschaftlicher Mitarbeiter

Firmenadresse
DaimlerChrysler AG
HPC G203
Postfach
70546 Stuttgart

Tel.:   0711/17-21342
Fax: 0711/17-52423

Privatadresse
Hartweg 7
73776 Altbach

Tel.:   07153/73925

Geschäftsbereich
Forschung/Vorentwicklung

Aufgabengebiet
Gemischbildung/Verbrennung;
Ottomotor

e-mail Firma: Klaus.r.roessler@daimlerchrysler.com

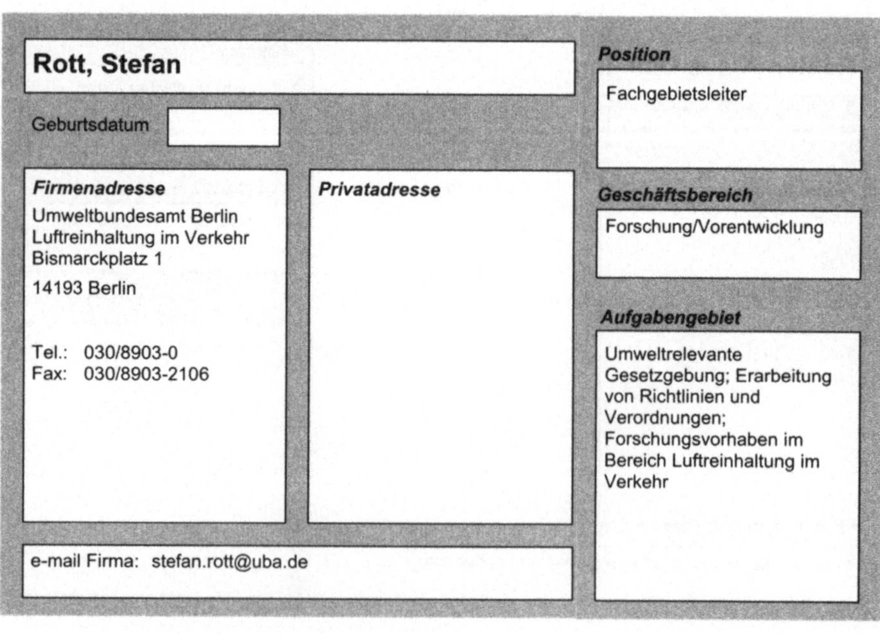

Rostek, Wilfried Professor Dr.

Geburtsdatum 27.02.1954

Position

Direktor/Vice-President

Firmenadresse

Benteler AG
Vorentwicklung
Residenzstr. 1

33104 Paderborn

Tel.: 05254/81-5000
Funk: 0172 5232004
Fax: 05254/81-5199

Privatadresse

Arnold-Schlüter-Weg 37
33100 Paderborn

Geschäftsbereich

Forschung/Vorentwicklung

Aufgabengebiet

Radaufhängung; Räder,
Reifen; Achsen; Lenkung;
Federung und Dämpfung;
Bremsen; Rahmen;
Oberflächenschutz;
Aerodynamik; Verglasung;
Fahrzeuginnenraum;
Fahrzeugsicherheit;
Vorentwicklung für Produkte
und Prozesse

e-mail Firma: wilfried.rostek@benteler.de

Rott, Stefan

Geburtsdatum

Position

Fachgebietsleiter

Firmenadresse

Umweltbundesamt Berlin
Luftreinhaltung im Verkehr
Bismarckplatz 1

14193 Berlin

Tel.: 030/8903-0
Fax: 030/8903-2106

Privatadresse

Geschäftsbereich

Forschung/Vorentwicklung

Aufgabengebiet

Umweltrelevante
Gesetzgebung; Erarbeitung
von Richtlinien und
Verordnungen;
Forschungsvorhaben im
Bereich Luftreinhaltung im
Verkehr

e-mail Firma: stefan.rott@uba.de

Rottstock, Rainer

Position

Geburtsdatum

Firmenadresse

CORRSYS
Entwicklung
Charlotte-Bamberg-Str. 12

35578 Wetzlar

Tel.:   06441/9282-0
Fax: 06441/9282-17

Privatadresse

Geschäftsbereich

Forschung/Vorentwicklung

Aufgabengebiet

Sensorik - Aktuatorik;
Messtechnik

e-mail Firma: info@corrsys.de

Rückauf, Jörg Dipl.-Ing.

Position

Key Account Manager

Geburtsdatum   09.12.1965

Firmenadresse

AVL Deutschland GmbH
Techn. Büro Wolfsburg
Heinenkamp 32

38444 Wolfsburg

Tel.:   05308/9313-0
Funk: 0172 6156630
Fax: 05308/9313-20

Privatadresse

Geschäftsbereich

Forschung/Vorentwicklung
Konstruktion

Aufgabengebiet

Motorbauteile- und zubehör;
Einspritzung/Elektronik;
Gemischbildung/Verbrennung;
Powertrain Engineering;
Entwicklung Otto, Diesel,
Akustik, Driveability

e-mail Firma: joerg.rueckauf@avl.com
e-mail Privat: joerg.rueckauf@t-online.de

Rückert, Albrecht

Geburtsdatum 06.07.1947

Position

Direktor

Geschäftsbereich

Forschung/Vorentwicklung

Firmenadresse

EDAG
Engineering & Design S. A.
c/Juan de la Cierva, no. 2

08760 Martorell Barcelona
Spanien

Tel.:   +34 93/7768002
Funk: +34 617454463
Fax: +34 93/7768095

Privatadresse

Aufgabengebiet

e-mail Firma: albrecht.rueckert@edag.es
e-mail Privat: rueckert@intercom.es

Ruetz, Georg Ing.

Geburtsdatum 28.10.1949

Position

Abteilungsleiter/Team-Leiter

Geschäftsbereich

Forschung/Vorentwicklung

Firmenadresse

MTU
Motoren- und Turbinen-
Union
Friedrichshafen GmbH

88040 Friedrichshafen

Tel.:   07541/90-2235
Fax: 07541/90-3938

Privatadresse

Widdum 2
88090 Immenstaad

Aufgabengebiet

Motorbauteile- und zubehör;
Getriebe/Kupplung/Antriebs-
strang;
Einspritzung/Elektronik;
Aufladesysteme,
Einspritzsysteme,Triebwerk:
Kolben, Pleuel, Kurbelwelle,
Kupplung,
Schwingungsdämpfer,
Motorzubehör,
Motormanagement

e-mail Firma: ruetz@mtu-friedrichshafen.com

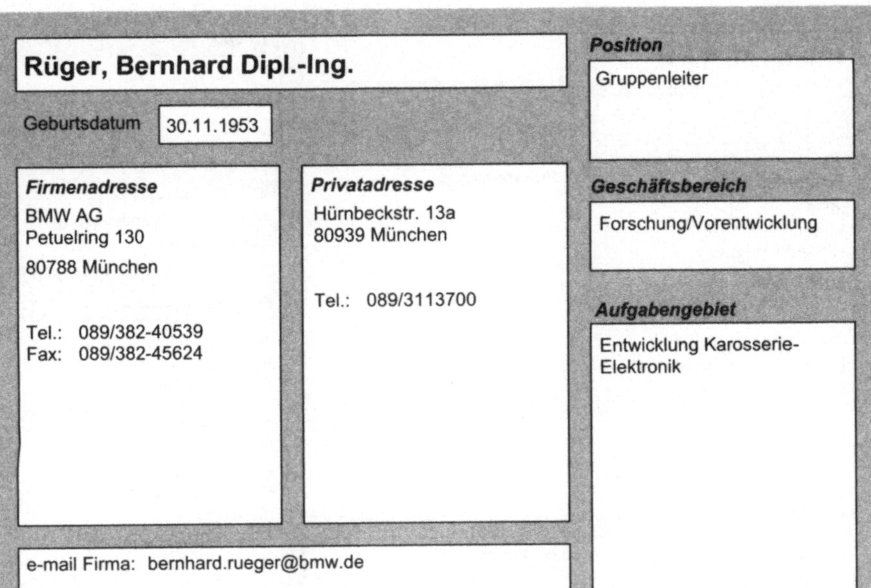

Rüger, Bernhard Dipl.-Ing.

Geburtsdatum   30.11.1953

Position

Gruppenleiter

Firmenadresse

BMW AG
Petuelring 130

80788 München

Tel.:   089/382-40539
Fax: 089/382-45624

Privatadresse

Hürnbeckstr. 13a
80939 München

Tel.:   089/3113700

Geschäftsbereich

Forschung/Vorentwicklung

Aufgabengebiet

Entwicklung Karosserie-Elektronik

e-mail Firma: bernhard.rueger@bmw.de

Runge, Wolfgang

Geburtsdatum   18.09.1946

Position

Fachbereichsleiter

Firmenadresse

ZF Friedrichshafen AG
Zentrale Forschung und
Entwicklung

88038 Friedrichshafen

Tel.:   07541/77-7291
Funk: 0171 9752955
Fax: 07541/77-7523

Privatadresse

Urbanstr. 18
88214 Ravensburg

Tel.:   0751/21016
Fax: 0751/3528113

Geschäftsbereich

Forschung/Vorentwicklung

Aufgabengebiet

Getriebe/Kupplung/Antriebs-strang; Sensorik - Aktuatorik;
Entwicklung;
Elektrik/Elektronik

e-mail Firma: wolfgang.runge@zf-group.de
e-mail Privat: wolfgang-runge@t-online.de

Runte, Michael

Geburtsdatum 19.08.1958

Position

Director Business Development

Firmenadresse
MSX
International GmbH
Unnauer Weg 7 A
50767 Köln

Tel.:   0221/94700-302
Funk: 0172 9658532
Fax: 0221/94700-304

Privatadresse
Weyerstr. 39
50676 Köln

Tel.:   0221/2408313

Geschäftsbereich

Forschung/Vorentwicklung
Konstruktion

Aufgabengebiet

Achsen; Federung und Dämpfung; Lenkung; Rahmen; Oberflächenschutz; Aerodynamik; Verglasung; Fahrzeuginnenraum; Fahrzeugsicherheit; Entwicklungsprozesse, Projektorganisation und -planung, Karosserieentwicklung

e-mail Firma: MRunte@msxi-euro.com

Rupa, Robert

Geburtsdatum 31.03.1967

Position

Geschäftsführender Gesellschafter

Firmenadresse
RLE INTERNATIONAL
Produktentwicklungs-
ges.mbH Vehicle
Development
Venloer Str. 151 - 153
50672 Köln

Tel.:   0221/97667-700
Fax: 0221/97667-799

Privatadresse

Geschäftsbereich

Forschung/Vorentwicklung
Konstruktion

Aufgabengebiet

Außenhaut; Struktur; Türen und Klappen; Interior und Exterior Trim; Toleranz-studien; Prüftechnik; Produktionsplanung; Karosseriekonstruktion

e-mail Firma: rrupa@rle.de

Rustad, Gunnar

Geburtsdatum

Position

Geschäftsführer

Firmenadresse

SCANIA Deutschland GmbH
August-Horch-Str. 10

56070 Koblenz

Tel.:   0261/897-262
Fax: 0261/897-203

Privatadresse

Geschäftsbereich

Forschung/Vorentwicklung

Aufgabengebiet

Rüter, Gert Professor

Geburtsdatum   20.02.1949

Position

Prodekan

Firmenadresse

FH Trier
Fachbereich Maschinenbau

54208 Trier

Tel.:   0651/8103-381
Fax: 0651/8103-377

Privatadresse

Dellstr. 10
55767 Abentheuer

Tel.:   06782/3801

Geschäftsbereich

Forschung/Vorentwicklung

Aufgabengebiet

Fahrzeugsicherheit; Aufbau,
Insassenschutz, Konstruktion,
Nutzfahrzeuge

e-mail Firma: rueter@fh-trier.de

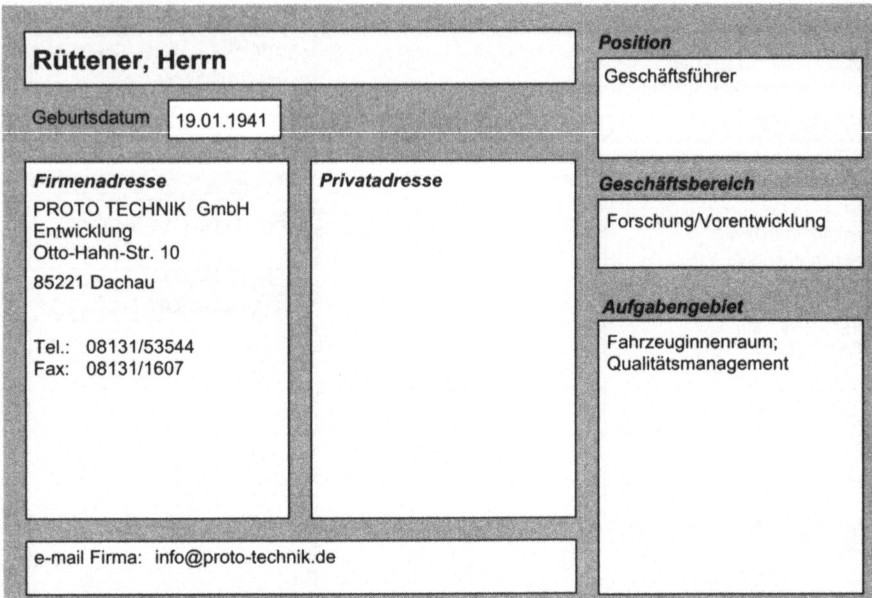

Rüttener, Herrn

Geburtsdatum   19.01.1941

Firmenadresse

PROTO TECHNIK GmbH
Entwicklung
Otto-Hahn-Str. 10

85221 Dachau

Tel.:   08131/53544
Fax: 08131/1607

Privatadresse

e-mail Firma: info@proto-technik.de

Position

Geschäftsführer

Geschäftsbereich

Forschung/Vorentwicklung

Aufgabengebiet

Fahrzeuginnenraum;
Qualitätsmanagement

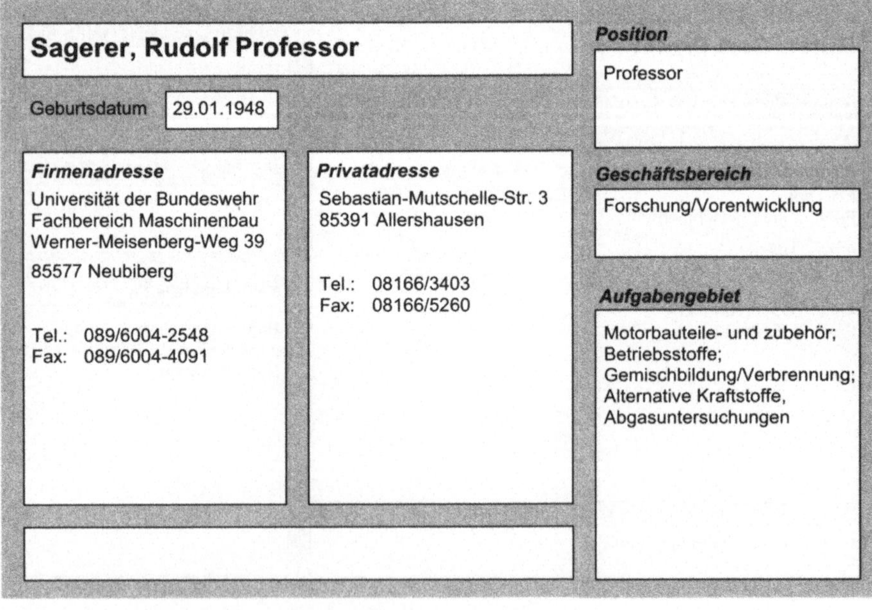

Sagerer, Rudolf Professor

Geburtsdatum   29.01.1948

Firmenadresse

Universität der Bundeswehr
Fachbereich Maschinenbau
Werner-Meisenberg-Weg 39

85577 Neubiberg

Tel.:   089/6004-2548
Fax: 089/6004-4091

Privatadresse

Sebastian-Mutschelle-Str. 3
85391 Allershausen

Tel.:   08166/3403
Fax: 08166/5260

Position

Professor

Geschäftsbereich

Forschung/Vorentwicklung

Aufgabengebiet

Motorbauteile- und zubehör;
Betriebsstoffe;
Gemischbildung/Verbrennung;
Alternative Kraftstoffe,
Abgasuntersuchungen

Sailer, Ulrich Dr.-Ing.

Geburtsdatum   07.05.1967

Position
Projektleiter, Fachreferent

Firmenadresse
Robert Bosch GmbH
Entwicklung K1-Si/EAB
Postfach 30 02 20
70442 Stuttgart

Tel.:   0711/811-20671
Fax: 0711/811-3939

Privatadresse
Holderstr. 11/3
71277 Rutesheim

Tel.:   07152/53990

Geschäftsbereich
Forschung/Vorentwicklung
Berechnung

Aufgabengebiet
Bremsen;
Bremssystemsimulation,
-analyse und -berechnung;
Software-Entwicklung;
Internetbasierte Anwendung;
Globale Vereinheitlichung der
Berechnungsmethoden

e-mail Firma: Ulrich.Sailer@de.bosch.com

Salzer, Werner Dipl.-Ing.

Geburtsdatum   21.09.1959

Position
Abteilungsleiter/Team Leiter

Firmenadresse
DaimlerChrysler AG
Entwicklung PKW,
Klimatisierung
Abt. EP/GKC; HPC: X620
71059 Sindelfingen

Tel.:   07031/90-37087
Fax: 07031/90-81920

Privatadresse
Widdumstr. 22
71069 Sindelfingen

Tel.:   07031/675785

Geschäftsbereich
Konstruktion
Berechnung

Aufgabengebiet
Fahrzeuginnenraum;
Klimatisierung E-Klasse

e-mail Firma: werner.salzer@daimlerchrysler.com

Samenfink, Wolfgang Dr.

Geburtsdatum 03.07.1960

Position

Entwicklungsingenieur

Firmenadresse
Robert Bosch GmbH
Abt. K3/EFS
Robert-Bosch-Str. 2

71701 Schwieberdingen

Tel.: 0711/811-24773
Fax: 0711/811-1081

Privatadresse
Auf Hart 71/1
71706 Markgröningen

Tel.: 07145/3372

Geschäftsbereich

Forschung/Vorentwicklung

Aufgabengebiet

Gemischbildung/Verbrennung;
Messtechnik; Einspritzung/
Elektronik; Gemischauf-
bereitung und Emissionen
MPI + GDI-Motoren

e-mail Firma: Wolfgang.Samenfink@bosch.com

Sams, Theodor Professor Dr.

Geburtsdatum 29.04.1957

Position

Leiter Forschung Innovation

Firmenadresse
AVL List GmbH
Entwicklung
Hans-List-Platz 1

8020 Graz
Österreich

Tel.: +43 316/787-1940
Fax: +43 316/787-1689

Privatadresse
Obere Teichstr. 125
8010 Graz
Österreich

Tel.: +43 316/474118

Geschäftsbereich

Forschung/Vorentwicklung
Berechnung

Aufgabengebiet

Motorbauteile- und zubehör;
Betriebsstoffe;
Gemischbildung/Verbrennung;
Einspritzung/Elektronik;
Koordination, Forschung und
Entwicklung, Nutzfahrzeuge
und Industriemotoren

e-mail Firma: THEODOR.SAMS@AVL.COM

Sänger, Stefan

Geburtsdatum 10.12.1958

Position
Business Manager Europe

Firmenadresse
Ricardo MTC Ltd.
Southam Road
CV311FQ Leamington Spa
Grossbritannien und
Nordirland

Tel.: +44 1926/319319
Funk: +44 467836370
Fax: +44 1926/319300

Privatadresse
120 Loxley Close
B98 9JH Redditch
Grossbritannien und
Nordirland

Tel.: +44 1527/591797

Geschäftsbereich
Forschung/Vorentwicklung
Konstruktion

Aufgabengebiet
Motorbauteile- und zubehör;
Betriebsstoffe; Gemisch-
bildung/Verbrennung;
Einspritzung/Elektronik;
Getriebe/Kupplung/Antriebs-
strang; Radaufhängung;
Achsen; Räder, Reifen;
Lenkung; Federung und
Dämpfung; Bremsen;
Rahmen; Sensorik -
Aktuatorik; Fahrzeug-
sicherheit; Messtechnik

e-mail Firma: SSAENGER@MTC.RICARDO.COM

Sauter, Bernhard

Geburtsdatum 20.10.1958

Position
Customer Director

Firmenadresse
Lemförder Fahrwerktechnik
AG & Co
Dr. Jürgen-Ulderup-Str. 7
32351 Stemwede

Tel.: 05474/60-2974
Funk: 0171 9709052
Fax: 05474/60-2219

Privatadresse
Nelkenstr. 5
73563 Mögglingen

Tel.: 07174/5585

Geschäftsbereich
Forschung/Vorentwicklung

Aufgabengebiet
Achsen;
Gesamtverantwortung BMW-
Gruppe

e-mail Firma: bernhard.sauter@zf-group.de

Schaaf, Klaus Dr.

Geburtsdatum   19.03.1956

Position

Gruppenleiter

Firmenadresse

Volkswagen AG
Fahrzeugforschung: Akustik,
Klimatisierung, Aerodynamik
Berliner Ring 2
38440 Wolfsburg

Tel.:   05361/9-36238

Privatadresse

Dorothea-Erxleben-Str. 29
38116 Braunschweig

Tel.:   0531/511758

Geschäftsbereich

Forschung/Vorentwicklung

Aufgabengebiet

Kommunikation - Navigation;
Fahrzeuginnenraum;
Aerodynamik; Messtechnik;
Akustik, Klimatisierung

e-mail Firma: Klaus.schaaf@volkswagen.de

Schächtele, Klaus Dipl.-Ing.

Geburtsdatum   27.08.1959

Position

Bereichsleiter

Firmenadresse

Gratz Engineering GmbH
Entwicklung
Linsenbergstr. 9
74189 Weinsberg

Tel.:   07134/9899-0
Fax: 07134/9899-49

Privatadresse

Lerchenstr. 14
74172 Neckarsulm

Tel.:   07132/6568

Geschäftsbereich

Konstruktion

Aufgabengebiet

Motorbauteile- und zubehör;
Produktionsplanung und -
steuerung;
Getriebe/Kupplung/Antriebs-
strang; Verbrennungsmotoren

e-mail Firma: kschaechtele@gratz.de

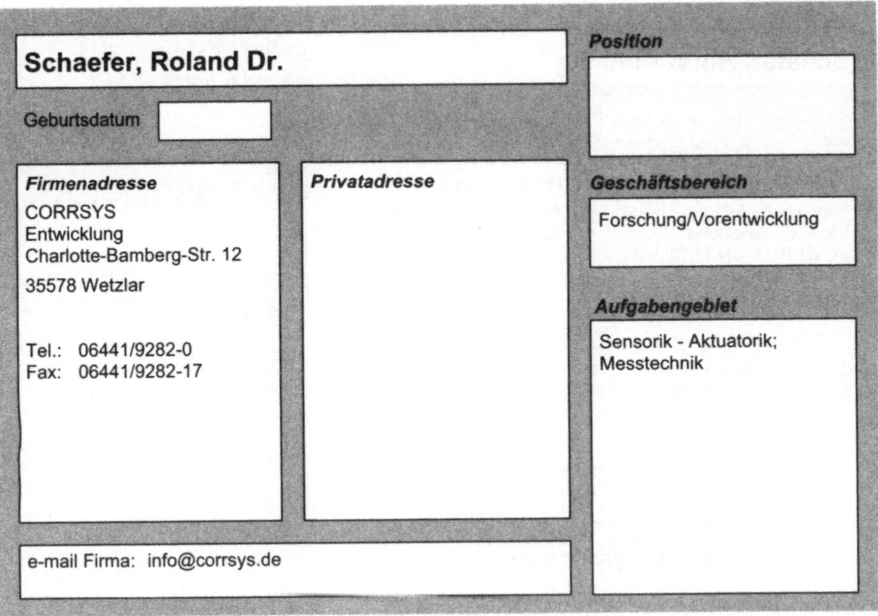

Schaefer, Roland Dr.

Geburtsdatum

Position

Firmenadresse

CORRSYS
Entwicklung
Charlotte-Bamberg-Str. 12

35578 Wetzlar

Tel.:   06441/9282-0
Fax: 06441/9282-17

Privatadresse

Geschäftsbereich

Forschung/Vorentwicklung

Aufgabengebiet

Sensorik - Aktuatorik;
Messtechnik

e-mail Firma: info@corrsys.de

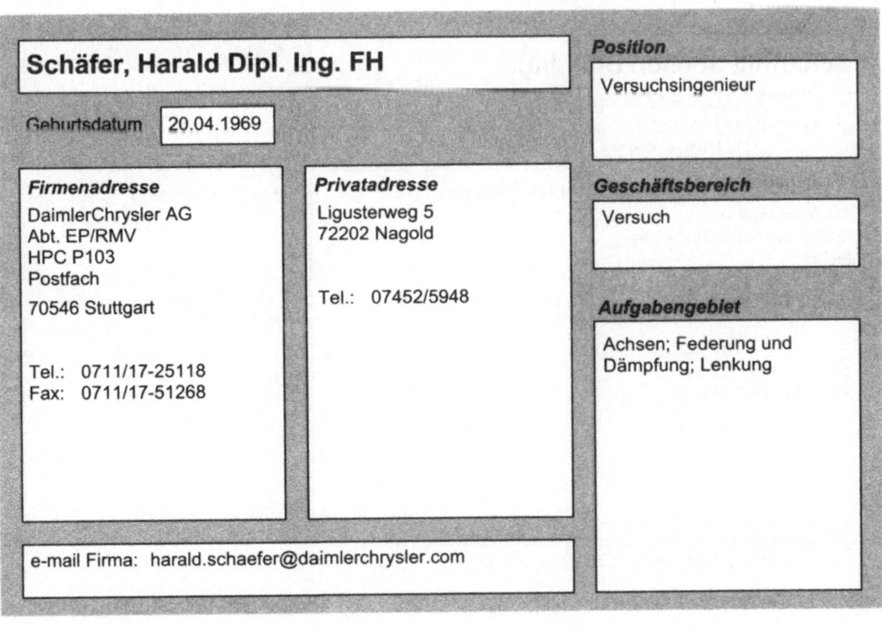

Schäfer, Harald Dipl. Ing. FH

Geburtsdatum   20.04.1969

Position

Versuchsingenieur

Firmenadresse

DaimlerChrysler AG
Abt. EP/RMV
HPC P103
Postfach

70546 Stuttgart

Tel.:   0711/17-25118
Fax: 0711/17-51268

Privatadresse

Ligusterweg 5
72202 Nagold

Tel.:   07452/5948

Geschäftsbereich

Versuch

Aufgabengebiet

Achsen; Federung und
Dämpfung; Lenkung

e-mail Firma: harald.schaefer@daimlerchrysler.com

Schäfer, Horst Dipl.-Ing.

Geburtsdatum 16.10.1936

Position

Techn. Specialist

Geschäftsbereich

Versuch

Aufgabengebiet

Gemischbildung/Verbrennung;
Verbrauchs- und Abgasmess-
Methoden; Leiter Abgaslabor

Firmenadresse

Ford Werke AG
Produktentwicklung
POWER TRAIN TESTING
Spessartstr.
50725 Köln

Tel.: 0221/903-7164
Fax: 0221/903-4786

Privatadresse

Ritter v. Visdomenstr. 14
50769 Köln

Tel.: 0221/7088628

e-mail Firma: HSCHAEF3@FORD.COM

Schaffnit, Jochen Dipl.-Ing.

Geburtsdatum 31.03.1969

Position

Wissenschaftlicher Mitarbeiter

Geschäftsbereich

Forschung/Vorentwicklung

Aufgabengebiet

Hardware-in-the-Loop
Simulation; Control
Prototyping; Modellbildung

Firmenadresse

TU Darmstadt
Institut für Automatisierungstechnik
Landgraf-Georg-Str. 4
64283 Darmstadt

Tel.: 06151/16-4127
Fax: 06151/293445

Privatadresse

Karlstr. 99
64285 Darmstadt

Tel.: 06151/23513

e-mail Firma: JSchaffnit@iat.tu-darmstadt.de

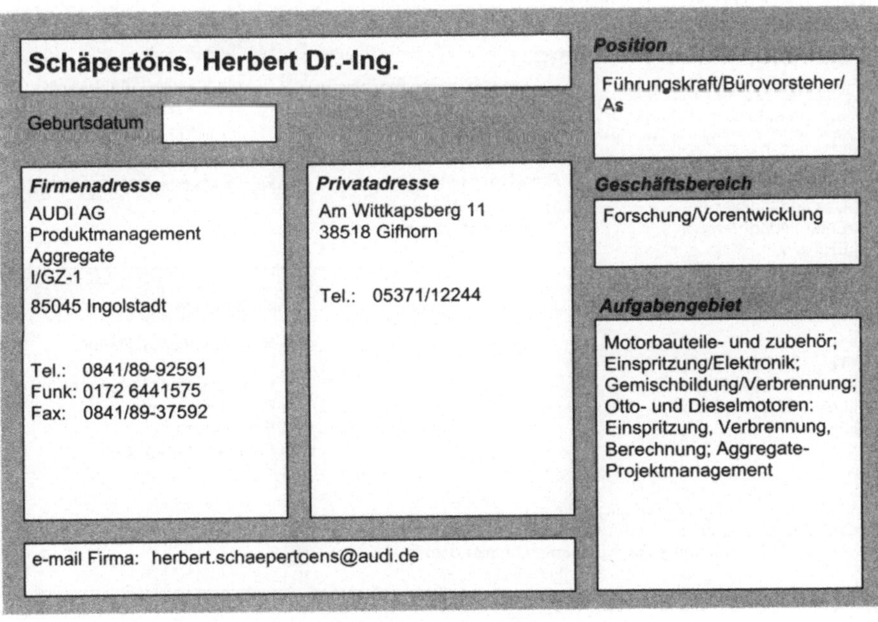

Schanzlin, Horst

Geburtsdatum

Position
Gesellschafter,
Geschäftsführer

Firmenadresse
SCHANZLIN
Antriebstechnik GmbH
Köpfle 30
79367 Weisweil/Baden

Tel.:   07646/898-0
Fax: 07646/989-90

Privatadresse
Köpfle 29
79367 Weisweil

Geschäftsbereich
Forschung/Vorentwicklung

Aufgabengebiet
Motorbauteile- und zubehör;
Radaufhängung; Getriebe/
Kupplung/Antriebsstrang;
Achsen; Lenkung; Bremsen;
Rahmen; Fertigung; CNC
Spanabhebende Fertigung

e-mail Firma: info@schanzlin.de

Schäpertöns, Herbert Dr.-Ing.

Geburtsdatum

Position
Führungskraft/Bürovorsteher/
As

Firmenadresse
AUDI AG
Produktmanagement
Aggregate
I/GZ-1
85045 Ingolstadt

Tel.:   0841/89-92591
Funk: 0172 6441575
Fax: 0841/89-37592

Privatadresse
Am Wittkapsberg 11
38518 Gifhorn

Tel.:   05371/12244

Geschäftsbereich
Forschung/Vorentwicklung

Aufgabengebiet
Motorbauteile- und zubehör;
Einspritzung/Elektronik;
Gemischbildung/Verbrennung;
Otto- und Dieselmotoren:
Einspritzung, Verbrennung,
Berechnung; Aggregate-
Projektmanagement

e-mail Firma: herbert.schaepertoens@audi.de

Schausberger, Christoph Dipl.-Ing.

Geburtsdatum 02.01.1951

Firmenadresse
BMW AG
Abt. EA-8
Petuelring 130
80788 München

Tel.: 089/382-20954
Funk: 0171 5568348
Fax: 089/382-32365

Privatadresse
Kurfürstenstr. 29
80801 München

Tel.: 089/2717960
Fax: 089/27349295

e-mail Firma: chris.schausberger@bmw.de

Position
Hauptabteilungsleiter

Geschäftsbereich
Forschung/Vorentwicklung

Aufgabengebiet
Entwicklung, Antrieb,
Prüftechnik, Planung

Scheck, Gisbert Dipl.-Ing.

Geburtsdatum 14.11.1950

Firmenadresse
DaimlerChrysler AG
Entwicklung Versuch
EP/RMV
Augsburger Str. 580
70546 Stuttgart

Tel.: 0711/17-26138
Funk: 0172 7870356
Fax: 0711/17-51268

Privatadresse
Birkenallee 48
71563 Affalterbach

Tel.: 07144/36145
Fax: 07144/831436

e-mail Firma: gisbert.scheck@daimlerchrysler.com

Position
Abteilungsleiter/Team-Leiter

Geschäftsbereich
Versuch

Aufgabengebiet
Radaufhängung; Räder,
Reifen; Achsen; Lenkung;
Federung und Dämpfung;
Bremsen; Rahmen;
Entwicklung
Fahrwerk/Fahrgestell

Scheible, Karl Dipl.-Ing.

Geburtsdatum 05.07.1963

Firmenadresse

DaimlerChrysler AG
Entwicklung PKW E-Klasse

71044 Sindelfingen

Tel.: 07031/90-3164
Funk: 0171 5579257
Fax: 07031/90-78899

Privatadresse

e-mail Firma: Karl.Scheible@Daimlerchrysler.com

Position

Teamleiter E4

Geschäftsbereich

Forschung/Vorentwicklung

Aufgabengebiet

Aerodynamik;
Fahrzeuginnenraum;
Verglasung; Gesamtfahrzeug
Aufbau, Karosserie,
Fahrversuch

Schell, Andreas Dipl.-Ing.

Geburtsdatum 29.07.1969

Firmenadresse

DaimlerChrysler AG
Forschung und Technologie
Abt. FT1/EA HPC G250

70546 Stuttgart

Tel.: 0711/17-34444
Funk: 0172 9013064
Fax: 0711/17-52006

Privatadresse

Bockelstr. 18
70619 Stuttgart

Tel.: 0711/325850
Funk: 0177 4170229

e-mail Firma: Andreas.Schell@DaimlerChrysler.com
e-mail Privat: Anke.Andi.Schell@planet-interkom.de

Position

Geschäftsbereich

Forschung/Vorentwicklung

Aufgabengebiet

Getriebe/Kupplung/Antriebs-
strang; Alternative Antriebe:
Brennstoffzellenantriebe,
Elektroantriebe,
Hybridantriebe;
Antriebsmanagement;
Simulation

Schellmann, Klaus Professor

Geburtsdatum   17.04.1940

Position

Professor

Firmenadresse

Fachhochschule Esslingen
Motorprüfstand
Kanalstr. 33

73728 Esslingen

Tel.:   0711/397-3321
Fax: 0711/397-3317

Privatadresse

Panoramastr. 55/3
73207 Plochingen

Tel.:   07153/73688
Fax: 07153/73688

Geschäftsbereich

Forschung/Vorentwicklung
Versuch

Aufgabengebiet

Motorbauteile- und zubehör;
Gemischbildung/Verbrennung;
Verbrennungsmotoren,
Kolbenmaschinen,
Motorprüfstand

Schenk, Stefan

Geburtsdatum   16.09.1965

Position

Direktor

Firmenadresse

ROVER
Deutschland GmbH
- Kundendienst/Technik -
Forumstr. 22

41468 Neuss

Tel.:   02131/938-0
Fax: 02131/938-333

Privatadresse

Geschäftsbereich

Forschung/Vorentwicklung

Aufgabengebiet

Kundendienst, Schulung,
Training, Zubehör, Ersatzteile,
Technik, CSI, DSI

e-mail Firma: stefan.schenk@bmw.de

Scherer, Friedrich Dipl.-Ing.

Geburtsdatum   02.07.1943

Position
Abteilungsleiter/Team-Leiter

Geschäftsbereich
Versuch

Firmenadresse
DaimlerChrysler AG
M/ELT - D 120
70546 Stuttgart

Tel.:   0711/17-23246
Fax: 0711/17-53476

Privatadresse
Spessgertweg 39
72669 Unterensingen

Tel.:   07022/61549

Aufgabengebiet
Gemischbildung/Verbrennung;
Einspritzung/Elektronik;
Gemischbildung Dieselmotor

e-mail Firma: Friedrich.Scherer@daimlerchrysler.com

Scherp, Markus Dipl.-Ing.

Geburtsdatum   25.03.1972

Position
Projekt-Ingenieur

Geschäftsbereich
Forschung/Vorentwicklung

Firmenadresse
Benteler AG
Produkt- und
Prozeßentwicklung
An der Talle 27 - 31
33102 Paderborn

Tel.:   05254/81-3266
Fax: 05264/81-5199

Privatadresse
Marsberger Str. 21
34474 Diemelstadt

Tel.:   02992/64316
Funk: 0170 2046355

Aufgabengebiet
Radaufhängung; Rahmen;
Achsen; Schweißtechnik,
Leichtbau

e-mail Firma: Markus.scherp@benteler.de
e-mail Privat: Markus.Scherp@t-online.de

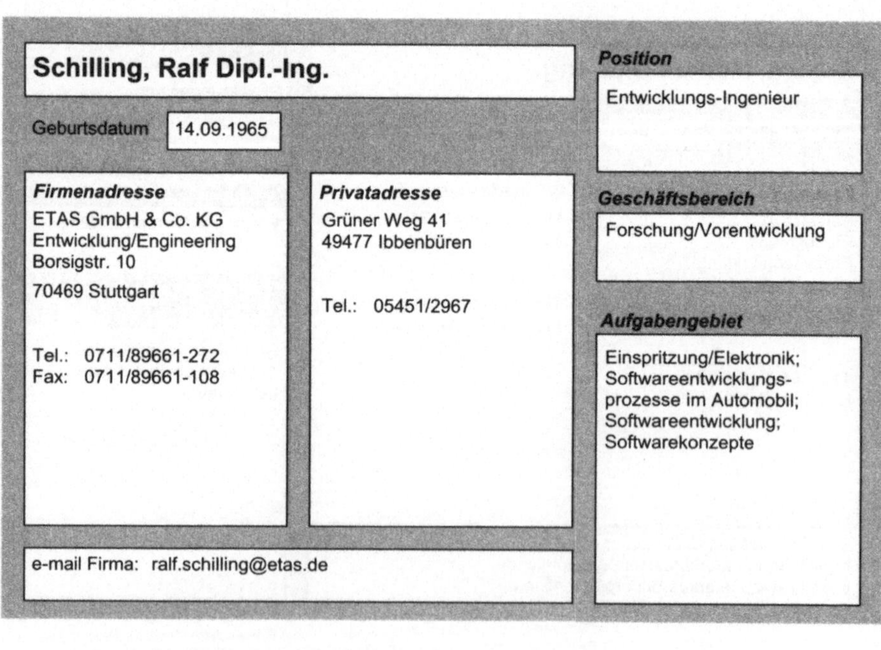

Schiehlen, Werner Professor Dr.-Ing.

Position

Direktor

Geburtsdatum

Firmenadresse

Universität Stuttgart
Institut für Mechanik
Pfaffenwaldring 9

70550 Stuttgart

Tel.: 0711/685-6388
Fax: 0711/685-6400

Privatadresse

Geschäftsbereich

Forschung/Vorentwicklung

Aufgabengebiet

Radaufhängung; Achsen;
Räder, Reifen; Lenkung;
Federung und Dämpfung;
Bremsen; Rahmen;
Fahrzeugdynamik,
Mehrkörpersysteme,
Regeltechnik, Simulation und
Modellbildung

e-mail Firma: wos@mechb.uni-stuttgart.de

Schilling, Ralf Dipl.-Ing.

Position

Entwicklungs-Ingenieur

Geburtsdatum 14.09.1965

Firmenadresse

ETAS GmbH & Co. KG
Entwicklung/Engineering
Borsigstr. 10

70469 Stuttgart

Tel.: 0711/89661-272
Fax: 0711/89661-108

Privatadresse

Grüner Weg 41
49477 Ibbenbüren

Tel.: 05451/2967

Geschäftsbereich

Forschung/Vorentwicklung

Aufgabengebiet

Einspritzung/Elektronik;
Softwareentwicklungs-
prozesse im Automobil;
Softwareentwicklung;
Softwarekonzepte

e-mail Firma: ralf.schilling@etas.de

Schilling, Sebastian Dr.-Ing.

Geburtsdatum   26.04.1963

Position

Bereichsleiter

Firmenadresse

KST-Motorenversuch
GmbH & Co KG
Industriegebiet

67098 Bad Dürkheim

Tel.:   06322/799-349
Funk: 0172 9345564
Fax: 06322/799-217

Privatadresse

Geschäftsbereich

Forschung/Vorentwicklung
Konstruktion

Aufgabengebiet

Motorbauteile- und zubehör;
Betriebsstoffe; Gemisch-
bildung/Verbrennung;
Einspritzung/Elektronik;
Getriebe/Kupplung/Antriebs-
strang; Fertigung; Mess-
technik; Prüftechnik; Qualitätsmanagement; Schwenkprüf-
stände, Fahrversuch,
Heißpulsationsprüfstände,
Motorprüfstände, Fahrzeug-
rolle; Leiter Prüffeld

e-mail Firma: Sebastian.Schilling@KST-Motorenversuch.de

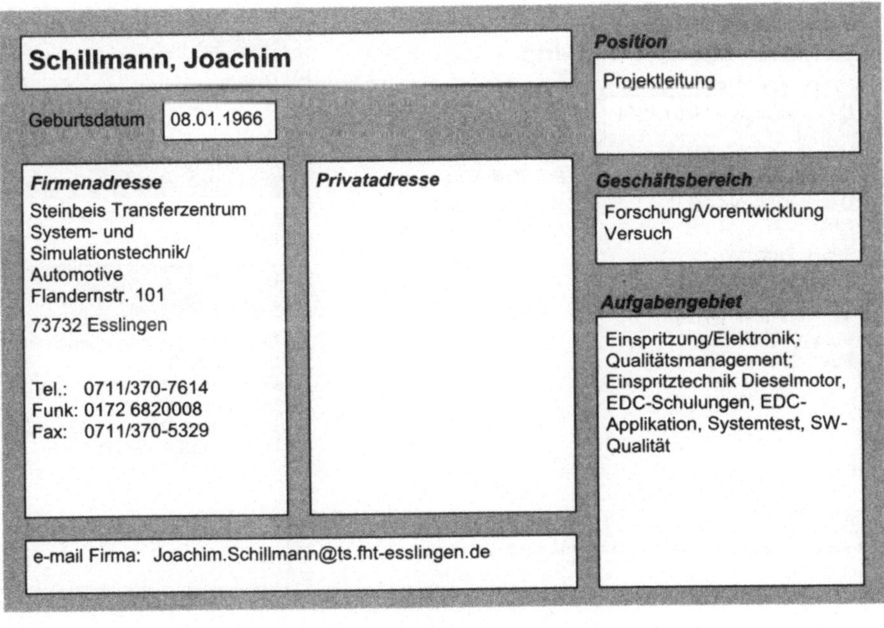

Schillmann, Joachim

Geburtsdatum   08.01.1966

Position

Projektleitung

Firmenadresse

Steinbeis Transferzentrum
System- und
Simulationstechnik/
Automotive
Flandernstr. 101

73732 Esslingen

Tel.:   0711/370-7614
Funk: 0172 6820008
Fax: 0711/370-5329

Privatadresse

Geschäftsbereich

Forschung/Vorentwicklung
Versuch

Aufgabengebiet

Einspritzung/Elektronik;
Qualitätsmanagement;
Einspritztechnik Dieselmotor,
EDC-Schulungen, EDC-
Applikation, Systemtest, SW-
Qualität

e-mail Firma: Joachim.Schillmann@ts.fht-esslingen.de

Schilly, Helmut Dipl.-Ing.

Geburtsdatum

Position

Geschäftsführer

Firmenadresse

AFT
Atlas Fahrzeugtechnik
GmbH
Gewerbestr. 14

58791 Werdohl

Tel.: 02392/809-0
Fax: 02392/809-100

Privatadresse

Geschäftsbereich

Forschung/Vorentwicklung

Aufgabengebiet

Motorbauteile- und zubehör;
Einspritzung/Elektronik;
Gemischbildung/Verbrennung;
Getriebe/Kupplung/Antriebs-
strang; Radaufhängung;
Achsen; Federung und
Dämpfung; Rahmen; Sensorik
- Aktuatorik; Messtechnik;
Prüftechnik; Akustik

e-mail Firma: h.schilly@aft-werdohl.de

Schittler, Michael Dipl.-Ing.

Geburtsdatum 28.01.1944

Position

Direktor

Firmenadresse

DaimlerChrysler AG
HPC:B200

70546 Stuttgart

Tel.: 0711/17-58445
Funk: 0171 4332077
Fax: 0711/17-23192

Privatadresse

Burghaldenstr. 37
71065 Sindelfingen

Tel.: 07031/812681

Geschäftsbereich

Forschung/Vorentwicklung
Konstruktion

Aufgabengebiet

Motorbauteile- und zubehör;
Betriebsstoffe;
Gemischbildung/Verbrennung;
Einspritzung/Elektronik;
Entwicklung schwere und
leichte Nutzfahrzeugmotoren

e-mail Firma: michael.schittler@daimlerchrysler.com

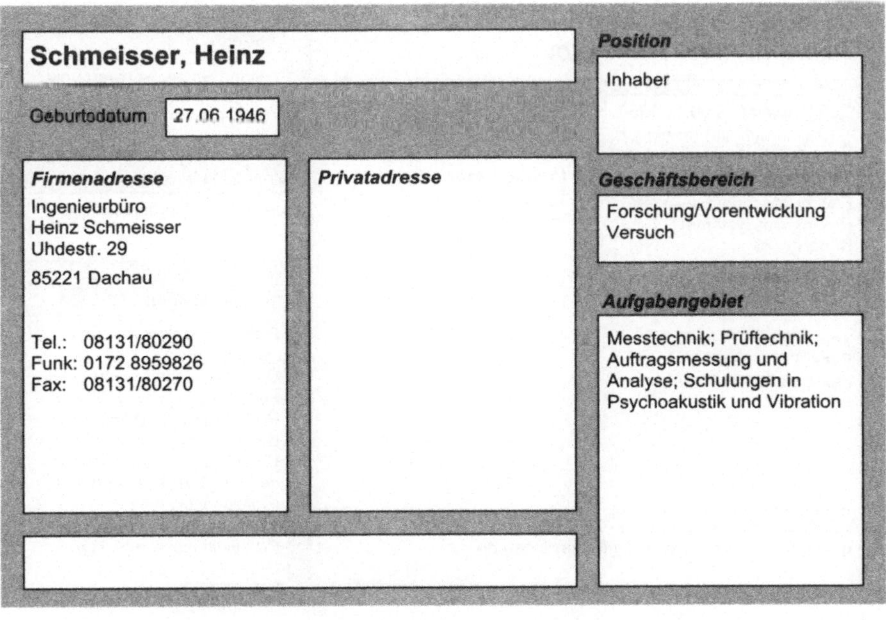

Schlarb, Günther Dipl.-Ing.

Geburtsdatum 27.12.1957

Firmenadresse
Adam Opel AG
ITEZ PT-VE
PKZ 81-40
Bahnhofsplatz
65423 Rüsselsheim

Tel.: 06142/7-74961
Fax: 06142/7-65183

Privatadresse
Flaischlenstr. 10
60529 Frankfurt

Tel.: 069/355289

Position
Gruppeningenieur

Geschäftsbereich
Forschung/Vorentwicklung
Versuch

Aufgabengebiet
Motor- und
Antriebssstrangentwicklung;
Powertrain-
Vorausentwicklung;
Fahrzeugentwicklung und
Versuch; Werkstatt

Schmeisser, Heinz

Geburtsdatum 27.06.1946

Firmenadresse
Ingenieurbüro
Heinz Schmeisser
Uhdestr. 29
85221 Dachau

Tel.: 08131/80290
Funk: 0172 8959826
Fax: 08131/80270

Privatadresse

Position
Inhaber

Geschäftsbereich
Forschung/Vorentwicklung
Versuch

Aufgabengebiet
Messtechnik; Prüftechnik;
Auftragsmessung und
Analyse; Schulungen in
Psychoakustik und Vibration

Schmid, Ingobert Professor Dr.-Ing.

Geburtsdatum 12.05.1936

Firmenadresse

Universität der BW Hamburg
Institut für Kraftfahrwesen
und Kolbenmaschinen
Holstenhofweg 85

22043 Hamburg

Tel.:   040/6541-2728
Fax: 040/6541-2742

Privatadresse

Kielmannseggstr. 48
22043 Hamburg

Tel.:   040/6563535

e-mail Firma: Ingobert Schmid@unibw-hamburg.de

Position

Universitätsprofessor,
Institutsleiter Kraftfahrwesen

Geschäftsbereich

Forschung/Vorentwicklung

Aufgabengebiet

Getriebe/Kupplung/Antriebs-
strang; Achsen; Radauf-
hängung; Räder, Reifen;
Lenkung; Federung und
Dämpfung; Bremsen;
Rahmen; Kommunikation -
Navigation; Fahrzeuginnen-
raum; Fahrzeugsicherheit;
Prüftechnik; Dynamik der
Kraftfahrzeuge, Boden-
mechanik, Ergonomie,
Bruchmechanik/Festigkeit

Schmid, Peter Professor

Geburtsdatum 06.11.1950

Firmenadresse

Fachhochschule Esslingen
Produktionssysteme
Kanalstr. 33

73728 Esslingen

Tel.:   0711/397-3347
Funk: 0171 4345530
Fax: 0711/397-3347

Privatadresse

Falkenstr. 10
73760 Ostfildern

Tel.:   07158/65626
Funk: 0171 4345530
Fax: 07158/65626

e-mail Firma: peter.schmid@fht-esslingen.de

Position

Leitung Studienschwerpunkt
Fzg.-Antrieb-Service

Geschäftsbereich

Forschung/Vorentwicklung

Aufgabengebiet

Produktionsplanung und -
steuerung;
Qualitätsmanagement;
Fertigung;
Prozessmanagement;
Beauftragter für
Unternehmensgründung an
der FHTE; Prozess- und
Projektcontrolling;
Fertigungstechnologie Fzg.;
Produktionssysteme Fzg.

Schmidt, Dieter

Geburtsdatum 27.10.1948

Position

Hauptabteilungsleiter

Geschäftsbereich

Konstruktion

Aufgabengebiet

Motorbauteile- und zubehör;
Produktanwendung,
Steuertriebkomponenten

Firmenadresse

INA
Motorenelemente Schaeffler
KG
Produktanwendung
Industriestr. 1

96114 Hirschaid

Tel.:   09543/68-403
Fax: 09543/68-391

Privatadresse

Bilrothstr. 6
90482 Nürnberg

e-mail Firma: Dieter.Schmidt@de.ina.com

Schmidt, Gerhard Dr.-Ing.

Geburtsdatum 30.01.1946

Position

Bereichsleiter

Geschäftsbereich

Forschung/Vorentwicklung

Aufgabengebiet

Antriebsentwicklung,
kompletter Antrieb

Firmenadresse

BMW AG
Entwicklung Antrieb
Hufelandstr.

80788 München

Tel.:   089/382-34400
Funk: 0171 6141415
Fax: 089/382-32530

Privatadresse

Rottstr. 1
85652 Pliening

Tel.:   08121/82491
Funk: 0171 6141415
Fax: 08121/972154

e-mail Firma: gerhard.schmidt@bmw.de

Schmidt-Troje, Dieter Dipl.-Ing.

Geburtsdatum | 14.08.1956

Position

Abteilungsleiter/Team-Leiter

Firmenadresse

BMW AG
EA-24
Hufelandstr.

80788 München

Tel.: 089/382-34028
Fax: 089/382-35139

Privatadresse

Daxenäckerweg 31a
85748 Garching

Tel.: 089/3205432

Geschäftsbereich

Konstruktion
Berechnung

Aufgabengebiet

Motorbauteile- und zubehör;
Entwicklung, Kühlung Otto-
Motoren

e-mail Firma: dieter.schmidt-troje@bmw.de

Schmitfranz, Bernd Dipl.-Ing.

Geburtsdatum | 27.08.1958

Position

Projektleiter

Firmenadresse

DaimlerChrysler AG
Forschung
Abt. FT2/E, T 721
Postfach

70546 Stuttgart

Tel.: 0711/17-41148
Fax: 0711/17-41044

Privatadresse

Geschäftsbereich

Forschung/Vorentwicklung

Aufgabengebiet

Gemischbildung/Verbrennung;
Getriebe/Kupplung/Antriebs-
strang;
Einspritzung/Elektronik;
Sensorik - Aktuatorik;
Moderne
Regelungsmethoden;
Forschung Kfz-Elektronik;
Powertrain Management

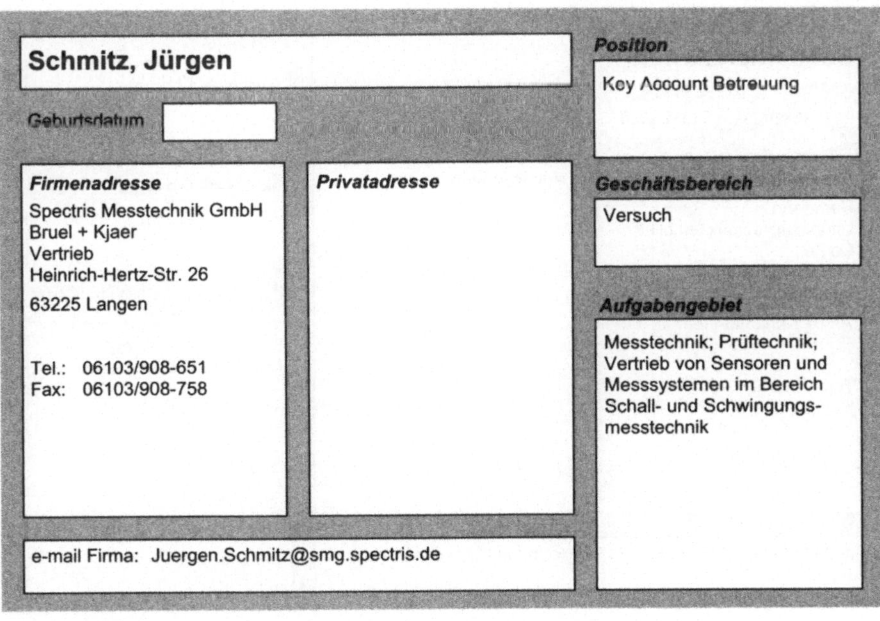

Schmitt, Frank Dr.

Geburtsdatum   03.11.1967

Firmenadresse
Deutz AG
Abt. EK-T2
Ottostr. 1
51149 Köln

Tel.:   0221/822-4583
Fax: 0221/822-4549

Privatadresse
Schubertstr. 54
51145 Köln

Tel.:   02203/369030

e-mail Firma: schmitt.f@deutz.de

Position
Abteilungsleiter/Team-Leiter

Geschäftsbereich
Forschung/Vorentwicklung
Berechnung

Aufgabengebiet
Motorbauteile- und zubehör;
Gemischbildung/Verbrennung;
Simulation

Schmitz, Jürgen

Geburtsdatum

Firmenadresse
Spectris Messtechnik GmbH
Bruel + Kjaer
Vertrieb
Heinrich-Hertz-Str. 26
63225 Langen

Tel.:   06103/908-651
Fax: 06103/908-758

Privatadresse

e-mail Firma: Juergen.Schmitz@smg.spectris.de

Position
Key Account Betreuung

Geschäftsbereich
Versuch

Aufgabengebiet
Messtechnik; Prüftechnik;
Vertrieb von Sensoren und
Messsystemen im Bereich
Schall- und Schwingungs-
messtechnik

Schmitz, P. Dipl.-Ing.

Geburtsdatum

Position

Research Engineer

Firmenadresse

Ford Forschungszentrum
Aachen GmbH
Vehicle Programs
Süsterfeldstr. 200

52072 Aachen

Tel.: 0241/9421-214
Fax: 0241/9421-306

Privatadresse

Geschäftsbereich

Forschung/Vorentwicklung

Aufgabengebiet

Getriebe/Kupplung/Antriebs-
strang; Research, Alternative
Drivetrains, Alternative
Antriebe

e-mail Firma: pschmitz@FORD.COM

Schneider, Arnold

Geburtsdatum   01.08.1958

Position

Geschäftsführung

Firmenadresse

Herrmann
Ultraschalltechnik GmbH &
Co KG
Forschung/Technik
Descostr.

76307 Karlsbad-Ittersbach

Tel.: 07248/79-34
Fax: 07248/79-12

Privatadresse

Geschäftsbereich

Forschung/Vorentwicklung

Aufgabengebiet

Fahrzeuginnenraum;
Ultraschall-Schweißungen

e-mail Firma: Arnold.Schneider@HerrmannUltraschall.com

Schneider, Eckhard Dr.-Ing.

Geburtsdatum 27.10.1952

Position
Leiter TEZ

Firmenadresse
Freudenberg KG
Entwicklung

69469 Weinheim

Tel.: 06201/80-2657
Funk: 0172 6330423
Fax: 06201/88-2969

Privatadresse
Am Schloßpark 49
69488 Birkenau

Tel.: 06201/393999
Fax: 06201/393998

Geschäftsbereich
Forschung/Vorentwicklung
Versuch

Aufgabengebiet
Motorbauteile- und zubehör;
Federung und Dämpfung;
Getriebe/Kupplung/Antriebs-
strang; Sensorik - Aktuatorik;
Dichtungs- und
Schwingungstechnik

e-mail Firma: eckhard.schneider@freudenberg.de

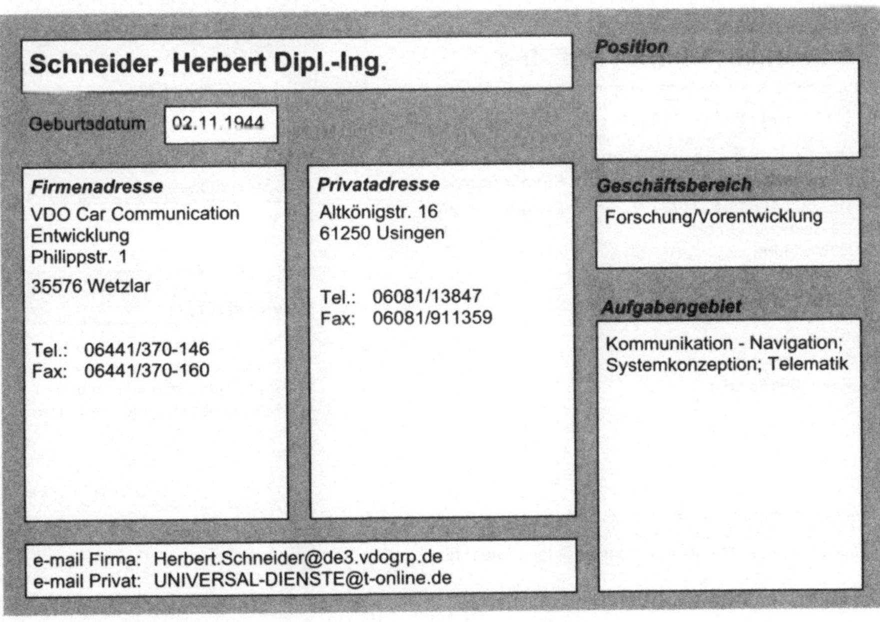

Schneider, Herbert Dipl.-Ing.

Geburtsdatum 02.11.1944

Position

Firmenadresse
VDO Car Communication
Entwicklung
Philippstr. 1

35576 Wetzlar

Tel.: 06441/370-146
Fax: 06441/370-160

Privatadresse
Altkönigstr. 16
61250 Usingen

Tel.: 06081/13847
Fax: 06081/911359

Geschäftsbereich
Forschung/Vorentwicklung

Aufgabengebiet
Kommunikation - Navigation;
Systemkonzeption; Telematik

e-mail Firma: Herbert.Schneider@de3.vdogrp.de
e-mail Privat: UNIVERSAL-DIENSTE@t-online.de

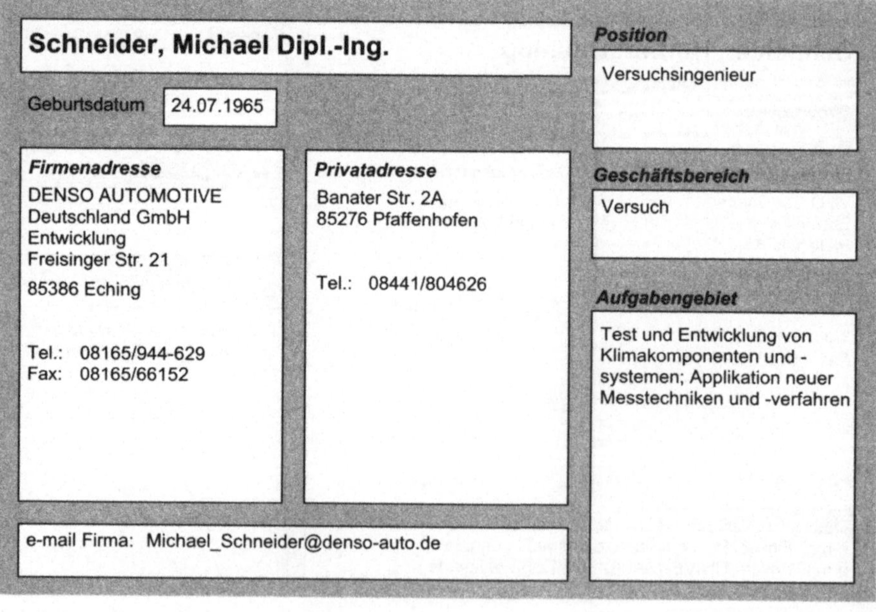

Schneider, Matthias Dr.-Ing.

Geburtsdatum

Position
Leiter Akustik & Schwingungen

Firmenadresse
FEV Motorentechnik GmbH
Entwicklung Akustik &
Schwingungen
Neuenhofstr. 181

52078 Aachen

Tel.: 0241/5689-400
Fax: 0241/5689-302

Privatadresse

Geschäftsbereich
Forschung/Vorentwicklung
Konstruktion

Aufgabengebiet
Motorbauteile- und zubehör;
Radaufhängung; Getriebe/
Kupplung/Antriebsstrang;
Federung und Dämpfung;
Kommunikation - Navigation;
Fahrzeuginnenraum

e-mail Firma: Schneider_M@FEV.DE

Schneider, Michael Dipl.-Ing.

Geburtsdatum 24.07.1965

Position
Versuchsingenieur

Firmenadresse
DENSO AUTOMOTIVE
Deutschland GmbH
Entwicklung
Freisinger Str. 21

85386 Eching

Tel.: 08165/944-629
Fax: 08165/66152

Privatadresse
Banater Str. 2A
85276 Pfaffenhofen

Tel.: 08441/804626

Geschäftsbereich
Versuch

Aufgabengebiet
Test und Entwicklung von
Klimakomponenten und -
systemen; Applikation neuer
Messtechniken und -verfahren

e-mail Firma: Michael_Schneider@denso-auto.de

Schneider, Walter Dipl.-Ing.

Position

Abteilungsleiter/Team-Leiter

Geburtsdatum 12.01.1951

Geschäftsbereich

Versuch

Firmenadresse

DaimlerChrysler AG
Entwicklung PKW-S-Klasse
Abt. EP/GSV Werk 59, HPC
X771

71059 Sindelfingen

Tel.: 07031/90-42758
Fax: 07031/90-42770

Privatadresse

Strümpfelbacher Str. 296
71384 Weinstadt

Tel.: 07151/631151
Funk: 0171 4267864

Aufgabengebiet

Gesamtfahrzeug Abstimmung
und Erprobung

e-mail Firma: walter.Schneider@sifi.daimlerchrysler.com

Schnell, Erwin Dipl.-Ing.

Position

Fachteamleiter

Geburtsdatum 12.08.1955

Geschäftsbereich

Berechnung

Firmenadresse

IVM
Automotive Stuttgart GmbH
Tilsiter Str. 4 - 6

71065 Sindelfingen

Tel.: 07031/7960-54
Funk: 0172 8563543
Fax: 07031/7960-99

Privatadresse

Oschatzer Str. 49
70794 Filderstadt

Tel.: 0711/7079273
Fax: 0711/7079237

Aufgabengebiet

Bremsen; Aerodynamik;
Beleuchtung;
Fahrzeuginnenraum;
Motorkühlung, Abgassysteme;
Numerische
Strömungssimulation in der
automobilen Anwendung

e-mail Firma: erwin.schnell@ivm-automotive.com

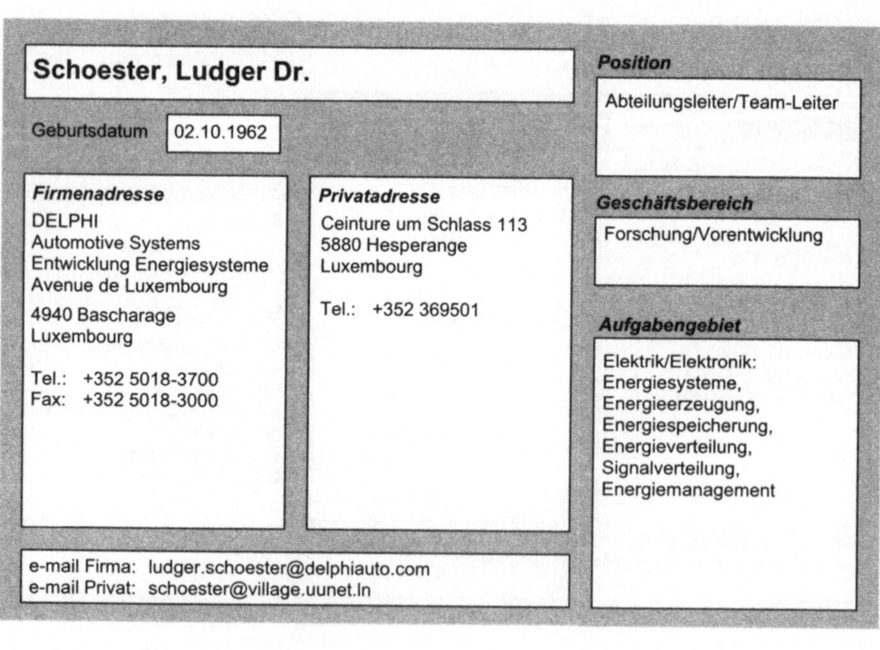

Schoberth, Achim

Geburtsdatum 20.12.1957

Position

Geschäftsbereich

Forschung/Vorentwicklung

Firmenadresse

DaimlerChrysler AG
Forschung & Technologie
Postfach 80 04 65

81663 München

Tel.:   089/607-22061
Fax: 089/607-25408

Privatadresse

Ahornring 16
82024 Taufkirchen

Tel.:   089/6121921

Aufgabengebiet

Motorbauteile- und zubehör;
Getriebe/Kupplung/Antriebs-
strang; Antriebstechnik;
metallische Werkstoffe, vor
allem Verbundwerkstoffe

e-mail Firma: achim.schoberth@daimlerchrysler.com
e-mail Privat: achim.schoberth@t-online.de

Schoester, Ludger Dr.

Geburtsdatum 02.10.1962

Position

Abteilungsleiter/Team-Leiter

Geschäftsbereich

Forschung/Vorentwicklung

Firmenadresse

DELPHI
Automotive Systems
Entwicklung Energiesysteme
Avenue de Luxembourg

4940 Bascharage
Luxembourg

Tel.:   +352 5018-3700
Fax: +352 5018-3000

Privatadresse

Ceinture um Schlass 113
5880 Hesperange
Luxembourg

Tel.:   +352 369501

Aufgabengebiet

Elektrik/Elektronik:
Energiesysteme,
Energieerzeugung,
Energiespeicherung,
Energieverteilung,
Signalverteilung,
Energiemanagement

e-mail Firma: ludger.schoester@delphiauto.com
e-mail Privat: schoester@village.uunet.ln

Schondelmaier, Andreas

Geburtsdatum | 28.03.1962

Firmenadresse

DaimlerChrysler AG
EP/VRA
HPC:R902

70546 Stuttgart

Tel.:   0711/17-39075
Fax: 0711/17-8706107

Privatadresse

Johann-Strauß-Weg 8
71729 Erdmannhausen

Tel.:   07144/881727

Position

Teilprojektleiter

Geschäftsbereich

Forschung/Vorentwicklung

Aufgabengebiet

Einspritzung/Elektronik;
Kommunikation - Navigation;
Getriebe/Kupplung/Antriebs-
strang; Motorelektronik-
Funktionsentwicklung; Teil-
Projektleiter für
Eloktrik/Elektronik

e-mail Firma: Andreas.Schondelmaier@DaimlerChrysler.com
e-mail Privat: ASchondel@aol.com

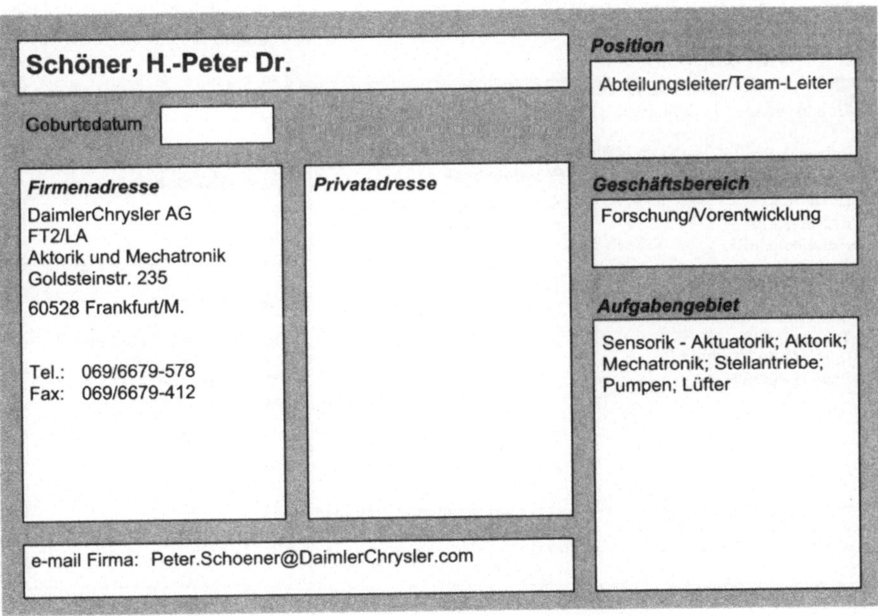

Schöner, H.-Peter Dr.

Goburtsdatum

Firmenadresse

DaimlerChrysler AG
FT2/LA
Aktorik und Mechatronik
Goldsteinstr. 235

60528 Frankfurt/M.

Tel.:   069/6679-578
Fax: 069/6679-412

Privatadresse

Position

Abteilungsleiter/Team-Leiter

Geschäftsbereich

Forschung/Vorentwicklung

Aufgabengebiet

Sensorik - Aktuatorik; Aktorik;
Mechatronik; Stellantriebe;
Pumpen; Lüfter

e-mail Firma: Peter.Schoener@DaimlerChrysler.com

Schöpf, Hans-Joachim Dr.-Ing.

Geburtsdatum

Position

Leiter Pkw-Entwicklung

Geschäftsbereich

Forschung/Vorentwicklung

Firmenadresse

DaimlerChrysler AG
Entwicklung Pkw GBP/E
HPC X965
Postfach

71059 Sindelfingen

Tel.: 07031/90-77700
Fax: 07031/90-77704

Privatadresse

Aufgabengebiet

e-mail Firma: Hans-Joachim.schoepfDr.@daimlerchrysler.com

Schopp, Johann

Geburtsdatum 10.04.1951

Position

Abteilungsleiter/Team-Leiter

Geschäftsbereich

Konstruktion
Berechnung

Firmenadresse

BMW AG
Entwicklung
Petuelring 130

80788 München

Tel.: 089/382-33565
Funk: 0170 4848987
Fax: 089/382-34420

Privatadresse

Koboldstr. 62 C
81739 München

Tel.: 089/6018584
Funk: 0170 4848987
Fax: 089/6018584

Aufgabengebiet

Motorbauteile- und zubehör;
Ottomotoren, V-Grundmotor,
Mechanik (Konstruktion +
Mechanik Versuch)

e-mail Firma: Johann.Schopp@bmw.de

Schöttle, Wolfgang

Geburtsdatum 13.12.1940

Position

Geschäftsführer

Firmenadresse

SCHÖTTLE
Motorenteile GmbH
Postfach 27

71730 Tamm

Tel.: 07141/20480
Funk: 0172 9440076
Fax: 07141/60090

Privatadresse

Im Netzbrunnen 12
70825 Münchingen

Tel.: 07150/41173
Funk: 0172 9440076

Geschäftsbereich

Forschung/Vorentwicklung

Aufgabengebiet

Motorbauteile- und zubehör;
Vertrieb und Entwicklung von
Motorenteilen

e-mail Firma: sm@ludwigsburg.net

Schreiner, Klaus Professor Dr.-Ing.

Geburtsdatum 25.03.1956

Position

Professor für
Verbrennungsmotoren

Firmenadresse

Fachhochschule Konstanz
Fachbereich Maschinenbau
(MK)
Fachgebiet
Verbrennungsmotoren
Brauneggerstr. 55

78462 Konstanz

Tel.: 07531/206-307
Fax: 07531/206-400

Privatadresse

Pappelweg 2
88697 Bermatingen

Tel.: 07544/5365

Geschäftsbereich

Forschung/Vorentwicklung

Aufgabengebiet

Gemischbildung/Verbrennung;
Einspritzung/Elektronik;
Motordiagnose, Simulation
und Prozessrechnung,
Verbrennung, Elektronik

e-mail Firma: schreiner@fh-konstanz.de

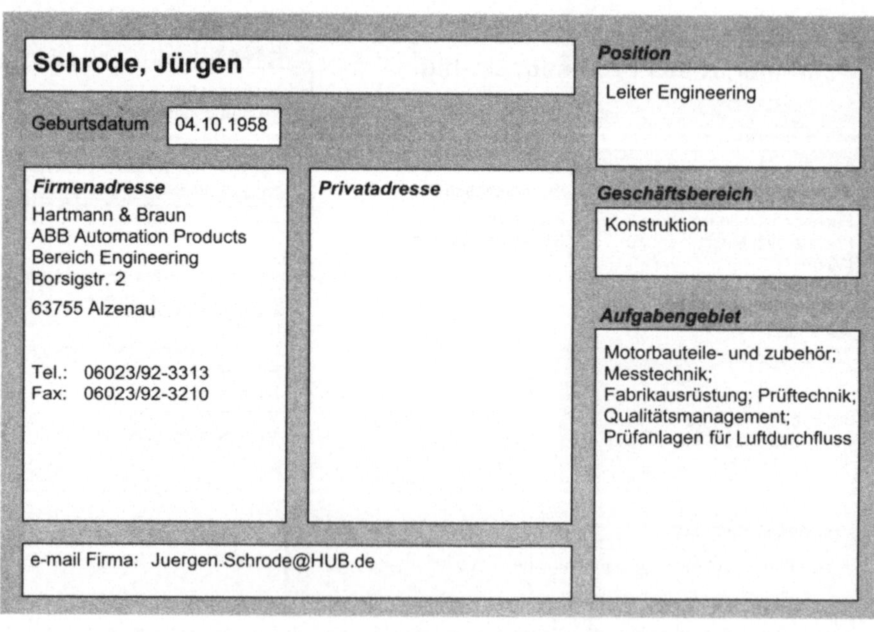

Schrittenloher, Gerald Dipl.-Ing.

Geburtsdatum 06.11.1958

Position
Bereichsleiter

Firmenadresse
Fritz Winter
Eisengießerei GmbH & Co
KG
PPT
Albert-Schweitzer-Str. 15
35260 Stadtallendorf

Tel.: 06428/78-447
Fax: 06428/78-540

Privatadresse

Geschäftsbereich
Konstruktion

Aufgabengebiet
Motorbauteile- und zubehör;
Fabrikausrüstung; Bremsen;
Techn. Akquisition und
Produktentwicklung;
Produktionsmittelplanung;
Werkzeugbau

e-mail Firma: schrittenloher@fritzwinter.de

Schrode, Jürgen

Geburtsdatum 04.10.1958

Position
Leiter Engineering

Firmenadresse
Hartmann & Braun
ABB Automation Products
Bereich Engineering
Borsigstr. 2
63755 Alzenau

Tel.: 06023/92-3313
Fax: 06023/92-3210

Privatadresse

Geschäftsbereich
Konstruktion

Aufgabengebiet
Motorbauteile- und zubehör;
Messtechnik;
Fabrikausrüstung; Prüftechnik;
Qualitätsmanagement;
Prüfanlagen für Luftdurchfluss

e-mail Firma: Juergen.Schrode@HUB.de

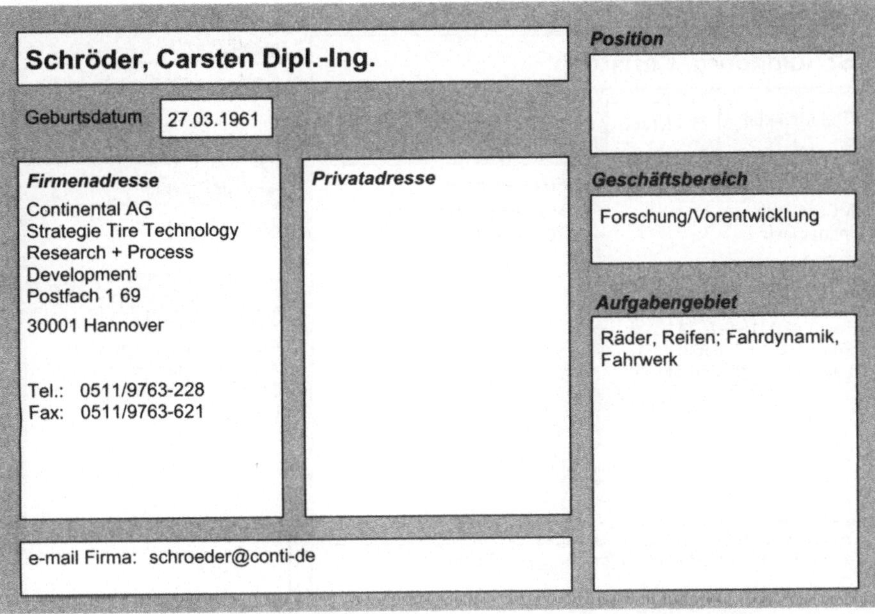

Schröder, Carsten Dipl.-Ing.

Position

Geburtsdatum 27.03.1961

Firmenadresse

Continental AG
Strategie Tire Technology
Research + Process
Development
Postfach 1 69

30001 Hannover

Tel.: 0511/9763-228
Fax: 0511/9763-621

Privatadresse

Geschäftsbereich

Forschung/Vorentwicklung

Aufgabengebiet

Räder, Reifen; Fahrdynamik,
Fahrwerk

e-mail Firma: schroeder@conti-de

Schuff, Gerhard Dr.

Position

Leiter Sparte Motor und
Fahrwerk

Geburtsdatum 26.04.1953

Firmenadresse

BMW Group
Sparte Motor und Fahrwerk
Petuelring 130

80788 München

Tel.: 089/382-25930
Fax: 089/382-26061

Privatadresse

St. Egidi-Str. 15
82205 Gilching

Tel.: 08105/8201
Fax: 08105/278202

Geschäftsbereich

Versuch

Aufgabengebiet

Motorbauteile- und zubehör;
Radaufhängung;
Getriebe/Kupplung/Antriebs-
strang; Achsen; Bremsen;
Rahmen; Sensorik -
Aktuatorik;
Produktionsplanung und -
steuerung; Fertigung;
Qualitätsmanagement;
Motorenproduktion

e-mail Firma: gerhard.schuff@bmw.de

Schulenburg, Christoph

Geburtsdatum 25.12.1966

Firmenadresse

MCC GmbH
Industriestr. 8

71272 Renningen

Tel.: 07031/90-76241
Funk: 0171 5726362
Fax: 07031/90-76183

Privatadresse

Mönchhaldenstr. 37/1
70191 Stuttgart

e-mail Firma: christoph.schulenburg@smart.com

Position

Abteilungsleiter/Team-Leiter

Geschäftsbereich

Konstruktion

Aufgabengebiet

Radaufhängung; Lenkung;
Achsen; Federung und
Dämpfung; Vorderachse und
Lenkung

Schultalbers, Winfried

Geburtsdatum 11.04.1963

Firmenadresse

IAV GmbH
Antriebselektronik
Managementsysteme
Nordhoffstr. 5

38518 Gifhorn

Tel.: 05371/805-494
Fax: 05371/805-489

Privatadresse

Maschhop 33
38536 Meinersen

e-mail Firma: Winfried.Schultalbers@IAV.DE

Position

Fachbereichsleiter

Geschäftsbereich

Forschung/Vorentwicklung
Versuch

Aufgabengebiet

Einspritzung/Elektronik;
Sensorik - Aktuatorik;
Getriebe/Kupplung/Antriebs-
strang; Messtechnik;
Systementwicklung, -
optimierung und -prüfung im
Antriebsstrang (Otto- und
Dieselmotor)

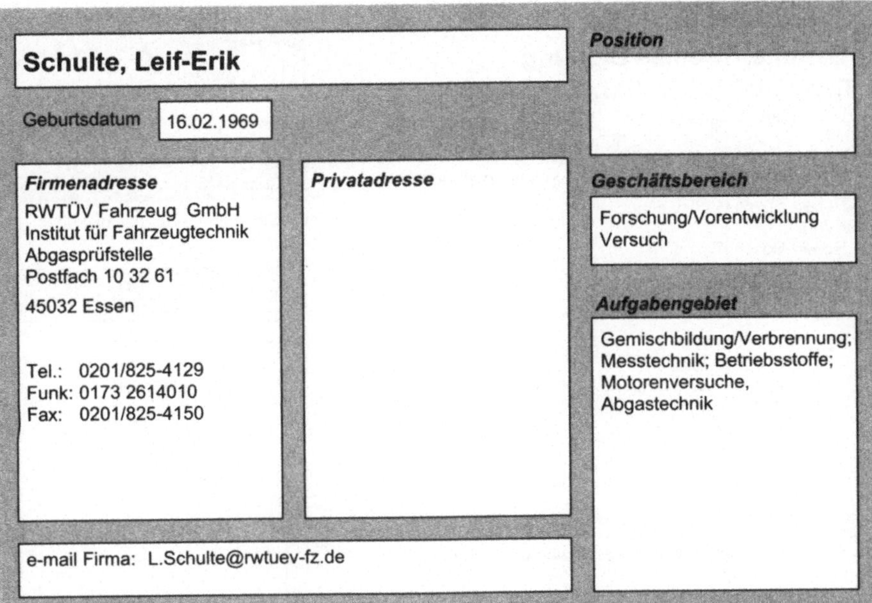

Schulte, Leif-Erik

Geburtsdatum **16.02.1969**

Firmenadresse

RWTÜV Fahrzeug GmbH
Institut für Fahrzeugtechnik
Abgasprüfstelle
Postfach 10 32 61

45032 Essen

Tel.: 0201/825-4129
Funk: 0173 2614010
Fax: 0201/825-4150

Privatadresse

e-mail Firma: L.Schulte@rwtuev-fz.de

Position

Geschäftsbereich

Forschung/Vorentwicklung
Versuch

Aufgabengebiet

Gemischbildung/Verbrennung;
Messtechnik; Betriebsstoffe;
Motorenversuche,
Abgastechnik

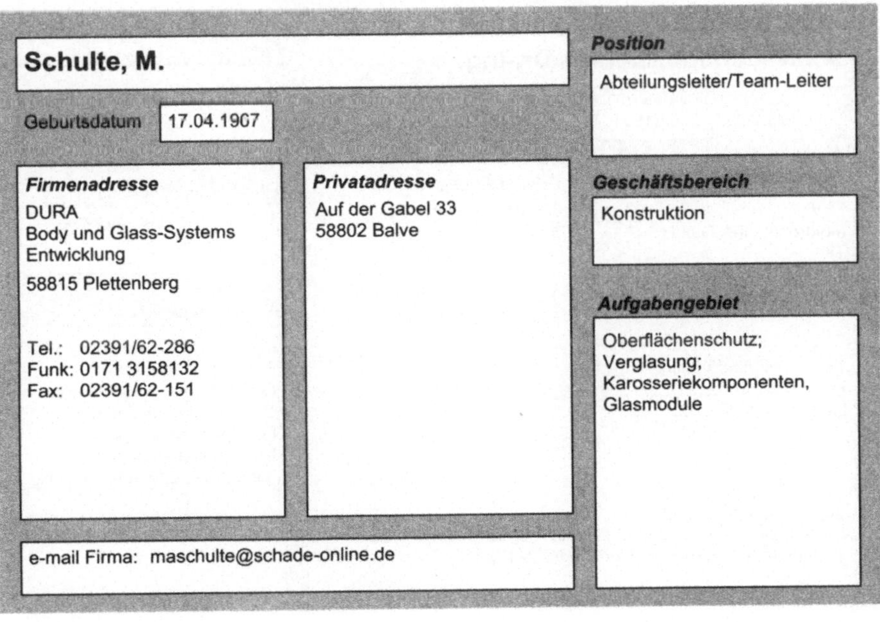

Schulte, M.

Geburtsdatum **17.04.1967**

Firmenadresse

DURA
Body und Glass-Systems
Entwicklung

58815 Plettenberg

Tel.: 02391/62-286
Funk: 0171 3158132
Fax: 02391/62-151

Privatadresse

Auf der Gabel 33
58802 Balve

e-mail Firma: maschulte@schade-online.de

Position

Abteilungsleiter/Team-Leiter

Geschäftsbereich

Konstruktion

Aufgabengebiet

Oberflächenschutz;
Verglasung;
Karosseriekomponenten,
Glasmodule

Schulte, Thomas Dipl.-Ing.

Geburtsdatum 12.10.1967

Position

Gruppenleiter

Geschäftsbereich

Forschung/Vorentwicklung

Aufgabengebiet

Sensorik - Aktuatorik;
Keramische Aufbau- und
Verbindungstechnik

Firmenadresse

Robert Bosch GmbH
FV/FLT
Robert-Bosch-Platz 1
70049 Stuttgart

Tel.: 0711/811-6291
Fax: 0711/811-7956

Privatadresse

e-mail Firma: thomas.schulte@bosch.com

Schwaderlapp, Markus Dr.-Ing.

Geburtsdatum 25.02.1961

Position

Spartenleiter

Geschäftsbereich

Forschung/Vorentwicklung
Konstruktion

Aufgabengebiet

Motorbauteile- und zubehör;
Sensorik - Aktuatorik;
Getriebe/Kupplung/Antriebs-
strang; Motorenkonstruktion;
Festigkeitsberechnung;
Mechanikversuch und
-berechnung; Motorelektronik

Firmenadresse

FEV
Motorentechnik GmbH
TK
Neuenhofstr. 181
52078 Aachen

Tel.: 0241/5689-300
Funk: 0172 2402381
Fax: 0241/5689-302

Privatadresse

Auf dem Schiefer 37
52223 Breining

Tel.: 02402/3135
Fax: 02402/3135

e-mail Firma: SCHWADERLAPP@FEV.DE

Schwalbe, Mario

Geburtsdatum 17.11.1964

Position
Gruppenleiter

Firmenadresse
HÖRMANN-RAWEMA
GmbH
Entwicklung
Aue 23 - 27

09112 Chemnitz

Tel.:   0371/6512-226
Fax: 0371/6512-256

Privatadresse

Geschäftsbereich
Berechnung

Aufgabengebiet
Motorbauteile- und zubehör;
Federung und Dämpfung;
Getriebe/Kupplung/Antriebs-
strang; Rahmen;
Fahrzeugsicherheit; FEM-
Berechnungen,
Dynamiksimulation,
Betriebsfestigkeit

e-mail Firma: schwalbe@rawema.de

Schwarte, Gerhard Dipl.-Ing.

Geburtsdatum

Position

Firmenadresse
APL GmbH

76829 Landau

Tel.:   06341/991-0
Funk: 0170 5377270
Fax: 06341/991-199

Privatadresse

Geschäftsbereich
Forschung/Vorentwicklung

Aufgabengebiet

e-mail Firma: schwarte@apl-landau.de

Schwarz, Robert Dipl. Ing. FH

Geburtsdatum

Position
Leiter Entwicklung

Firmenadresse
Fritz Hintermayr GmbH
Bing-Vergaser-Fabrik
Technik
Postfach 91 04 80
90262 Nürnberg

Tel.: 0911/3267-0
Fax: 9011/3267-299

Privatadresse

Geschäftsbereich
Konstruktion

Aufgabengebiet
Gemischbildung/Verbrennung;
Motorkomponenten für
Ansaugbereich Ölspritzdüsen

e-mail Firma: r.schwarz@bing.de

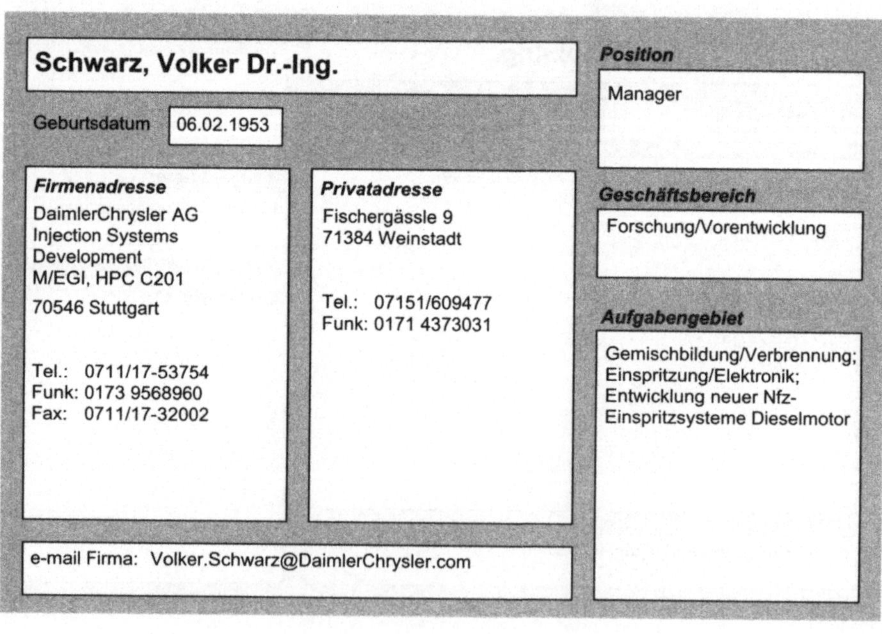

Schwarz, Volker Dr.-Ing.

Geburtsdatum 06.02.1953

Position
Manager

Firmenadresse
DaimlerChrysler AG
Injection Systems
Development
M/EGI, HPC C201
70546 Stuttgart

Tel.: 0711/17-53754
Funk: 0173 9568960
Fax: 0711/17-32002

Privatadresse
Fischergässle 9
71384 Weinstadt

Tel.: 07151/609477
Funk: 0171 4373031

Geschäftsbereich
Forschung/Vorentwicklung

Aufgabengebiet
Gemischbildung/Verbrennung;
Einspritzung/Elektronik;
Entwicklung neuer Nfz-
Einspritzsysteme Dieselmotor

e-mail Firma: Volker.Schwarz@DaimlerChrysler.com

Schweißgut, Klaus

Geburtsdatum

Position

Geschäftsführer

Firmenadresse

SE-KONTEC
Engineering GmbH & Co
Entwicklung
Glämischstr. 31

88045 Friedrichshafen

Tel.: 07541/28995-0
Fax: 07541/28995-95

Privatadresse

Geschäftsbereich

Konstruktion

Aufgabengebiet

Fahrzeuginnenraum;
Prüftechnik;
Konstruktionsleitung

e-mail Firma: se-kontec-fn@t-online.de

Schwelberger, Walter Dr.

Geburtsdatum 11.11.1957

Position

Geschäftsführer

Firmenadresse

IFT-Ingenieurgesellschaft
für Fahrzeugtechnik mbH
Entwicklung
Brunnenwiesenstr. 14

73575 Leinzell

Tel.: 07175/9200-0
Funk: 0171/1253783
Fax: 07175/7386

Privatadresse

Geschäftsbereich

Forschung/Vorentwicklung
Konstruktion

Aufgabengebiet

Motorbauteile- und zubehör;
Einspritzung/Elektronik;
Gemischbildung/Verbrennung;
Sensorik - Aktuatorik;
Fabrikausrüstung;
Messtechnik; Prüftechnik;
Qualitätsmanagement;
Unternehmensleitung;
Akquisition von Projekt/Ent-
wicklungsaufgaben, etc.

e-mail Firma: info@IFTmbh.de

Schwenger, Andreas Dipl.-Ing.

Geburtsdatum

Position

Systemeingenieur

Firmenadresse

ZF Friedrichshafen AG
Entwicklung (TE-P)
Allmannsweiler Str. 25

88046 Friedrichshafen

Tel.:   07541/77-7742
Fax: 07541/77-6126

Privatadresse

Tel.:   07541/56867

Geschäftsbereich

Forschung/Vorentwicklung

Aufgabengebiet

Getriebe/Kupplung/Antriebs-
strang; Simulation Rapid
Prototyping,
Funktionsentwicklung,
Systementwicklung Bereich
PKW (CVT)

e-mail Firma: andreas.schwenger@ZF-GROUP.DE

Schwertfirm, Gerhard

Geburtsdatum   13.02.1950

Position

Abteilungsleiter/Team-Leiter

Firmenadresse

Ford Werke AG
Entwicklung
Henry-Ford-Str. 1

50735 Köln

Tel.:   0221/9032167

Privatadresse

Schmiedgasse 42
53797 Lohmar

Tel.:   02246/18516
Fax: 02246/18516

Geschäftsbereich

Forschung/Vorentwicklung
Konstruktion

Aufgabengebiet

Motorbauteile- und zubehör;
Entwicklung und Technologie
Ottomotoren

Sedlmeier, Ralf Dipl.-Ing.

Geburtsdatum   10.08.1965

Position
Abteilungsleiter/Team-Leiter

Geschäftsbereich
Forschung/Vorentwicklung

Firmenadresse
Gelenkwellenbau GmbH
Produktentwicklung
Westendhof 5 - 9
45143 Essen

Tel.:   0201/8124-752
Fax: 0201/8124-455

Privatadresse
Adlerweg 5
47475 Kamp-Lintfort

Tel.:   02842/470191

Aufgabengebiet
Getriebe/Kupplung/Antriebs-
strang

e-mail Privat: RalfSedlm@aol.com

Seidenglanz, Ewald Ing.

Geburtsdatum   16.12.1942

Position
Leiter Technik

Geschäftsbereich
Forschung/Vorentwicklung

Firmenadresse
DaimlerChrysler AG
Produktbereich Unimog
76568 Gaggenau

Tel.:   07225/61-2560
Fax: 07225/61-5221

Privatadresse
Im Pfistergrund 19
76227 Karlsruhe

Tel.:   0721/42391

Aufgabengebiet
Entwicklung, Engineering,
Logistik, Produktion

Seiffert, Ulrich Professor Dr.-Ing.

Geburtsdatum 13.04.1941

Firmenadresse

WiTech Engineering GmbH
Hermann-Blenk-Str. 22

38108 Braunschweig

Tel.: 0531/35444-51
Fax: 0531/35444-52

Privatadresse

Jahuskamp 22
38112 Braunschweig

e-mail Firma: ulrich.seiffert@witech.bs.shüttle.de

Position

Geschäftsführender
Gesellschafter

Geschäftsbereich

Forschung/Vorentwicklung

Aufgabengebiet

Honorarprofessor,
Lehrbeauftragter und
Sprecher des Zentrum für
Verkehr der TU-
Braunschweig; Forschungs-
und Entwicklungsarbeiten für
Verkehrsmittel (PKW, LKW,
Bahn, Landmaschinen)

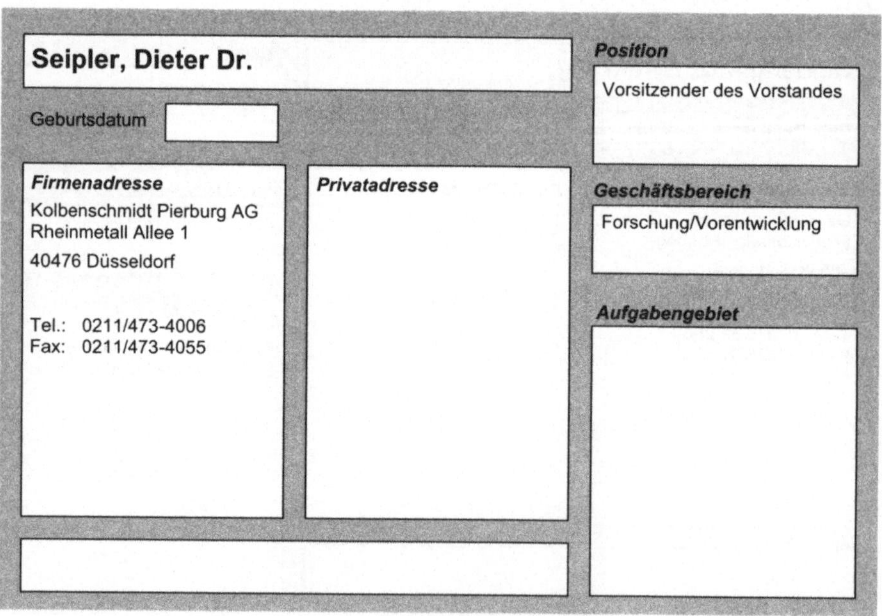

Seipler, Dieter Dr.

Geburtsdatum

Firmenadresse

Kolbenschmidt Pierburg AG
Rheinmetall Allee 1

40476 Düsseldorf

Tel.: 0211/473-4006
Fax: 0211/473-4055

Privatadresse

Position

Vorsitzender des Vorstandes

Geschäftsbereich

Forschung/Vorentwicklung

Aufgabengebiet

Sesselmann, Ralf Dipl.-Ing.

Geburtsdatum 13.05.1960

Position

Leiter Testzentrum

Firmenadresse

Degussa-Hüls AG
Entwicklung
Abgaskatalysatoren
Rodenbacher Chausee 4

63457 Hanau

Tel.: 06161/59-3496
Fax: 06161/59-4468

Privatadresse

Kirchbergstr. 25
63691 Ranstadt

Tel.: 06035/3160
Fax: 06035/3160

Geschäftsbereich

Forschung/Vorentwicklung

Aufgabengebiet

Katalysator-Entwicklung;
Koordination der
Testaktivitäten im In- und
Ausland

e-mail Firma: ralf.Sesselmann@degussa-huels.de
e-mail Privat: ralf.sesselmann@t-online.de

Siegel, Ekkehard

Geburtsdatum 06.11.1940

Position

Chefingenieur

Firmenadresse

Adam Opel AG
Int. Techn.
Entwicklungszentrum
PKZ81-60

65423 Rüsselsheim

Tel.: 06142/7-76454
Funk: 0170 4548849
Fax: 06142/7-78530

Privatadresse

Carlo-Mierendorff-Str. 46
65468 Trebur-Astheim

Tel.: 06147/3392

Geschäftsbereich

Forschung/Vorentwicklung

Aufgabengebiet

Motorbauteile- und zubehör;
Betriebsstoffe;
Gemischbildung/Verbrennung;
Einspritzung/Elektronik;
Getriebe/Kupplung/Antriebs-
strang; Antriebsstrang
Entwicklung und Erprobung

e-mail Firma: ekkehard.siegel@de.opel.com

Sierakowski, Mirko Dipl.-Ing.

Geburtsdatum 17.11.1965

Position

Inhaber

Firmenadresse

IGS Zwickau
Im BIC
Gewerbestr. 19
08144 Stenn

Tel.: 0375/541-307
Fax: 0375/541-300

Privatadresse

Eckersbacher Höhe 48
08066 Zwickau

Tel.: 0375/4613571

Geschäftsbereich

Forschung/Vorentwicklung
Berechnung

Aufgabengebiet

Motorbauteile- und zubehör;
Kühlung von
Verbrennungsmotoren;
Strömungstechn.
Untersuchung der
Kreislaufkomponenten und
des Gesamtkreislaufes;
Nachbildung des
Kühlkreislaufes am Computer;
Wärmetechn. Berechnungen

e-mail Firma: IGS@mnc-net.de
e-mail Privat: m.sierakowski@mnc-net.de

Simon, Ewald Dipl.-Ing.

Geburtsdatum

Position

Sachbearbeiter

Firmenadresse

MAN Nutzfahrzeuge AG
Abt. TKN-N
Vogelweiherstr. 33
90441 Nürnberg

Tel.: 0911/420-6317
Fax: 0911/420-1941

Privatadresse

Geschäftsbereich

Konstruktion

Aufgabengebiet

Motorbauteile- und zubehör;
Einspritzung/Elektronik;
Einspritztechnik

e-mail Firma: Ewald_Simon@mn.man.de

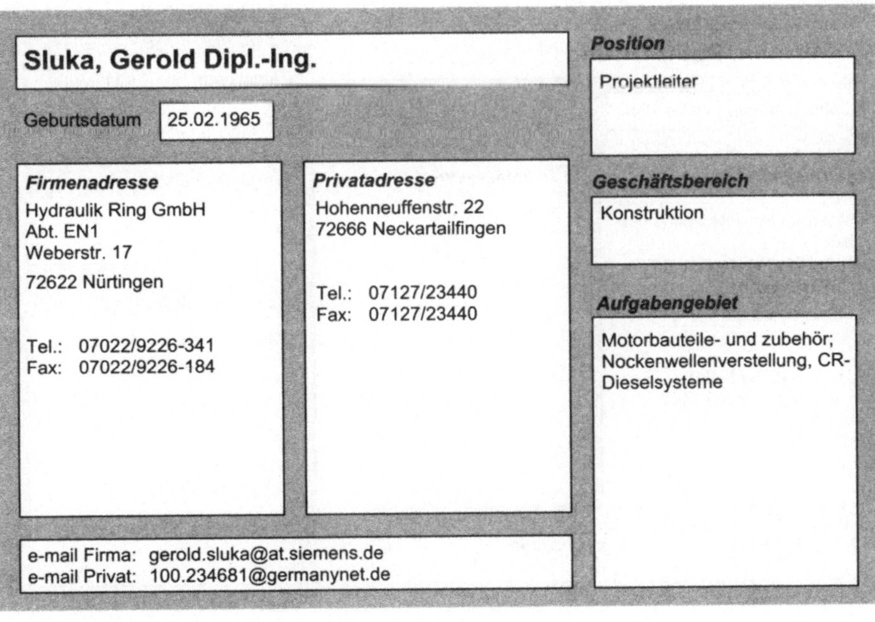

Simon, Lubens Dr.-Ing.

Position
Leiter Simulationsverfahren

Geburtsdatum 10.02.1963

Firmenadresse
BEHR GmbH & Co
Technologiecenter
Siemensstr. 164

70469 Stuttgart

Tel.: 0711/896-2807
Fax: 0711/896-4648

Privatadresse
Bei den Gärten 10
70499 Stuttgart

Tel.: 0711/815959

Geschäftsbereich
Berechnung

Aufgabengebiet
Motorbauteile- und zubehör;
Fahrzeuginnenraum; CFD,
FEM Methoden Grundlagen

e-mail Firma: Lubens.simon@behrgroup.com

Sluka, Gerold Dipl.-Ing.

Position
Projektleiter

Geburtsdatum 25.02.1965

Firmenadresse
Hydraulik Ring GmbH
Abt. EN1
Weberstr. 17

72622 Nürtingen

Tel.: 07022/9226-341
Fax: 07022/9226-184

Privatadresse
Hohenneuffenstr. 22
72666 Neckartailfingen

Tel.: 07127/23440
Fax: 07127/23440

Geschäftsbereich
Konstruktion

Aufgabengebiet
Motorbauteile- und zubehör;
Nockenwellenverstellung, CR-
Dieselsysteme

e-mail Firma: gerold.sluka@at.siemens.de
e-mail Privat: 100.234681@germanynet.de

Solf, Bernd Dipl.-Ing.

Geburtsdatum   09.12.1962

Position

Abteilungsleiter/Team-Leiter

Firmenadresse

BTR SSG Metzeler AP
GmbH
Marketing/Entwicklung

88131 Lindau

Tel.:   08382/707-805
Funk: 0172 8306725
Fax: 08382/707-313

Privatadresse

Hofbrunnenweg 2
88069 Tettnang

Tel.:   07542/51412

Geschäftsbereich

Konstruktion

Aufgabengebiet

Fahrzeuginnenraum;
Karosseriedichtungen

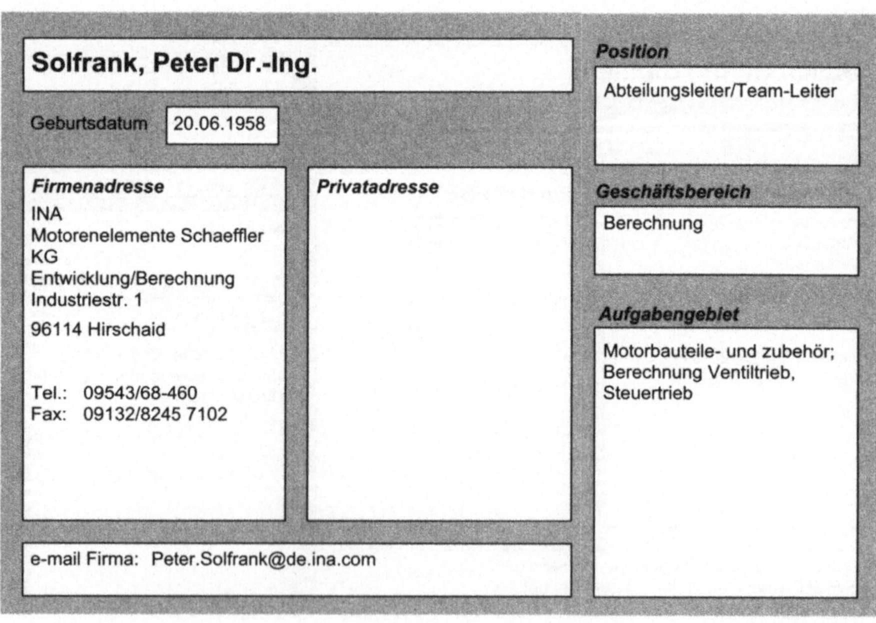

Solfrank, Peter Dr.-Ing.

Geburtsdatum   20.06.1958

Position

Abteilungsleiter/Team-Leiter

Firmenadresse

INA
Motorenelemente Schaeffler
KG
Entwicklung/Berechnung
Industriestr. 1

96114 Hirschaid

Tel.:   09543/68-460
Fax: 09132/8245 7102

Privatadresse

Geschäftsbereich

Berechnung

Aufgabengebiet

Motorbauteile- und zubehör;
Berechnung Ventiltrieb,
Steuertrieb

e-mail Firma: Peter.Solfrank@de.ina.com

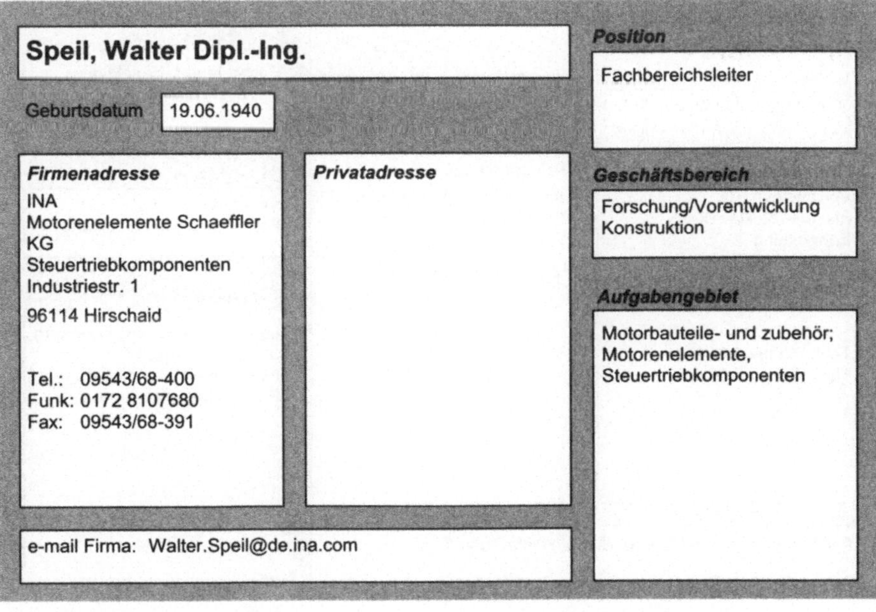

Sorger, Helfried Dipl.-Ing.

Position

Projektleiter

Geburtsdatum 26.11.1968

Geschäftsbereich

Forschung/Vorentwicklung
Konstruktion

Firmenadresse

AVL LIST GmbH
Konstruktion
Hans-List-Platz 1

8020 Graz
Österreich

Tel.:   +43 316/787-1181
Fax: +43 316/787-136

Privatadresse

Scheigergasser 162
8042 Graz
Österreich

Funk: +43 664 3457834

Aufgabengebiet

Motorbauteile- und zubehör;
Konstruktion Antriebssysteme
PKW

e-mail Firma: helfried.sorger@avl.com

Speil, Walter Dipl.-Ing.

Position

Fachbereichsleiter

Geburtsdatum 19.06.1940

Geschäftsbereich

Forschung/Vorentwicklung
Konstruktion

Firmenadresse

INA
Motorenelemente Schaeffler
KG
Steuertriebkomponenten
Industriestr. 1

96114 Hirschaid

Tel.:   09543/68-400
Funk: 0172 8107680
Fax: 09543/68-391

Privatadresse

Aufgabengebiet

Motorbauteile- und zubehör;
Motorenelemente,
Steuertriebkomponenten

e-mail Firma: Walter.Speil@de.ina.com

Speth, Leander

Geburtsdatum 14.01.1959

Firmenadresse

DATRON-Messtechnik
GmbH
Steinstr. 5

35641 Schöffengrund

Tel.: 06445/608-0
Fax: 06445/7097

Privatadresse

Rückershäuser Str. 10
35799 Merenberg-
Reichenborn

Tel.: 06476/91063

Position

Leiter Vertrieb

Geschäftsbereich

Forschung/Vorentwicklung
Versuch

Aufgabengebiet

Messtechnik; Meß- und
Auswertesysteme, Sensorik

e-mail Firma: info@datronger.com

Spichalsky, Carsten

Geburtsdatum 28.06.1962

Firmenadresse

Volkswagen AG
Elektrik-/Elektronik-
Entwicklung
Brieffach 1518

38436 Wolfsburg

Tel.: 05361/9-36179
Fax: 05361/9-36690

Privatadresse

Im Schunterfalst 13
38165 Lehre

Tel.: 05309/8291

Position

Fachreferent; Projektleiter
Fahrwerkselektrik

Geschäftsbereich

Versuch
Forschung/Vorentwicklung

Aufgabengebiet

Lenkung; Bremsen; Federung
und Dämpfung;
Fahrwerkelektronik,
Fahrwerkregelsysteme

e-mail Firma: Carsten.Spichalsky@volkswagen.de

Spicher, U. Professor Dr.-Ing.

Geburtsdatum   02.05.1947

Position

Institutsleiter

Firmenadresse

Universität Karlsruhe (FH)
Institut für Kolbenmaschinen
Kaiserstr. 12

76131 Karlsruhe

Tel.:   0721/608-2430
Fax: 0721/606325

Privatadresse

Karl-Neuberger-Str. 14
76863 Herxheim

Tel.:   07276/95257
Funk: 0172 5485118
Fax: 07276/95259

Geschäftsbereich

Forschung/Vorentwicklung

Aufgabengebiet

Motorbauteile- und zubehör;
Betriebsstoffe;
Gemischbildung/Verbrennung;
Einspritzung/Elektronik;
Messtechnik; Forschung und
Lehre im Fachgebiet
Verbrennungsmotoren

e-mail Firma: spicher@ifkmhp1.mach.uni-karlsruhe.de

Spies, Karl-Heinrich Professor Dr.-Ing.

Geburtsdatum   24.09.1938

Position

Abteilungsleiter/Team-Leiter

Firmenadresse

Freudenberg Dichtungs- und
Schwingungstechnik KG
Entwicklung
69469 Weinheim

Tel.:   06201/80-5494
Funk: 0172 6302504
Fax: 06201/882969

Privatadresse

Stettiner Str. 14
69488 Birkenau

Tel.:   06201/21653
Fax: 06201/34928

Geschäftsbereich

Forschung/Vorentwicklung
Versuch

Aufgabengebiet

Motorbauteile- und zubehör;
Getriebe/Kupplung/Antriebs-
strang; Betriebsstoffe;
Radaufhängung; Lenkung;
Federung und Dämpfung;
Sensorik - Aktuatorik;
Fertigung; Messtechnik;
Prüftechnik;
Qualitätsmanagement; Lehre
(UNI)

e-mail Firma: KARL-HEINZ.SPIES@FREUDENBERG.de

Spijker, Engbert Dr.

Geburtsdatum	26.06.1965

Firmenadresse

Van Doorne's Transmissie
b.v.
Abt. EWG 3
P. O. Box 500

5000 AM Tilburg
Niederlande

Tel.:	+31 13/46-40337
Fax:	+31 13/46-36590

Privatadresse

e-mail Firma:	engbert.spijker@nl.bosch.com

Position

Entwicklungsingenieur

Geschäftsbereich

Forschung/Vorentwicklung

Aufgabengebiet

Getriebe/Kupplung/Antriebs-
strang; CVT

Stamatelos, Anastassios Dr.

Geburtsdatum	10.03.1962

Firmenadresse

Aristotele Universität
Abt. Maschienbau
Process, Equipment Design
Lab.

54006 Thessaloniki
Griechenland

Tel.:	+30 31/996220
Fax:	+30 31/996087

Privatadresse

Iasonidou 10
54635 Thessaloniki
Griechenland

Tel.:	+30 31/245362
Fax:	+30 31/245362

e-mail Firma:	stam@eng.auth.gr

Position

Professor

Geschäftsbereich

Forschung/Vorentwicklung
Berechnung

Aufgabengebiet

Motorbauteile- und zubehör;
Messtechnik; CAE
Entwicklungswerkzeuge,
Abgasnachbehandlung

Stanev, Audrey Dr.

Geburtsdatum 11.11.1956

Position

Wissenschaftlicher Mitarbeiter

Firmenadresse

Universität Rostock
Institut für Energie- und
Umwelttechnik
Justus-von-Liebig Weg 6

18059 Rostock

Tel.: 0381/498-3050
Fax: 0381/498-3052

Privatadresse

Gutsweg 36
18059 Rostock

Tel.: 0381/400-6378
Fax: 0381/400-6378

Geschäftsbereich

Forschung/Vorentwicklung
Versuch

Aufgabengebiet

Gemischbildung/Verbrennung;
Messtechnik; Betriebsstoffe;
Abgasmesstechnik

Stark, Wolfgang

Geburtsdatum

Position

Produktmanagement

Firmenadresse

SCHERDEL GmbH
Entwicklung
Scherdelstr. 2

95815 Marktredwitz

Tel.: 09231/603-542
Fax: 09231/603-518

Privatadresse

Geschäftsbereich

Forschung/Vorentwicklung

Aufgabengebiet

Motorbauteile- und zubehör;
Bremsen; Getriebe/
Kupplung/Antriebsstrang;
Entwicklung dynamisch
hochbeanspruchte Druck- und
Ventilfedern

e-mail Firma: wolfgang.stark@scherdel.de

Steaten, T. F.J.M.

Geburtsdatum 25.10.1967

Firmenadresse
DAF Trucks N. V.
Advanced Engineering
Engines
Hugo van der Goeslaan 1

5600 PT Eindhoven
Niederlande

Tel.: +31 40/2143622
Fax: +31 40/214433

Privatadresse

e-mail Firma: Ted.Straten@daftrucks.com

Position

Geschäftsbereich
Forschung/Vorentwicklung

Aufgabengebiet
Gemischbildung/Verbrennung;

Stehlig, Jürgen Dipl.-Ing.

Geburtsdatum 06.10.1963

Firmenadresse
MAHLE FILTERSYSTEME
Pragstr. 54

70376 Stuttgart

Tel.: 0711/5063-549
Fax: 0711/5063-540

Privatadresse
Hohenneuffenstr. 30
72666 Neckartailfingen

Tel.: 07127/922067

e-mail Firma: Juergen_stehlig@mahle.com

Position
Abteilungsleiter/Team-Leiter

Geschäftsbereich
Forschung/Vorentwicklung

Aufgabengebiet
Motorbauteile- und zubehör;
Luftversorgungssysteme

Steiger, Wolfgang Dr.-Ing.

Geburtsdatum   26.06.1955

Firmenadresse

Volkswagen AG
Aggregateforschung
K-EFA, 1778
Berliner Ring 2

38440 Wolfsburg

Tel.:   05361/9-25377
Fax: 05361/9-28923

Privatadresse

Im Kohlgarten 3
38461 Danndorf

e-mail Firma: Wolfgang.steiger@volkswagen.de

Position

Hauptabteilungsleiter

Geschäftsbereich

Forschung/Vorentwicklung

Aufgabengebiet

Motorbauteile- und zubehör;
Betriebsstoffe;
Gemischbildung/Verbrennung;
Einspritzung/Elektronik;
Getriebe/Kupplung/Antriebs-
strang; Aggregateforschung
Diesel- und Ottomotor,
alternative Antriebe,
Getriebesysteme, Kraftstoffe
und Emissionen

Stein, Matthias Dr.-Ing.

Geburtsdatum   21.03.1964

Firmenadresse

Siemens AG
Zentralabteilung Technik

81679 München

Tel.:   089/636-41615
Funk: 0171/2282988
Fax: 089/636-53658

Privatadresse

Hirschgartenallee 14
80639 München

e-mail Firma: matthias.stein@mchp.siemens.de

Position

Projektleiter

Geschäftsbereich

Forschung/Vorentwicklung

Aufgabengebiet

Kommunikation - Navigation;
Verkehrstelematik-Systeme
für Infrastruktur und Fahrzeug

Stemmler, Jürgen Dipl.-Ing.

Position
Geschäftsführer

Geburtsdatum 05.12.1950

Geschäftsbereich
Konstruktion

Firmenadresse
Dixi-Comkontec
Engineering und Modellbau
GmbH
Konstruktion
Hermannstr. 22 - 27

99817 Eisenach

Tel.: 03691/7450-12
Funk: 0172 6036340
Fax: 03691/7450-18

Privatadresse
Ginsterweg 14
99817 Eisenach

Tel.: 03691/872873

Aufgabengebiet
Fahrzeuginnenraum; Leiter
Konstruktion Karosserie

e-mail Firma: info@dixi-comkontec.de

Stephan, Ulrich Dipl.-Ing.

Position
Produktgruppenleiter

Geburtsdatum 13.03.1961

Geschäftsbereich
Forschung/Vorentwicklung
Konstruktion

Firmenadresse
BERU AG
Entwicklung
Mörikestr. 155

71636 Ludwigsburg

Tel.: 07141/132-0
Funk: 0171 7250777
Fax: 07141/132-220

Privatadresse
Hofener Str. 25
74391 Erligheim

Tel.: 07143/28266

Aufgabengebiet
Motorbauteile- und zubehör;
Einspritzung/Elektronik;
Kaltstartsysteme für
Dieselfahrzeuge,
Innenraumzuheizer

e-mail Firma: ulrich.stephan@beru.de

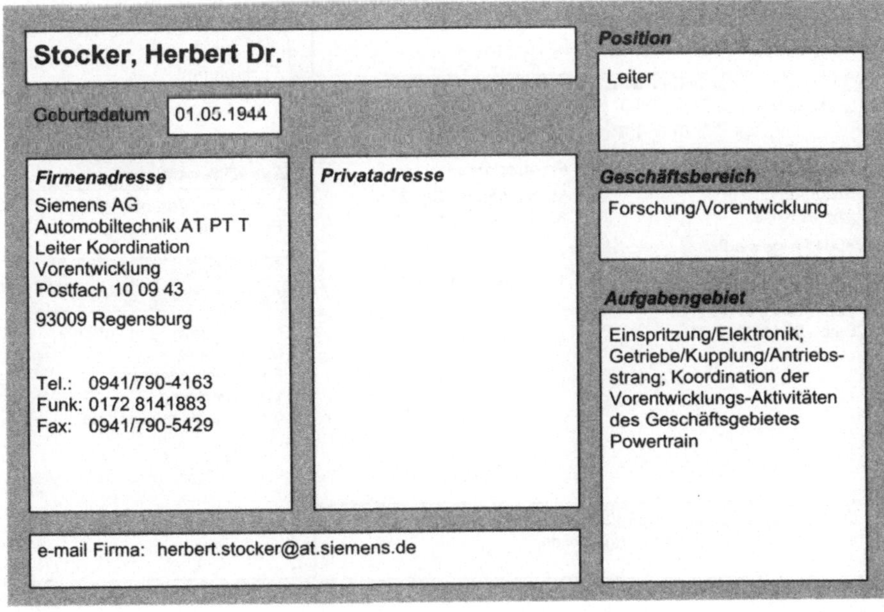

Stephan, Wolfgang Dipl.-Ing.

Geburtsdatum 25.07.1960

Position

Leiter Entwicklung

Firmenadresse

Hydraulik-Ring GmbH
Entwicklung
Weberstr. 17

72622 Nürtingen

Tel.: 07022/9226-340
Fax: 07022/9226-184

Privatadresse

Geschäftsbereich

Forschung/Vorentwicklung
Konstruktion

Aufgabengebiet

Motorbauteile- und zubehör;
Getriebe/Kupplung/Antriebs-
strang

e-mail Firma: Wolfgang.Stephan@at.siemens.de

Stocker, Herbert Dr.

Geburtsdatum 01.05.1944

Position

Leiter

Firmenadresse

Siemens AG
Automobiltechnik AT PT T
Leiter Koordination
Vorentwicklung
Postfach 10 09 43

93009 Regensburg

Tel.: 0941/790-4163
Funk: 0172 8141883
Fax: 0941/790-5429

Privatadresse

Geschäftsbereich

Forschung/Vorentwicklung

Aufgabengebiet

Einspritzung/Elektronik;
Getriebe/Kupplung/Antriebs-
strang; Koordination der
Vorentwicklungs-Aktivitäten
des Geschäftsgebietes
Powertrain

e-mail Firma: herbert.stocker@at.siemens.de

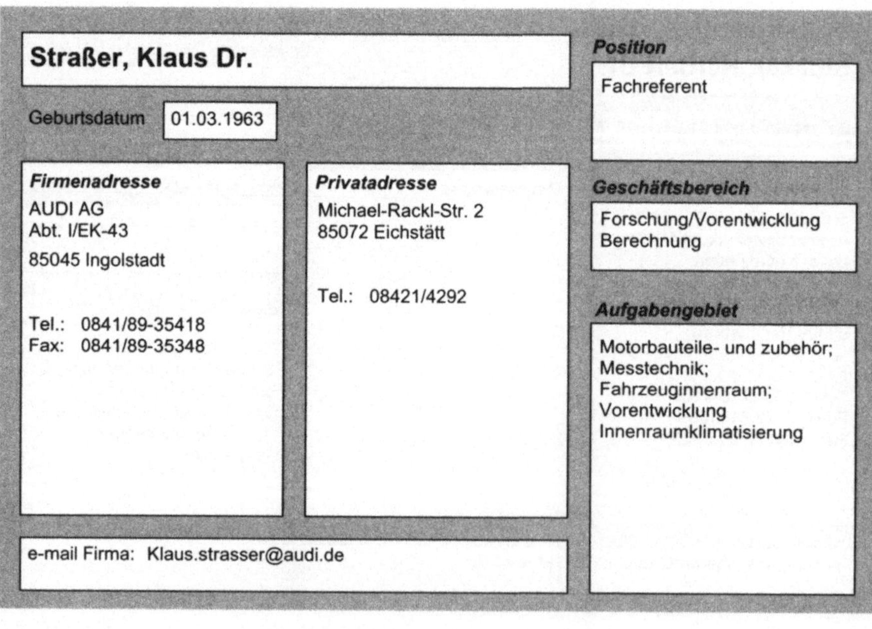

Stolze, Franz-Josef Dipl.-Ing.

Geburtsdatum

Position
Fachgruppenleiter

Firmenadresse
Volkswagen AG
Brieffach 1712
38436 Wolfsburg

Tel.:   05361/9-38887
Fax: 05361/9-78811

Privatadresse
Hermann-Ehlers-Ring 58
38518 Gifhorn

Tel.:   05371/50354

Geschäftsbereich
Versuch

Aufgabengebiet
Prüftechnik; Techn.
Entwicklung; Betriebsfestikeit;
Karosserie/Aufbau

e-mail Firma: franz.stolze@volkswagen.de

Straßer, Klaus Dr.

Geburtsdatum   01.03.1963

Position
Fachreferent

Firmenadresse
AUDI AG
Abt. I/EK-43
85045 Ingolstadt

Tel.:   0841/89-35418
Fax: 0841/89-35348

Privatadresse
Michael-Rackl-Str. 2
85072 Eichstätt

Tel.:   08421/4292

Geschäftsbereich
Forschung/Vorentwicklung
Berechnung

Aufgabengebiet
Motorbauteile- und zubehör;
Messtechnik;
Fahrzeuginnenraum;
Vorentwicklung
Innenraumklimatisierung

e-mail Firma: Klaus.strasser@audi.de

Strauss, Andreas Dipl.-Ing.

Geburtsdatum   07.11.1964

Firmenadresse

INA
Wälzlager Schaeffler oHG
Anwendungstechnik
Industriestr. 1

96114 Hirschaid

Tel.:   09543/68-522
Funk: 0172 8416646
Fax: 09543/68-539

Privatadresse

Schubertstr. 36
91301 Forchheim

Tel.:   09191/670738

Position

Abteilungsleiter/Team-Leiter

Geschäftsbereich

Konstruktion

Aufgabengebiet

Motorbauteile- und zubehör;
Variable Nockenwellen-
Verstellsysteme

e-mail Firma: strauadr@ina.de

Strempel, Günter Dr.-Ing.

Geburtsdatum   25.07.1957

Firmenadresse

Deutsche BP AG
Entwicklung -
Anwendungstechnik
Kraft- und Brennstoffe
Überseering 2

22297 Hamburg

Tel.:   040/6395-3740
Funk: 0172 4005159
Fax: 040/6395-3708

Privatadresse

Schulstr. 6
21635 Jork

Position

Abteilungsleiter/Team-Leiter

Geschäftsbereich

Forschung/Vorentwicklung

Aufgabengebiet

Betriebsstoffe; Entwicklung
Anwendungstechnik Kraft-
und Brennstoffe;
Umweltschutz;
Produktsicherheit

e-mail Firma: STREMPG@BP.COM

Strenkert, Jochen Dipl.-Ing.

Geburtsdatum 26.05.1970

Firmenadresse
DaimlerChrysler AG
Entwicklung PKW
Postfach

70546 Stuttgart

Tel.: 0711/17-26287
Fax: 0711/17-32681

Privatadresse
Dachswaldweg 48
70569 Stuttgart

Tel.: 0711/6770799

e-mail Firma: Jochen.Strenkert@daimlerchrysler.com

Position
Versuchsingenieur

Geschäftsbereich
Versuch

Aufgabengebiet
Getriebe/Kupplung/Antriebs-
strang; CVT; Steuerung;
Antriebsmanagement

Stroscher, Michael Dipl.-Ing.

Geburtsdatum 23.04.1965

Firmenadresse
Rücker GmbH
Entwicklung
Bruckstr. 61

70734 Fellbach

Tel.: 0711/57563-0
Funk: 0172 7435645
Fax: 0711/5756366

Privatadresse
Wasental 17
78736 Epfendorf

Tel.: 07404/442
Fax: 07404/442

e-mail Firma: Michael.Stroscher@ruecker.de

Position
Abteilungsleiter/Team-Leiter

Geschäftsbereich
Versuch

Aufgabengebiet
Motorbauteile- und zubehör;
Getriebe/Kupplung/Antriebs-
strang; Gemischbildung/
Verbrennung; Achsen; Räder,
Reifen; Bremsen;
Fahrzeuginnenraum;
Fahrzeugsicherheit; Motor;
Gesamtfahrzeug;
Projektmanagement;
Dieselmotor; Einspritztechnik
(Common Rail)

Stuhler, R. Dipl.-Ing.

Geburtsdatum | 10.08.1963

Position
Abteilungsleiter/Team-Leiter

Firmenadresse
Design Center Europe
Entwicklung
AVDA.Navarra s/n

08870 Sitges/BCN
Spanien

Tel.: +34 93 811 4204
Funk: +34 609248568
Fax: +34 93 811 4228

Privatadresse
Calla Sta. Barbara 24.Atico
08870 Sitges/BCN
Spanien

Tel.: +34 93 8942696
Funk: +34 609248568

Geschäftsbereich
Forschung/Vorentwicklung

Aufgabengebiet
Design - techn.
Designbegleitung;
Studioengineering;
Fahrzeugkonzepte;
Packagepläne;
Designvorgabepläne;
Modellstrategie; Innovative
Entwicklungen

e-mail Firma: STUDIO@D-C-E.com
e-mail Privat: rstuhler@bsab.com

Stütz, W. Dipl.-Ing.

Geburtsdatum | 22.11.1957

Position
Abteilungsleiter/Team-Leiter

Firmenadresse
BMW Motoren GmbH
Vorentwicklung
Dieselmotoren
Hinterbergerstr. 2

4400 Steyr
Österreich

Tel.: +43 7252/888-2500
Fax: +43 7252/888-62500

Privatadresse
Mayrgutstr. 34
4451 Garsten
Österreich

Geschäftsbereich
Forschung/Vorentwicklung

Aufgabengebiet
Vorentwicklung Dieselmotor

e-mail Firma: wstuetz@bmw.co.at

Stutzenberger, Heinz Dr.-Ing.

Geburtsdatum 29.02.1952

Position

Abteilungsleiter/Team-Leiter

Firmenadresse

Robert Bosch GmbH
Abt. K5/EHD
Postfach 30 02 20

70442 Stuttgart

Tel.: 0711/811-4165
Fax: 0711/811-23834

Privatadresse

Geschäftsbereich

Konstruktion

Aufgabengebiet

Einspritzung/Elektronik;
Entwicklung Düsen und
Düsenhalterkombinationen für
Dieselmotoren

e-mail Firma: Heinz.Stutzenberger@de.bosch.com

Sudau, Jörg

Geburtsdatum 16.03.1965

Position

Leiter Vorentwicklung

Firmenadresse

Mannesmann Sachs AG
Entwicklung
Ernst-Sachs-Str. 62

97424 Schweinfurt

Tel.: 09721/98-5072
Fax: 09721/98-5078

Privatadresse

Ottostr. 3
97464 Niederwerrn

Tel.: 09721/40889
Funk: 0172 6619651

Geschäftsbereich

Forschung/Vorentwicklung
Konstruktion

Aufgabengebiet

Getriebe/Kupplung/Antriebs-
strang;
Drehmomentenwandler,
Torsionsdämpfer, Simulation

e-mail Firma: joerg.sudau@sachs-ag.de

Sudmanns, Hans Dipl.-Ing.

Geburtsdatum   18.04.1948

Firmenadresse

MTU
Motoren- und Turbinen-
Union
Olgastr.

88045 Friedrichshafen

Tel.:   07541/90-2511
Fax: 07541/90-3573

Privatadresse

Wasenöschstr. 43
88048 Friedrichshafen

Tel.:   07541/43616

e-mail Firma: sudmanns@mtu-friedrichshafen.com

Position

Sachbearbeiter

Geschäftsbereich

Forschung/Vorentwicklung

Aufgabengebiet

Motorbauteile- und zubehör;
Getriebe/Kupplung/Antriebs-
strang; Dieselmotor: Alle
Komponenten (incl. Kupplung)

Sülzle, Horst

Geburtsdatum   15.04.1947

Firmenadresse

adapt engineering GmbH
Entwicklung
Motorenstr. 1 A

99734 Nordhausen

Tel.:   03631/6054-0
Fax: 03631/6054-19

Privatadresse

Schumannstr. 31
99734 Nordhausen

Tel.:   03631/988248

e-mail Firma: adapt@t-online.de

Position

Geschäftsführer

Geschäftsbereich

Forschung/Vorentwicklung
Konstruktion

Aufgabengebiet

Motorbauteile- und zubehör;
Betriebsstoffe;
Gemischbildung/Verbrennung;
Einspritzung/Elektronik;
Getriebe/Kupplung/Antriebs-
strang; Messtechnik;
Entwicklung und Konstruktion
von Diesel- und Gasmotoren;
Verbrennungsoptimierung;
Dauer- und Feldtest;
Messtechnikentwicklung

Sulzyc, Georg

Geburtsdatum 13.07.1951

Position
Leiter Entwicklung

Firmenadresse
HALDEX
Bremsen GmbH & Co KG
Entwicklung/Forschung/
Technik
Postfach 10 25 60

69015 Heidelberg

Tel.: 06221/703-320
Fax: 06221/703-300

Privatadresse
Th.-Körner-Str. 12
69214 Eppelheim

Funk: 0172 94157054

Geschäftsbereich
Konstruktion
Versuch

Aufgabengebiet
Bremsen

e-mail Firma: georg.sulzyc@hbpde.haldex.com
e-mail Privat: Sulzyc@aol.com

Tambosi, Joachim

Geburtsdatum 22.08.1957

Position
Abteilungsleiter/Team-Leiter

Firmenadresse
Mannesmann VDO AG
Abt. CS46/Z/VM
Sodener Str. 9

65824 Schwalbach

Tel.: 06196/873285
Fax: 06196/87793285

Privatadresse
Friedrich-Ebert-Str. 21
65824 Schwalbach

Tel.: 06196/3373

Geschäftsbereich
Forschung/Vorentwicklung
Versuch

Aufgabengebiet
Messtechnik; Motor- und
Fahrzeugprüfstandstechnik;
ECU-Applikation

e-mail Privat: joachim.tambosi@t-online.de

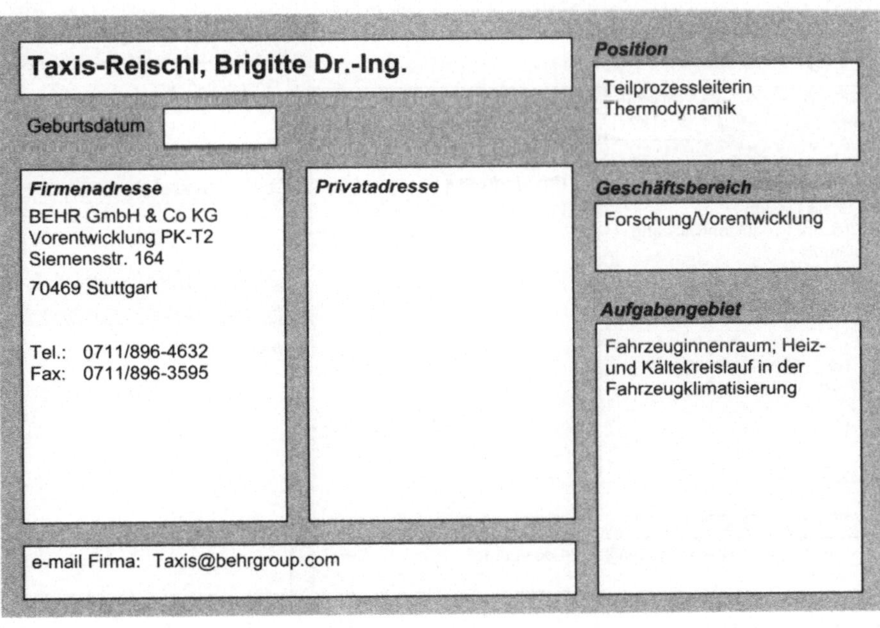

Tatschl, Reinhard Dr.

Geburtsdatum 20.06.1963

Position
Fachteamleiter

Firmenadresse
AVL List GmbH
Hans-List-Platz 1

8020 Graz
Österreich

Tel.: 0043/316/987-618
Fax: 0043/316/987-777

Privatadresse
Am Steinergrund 6
8047 Graz/Kainbach
Österreich

Tel.: +43 316/304520

Geschäftsbereich
Berechnung

Aufgabengebiet
Gemischbildung/Verbrennung; CFD Simulation; Strömung, SW Entwicklung

e-mail Firma: reinhard.tatschl@avl.com

Taxis-Reischl, Brigitte Dr.-Ing.

Geburtsdatum

Position
Teilprozessleiterin Thermodynamik

Firmenadresse
BEHR GmbH & Co KG
Vorentwicklung PK-T2
Siemensstr. 164

70469 Stuttgart

Tel.: 0711/896-4632
Fax: 0711/896-3595

Privatadresse

Geschäftsbereich
Forschung/Vorentwicklung

Aufgabengebiet
Fahrzeuginnenraum; Heiz- und Kältekreislauf in der Fahrzeugklimatisierung

e-mail Firma: Taxis@behrgroup.com

Teetz, Christoph Dr.-Ing.

Geburtsdatum | 27.12.1954

Position
Leiter Entwicklung

Firmenadresse
MTU
Motoren- und Turbinen-
Union
Entwicklung
Olgastr. 75
88045 Friedrichshafen

Tel.: 07541/90-3248
Fax: 07541/90-3933

Privatadresse
Bildgartenstr. 7/1
88048 Friedrichshafen

Tel.: 07541/44053

Geschäftsbereich
Forschung/Vorentwicklung

Aufgabengebiet
Entwicklung Dieselmotoren für Marine, Stromerzeugung, Bahn und Schwerfahrzeuge

---

Tegeder, Heiko

Geburtsdatum | 23.07.1960

Position
Geschäftsführer

Firmenadresse
Scala Design
Techn. Produktentwicklung
GmbH
Wolf-Hirth-Str. 23
71034 Böblingen

Tel.: 07031/226908
Fax: 07031/227809

Privatadresse

Geschäftsbereich
Konstruktion

Aufgabengebiet
Modell- und Prototypenbau

e-mail Firma: heiko-tegeder@scala-design.de

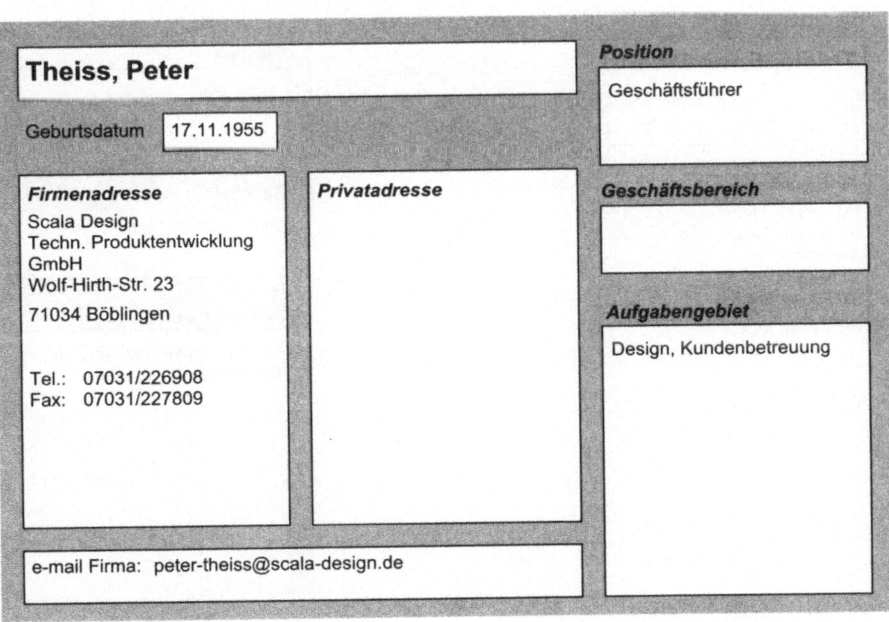

Tesarek, Herbert Dr.-Ing.

Geburtsdatum 20.09.1942

Position
Abteilungsleiter/Team-Leiter

Firmenadresse
Adam Opel AG
ITEZ
IPC 81-36
65423 Rüsselsheim

Tel.:   06142/7-72925
Fax: 06142/760238

Privatadresse
Friedrich-List-Str. 66
63263 Neu-Isenburg

Tel.:   06102/33732

Geschäftsbereich
Konstruktion

Aufgabengebiet
Einspritzung/Elektronik;
Motormanagement-Systeme,
Benzinmotoren

e-mail Firma: Herbert.Tesarek@de.opel.com

Theiss, Peter

Geburtsdatum 17.11.1955

Position
Geschäftsführer

Firmenadresse
Scala Design
Techn. Produktentwicklung
GmbH
Wolf-Hirth-Str. 23
71034 Böblingen

Tel.:   07031/226908
Fax: 07031/227809

Privatadresse

Geschäftsbereich

Aufgabengebiet
Design, Kundenbetreuung

e-mail Firma: peter-theiss@scala-design.de

Thiel, Wolfgang Dipl.-Ing.

Geburtsdatum 09.04.1951

Firmenadresse

BMW AG
Abt. EA-82
Petuelring 130

80788 München

Tel.:   089/382-24885
Fax: 089/382-23327

Privatadresse

Pulverturmstr. 9e
80935 München

Tel.:   089/3144611

e-mail Firma: wolfgang.thiel@bmw.de

Position

Gruppenleiter

Geschäftsbereich

Forschung/Vorentwicklung
Versuch

Aufgabengebiet

Gemischbildung/Verbrennung;
Abgasmessungen,
Testeinrichtungen,
Rollenprüfstände

Thiele, Enno Dr.-Ing.

Geburtsdatum 19.05.1941

Firmenadresse

Universität Hannover
Institut für Techn.
Verbrennung
Entwicklung
Welfengarten 1 A

30167 Hannover

Tel.:   0511/762-2245
Fax: 0511/762-2530

Privatadresse

Welchselweg 1
31535 Neustadt

Tel.:   05032/64163

e-mail Firma: thiele@itv.uni-hannover.de

Position

Akad. Rat

Geschäftsbereich

Forschung/Vorentwicklung

Aufgabengebiet

Motorbauteile- und zubehör;
Betriebsstoffe; Tribologie,
Reibung

Thoma, Frank Dipl.-Ing.

Geburtsdatum 31.10.1936

Firmenadresse
DaimlerChrysler AG
HPC D208
70546 Stuttgart

Tel.: 0711/17-26243
Fax: 0711/17-32014

Privatadresse
Ehrenhalde 35
70192 Stuttgart

Tel.: 0711/2573570

Position
Abteilungsleiter/Team-Leiter

Geschäftsbereich
Versuch

Aufgabengebiet
Gemischbildung/Verbrennung;
Einspritzung/Elektronik;
Dieselmotor

Tiemann, Rüdiger Professor Dr.-Ing.

Geburtsdatum 13.07.1959

Firmenadresse
Fachhochschule
Gelsenkirchen
Abt. Recklinghausen
FB
Wirtschaftsingenieurwesen
August-Schmidt-Ring 10

45665 Recklinghausen

Tel.: 02361/915-453
Funk: 0172 3204724
Fax: 02361/915-571

Privatadresse

Tel.: 06151/997003
Funk: 0172 3204724
Fax: 06151/997003

e-mail Firma: tiemann@fh-gelsenkirchen.de
e-mail Privat: Ruediger.Tiemann@t-online.de

Position
Leiter Automobiltechnik

Geschäftsbereich
Forschung/Vorentwicklung

Aufgabengebiet
Radaufhängung;
Getriebe/Kupplung/Antriebs-
strang; Achsen; Federung und
Dämpfung; Bremsen;
Rahmen; Fahrzeuginnenraum;
Produktionsplanung und -
steuerung; Messtechnik;
Automobilentwicklung und -
produktion; Projekt-
management; Produktdaten-
management (PDM); CAE

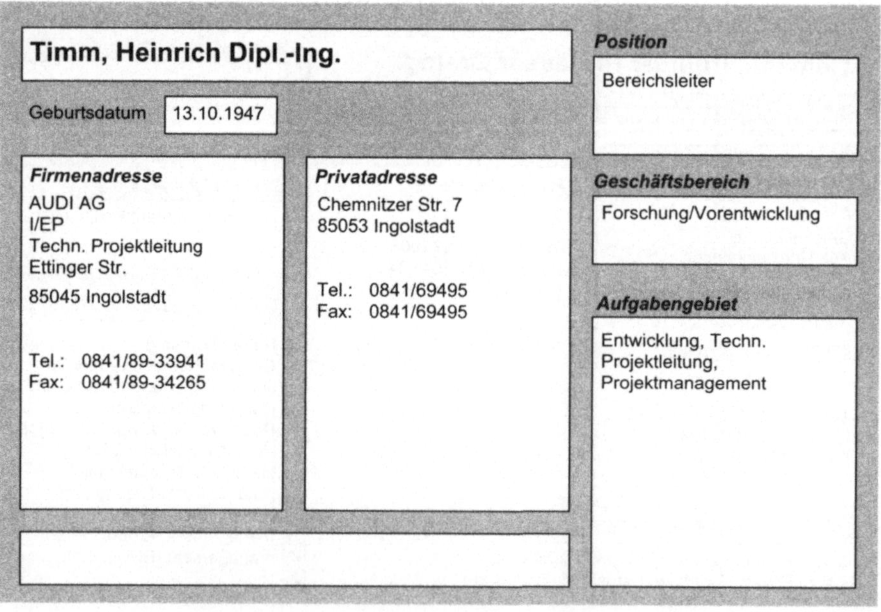

Tikal, Franz Professor Dr.

Geburtsdatum

Firmenadresse
Universität (GH) Kassel
Institut für
Produktionstechnik
und Logistik
Kurt-Wolters-Str. 3

34125 Kassel

Tel.: 0561/804-3236
Fax: 0561/804-2045

Privatadresse

e-mail Firma: beatrix@hrz.uni-kassel.de

Position
Professor

Geschäftsbereich
Forschung/Vorentwicklung

Aufgabengebiet
Fachgebiet für
Produktionstechnik und
Werkzeugmaschinen

Timm, Heinrich Dipl.-Ing.

Geburtsdatum 13.10.1947

Firmenadresse
AUDI AG
I/EP
Techn. Projektleitung
Ettinger Str.

85045 Ingolstadt

Tel.: 0841/89-33941
Fax: 0841/89-34265

Privatadresse
Chemnitzer Str. 7
85053 Ingolstadt

Tel.: 0841/69495
Fax: 0841/69495

Position
Bereichsleiter

Geschäftsbereich
Forschung/Vorentwicklung

Aufgabengebiet
Entwicklung, Techn.
Projektleitung,
Projektmanagement

Tischer, Peter

Geburtsdatum

Position

Geschäftsführer

Firmenadresse

Tischer GmbH
Freizeitfahrzeuge
Frankenstr. 3

97892 Kreuzwertheim/Main

Tel.:   09342/8159
Fax: 09342/5089

Privatadresse

Geschäftsbereich

Forschung/Vorentwicklung

Aufgabengebiet

Geschäftsführung/Techn.
Leitung;
Reisemobile/Fertigung von
Wohnkabinen

Tommack, Paul

Geburtsdatum   10.01.1956

Position

Firmenadresse

TOBÉ GmbH
Produkteinführung und
Vertrieb
Weisenburger Str.8 - 12

52068 Aachen

Tel.:   0241/535350
Fax: 0241/535359

Privatadresse

Geschäftsbereich

Forschung/Vorentwicklung
Versuch

Aufgabengebiet

Sensorik - Aktuatorik;
Sicherheits- und
Komfortelektronik

e-mail Firma: Tobe-Aachen@T-Online.de

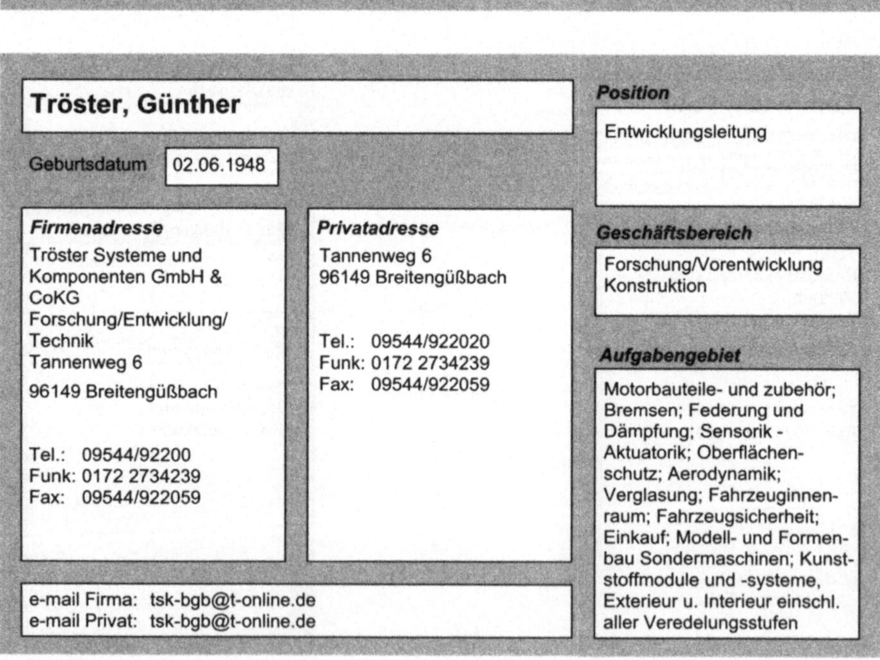

Trapp, Egon

Geburtsdatum

Position
Geschäftsführer

Firmenadresse
p.a.d. Karosserietechnik
GmbH
Heiner-Fleischmann-Str. 7

74172 Neckarsulm

Tel.: 07132/967-100
Fax: 07132/967-401

Privatadresse

Geschäftsbereich
Forschung/Vorentwicklung
Konstruktion

Aufgabengebiet
Motorbauteile- und zubehör;
Fahrzeuginnenraum

e-mail Firma: pad.nsu@p-a-d.de

Tröster, Günther

Geburtsdatum 02.06.1948

Position
Entwicklungsleitung

Firmenadresse
Tröster Systeme und
Komponenten GmbH &
CoKG
Forschung/Entwicklung/
Technik
Tannenweg 6

96149 Breitengüßbach

Tel.: 09544/92200
Funk: 0172 2734239
Fax: 09544/922059

Privatadresse
Tannenweg 6
96149 Breitengüßbach

Tel.: 09544/922020
Funk: 0172 2734239
Fax: 09544/922059

Geschäftsbereich
Forschung/Vorentwicklung
Konstruktion

Aufgabengebiet
Motorbauteile- und zubehör;
Bremsen; Federung und
Dämpfung; Sensorik -
Aktuatorik; Oberflächen-
schutz; Aerodynamik;
Verglasung; Fahrzeuginnen-
raum; Fahrzeugsicherheit;
Einkauf; Modell- und Formen-
bau Sondermaschinen; Kunst-
stoffmodule und -systeme,
Exterieur u. Interieur einschl.
aller Veredelungsstufen

e-mail Firma: tsk-bgb@t-online.de
e-mail Privat: tsk-bgb@t-online.de

Tschöke, Helmut Professor

Geburtsdatum   14.11.1945

Position
Institutsleiter

Firmenadresse
Universität Magdeburg
Institut für
Maschinenmesstechnik
und Kolbenmaschinen
Universitätsplatz 2
39106 Magdeburg

Tel.:   0391/67-18712
Fax: 0391/67-12832

Privatadresse
Schwarzwaldstr. 3
73760 Ostfildern

Tel.:   0711/413303
Fax: 0711/415773

Geschäftsbereich
Forschung/Vorentwicklung

Aufgabengebiet
Gemischbildung/Verbrennung;
Einspritzung/Elektronik;
Betriebsstoffe; Messtechnik;
Dieselmotoren, Ottomotoren,
Akustik, Rußpartikel,
Abgasrückführung, Mechanik,
Motorakustik

e-mail Firma: tschoeke@mb.uni-magdeburg.de

Tschöp, Rainer

Geburtsdatum

Position
Leiter Konstruktion

Firmenadresse
Gelenkwellenwerk
Stadtilm GmbH
Entwicklung
Postfach 45
99324 Stadtilm

Tel.:   03629/640-0
Fax: 03629/800002

Privatadresse

Geschäftsbereich
Konstruktion

Aufgabengebiet
Getriebe/Kupplung/Antriebs-
strang; Konstruktion und
Entwicklung von Gelenkwellen

e-mail Firma: gewes@gewes.de

Uehla, Marc

Geburtsdatum 20.04.1968

Firmenadresse

Siebe Automotive GmbH
Ehinger Str. 28

89601 Schelklingen

Tel.:   07394/242-187
Funk: 0172 7359367
Fax: 07394/242-126

Privatadresse

Mozartstr. 20
89075 Ulm

Tel.:   0731/67360

e-mail Firma: MARC.UEHLA@SA-EU.COM

Position

Abteilungsleiter/Team-Leiter

Geschäftsbereich

Konstruktion

Aufgabengebiet

Getriebe/Kupplung/Antriebs-
strang; Bremsen; Lenkung;
Abgasrückführung; Technik:
Anwendungstechnik,
Prozeptechnik, Werkzeugbau,
Prototypenbau, CAD;
Automobilzulieferung
Rohrleitungssysteme

Uehla, Marc

Geburtsdatum 20.04.1968

Firmenadresse

Siebe Automotive GmbH
Ehinger Str. 28

89601 Schelklingen

Tel.:   07394/242-187
Funk: 0172 7359367
Fax: 07394/242-126

Privatadresse

Mozartstr. 20
89075 Ulm

Tel.:   0731/67360

e-mail Firma: MARC.UEHLA@SA-EU.COM

Position

Abteilungsleiter/Team-Leiter

Geschäftsbereich

Konstruktion

Aufgabengebiet

Getriebe/Kupplung/Antriebs-
strang; Bremsen; Lenkung;
Abgasrückführung; Technik:
Anwendungstechnik,
Prozeptechnik, Werkzeugbau,
Prototypenbau, CAD;
Automobilzulieferung
Rohrleitungssysteme

Uhlirsch, Ulrich Dipl.-Ing.

Geburtsdatum 28.02.1971

Firmenadresse
Degussa-Hüls AG
Entwicklung
Abt. AK-FA-AT
Rodenbacher Chausee 4

63452 Hanau

Tel.: 06181/59-2304
Fax: 06181/59-4956

Privatadresse
Ranischbergstr. 4
84424 Isen

Tel.: 08083/8219

e-mail Firma: ULRICH.UHLIRSCH@DEGUSSA-HUELS.DE

Position
Manager

Geschäftsbereich
Forschung/Vorentwicklung

Aufgabengebiet
Motorbauteile- und zubehör;
Abgasnachbehandlung,
Katalysatoren

Velji, Amin Dr.-Ing.

Geburtsdatum 11.03.1951

Firmenadresse
Hochschule für Technik und
Wirtschaft Dresden -
Forschungsinstitut
Fahrzeugtechnik
Friedrich-List-Platz 1

01069 Dresden

Tel.: 0351/462-3344
Fax: 0351/462-3476

Privatadresse
Meersburger Str. 39
88697 Bermatingen

e-mail Firma: amin.velji@fif.mw.htw-dresden.de

Position
Abteilungsleiter/Team-Leiter

Geschäftsbereich
Forschung/Vorentwicklung

Aufgabengebiet
Gemischbildung/Verbrennung;
Abgasnachbehandlung

Vent, Guido Dipl.-Ing.

Geburtsdatum 22.04.1963

Firmenadresse
DaimlerChrysler AG
Forschung
Postfach

70546 Stuttgart

Tel.: 0711/17-20050
Fax: 0711/17-51524

Privatadresse

e-mail Firma: guido.vent@daimlerchrysler.com

Position
Abteilungsleiter/Team-Leiter

Geschäftsbereich
Forschung/Vorentwicklung
Versuch

Aufgabengebiet
Gemischbildung/Verbrennung;
Einspritzung/Elektronik; PKW-
Motoren-Versuch

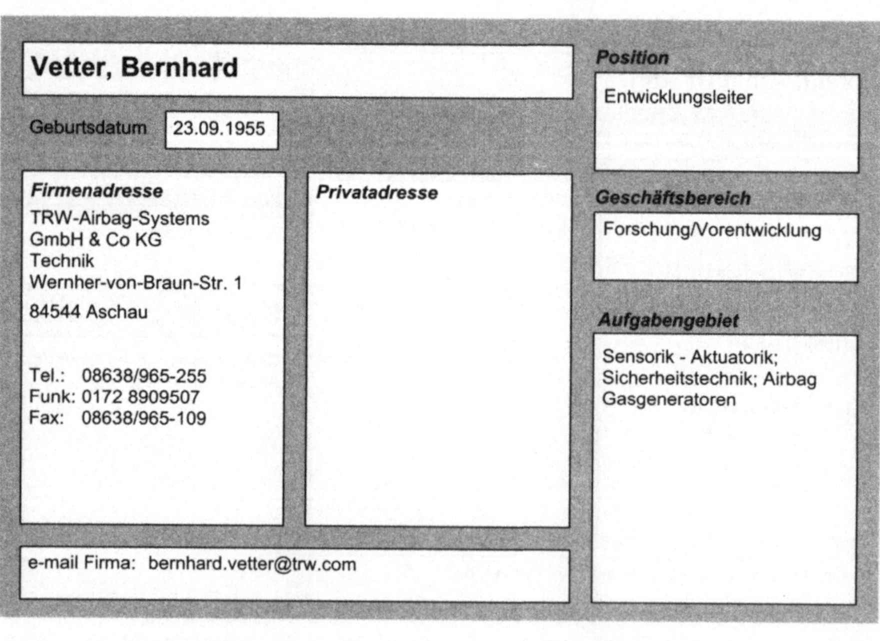

Vetter, Bernhard

Geburtsdatum 23.09.1955

Firmenadresse
TRW-Airbag-Systems
GmbH & Co KG
Technik
Wernher-von-Braun-Str. 1

84544 Aschau

Tel.: 08638/965-255
Funk: 0172 8909507
Fax: 08638/965-109

Privatadresse

e-mail Firma: bernhard.vetter@trw.com

Position
Entwicklungsleiter

Geschäftsbereich
Forschung/Vorentwicklung

Aufgabengebiet
Sensorik - Aktuatorik;
Sicherheitstechnik; Airbag
Gasgeneratoren

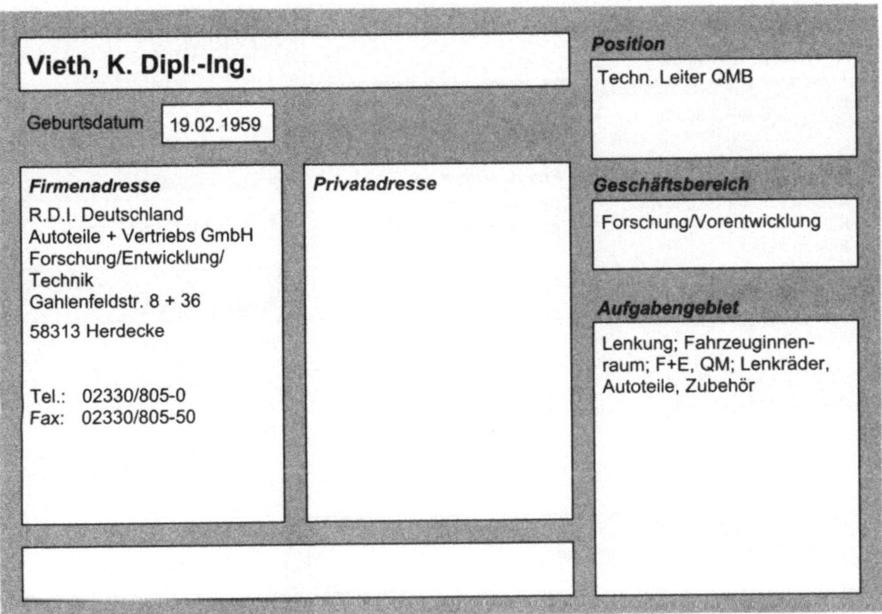

Vieth, K. Dipl.-Ing.

Geburtsdatum 19.02.1959

Position
Techn. Leiter QMB

Firmenadresse
R.D.I. Deutschland
Autoteile + Vertriebs GmbH
Forschung/Entwicklung/
Technik
Gahlenfeldstr. 8 + 36
58313 Herdecke

Tel.: 02330/805-0
Fax: 02330/805-50

Privatadresse

Geschäftsbereich
Forschung/Vorentwicklung

Aufgabengebiet
Lenkung; Fahrzeuginnen-
raum; F+E, QM; Lenkräder,
Autoteile, Zubehör

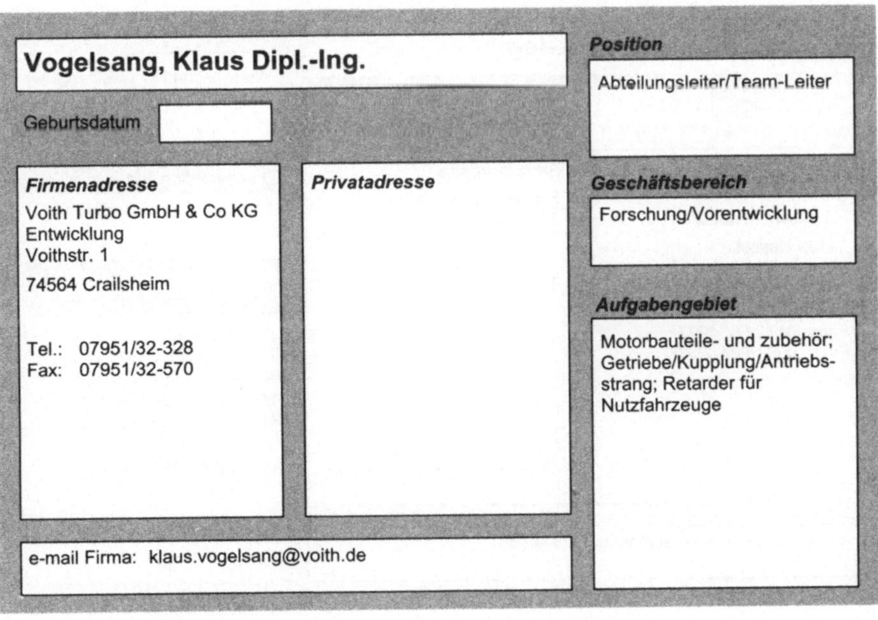

Vogelsang, Klaus Dipl.-Ing.

Geburtsdatum

Position
Abteilungsleiter/Team-Leiter

Firmenadresse
Voith Turbo GmbH & Co KG
Entwicklung
Voithstr. 1
74564 Crailsheim

Tel.: 07951/32-328
Fax: 07951/32-570

Privatadresse

Geschäftsbereich
Forschung/Vorentwicklung

Aufgabengebiet
Motorbauteile- und zubehör;
Getriebe/Kupplung/Antriebs-
strang; Retarder für
Nutzfahrzeuge

e-mail Firma: klaus.vogelsang@voith.de

Völkert, Thomas

Geburtsdatum | 30.05.1957

Position

Techn. Leitung/Prokurist

Firmenadresse

August Küpper GmbH & Co
KG
Eisengießerei
Technik
Grubenstr. 13 - 15

42579 Heiligenhaus

Tel.:   02056/911-0
Fax: 02056/911-159

Privatadresse

Bongardstr. 8
40479 Düsseldorf

Tel.:   0211/444295

Geschäftsbereich

Forschung/Vorentwicklung

Aufgabengebiet

Motorbauteile- und zubehör;
Abgaskrümmer,
Turboladergehäuse,
Abgasturboladermodul-
gehäuse

e-mail Firma: tvoelkert@t-online.de

Vollmer, Christian Dipl.-Ing.

Geburtsdatum | 11.04.1969

Position

Wissenschaftlicher Mitarbeiter

Firmenadresse

Universität Kassel
FB Maschinenbau/IPL

34109 Kassel

Tel.:   0561/804-3915
Funk: 0172 5634997
Fax: 0561/804-2045

Privatadresse

Peiner-Landstr. 4
31177 Harsum

Tel.:   05127/730

Geschäftsbereich

Forschung/Vorentwicklung

Aufgabengebiet

Räder, Reifen;
Fahrzeugsicherheit; Rahmen;
Fertigung; Neue Werkstoffe;
Magnesium, Zerspanung,
Umformung, Montagetechnik,
Verbindungstechnik,
Innengewinde,
Trockenbearbeitung

e-mail Firma: Cvollmer@hrz.uni-kassel.de

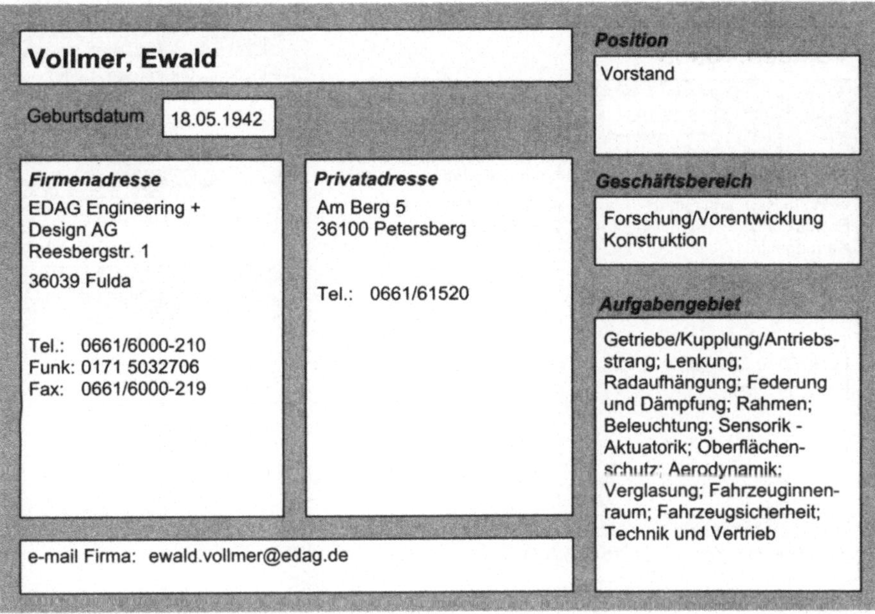

Vollmer, Ewald

Geburtsdatum 18.05.1942

Position

Vorstand

Firmenadresse

EDAG Engineering +
Design AG
Reesbergstr. 1

36039 Fulda

Tel.: 0661/6000-210
Funk: 0171 5032706
Fax: 0661/6000-219

Privatadresse

Am Berg 5
36100 Petersberg

Tel.: 0661/61520

Geschäftsbereich

Forschung/Vorentwicklung
Konstruktion

Aufgabengebiet

Getriebe/Kupplung/Antriebs-
strang; Lenkung;
Radaufhängung; Federung
und Dämpfung; Rahmen;
Beleuchtung; Sensorik -
Aktuatorik; Oberflächen-
schutz; Aerodynamik;
Verglasung; Fahrzeuginnen-
raum; Fahrzeugsicherheit;
Technik und Vertrieb

e-mail Firma: ewald.vollmer@edag.de

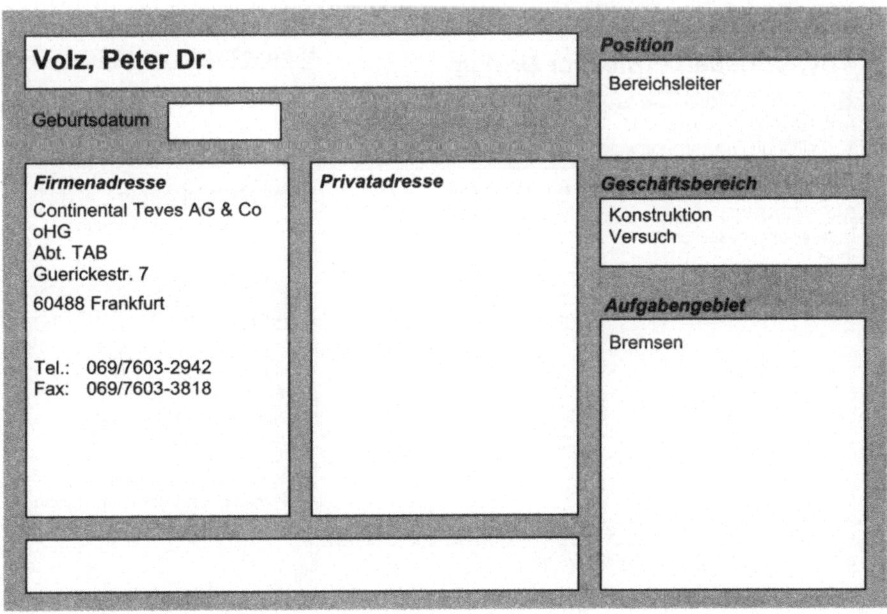

Volz, Peter Dr.

Geburtsdatum

Position

Bereichsleiter

Firmenadresse

Continental Teves AG & Co
oHG
Abt. TAB
Guerickestr. 7

60488 Frankfurt

Tel.: 069/7603-2942
Fax: 069/7603-3818

Privatadresse

Geschäftsbereich

Konstruktion
Versuch

Aufgabengebiet

Bremsen

Vosteen, Klaus

Geburtsdatum 18.12.1961

Position
Abteilungsleiter/Team-Leiter

Firmenadresse
Wilhelm Karmann GmbH
Entwicklung
Karmannstr. 1

49084 Osnabrück

Tel.: 0541/581-0
Funk: 0170 2903698
Fax: 0541/581-1907

Privatadresse
Im Apfelhof 9
27798 Hude

Tel.: 04408/7775

Geschäftsbereich
Konstruktion

Aufgabengebiet
Getriebe/Kupplung/Antriebs-
strang; Achsen;
Radaufhängung; Räder,
Reifen; Lenkung; Federung
und Dämpfung; Bremsen;
Rahmen; Motorintegration

e-mail Firma: KVOSTEEN@KARMANN.COM

Voy, Christian Professor Dr.-Ing.

Geburtsdatum 05.12.1944

Position
Geschäftsführer

Firmenadresse
SACHSENRING
Entwicklungsgesellschaft
mbH
Postfach 20 09 26

08009 Zwickau

Tel.: 0375/5096-395
Funk: 0171 5672445
Fax: 0375/5096-192

Privatadresse
Hof Grando OT Gollern
29549 Bad Bevensen

Tel.: 05821/7330
Funk: 0171 5672445
Fax: 05821/7330

Geschäftsbereich
Forschung/Vorentwicklung

Aufgabengebiet
Fahrzeugtechnik: LKW-
Fahrerhausentwicklung (AL),
Fahrwerkskomponenten,
Sonderschutzfahrzeugbau;
Elektronik: Speicher, ASIC;
Maschinenbau: Verdichter,
Kunststofffolienmaschinen,
Anlagen- und Vorrichtungsbau

e-mail Firma: mft@Sachsenring-AG.de

Wacker, Hans Dieter Dipl.-Ing.

Geburtsdatum **20.01.1945**

Position

Geschäftsbereich

Konstruktion

Firmenadresse

BMW AG
Abt. EA-22
Petuelring 130
80788 München

Tel.:   089/382-33425
Fax: 089/382-33505

Privatadresse

Jurastr. 5
85101 Lenting

Tel.:   08456/5777
Fax: 08456/5777

Aufgabengebiet

Motorbauteile- und zubehör;
Serienbetreuung V-Motoren

e-mail Firma: Hans-dieter wacker@bmw.de

Wagner, Christoph Dr.-Ing.

Geburtsdatum **19.10.1963**

Position

Projektleiter

Geschäftsbereich

Forschung/Vorentwicklung
Versuch

Firmenadresse

Kontec
Mess- und Prüftechnik
GmbH
Nordstr. 123
74219 Möckmühl-Züttlingen

Tel.:   06298/9237-0
Fax: 06298/9237-710

Privatadresse

Siegener Str. 12
65627 Elbtal

Tel.:   06436/4331
Fax: 06436/8232

Aufgabengebiet

Gemischbildung/Verbrennung;
Messtechnik;
Motorenentwicklung

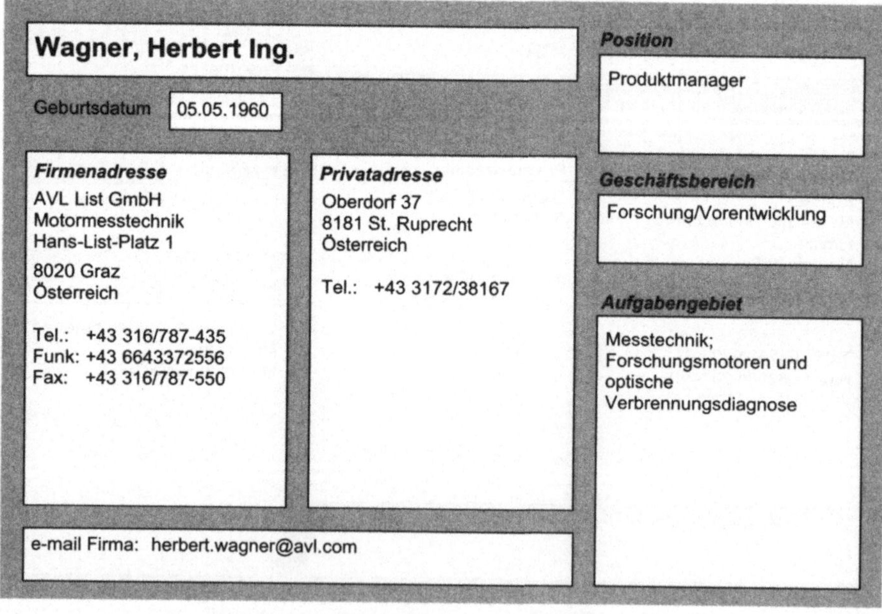

Wagner, Gerhard Dr.-Ing.

Geburtsdatum   13.10.1953

Position

Geschäftsführer

Firmenadresse

ZF GETRIEBE GmbH
Südring

66117 Saarbrücken

Tel.:   0681/920-4220
Fax: 0681/920-2319

Privatadresse

Schwetzinger Weg 27
71686 Remseck

Tel.:   07146/91679
Fax: 07146/92265

Geschäftsbereich

Forschung/Vorentwicklung

Aufgabengebiet

Getriebe/Kupplung/Antriebs-
strang; Entwicklung PKW-
Getriebe

Wagner, Herbert Ing.

Geburtsdatum   05.05.1960

Position

Produktmanager

Firmenadresse

AVL List GmbH
Motormesstechnik
Hans-List-Platz 1

8020 Graz
Österreich

Tel.:   +43 316/787-435
Funk: +43 6643372556
Fax: +43 316/787-550

Privatadresse

Oberdorf 37
8181 St. Ruprecht
Österreich

Tel.:   +43 3172/38167

Geschäftsbereich

Forschung/Vorentwicklung

Aufgabengebiet

Messtechnik;
Forschungsmotoren und
optische
Verbrennungsdiagnose

e-mail Firma: herbert.wagner@avl.com

Wahl, Thomas Dr.

Position
Gruppenleiter

Geburtsdatum 06.06.1965

Firmenadresse
Robert Bosch GmbH
Postfach 30 02 20
70442 Stuttgart

Tel.: 0711/811-33215
Fax: 0711/811-33398

Privatadresse
Maximilianstr. 40/42
75172 Pforzheim

Geschäftsbereich
Forschung/Vorentwicklung

Aufgabengebiet
Sensorik - Aktuatorik;
Entwicklung Lamda-
Sondenkeramik und
Entwicklung Gassensoren

e-mail Firma: thomas.wahl1@bosch.com

Wallentowitz, Henning Professor Dr.

Position
Institutsleiter

Geburtsdatum 16.07.1943

Firmenadresse
Institut für Kraftfahrwesen
Steinbachstr. 10
52074 Aachen

Tel.: 0241/80-5600
Funk: 0171 6108377
Fax: 0241/8888-147

Privatadresse
Im Pützbend 10
52076 Aachen-Schmithof

Tel.: 02408/80007
Funk: 0171 6108377
Fax: 02408/80007

Geschäftsbereich
Forschung/Vorentwicklung

Aufgabengebiet
Getriebe/Kupplung/Antriebs-
strang; Achsen;
Radaufhängung; Räder,
Reifen; Lenkung; Federung
und Dämpfung; Bremsen;
Rahmen; Beleuchtung;
Sensorik - Aktuatorik;
Kommunikation - Navigation;
Aerodynamik; Verglasung;
Fahrzeuginnenraum;
Fahrzeugsicherheit; Fertigung;
Messtechnik; Prüftechnik

e-mail Firma: wallentowitz@ika.rwth-aachen.de

Walliser, Gerhard Prof. Dipl. Ing.

Geburtsdatum　27.08.1936

Position

Dekan

Firmenadresse

Fachhochschule Esslingen
Fachbereich
Fahrzeugtechnik
Kanalstr. 33

73728 Esslingen

Tel.:　0711/397-3300
Funk: 0171 6910988
Fax:　0711/397-3299

Privatadresse

Lerchenstr. 23
71334 Waiblingen

Tel.:　07151/22692
Funk: 0171 6910988
Fax:　07151/22692

Geschäftsbereich

Forschung/Vorentwicklung

Aufgabengebiet

Regelungstechnik

e-mail Firma:　gerhard.walliser@fht-esslingen.de
e-mail Privat:　gerhard.walliser@fht-esslingen.de

Walter, Thomas

Geburtsdatum　01.05.1961

Position

General Manager

Firmenadresse

Sauber Petronas
Engineering
AG
Wildbachstr. 9

8340 Hinwil
Schweiz

Tel.:　+41 1/938-8400
Funk: +41 792366661
Fax:　+41 1/938-8401

Privatadresse

Fritz Fleiner Weg 3
8044 Zürich
Schweiz

Tel.:　+41 1/2627789

Geschäftsbereich

Forschung/Vorentwicklung

Aufgabengebiet

Motorbauteile- und zubehör;
Getriebe/Kupplung/Antriebs-
strang; Einspritzung/
Elektronik; Radaufhängung;
Bremsen; Sensorik -
Aktuatorik; Aerodynamik;
Applikation Formel 1-
Technologie; Entwicklung
Hochleistungsmotoren

e-mail Firma:　waltert@rbs-spe.com
e-mail Privat: SPETW@aol.com

Walzer, P. Professor Dr.-Ing.

Geburtsdatum   04.05.1937

Position
Geschäftsführer

Firmenadresse
FEV Motorentechnik GmbH
Entwicklung
Neuenhofstr. 181

52078 Aachen

Tel.:   0241/5689-500
Funk: 0172 2402190
Fax: 0241/5689-224

Privatadresse
Kaiser-Friedrich-Allee 7 - 9
52074 Aachen

Tel.:   0241/74473
Fax: 0241/74473

Geschäftsbereich
Forschung/Vorentwicklung

Aufgabengebiet
Motorbauteile- und zubehör

e-mail Firma: WALZER@FEV.DE

Warnecke, Dirk Dipl.-Ing.

Geburtsdatum   05.05.1963

Position
Konstrukteur/Sachbearbeiter

Firmenadresse
Volkswagen AG
Dieselentwicklung 2
Brieffach 1758/0

38436 Wolfsburg

Tel.:   05361/9-29568
Fax: 05361/9-27268

Privatadresse
Reiherweg 3
38518 Gifhorn

Tel.:   05371/18167

Geschäftsbereich
Konstruktion

Aufgabengebiet
Motorbauteile- und zubehör;
Dieseltriebwerk: Steuertriebe
(Zahnriemen, Kette),
Nebenaggregattriebe

e-mail Firma: Dirk.Warnecke@Volkswagen.de

Wartzack, Sandro Dipl.-Ing.

Geburtsdatum 16.03.1966

Position

Wissenschaftlicher Mitarbeiter

Firmenadresse

Friedr.-Alexander Universität
Erlangen-Nürnberg
LS Konstruktionstechnik

91058 Erlangen

Tel.: 09131/8527290
Fax: 09131/857988

Privatadresse

Hersbrucker Str. 86
90480 Nürnberg

Tel.: 0911/5455784

Geschäftsbereich

Forschung/Vorentwicklung
Konstruktion

Aufgabengebiet

Oberflächenschutz;
Produktionsplanung und -
steuerung; Fahrzeug-
sicherheit; Fertigung;
Fahrzeugtüren;
alternative/konkurrierende
Karosseriekonzepte;
Fertigungsverfahren

e-mail Firma: wartzack@mfk.uni-erlangen.de
e-mail Privat: Sandro.Wartzack@rzmail.uni-erlangen.de

Weber, Bernd Dr.

Geburtsdatum 11.01.1961

Position

Firmenadresse

AUDI AG
I/ET-13

85049 Ingolstadt

Tel.: 0841/89-33378

Privatadresse

Stammhamer Weg 9
85113 Böhmfeld

Tel.: 08406/915838
Fax: 08406/915838

Geschäftsbereich

Forschung/Vorentwicklung
Berechnung

Aufgabengebiet

Getriebe/Kupplung/Antriebs-
strang; Achsen;
Radaufhängung; Räder,
Reifen; Lenkung; Federung
und Dämpfung; Bremsen;
Simulation,
Mehrkörperdynamik,
Hydraulik, FEM

e-mail Firma: bernd.weber@audi.de

Weber, Christof M. Dr.-Ing.

Geburtsdatum 16.12.1965

Position
Sachbearbeiter

Firmenadresse
DaimlerChrysler AG
Abt. EL/AR
HPC:059-G301

71059 Sindelfingen

Tel.: 07031/90-89298
Funk: 0172 9365686
Fax: 07031/90-3968

Privatadresse
Dorfäckerstr. 2
75391 Gechingen

Tel.: 07056/927310
Funk: 0172 9365686
Fax: 07056/927312

Geschäftsbereich
Forschung/Vorentwicklung
Konstruktion

Aufgabengebiet
Fahrzeugsicherheit;
Entwicklung neuer
Fahrerhauskonzepte für LKW,
Rohbau, neue Werkstoffe,
Strukturberechnungen,
Karosseriekonzepte

e-mail Firma: christof.weber@daimlerchrysler.com
e-mail Privat: christof.weber@t-online.de

Weber, Olaf Dr.-Ing.

Geburtsdatum 23.10.1960

Position
Bereichsleiter

Firmenadresse
MANN + HUMMEL
Filterwerk GmbH
Entwicklung
Hindenburgstr. 45

71638 Ludwigsburg

Tel.: 07141/98-2867
Funk: 0171 4926113
Fax: 07141/98-2385

Privatadresse
Pforzheimer Str. 71
71292 Friolzheim

Tel.: 07044/954284

Geschäftsbereich
Forschung/Vorentwicklung
Konstruktion

Aufgabengebiet
Motorbauteile- und zubehör;
Sensorik - Aktuatorik;
Betriebsstoffe; Messtechnik;
Prüftechnik;
Qualitätsmanagement; Techn.
Dienstleistungen,
Entwicklungsbeauftragter der
Geschäftsführung

e-mail Firma: olaf.weber@mann-hummel.com

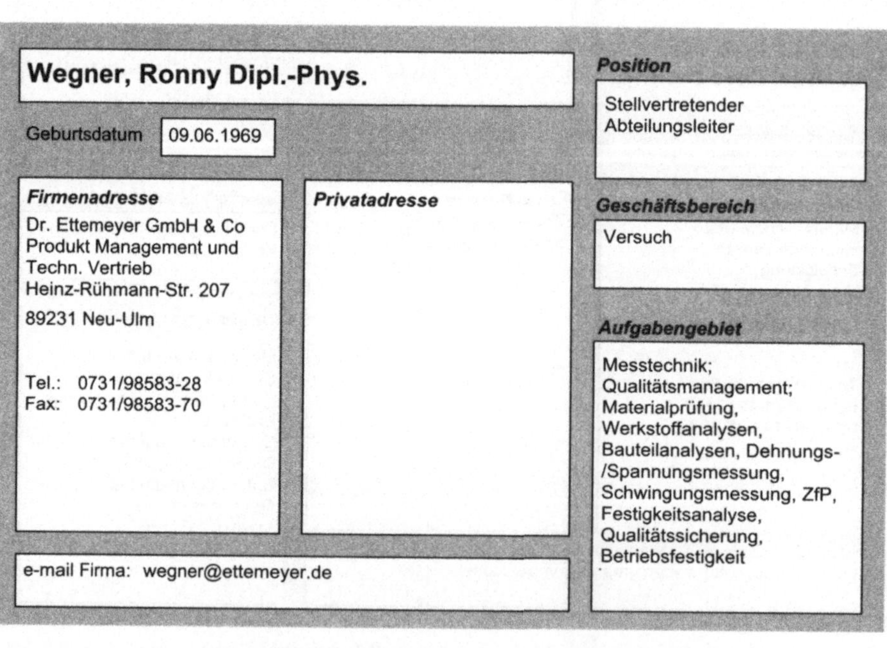

Webers, Klaus Dr.

Geburtsdatum 17.03.1966

Firmenadresse
BMW AG
Entwicklung
Petuelring 130
80788 München

Tel.: 089/382-48718
Fax: 089/382-48273

Privatadresse
Am Woerth 35 A
85354 Freising

e-mail Firma: Klaus.webers@bmw.de

Position
Entwicklungsingenieur

Geschäftsbereich
Forschung/Vorentwicklung

Aufgabengebiet
Federung und Dämpfung;
Fahrwerkskonzepte,
Vertikaldynamik

Wegner, Ronny Dipl.-Phys.

Geburtsdatum 09.06.1969

Firmenadresse
Dr. Ettemeyer GmbH & Co
Produkt Management und
Techn. Vertrieb
Heinz-Rühmann-Str. 207
89231 Neu-Ulm

Tel.: 0731/98583-28
Fax: 0731/98583-70

Privatadresse

e-mail Firma: wegner@ettemeyer.de

Position
Stellvertretender
Abteilungsleiter

Geschäftsbereich
Versuch

Aufgabengebiet
Messtechnik;
Qualitätsmanagement;
Materialprüfung,
Werkstoffanalysen,
Bauteilanalysen, Dehnungs-
/Spannungsmessung,
Schwingungsmessung, ZfP,
Festigkeitsanalyse,
Qualitätssicherung,
Betriebsfestigkeit

Weidemann, Reiner Dipl.-Ing.

Position

Leiter

Geburtsdatum   26.07.1959

Geschäftsbereich

Berechnung
Versuch

Firmenadresse

Adam Opel AG
ITEZ, 80-18
65428 Rüsselsheim

Tel.:   06142/7-76419
Fax: 06142/7-78012

Privatadresse

Aufgabengebiet

Aerodynamik; Aeroakustik und
Motorraum-Thermik-
Simulation

e-mail Firma: reiner.weidemann@de.opel.com

Weidemann, Wolfgang

Position

Abteilungsleiter/Team-Leiter

Geburtsdatum   23.08.1946

Geschäftsbereich

Forschung/Vorentwicklung

Firmenadresse

EDAG
Engineering & Design AG
Technische Entwicklung
Reesbergstr. 1
36039 Fulda

Tel.:   0661/6000-503
Fax: 0661/6000-555

Privatadresse

Wilhelm-Fröhlich-Str. 10
36100 Petersberg

Tel.:   0661/602527
Fax: 0661/601027

Aufgabengebiet

Gesamtfahrzeug, Gesetze
und fahrzeugtechnische
Vorschriften, Package,
Fahrzeugkonzepte

e-mail Firma: Wolfgang.Weidemann@edag.de
e-mail Privat: weidemann.marbach@t-online.de

Weidinger, Christoph Richard Dipl.-Ing.

Position

Projektleiter

Geburtsdatum   12.02.1971

Geschäftsbereich

Versuch

Firmenadresse

AVL List GmbH
Entwicklung
Hans-List-Platz 1

8020 Graz
Österreich

Tel.:   +43 316/787-1728
Fax: +43 316/787-1676

Privatadresse

Schulstr. 22
3300 Amstetten
Österreich

Tel.:   +43 664/3258470
Funk: +43 664/3258470
Fax: +43 664/3258470

Aufgabengebiet

Messtechnik; Prüftechnik;
Messgütesicherung,
Applikationsunterstützung im
Motorenprüffeld

e-mail Firma: christoph.weidinger@avl.com

Weimar, Hans Joachim Dipl.-Ing.

Position

Geburtsdatum   05.11.1966

Geschäftsbereich

Forschung/Vorentwicklung

Firmenadresse

Universität Karlsruhe
Institut für Kolbenmaschinen
Kaiserstr. 12

76131 Karlsruhe

Tel.:   0721/964-6872
Fax: 0721/964-6866

Privatadresse

Aufgabengebiet

Gemischbildung/Verbrennung;
Messtechnik; Entwicklung
Brennverfahren

e-mail Firma: HANS-JOACHIM.WEIMAR@IFKM.UNI-
KARLSRUHE.DE

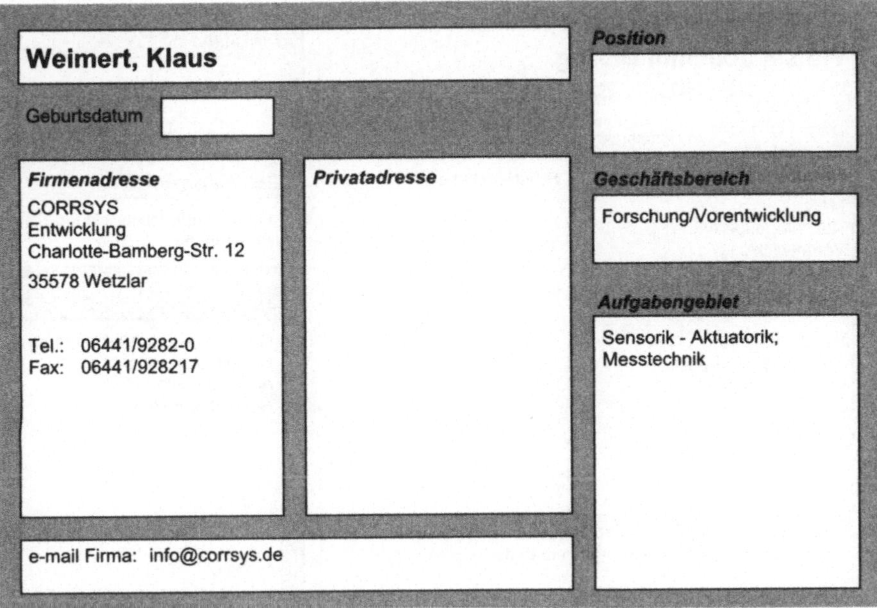

Weimert, Klaus

Geburtsdatum

Firmenadresse

CORRSYS
Entwicklung
Charlotte-Bamberg-Str. 12

35578 Wetzlar

Tel.:   06441/9282-0
Fax: 06441/928217

Privatadresse

e-mail Firma: info@corrsys.de

Position

Geschäftsbereich

Forschung/Vorentwicklung

Aufgabengebiet

Sensorik - Aktuatorik;
Messtechnik

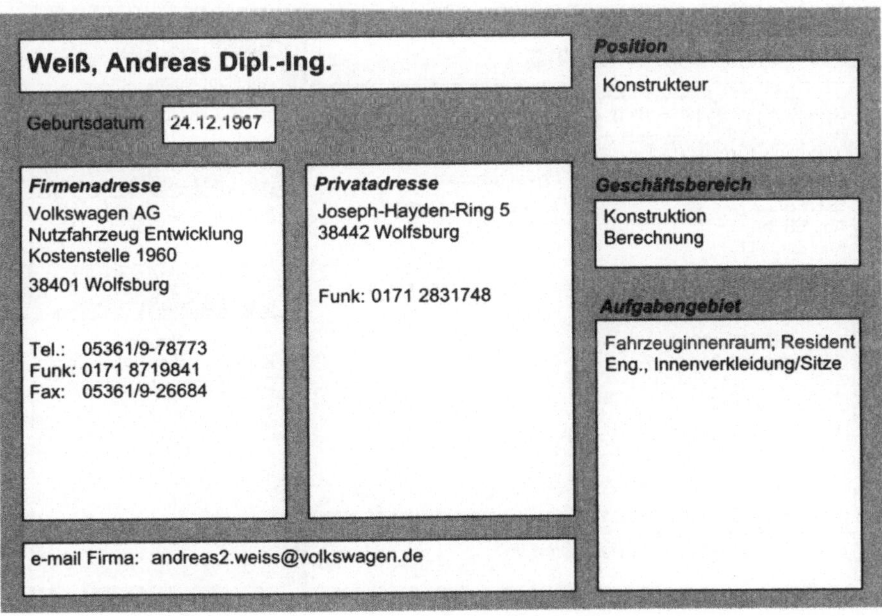

Weiß, Andreas Dipl.-Ing.

Geburtsdatum   24.12.1967

Firmenadresse

Volkswagen AG
Nutzfahrzeug Entwicklung
Kostenstelle 1960

38401 Wolfsburg

Tel.:   05361/9-78773
Funk: 0171 8719841
Fax: 05361/9-26684

Privatadresse

Joseph-Hayden-Ring 5
38442 Wolfsburg

Funk: 0171 2831748

e-mail Firma: andreas2.weiss@volkswagen.de

Position

Konstrukteur

Geschäftsbereich

Konstruktion
Berechnung

Aufgabengebiet

Fahrzeuginnenraum; Resident
Eng., Innenverkleidung/Sitze

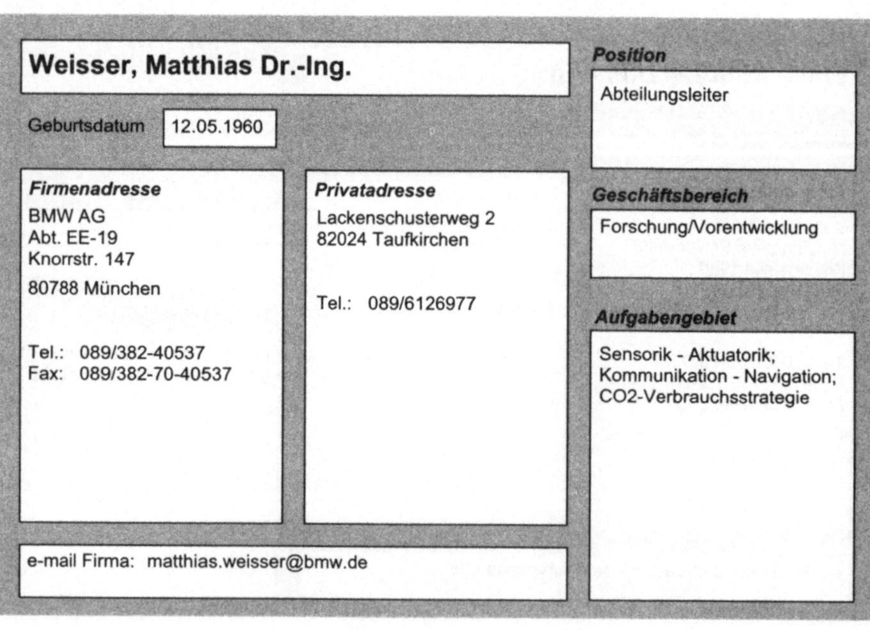

Weiss, Joachim Dr.-Ing.

Geburtsdatum

Position

Firmenadresse

MAN
Nutzfahrzeuge AG
Vorentwicklung
Vogelweiher 33

90441 Nürnberg

Tel.: 0911/420-2374
Fax: 0911/420-1950

Privatadresse

Geschäftsbereich

Forschung/Vorentwicklung
Berechnung

Aufgabengebiet

Gemischbildung/Verbrennung;
Dieselmotor, Simulation,
Aufladetechnik; Motor
Gesamtverhalten

e-mail Firma: joachim_weiss@mn.man.de

Weisser, Matthias Dr.-Ing.

Geburtsdatum 12.05.1960

Position

Abteilungsleiter

Firmenadresse

BMW AG
Abt. EE-19
Knorrstr. 147

80788 München

Tel.: 089/382-40537
Fax: 089/382-70-40537

Privatadresse

Lackenschusterweg 2
82024 Taufkirchen

Tel.: 089/6126977

Geschäftsbereich

Forschung/Vorentwicklung

Aufgabengebiet

Sensorik - Aktuatorik;
Kommunikation - Navigation;
CO2-Verbrauchsstrategie

e-mail Firma: matthias.weisser@bmw.de

Weißhappel, Helmut Michael Ing.

Position

Centerleiter

Geburtsdatum 26.08.1949

Firmenadresse

DaimlerChrysler AG
HPC G304
Center: ET/A
Tilsiter Str. 15
71059 Sindelfingen

Tel.: 07031/90-79250
Funk: 0171 5721647
Fax: 07031/90-79276

Privatadresse

Guttenbrunnstr. 18/1
71067 Sindelfingen

Tel.: 07031/384869

Geschäftsbereich

Konstruktion
Versuch

Aufgabengebiet

Oberflächenschutz;
Fahrzeuginnenraum;
Verglasung;
Fahrzeugsicherheit;
Transporter: Entwicklung
Aufbau, Konstruktion, Aufbau-
Packaging, Ergonomie,
Sicherheit, Versuch Heizung,
Lüftung, Klimatisierung

e-mail Firma: helmut.m.weisshappel@daimlerchrysler.com

Weisweiler, Werner Professor Dr.

Position

Professor

Geburtsdatum 18.02.1938

Firmenadresse

Universität Karlsruhe
Institut für Chem. Technik
Kaiserstr. 12
76128 Karlsruhe

Tel.: 0721/608-3192
Fax: 0721/608-2816

Privatadresse

Goethering 107
75196 Remchingen

Tel.: 07232/72151
Fax: 07232/72151

Geschäftsbereich

Forschung/Vorentwicklung

Aufgabengebiet

Abgasnachbehandlung:
(Diesel, Otto-DI),
Katalysatoren, Rußfilter,
Gasanalytik,
Feststoffanalysen

e-mail Firma: cf02@rz.uni-karlsruhe.de

Weller, Ralph Dr.-Ing.

Geburtsdatum

Position

Projektleiter

Firmenadresse

DaimlerChrysler AG
Entwicklung
Postfach

70546 Stuttgart

Tel.:   0711/17-39244
Fax: 0711/17-39421

Privatadresse

Geschäftsbereich

Berechnung

Aufgabengebiet

Gemischbildung/Verbrennung;
Ottomotor

Weltens, Hermann Dr.-Ing.

Geburtsdatum

Position

Vice President Engineering

Firmenadresse

Heinrich Gillet GmbH & Co
KG
Tenneco Automotive
Forschung und Entwicklung
Luipoldstr. 83

67480 Edenkoben

Tel.:   06323/47-2253
Fax: 06323/47-2599

Privatadresse

Geschäftsbereich

Forschung/Vorentwicklung
Konstruktion

Aufgabengebiet

Motorbauteile- und zubehör;
Entwicklung von
Abgasanlagen für PKW und
NFZ

Wendt, Florian Dr.

Geburtsdatum

Position
Geschäftsführer

Firmenadresse	*Privatadresse*
AC Tech GmbH Entwicklung Am St. Niclas Schacht 13 09599 Freiberg Tel.: 03731/781-179 Fax: 03731/781-155	

e-mail Firma: prototype@actech.de

Geschäftsbereich
Forschung/Vorentwicklung
Konstruktion

Aufgabengebiet
Motorbauteile- und zubehör;
Radaufhängung;
Getriebe/Kupplung/Antriebs-
strang; Lenkung; Bremsen;
Rahmen; Rapid Prototyping
von Gussteilen; Herstellung
techn. Prototypen als Gussteil

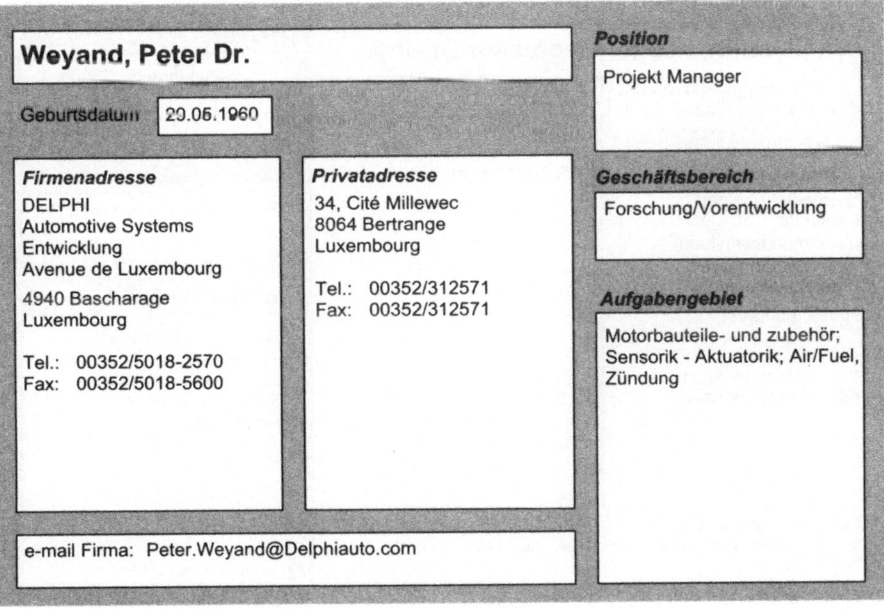

Weyand, Peter Dr.

Geburtsdatum 20.06.1960

Position
Projekt Manager

Firmenadresse	*Privatadresse*
DELPHI Automotive Systems Entwicklung Avenue de Luxembourg 4940 Bascharage Luxembourg Tel.: 00352/5018-2570 Fax: 00352/5018-5600	34, Cité Millewec 8064 Bertrange Luxembourg Tel.: 00352/312571 Fax: 00352/312571

e-mail Firma: Peter.Weyand@Delphiauto.com

Geschäftsbereich
Forschung/Vorentwicklung

Aufgabengebiet
Motorbauteile- und zubehör;
Sensorik - Aktuatorik; Air/Fuel,
Zündung

Wickern, Gerhard Dr.-Ing.

Geburtsdatum

Position

Geschäftsbereich

Versuch

Aufgabengebiet

Aerodynamik

Firmenadresse

AUDI AG
Entwicklung
I/EK-44
Auto-Union-Str.

85045 Ingolstadt

Tel.:   0841/89-0

Privatadresse

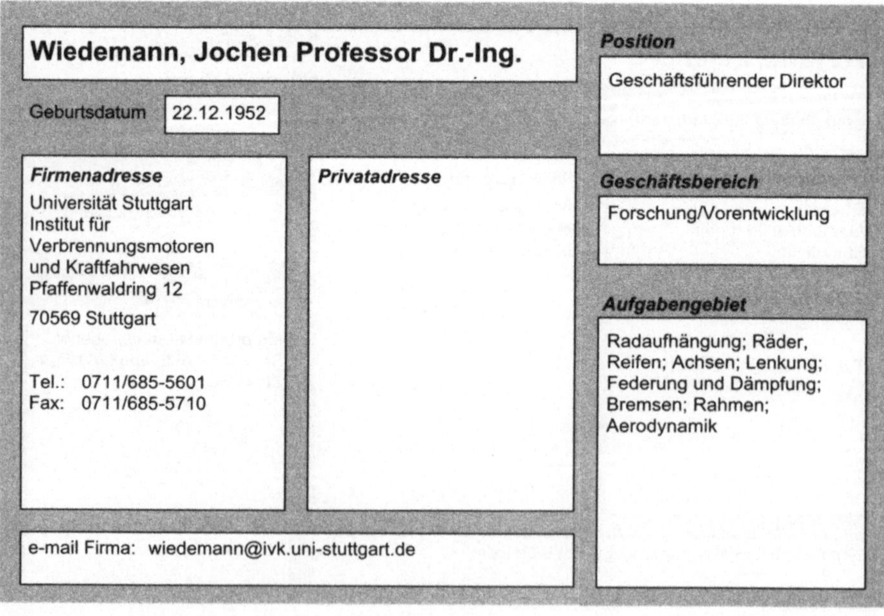

Wiedemann, Jochen Professor Dr.-Ing.

Geburtsdatum   22.12.1952

Position

Geschäftsführender Direktor

Geschäftsbereich

Forschung/Vorentwicklung

Aufgabengebiet

Radaufhängung; Räder,
Reifen; Achsen; Lenkung;
Federung und Dämpfung;
Bremsen; Rahmen;
Aerodynamik

Firmenadresse

Universität Stuttgart
Institut für
Verbrennungsmotoren
und Kraftfahrwesen
Pfaffenwaldring 12

70569 Stuttgart

Tel.:   0711/685-5601
Fax: 0711/685-5710

Privatadresse

e-mail Firma: wiedemann@ivk.uni-stuttgart.de

Wiedemann, Werner

Geburtsdatum   03.01.1954

Firmenadresse

TEMIC
Entwicklung Antrieb
Sieboldstr. 19

90411 Nürnberg

Tel.:   0911/9526-2176
Funk: 0172 8360528
Fax: 0911/9526-2603

Privatadresse

Steger Str. 5
90174 Herzogenaurach

Tel.:   09132/795952

e-mail Firma: werner.wiedemann@temic.de

Position

Abteilungsleiter/Team-Leiter

Geschäftsbereich

Forschung/Vorentwicklung

Aufgabengebiet

Einspritzung/Elektronik;
Entwicklung
Ottomotorelektronik

Wienholt, Hans-Wilhelm Dr.-Ing.

Geburtsdatum   01.09.1958

Firmenadresse

Mannesmann Sachs AG
Entwicklung
Ernst-Sachs-Str. 62

97424 Schweinfurt

Tel.:   09721/98-2597
Funk: 0172 6602159
Fax: 09721/98-5078

Privatadresse

Volkerssteig 5
97532 Üchtelhausen

Tel.:   09720/950217
Funk: 0172 6619720

e-mail Firma: hans.wienholt@sachs-ag.de
e-mail Privat: hwwienholt@aol.com

Position

Entwicklungsleiter

Geschäftsbereich

Forschung/Vorentwicklung
Konstruktion

Aufgabengebiet

Getriebe/Kupplung/Antriebs-
strang; Hydrodynamische
Drehmomentwandler

Wiese, Dietmar Dr.

Geburtsdatum　03.02.1962

Position
Abteilungsleiter/Team-Leiter

Firmenadresse
Schenck RoTec GmbH
Landwehrstr. 55
64273 Darmstadt

Tel.:　06151/32-1534
Fax:　06151/32-2315

Privatadresse
Odenwaldring 64
64380 Roßdorf

Tel.:　06154/81351

Geschäftsbereich
Forschung/Vorentwicklung

Aufgabengebiet
Motorbauteile- und zubehör;
Produktionsplanung und -
steuerung; Räder, Reifen;
Messtechnik; Vorentwicklung
Auswucht- und
Diagnosetechnik

e-mail Firma:　wiese@schenck.net

Wiesner, Michael Dipl.-Ing.

Geburtsdatum　10.04.1966

Position
Doktorand

Firmenadresse
DaimlerChrysler AG
FT1/MP
HPC G203
70546 Stuttgart

Tel.:　0711/17-21329
Fax:　0711/17-52423

Privatadresse

Geschäftsbereich
Forschung/Vorentwicklung
Versuch

Aufgabengebiet
Betriebsstoffe;
Motorenmechanik, Tribologie

e-mail Firma:　michael.wiesner@daimlerchrysler.com

Wildemann, Roger Dipl.-Ing.

Position

Geschäftsführer

Geburtsdatum 04.03.1963

Firmenadresse

Dr. Schrick GmbH
Entwicklung
Dreherstr. 5

42899 Remscheid

Tel.: 02191/950113
Funk: 0173 2717153
Fax: 02191/950127

Privatadresse

Geschäftsbereich

Konstruktion
Berechnung

Aufgabengebiet

Motorbauteile- und zubehör;
Einspritzung/Elektronik;
Gemischbildung/Verbrennung;
Einkauf; Fertigung;
Messtechnik; Prüftechnik

e-mail Firma: rwildemann@drschrick.de

Willand, Jürgen Dipl.-Ing.

Position

EZ-Leiter

Geburtsdatum 22.04.1952

Firmenadresse

DaimlerChrysler AG
Forschung und Technologie
HPC G203

70546 Stuttgart

Tel.: 0711/17-20894
Fax: 0711/17-59799

Privatadresse

Weinklinge 46
70329 Stuttgart

Tel.: 0711/425504
Fax: 0711/425504

Geschäftsbereich

Forschung/Vorentwicklung

Aufgabengebiet

Motorbauteile- und zubehör;
Betriebsstoffe;
Gemischbildung/Verbrennung;
Einspritzung/Elektronik;
Getriebe/Kupplung/Antriebs-
strang; Verantwortlich für
Verbrennungsmotorische
Antriebe, Getriebe und
Triebstrang in der DC-
Forschung

e-mail Firma: juergen.willand@daimlerchrysler.com

Wille, Hans-Christian Dr.-Ing.

Geburtsdatum 29.11.1948

Position

Management

Firmenadresse

Volkswagen AG
Forschung und Entwicklung
Brieffach 1710

38436 Wolfsburg

Tel.: 05361/9-75650
Fax: 05361/9-38670

Privatadresse

Falkenweg 3
38527 Meine

Tel.: 05304/3703

Geschäftsbereich

Berechnung

Aufgabengebiet

Radaufhängung; Achsen

e-mail Firma: hans-christian.wille@volkswagen.de

Willimowski, Markus Dipl.-Ing.

Geburtsdatum 22.05.1970

Position

Wissenschaftlicher Mitarbeiter

Firmenadresse

Technische Universität
Darmstadt
Forschung
Landgraf-Georg-Str. 4

64283 Darmstadt

Tel.: 06151/16-4127
Fax: 06151/293445

Privatadresse

Saalbaustr. 5
64283 Darmstadt

Tel.: 06151/294428

Geschäftsbereich

Forschung/Vorentwicklung

Aufgabengebiet

Fehlerdiagnose, OBD-
Verfahren, Ottomotor,
Regelung

e-mail Firma: mwillimowski@iat.tu-darmstadt.de

Willmann, Michael Dipl.-Ing.

Geburtsdatum   14.04.1945

Position

Projektleiter

Firmenadresse

Volkswagen AG
Brieffach 1776

38436 Wolfsburg

Tel.:   05361/9-75515
Fax: 05361/9-72837

Privatadresse

Virchowhang 14
38440 Wolfsburg

Tel.:   05361/48112

Geschäftsbereich

Forschung/Vorentwicklung

Aufgabengebiet

Gemischbildung/Verbrennung;
Forschung Brennverfahren,
Mechatronic, Dieselmotoren

e-mail Firma: Michael Willmann@Volkswagen.DE

Willmerding, Günter Professor Dr.-Ing.

Geburtsdatum   15.08.1947

Position

Institutsleiter

Firmenadresse

Steinbeis
TZ-Verkehrstechnik
Entwicklung
Prittwitzstr. 10

89075 Ulm

Tel.:   07325/3306
Funk: 0172 6259532
Fax: 07325/4192

Privatadresse

Geschäftsbereich

Forschung/Vorentwicklung
Berechnung

Aufgabengebiet

Motorbauteile- und zubehör;
Betriebsstoffe;
Gemischbildung/Verbrennung;
Einspritzung/Elektronik;
Getriebe/Kupplung/Antriebs-
strang; Sensorik - Aktuatorik;
Kommunikation - Navigation;
Messtechnik; Simulation
Antrieb, Kraftstoffverbrauch,
Struktursimulation,
Lebensdauer, Verkehrstechnik

e-mail Firma: guenterwillmerding@compuserve.com

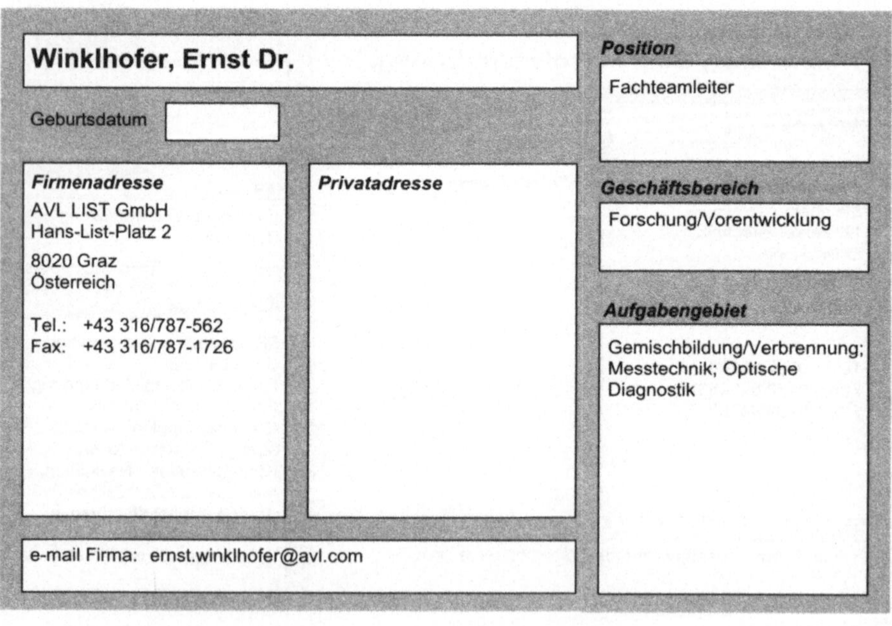

Windisch, Herbert Professor

Geburtsdatum 26.11.1949

Position

Projektleiter

Firmenadresse

Steinbeis-Transferzentrum
Techn. Beratung
Entwicklung
Robert-Bosch-Str. 32

74081 Heilbronn

Tel.: 07131/257002
Fax: 07131/257003

Privatadresse

Tel.: 07136/7870
Fax: 07136/5681

Geschäftsbereich

Forschung/Vorentwicklung

Aufgabengebiet

Motorbauteile- und zubehör;
Schleppleistungsermittlung,
Tribologie,
Energiemanagement von
Pkw-Motoren,
Motormechanik-Funktion

e-mail Firma: h.windisch@fh-heilbronn.de
e-mail Privat: Prof.H.Windisch@t-online.de

Winklhofer, Ernst Dr.

Geburtsdatum

Position

Fachteamleiter

Firmenadresse

AVL LIST GmbH
Hans-List-Platz 2

8020 Graz
Österreich

Tel.: +43 316/787-562
Fax: +43 316/787-1726

Privatadresse

Geschäftsbereich

Forschung/Vorentwicklung

Aufgabengebiet

Gemischbildung/Verbrennung;
Messtechnik; Optische
Diagnostik

e-mail Firma: ernst.winklhofer@avl.com

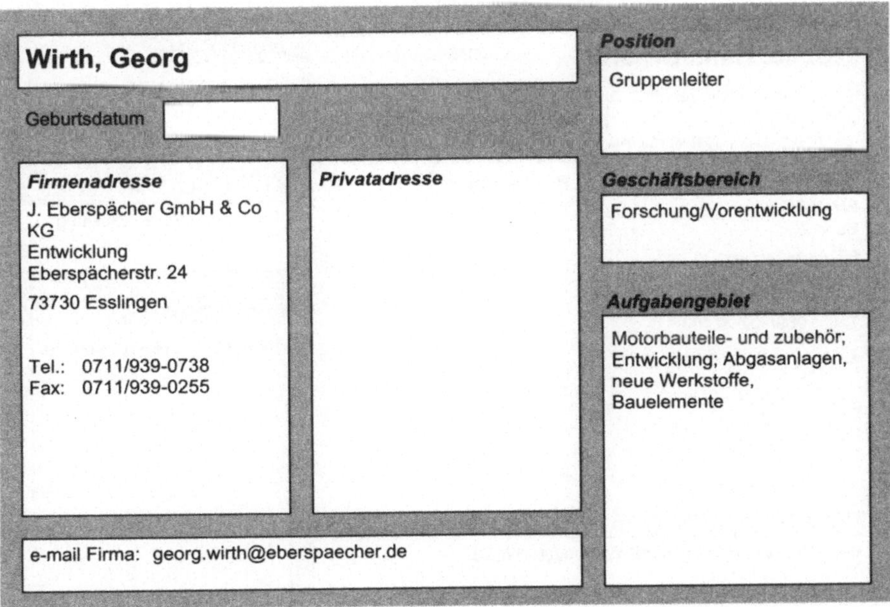

Wirbeleit, Friedrich Dr.

Geburtsdatum 19.04.1953

Firmenadresse

DaimlerChrysler AG
Forschung
HPC E222
Postfach

70546 Stuttgart

Tel.:   0711/17-20877
Fax: 0711/17-52416

Privatadresse

e-mail Firma: friedrich.wirbeleit@daimlerchrysler.com

Position

Abteilungsleiter/Team-Leiter

Geschäftsbereich

Forschung/Vorentwicklung
Berechnung

Aufgabengebiet

Motorbauteile- und zubehör;
Gemischbildung/Verbrennung;
Einspritztechnik, Ottomotor,
Dieselmotor, Schadstoffe,
Aufladung, Simulation

Wirth, Georg

Geburtsdatum

Firmenadresse

J. Eberspächer GmbH & Co
KG
Entwicklung
Eberspächerstr. 24

73730 Esslingen

Tel.:   0711/939-0738
Fax: 0711/939-0255

Privatadresse

e-mail Firma: georg.wirth@eberspaecher.de

Position

Gruppenleiter

Geschäftsbereich

Forschung/Vorentwicklung

Aufgabengebiet

Motorbauteile- und zubehör;
Entwicklung; Abgasanlagen,
neue Werkstoffe,
Bauelemente

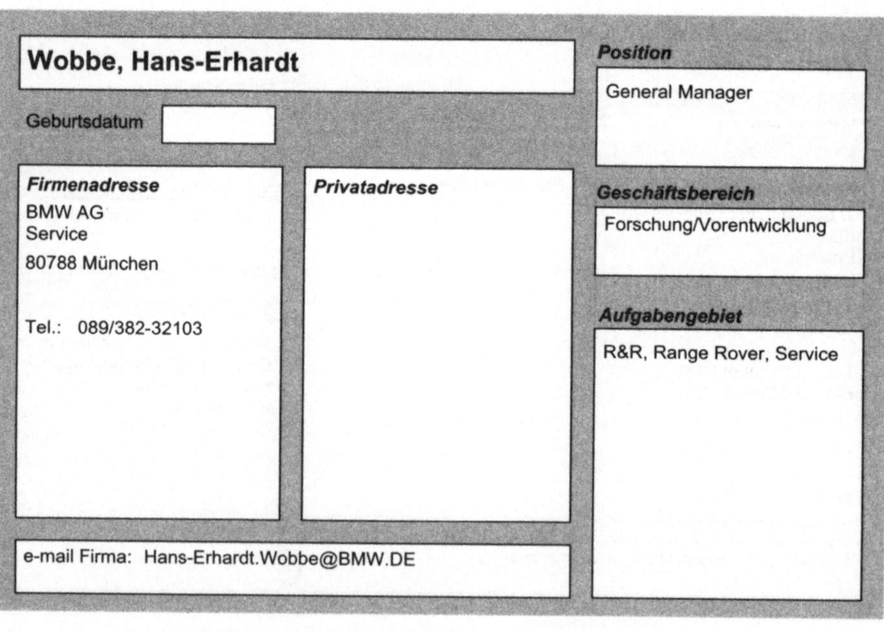

Witt, Ulrich Dipl.-Ing.

Geburtsdatum: 31.05.1954

Firmenadresse
Hella KG Hueck & Co
PBS-KE
Rixbecker Str. 75
59552 Lippstadt

Tel.: 02941/38-7578
Fax: 02941/38-7440

Privatadresse

e-mail Firma: WITTUL2@HELLA.DE

Position
Gruppenleiter

Geschäftsbereich
Forschung/Vorentwicklung

Aufgabengebiet
Beleuchtung; Sensorik - Aktuatorik; Produktbereich Scheinwerfer-Konzeptentwicklung

Wobbe, Hans-Erhardt

Geburtsdatum:

Firmenadresse
BMW AG
Service
80788 München

Tel.: 089/382-32103

Privatadresse

e-mail Firma: Hans-Erhardt.Wobbe@BMW.DE

Position
General Manager

Geschäftsbereich
Forschung/Vorentwicklung

Aufgabengebiet
R&R, Range Rover, Service

Wohnhaas, Achim Dr.-Ing.

Geburtsdatum

Position

Projektgruppenleiter

Firmenadresse

debis Systemhaus
Kfz-Elektronik
Fasanenweg 9

70771 Leinfelden-
Echterdingen

Tel.:   0711/972-5333
Fax: 0711/972-1913

Privatadresse

Geschäftsbereich

Forschung/Vorentwicklung

Aufgabengebiet

Einspritzung/Elektronik;
Kommunikation - Navigation;
Lenkung; Qualitäts-
management; Kfz-Elektronik;
rechnergestützte Methoden
und Werkzeuge;
modellbasierte und
simulationsgestützte
Steuergeräte-Software-
Entwicklung; Funktions-
entwicklung und Simulation

e-mail Firma: achim.wohnhaas@debis.com

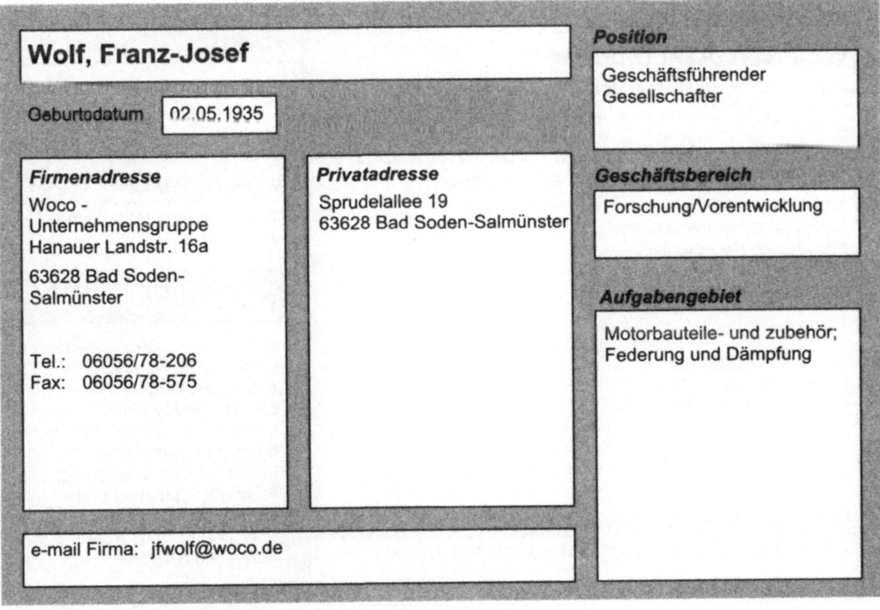

Wolf, Franz-Josef

Geburtsdatum   02.05.1935

Position

Geschäftsführender
Gesellschafter

Firmenadresse

Woco -
Unternehmensgruppe
Hanauer Landstr. 16a

63628 Bad Soden-
Salmünster

Tel.:   06056/78-206
Fax: 06056/78-575

Privatadresse

Sprudelallee 19
63628 Bad Soden-Salmünster

Geschäftsbereich

Forschung/Vorentwicklung

Aufgabengebiet

Motorbauteile- und zubehör;
Federung und Dämpfung

e-mail Firma: jfwolf@woco.de

Wölfle, Martin Dr.-Ing.

Geburtsdatum   10.02.1963

Position

Gruppenleiter

Geschäftsbereich

Konstruktion

Firmenadresse

Ford Werke AG
D-ME/PNI-102
Spessartstr.

50725 Köln

Tel.:   0221/903-1872
Fax: 0221/903-1809

Privatadresse

Willy-Brandt-Str. 41
50374 Erftstadt-Liblar

Tel.:   02235/413042
Fax: 02235/413043

Aufgabengebiet

Motorbauteile- und zubehör;
Integration Antriebsstrang
Ottomotoren

e-mail Firma: mwoelfle@ford.com
e-mail Privat: Martin.Woelfle@t-online.de

Wollesen, Axel Dipl.-Ing.

Geburtsdatum   05.05.1970

Position

Fachabteilungsleiter

Geschäftsbereich

Forschung/Vorentwicklung
Konstruktion

Firmenadresse

IVM
Technical Consultants GmbH
Entwicklung Karosserie
Bergrat-Bilfinger-Str. 5

74177 Bad Friedrichshall

Tel.:   07136/999-150
Funk: 0172 4521757
Fax: 07136/999-292

Privatadresse

Alexanderstr. 53
74034 Heilbronn

Aufgabengebiet

Beleuchtung; Kommunikation
- Navigation; Sensorik -
Aktuatorik; Oberflächen-
schutz; Aerodynamik;
Verglasung; Fahrzeuginnen-
raum; Fahrzeugsicherheit;
Einkauf; Fabrikausrüstung;
Produktionsplanung und -
steuerung; Fertigung;
Entwicklung Rohkarosserie,
Türen und Klappen

e-mail Firma: Axel.Wollesen@IVM-AUTOMOTIVE.COM

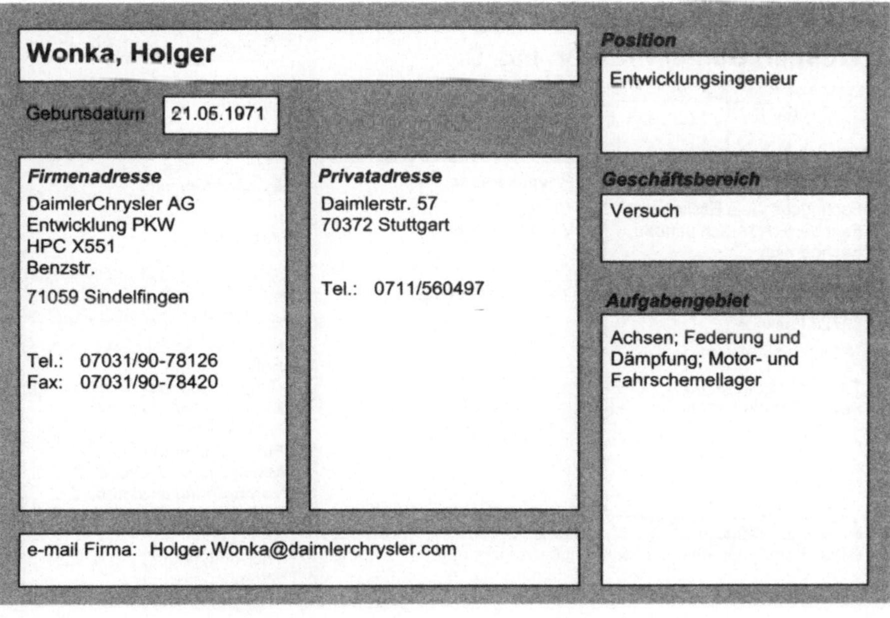

Wolters, Peter Dr.-Ing.

Geburtsdatum 31.03.1955

Firmenadresse
FEV
Motorentechnik GmbH
Entwicklung
Neuenhofstr. 181

52078 Aachen

Tel.: 0241/5689-510
Fax: 0241/5689-507

Privatadresse

e-mail Firma: WOLTERS@FEV.DE

Position
Spartenleiter

Geschäftsbereich
Forschung/Vorentwicklung
Versuch

Aufgabengebiet
Gemischbildung/Verbrennung;
Einspritzung/Elektronik;
Ottomotoren

Wonka, Holger

Geburtsdatum 21.06.1971

Firmenadresse
DaimlerChrysler AG
Entwicklung PKW
HPC X551
Benzstr.

71059 Sindelfingen

Tel.: 07031/90-78126
Fax: 07031/90-78420

Privatadresse
Daimlerstr. 57
70372 Stuttgart

Tel.: 0711/560497

e-mail Firma: Holger.Wonka@daimlerchrysler.com

Position
Entwicklungsingenieur

Geschäftsbereich
Versuch

Aufgabengebiet
Achsen; Federung und
Dämpfung; Motor- und
Fahrschemellager

Woschni, Gerhard Professor Dr.-Ing.

Geburtsdatum **05.04.1934**

Firmenadresse

Lehrstuhl f.
Verbrennungskraft-
maschinen + Kraftfahrzeuge
der
TU München
Schragenhofstr. 31

80992 München

Tel.: 089/289-24102
Fax: 089/289-24100

Privatadresse

Weitlstr. 66
80935 München

Tel.: 089/38583054

e-mail Firma: @lvk.mw.tu-muenchen.de

Position

Ordinarius

Geschäftsbereich

Forschung/Vorentwicklung

Aufgabengebiet

Motorbauteile- und zubehör;
Betriebsstoffe;
Gemischbildung/Verbrennung;
Einspritzung/Elektronik;
Getriebe/Kupplung/Antriebs-
strang; Forschung und Lehre

Wößner, Günter Prof. Dr. Ing. Dr.

Geburtsdatum **21.02.1938**

Firmenadresse

Fachhochschule Esslingen
Fachbereich Maschinenbau,
Fachbereich
Fahrzeugtechnik
Kanalstr. 33

73728 Esslingen

Tel.: 0711/397-3203
Fax: 0711/397-3100

Privatadresse

Eichendorffstr. 43
73734 Esslingen

Tel.: 0711/381381

e-mail Firma: Guenter.Woessner@fht-esslingen.de

Position

Professor
Laborleiter

Geschäftsbereich

Forschung/Vorentwicklung
Versuch

Aufgabengebiet

Motorbauteile- und zubehör;
Betriebsstoffe;
Gemischbildung/Verbrennung;
Einspritzung/Elektronik;
Aerodynamik;
Fahrzeuginnenraum;
Messtechnik; Prüftechnik;
Verbrennungsmotoren
(Schadstoffreduzierung,
Abgastechnik),
Thermodynamik,
Strömungstechnik

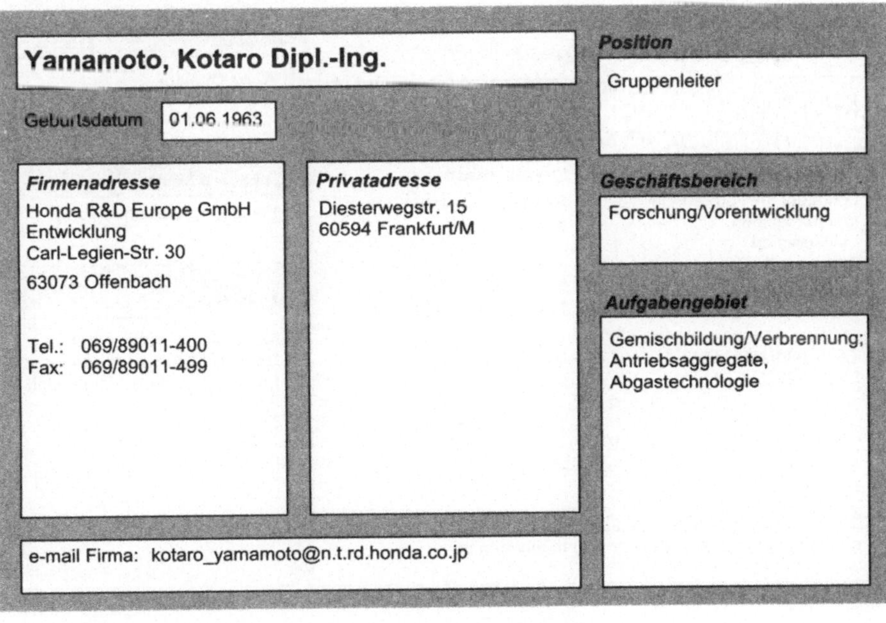

Wunsch, Eckart

Geburtsdatum

Position
Entwicklungsleiter

Firmenadresse
Bekaert Deutschland GmbH
Meerstr. 3

41366 Schwalmtal

Tel.:   02163/4901-0
Funk: 0172 5173752
Fax: 02163/4901-11

Privatadresse
Frühlingshalde 7
75399 Unterreichenbach

Tel.:   07235/973077
Fax: 07235/973078

Geschäftsbereich
Forschung/Vorentwicklung

Aufgabengebiet

e-mail Firma:
WUNSCH_ECKART/BADHOM_LR@bekaert.com

Yamamoto, Kotaro Dipl.-Ing.

Geburtsdatum   01.06.1963

Position
Gruppenleiter

Firmenadresse
Honda R&D Europe GmbH
Entwicklung
Carl-Legien-Str. 30

63073 Offenbach

Tel.:   069/89011-400
Fax: 069/89011-499

Privatadresse
Diesterwegstr. 15
60594 Frankfurt/M

Geschäftsbereich
Forschung/Vorentwicklung

Aufgabengebiet
Gemischbildung/Verbrennung;
Antriebsaggregate,
Abgastechnologie

e-mail Firma: kotaro_yamamoto@n.t.rd.honda.co.jp

Zech, Ulrich

Geburtsdatum

Position
Abteilungsleiter/Team-Leiter

Geschäftsbereich
Konstruktion

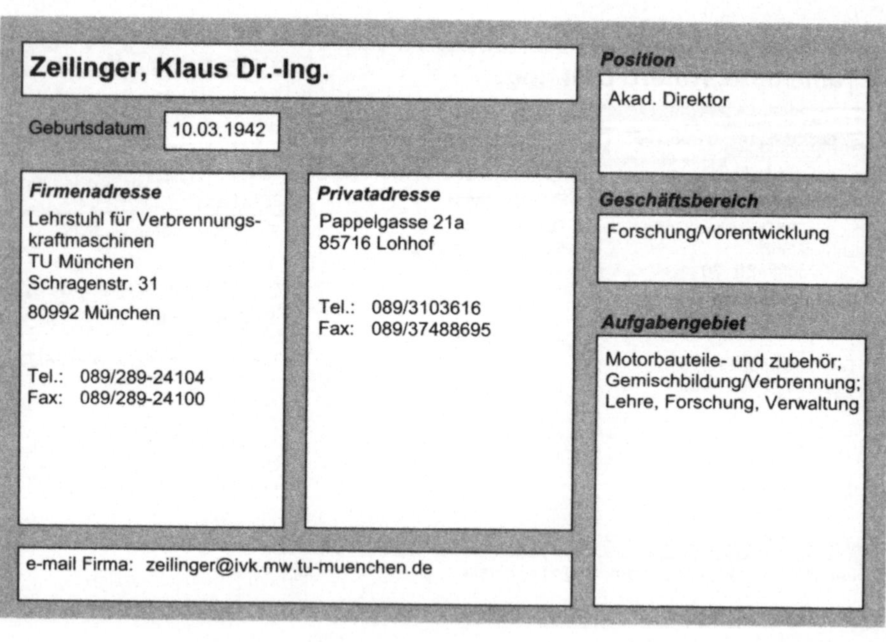

Firmenadresse
DaimlerChrysler AG
Entwicklung
HPC:X556

71059 Sindelfingen

Tel.: 07031/90-78315
Funk: 0172 9589243
Fax: 07031/90-78439

Privatadresse

Tel.: 07159/45659

Aufgabengebiet
Radaufhängung; Achsen;
Entwicklung/Konstruktion:
Hinterachsen (Radführung,
Achsträger, Elastomerlager)

e-mail Firma: ulrich.zech@daimlerchrysler.com

Zeilinger, Klaus Dr.-Ing.

Geburtsdatum 10.03.1942

Position
Akad. Direktor

Geschäftsbereich
Forschung/Vorentwicklung

Firmenadresse
Lehrstuhl für Verbrennungs-
kraftmaschinen
TU München
Schragenstr. 31

80992 München

Tel.: 089/289-24104
Fax: 089/289-24100

Privatadresse
Pappelgasse 21a
85716 Lohhof

Tel.: 089/3103616
Fax: 089/37488695

Aufgabengebiet
Motorbauteile- und zubehör;
Gemischbildung/Verbrennung;
Lehre, Forschung, Verwaltung

e-mail Firma: zeilinger@ivk.mw.tu-muenchen.de

Zellbeck, Hans Professor Dr.-Ing.

Geburtsdatum 05.08.1950

Position

Univ. Professor

Firmenadresse

TU Dresden
Lehrstuhl
Verbrennungsmotoren
Mommsenstr. 13

01062 Dresden

Tel.: 0351/463-7618
Funk: 0171 3069237
Fax: 0351/463-6039

Privatadresse

Heinrich-Greif-Str. 27
01217 Dresden

Tel.: 0351/4712626

Geschäftsbereich

Forschung/Vorentwicklung

Aufgabengebiet

Gemischbildung/Verbrennung;
Getriebe/Kupplung/Antriebs-
strang; Einspritzung/
Elektronik; Verbrennungs-
motoren, Einspritzsysteme,
Brennverfahren, Simulationsverfahren, Dynamisches
Verhalten, Emissions-
minderung

e-mail Firma: zellbeck@vvkno1.vkw.tu-dresden.de

Zenner, Harald Professor Dr.-Ing.

Geburtsdatum 08.07.1938

Position

Univ. Professor

Firmenadresse

Institut für Maschinelle
Anlagentechnik und
Betriebsfestigkeit TU
Clausthal
Leibnitzstr. 32

38678 Clauthal-Zellerfeld

Tel.: 05323/72-2201
Fax: 05323/72-3516

Privatadresse

Siebensternweg 22
38678 Clausthal-Zellerfeld

Tel.: 05323/83355
Fax: 05323/84428

Geschäftsbereich

Forschung/Vorentwicklung
Berechnung

Aufgabengebiet

Motorbauteile- und zubehör;
Radaufhängung;
Getriebe/Kupplung/Antriebs-
strang; Achsen; Räder,
Reifen; Lenkung; Federung
und Dämpfung; Bremsen;
Rahmen; Fahrzeugsicherheit;
Prüftechnik; Forschung und
Lehre; Betriebsfestigkeit

e-mail Firma: office@imab.tu-clausthal.de

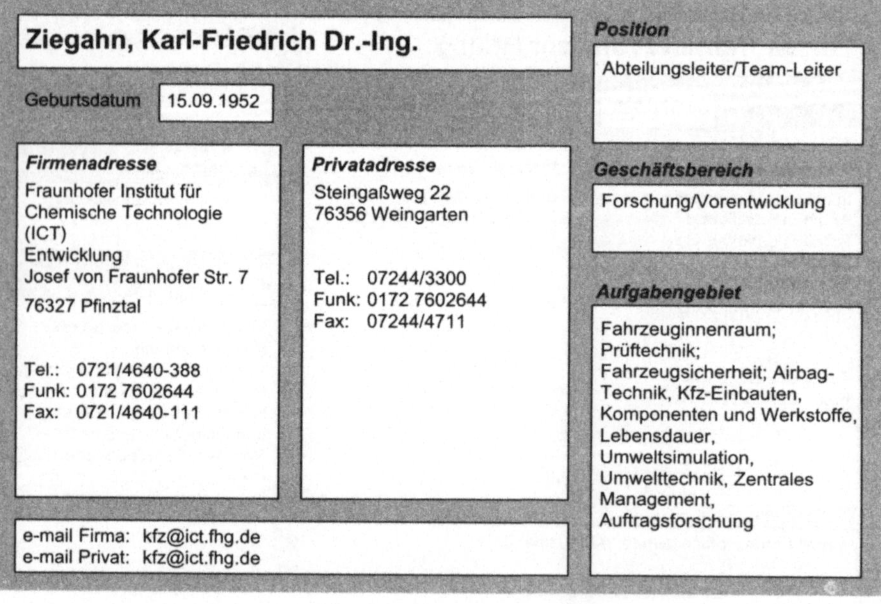

Zeyen, M. Dipl.-Ing.

Geburtsdatum 03.11.1962

Position
Geschäftsführer

Firmenadresse
HELLA - Behr
Fahrzeugsysteme GmbH
Abt. GF
Rixbecker Str. 75
59552 Lippstadt

Tel.: 02941/385578
Fax: 02941/385659

Privatadresse

Geschäftsbereich
Forschung/Vorentwicklung

Aufgabengebiet
Fahrzeugsicherheit;
Frontendmodule

Ziegahn, Karl-Friedrich Dr.-Ing.

Geburtsdatum 15.09.1952

Position
Abteilungsleiter/Team-Leiter

Firmenadresse
Fraunhofer Institut für
Chemische Technologie
(ICT)
Entwicklung
Josef von Fraunhofer Str. 7
76327 Pfinztal

Tel.: 0721/4640-388
Funk: 0172 7602644
Fax: 0721/4640-111

Privatadresse
Steingaßweg 22
76356 Weingarten

Tel.: 07244/3300
Funk: 0172 7602644
Fax: 07244/4711

Geschäftsbereich
Forschung/Vorentwicklung

Aufgabengebiet
Fahrzeuginnenraum;
Prüftechnik;
Fahrzeugsicherheit; Airbag-
Technik, Kfz-Einbauten,
Komponenten und Werkstoffe,
Lebensdauer,
Umweltsimulation,
Umwelttechnik, Zentrales
Management,
Auftragsforschung

e-mail Firma: kfz@ict.fhg.de
e-mail Privat: kfz@ict.fhg.de

Zimmer, Elmar

Geburtsdatum | 29.08.1959

Firmenadresse
AVL Deutschland GmbH
Motorenentwicklung
Am Pfanderling 70
85778 Haimhausen

Tel.: 08133/9323-0
Funk: 0172 6116869
Fax: 08133/9323-53

Privatadresse

Tel.: 08139/7213

Position
Key Account Manager

Geschäftsbereich
Forschung/Vorentwicklung
Versuch

Aufgabengebiet
Gemischbildung/Verbrennung;
Einspritzung/Elektronik;
Ottomotor, Dieselmotor

e-mail Firma: elmar.zimmer@avl.com

Zimmermann, Frank

Geburtsdatum | 04.03.1957

Firmenadresse
Gustav Wahler GmbH
Entwicklung
Hindenburgstr. 146
73730 Esslingen

Tel.: 0711/3152-267
Funk: 0172 7301566
Fax: 0711/3152-354

Privatadresse
Badstr. 50
73734 Esslingen

Tel.: 0711/3456-308
Funk: 0172 7301566
Fax: 0711/3456-958

Position
Fachbereichsleiter

Geschäftsbereich
Forschung/Vorentwicklung
Konstruktion

Aufgabengebiet
Motorbauteile- und zubehör;
Gemischbildung/Verbrennung

e-mail Firma: frank.zimmermann@wahler.de

Zloch, Norbert Dr.

Geburtsdatum 25.06.1943

Position
Vorstand

Geschäftsbereich
Forschung/Vorentwicklung

Firmenadresse
Mannesmann Sachs AG
GB Antriebsstrang
Ernst-Sachs-Str. 62
97424 Schweinfurt

Tel.: 09721/98-3160
Funk: 0172 6127355
Fax: 09721/98-2211

Privatadresse
Zur Wasserleitung 8
97422 Schweinfurt

Tel.: 09721/185024
Fax: 09721/185029

Aufgabengebiet
Getriebe/Kupplung/Antriebs-
strang; Antriebsstrang

e-mail Firma: norbert.zloch@sachs-ag.de

Zobel, Werner

Geburtsdatum 24.12.1951

Position
Geschäftsbereichsleiter,Direkt

Geschäftsbereich
Forschung/Vorentwicklung
Berechnung

Firmenadresse
Modine Europe GmbH
Entwicklung
Echterdinger Str. 57
70794 Filderstadt

Tel.: 0711/7094-262
Funk: 0171 5559432
Fax: 0711/7094-650

Privatadresse
Galgenbergstr. 48
71032 Böblingen

Tel.: 07031/223963

Aufgabengebiet
Motorbauteile- und zubehör;
Getriebe/Kupplung/Antriebs-
strang; Kühlung,
Klimatisierung; Musterbau;
Patente

e-mail Firma: W.Zobel@modine.de
e-mail Privat: W.Zobel@t-online.de

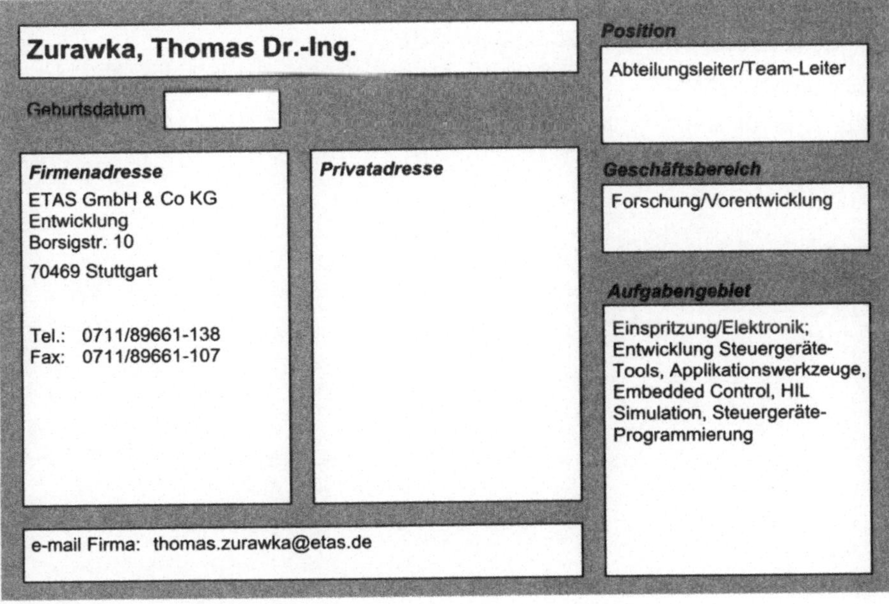

Zollner, Manfred Professor Dr.-Ing.

Geburtsdatum

Position

Geschäftsführer

Firmenadresse

Neutrik Cortex
Instruments GmbH
Entwicklung
Erzbischof-Buchberger-Allee
14

93051 Regensburg

Tel.:   0941/92057-0
Fax: 0941/92057-57

Privatadresse

Geschäftsbereich

Forschung/Vorentwicklung

Aufgabengebiet

Messtechnik; Akustik,
Schallanalysen, Sound-
Design, Psychoakustik

Zurawka, Thomas Dr.-Ing.

Geburtsdatum

Position

Abteilungsleiter/Team-Leiter

Firmenadresse

ETAS GmbH & Co KG
Entwicklung
Borsigstr. 10

70469 Stuttgart

Tel.:   0711/89661-138
Fax: 0711/89661-107

Privatadresse

Geschäftsbereich

Forschung/Vorentwicklung

Aufgabengebiet

Einspritzung/Elektronik;
Entwicklung Steuergeräte-
Tools, Applikationswerkzeuge,
Embedded Control, HIL
Simulation, Steuergeräte-
Programmierung

e-mail Firma: thomas.zurawka@etas.de

Zuschke, Tilman Dipl.-Ing.

Geburtsdatum   21.10.1965

Position

Sachbearbeiter

Firmenadresse

DaimlerChrysler AG
Entwicklung/Versuch
M-Klasse
P.O. Box 100

 Vance, AL 35403-0100
USA

Tel.:   001 205/507-3575
Funk: 001 205/242-9950
Fax: 001 205/507-3304

Privatadresse

1678 Teal Circle
 Tuscaloosa, AL 35405
USA

Tel.:   001 205/344-5480
Funk: 001 205/242-9950
Fax: 001 205/344-5480

Geschäftsbereich

Versuch

Aufgabengebiet

Messtechnik; Gesamtfahrzeug
Versuch, Gesamtfahrzeug
Akustik

e-mail Firma: Tilman.Zuschke@mbusi.daimlerchrysler.com
e-mail Privat: Zuschke@aol.com

KORREKTURMELDUNG

Bitte korrigieren Sie in der nächsten Auflage von
   „Who is who in der Automobil- und Motorentechnik"
meinen Eintrag wie folgt:

Personenindex

Name, Vorname

Position

Geburtsdatum

Geschäftsbereich

Firmenadresse

Privatadresse

Aufgabengebiet

e-Mail:

Fachgebietsindex

Ich arbeite im Bereich: ❑ Forschung/Vorentwicklung ❑ Konstruktion ❑ Berechnung ❑ Versuch

Antrieb

❑ Motorbauteile- und zubehör
❑ Gemischbildung/Verbronnung
❑ Betriebsstoffe
❑ Einspritzung/Elektronik
❑ Getriebe – Kupplung – Antriebsstrang

Fahrwerk

❑ Radaufhängung
❑ Achsen
❑ Räder, Reifen
❑ Lenkung
❑ Federung und Dämpfung
❑ Bremsen
❑ Rahmen

Elektrik/Elektronik

❑ Beleuchtung
❑ Sensorik – Aktuatorik
❑ Kommunikation – Navigation

Karosserie

❑ Oberflächen
❑ Aerodynamik
❑ Verglasung
❑ Fahrzeuginnenraum
❑ Fahrzeugsicherheit

Beschaffung und Produktion

❑ Einkauf
❑ Fabrikausrüstung
❑ Produktionsplanung und –steuerung
❑ Fertigung

*Mess- und Prüftechnik, Qualitäts-
management*

❑ Messtechnik
❑ Prütechnik
❑ Qualitätsmanagement

Bitte senden Sie Ihre Unterlagen an folgende Adresse:
Verlag Vieweg; Lektorat Technik; Abraham-Lincoln-Straße 46; 65189 Wiesbaden
Fax 0611/7878-453